C语言程序设计

任瑞仙　主编

王晓霞　黄英　副主编

清华大学出版社

北京

内 容 简 介

本书作为程序设计的入门教材,旨在激发学生的编程兴趣,构建学生坚实的程序设计基础,培养学生使用计算机程序设计语言解决实际问题的能力。内容注重可读性和实用性,精选了大量例题和习题,将 C 语言编程的诸多知识点和编程细节贯穿于案例之中,有助于学生快速掌握 C 语言程序设计的基本方法,培养学生的编程思维和程序设计能力。全书共 11 章,内容包括初识 C 语言、C 语言基础知识、顺序结构程序设计、选择结构程序设计、循环结构程序设计、数组、函数、指针、结构体与共用体、文件,最后是综合实例——学生成绩管理系统。每章的课后习题均精心挑选自全国计算机等级考试二级 C 语言程序设计题库,旨在帮助学生巩固章节知识,并提前适应考试要求。另外,本书配有相应的多媒体课件、习题解答以及教学大纲等资源,并对重点和难点内容录制了小视频,通过扫描书中的二维码可在线观看,有助于学生自主学习和混合式教学的开展。

本书可作为高等院校计算机类相关专业的程序设计入门教材或非计算机专业本科生的计算机通识课教材,也可作为全国计算机等级考试的参考用书,亦可供 C 语言编程爱好者自学参考。

版权所有,侵权必究。举报:010-62782989,beiqinquan@tup.tsinghua.edu.cn。

图书在版编目(CIP)数据

C 语言程序设计 / 任瑞仙主编. -- 北京:清华大学出版社,2025.4.
ISBN 978-7-302-68891-4

Ⅰ. TP312.8

中国国家版本馆 CIP 数据核字第 2025F9T897 号

责任编辑:刘向威　薛　阳
封面设计:文　静
责任校对:胡伟民
责任印制:刘海龙

出版发行:清华大学出版社
　　　　网　　　址:https://www.tup.com.cn,https://www.wqxuetang.com
　　　　地　　　址:北京清华大学学研大厦 A 座　　　邮　　编:100084
　　　　社 总 机:010-83470000　　　邮　　购:010-62786544
　　　　投稿与读者服务:010-62776969,c-service@tup.tsinghua.edu.cn
　　　　质量反馈:010-62772015,zhiliang@tup.tsinghua.edu.cn
　　　　课件下载:https://www.tup.com.cn,010-83470236
印 装 者:北京同文印刷有限责任公司
经　　销:全国新华书店
开　　本:185mm×260mm　　印　张:24　　　　字　　数:600 千字
版　　次:2025 年 5 月第 1 版　　　　印　　次:2025 年 5 月第 1 次印刷
印　　数:1~1500
定　　价:79.00 元

产品编号:106152-01

前　言

人类学语言时,学会了听说读写;学数学时,学会了运算推理;学物理时,学会了观察实证,从而可以理解现实生活周围的各种现象,以便针对问题提出有效的解决方案。出于同样的理由,我们应该学习编程,这样能更好地理解数字化世界。如果想要深刻地理解这个时代,就要懂得计算机编程,编程完成了基于计算机的计算实现,改变着我们的思维方式。编程不只是一门技术,它教会人们如何思考。在编程的世界里,程序设计语言就像超市的商品,琳琅满目。但是,我们一如既往还说 C 语言,因为 C 语言是一门古老而常青的编程语言,它具备了现代程序设计的基础要求,它的语法是很多其他编程语言的基础,它在系统程序、嵌入式系统等领域依然是无可替代的,常年位于编程语言排行榜前列。

C 语言是一门优秀的教学语言,其优美的结构、完善的语法,是面向过程的结构化编程语言最好的诠释。"C 语言程序设计"课程是高等院校的必修课程之一,它既是各类专业技术的应用基础,又是各种实践环节的软件工具,更是课程设计、学科竞赛、毕业设计、创新创业等活动的重要平台。通过学习 C 语言,学生能够深入理解计算机的工作原理和程序执行过程,为后续学习其他编程语言和计算机科学相关课程打下坚实的基础。不仅可以培养学生的逻辑思维和抽象思维能力,而且可以提高学生解决复杂问题的能力。编程能力不仅是学习者进一步专业深造的潜力体现,也是创新人才的重要指标。

本书是编者在一线教学实践的基础上,为适应当前本科教育教学改革创新的要求,更好地践行语言类课程注重实践教学与创新能力培养的需要,组织新编的教程。本书以 OBE (Out come Based Education,成果导向教育)理念为指导,以"知识点案例、二级习题"为驱动,更加注重培养学生的实践能力,提高学生的学习成果产出,持续巩固学习成果。本书具有以下特点:

(1) 案例贯穿全书,贴近实际应用。全书按照"案例贯穿"的形式组织内容,将实例融入知识讲解中,使知识与案例相辅相成,既有利于读者学习知识,又有利于指导读者实践。最后用一个综合案例贯穿每章的重点难点,方便读者及时验证自己的学习效果。

(2) 融合二级题库,增强实用性与针对性。为了提高学生的二级考试备考效率和实际编程能力,我们将二级题库的典型题型融入教学内容,使本书既是 C 语言知识的参考书,也是实用的备考资源。精选的练习题和案例分析旨在帮助学生熟悉考试模式,强化应试技巧,并加深对 C 语言实际应用的理解。

(3) 配套服务完善,教辅资源丰富。主要章节均放置了二维码,扫描二维码即可在手机或计算机上观看相应章节的视频讲解。每章内容由线上和线下资源共同构成,包含学习任务、重难点、预备知识、实用案例、随堂测验、拓展资料、本章小结、实践练习等单元。并在学习通平台提供疑难解答、教学交流等服务。

　　本书由任瑞仙担任主编,王晓霞、黄英担任副主编。任瑞仙负责整体构思与统稿,并编写了第1章、第8章,录制了主要知识点的讲解视频,王丽琴负责编写第2章,李军红负责编写第3章,王晓霞负责编写第4章,段新娥负责编写第5章,韩俊芳负责编写第6章,郭伟欣负责编写第7章,曾照华负责编写第9章,黄英负责编写第10章,郝扬瑞负责编写第11章,丁杨柳负责编写附录,毕鹏云负责绘制插图。张志东、路文婷、杜鸿毅、魏晓艳、段海英、赵丽婷、牛思瑶、付渊负责运行程序并进行测试。田野、王栋、张敬环、翟世杰、王瑞兵、苏颖负责内容审核与校对工作。

　　由于编者水平有限,书中难免有疏漏和不足之处,敬请各位专家、同行和读者批评指正,以便将教材进一步完善。

任瑞仙

2025年1月

目　录

第 1 章　初识 C 语言

——"无以规矩，不成方圆"

无以规矩，不成方圆：比喻为人做事，没有法规的制约，就难入正轨。规矩是人类生存与活动的前提与基础，人们总是要在规与矩所成形的范围内活动。遵守规矩，才能让社会、个人更好地发展与进步。同样地，学习 C 语言就要遵循 C 语言的基本语法规则。编写程序、调试程序时，小到一个标点符号用错，都能导致整个程序无法运行，学习伊始就要养成认真严谨、一丝不苟和精益求精的态度和作风。

C 语言是一门古老而长青的编程语言，其优美的结构、完善的语法，是面向过程的结构化编程语言最好的诠释。C 语言一经出现就以其功能丰富、表达能力强、灵活方便、应用面广等特点迅速在全世界普及和推广。它具备了现代程序设计的基础要求，它的语法是很多其他编程语言的基础，不但执行效率高而且可移植性好，在系统程序、嵌入式系统等领域依然是无可替代的编程语言。C 语言也是其他众多高级语言的鼻祖语言，所以说学习 C 语言是进入编程世界的必修课。

（1）计算机：是一种能够按照事先存储的程序，自动、高速地对数据进行输入、处理、输出和存储的系统。简言之，计算机就是能够按照程序自动运行的机器。

（2）程序：即流程、议程、行程等，是指为了完成某项任务，解决某个问题所需要执行的一系列步骤。

（3）计算机程序：为了完成某项任务，解决某个问题由计算机执行的一系列步骤（指令）。

（4）程序设计语言：也叫编程语言，是计算机能够理解和识别操作的一种交互体系。

（5）程序设计语言的三个阶段如下。

① 机器语言。机器语言是低级语言，也称为二进制代码语言。计算机工作是基于二进制的，从根本上说，计算机只能识别和接受由 0 和 1 组成的二进制代码，即机器指令。机器指令的集合就是该计算机的机器语言。机器语言的特点是计算机可以直接识别，不需要进行任何的翻译。但是它与人们习惯用的自然语言差别太大，难学，难写，难记，难检查，难修改，难以推广使用，因此初期只有极少数的计算机专业人员会编写计算机程序。

② 汇编语言。为了克服机器语言的缺点，用英文字母或符号串来替代机器语言的二进制码，这样就把不易理解和使用的机器语言变成了汇编语言。虽然汇编语言相对于机器语言简单好记一些，但仍然难以普及，只在专业人员中使用。

机器语言和汇编语言是完全依赖于具体机器特性的，用甲机器的机器语言编写的程序在乙机器上是不能使用的，也就是说不同型号的计算机的机器语言和汇编语言是互不通用的，它们都是面向机器的语言。由于它"贴近"计算机，或者说离计算机"很近"，故称为计算机低级语言。

③ 高级语言。由于低级语言依赖于硬件体系,所以其运用起来仍然不够方便。为了使程序语言能更贴近人类的自然语言,同时又不依赖于计算机硬件,于是产生了高级语言。这种语言,其语法形式类似于英文,并且因为远离对硬件的直接操作,而易于被普通人所理解与使用。其中影响较大、使用普遍的高级语言有 FORTRAN、ALGOL、Basic、COBOL、LISP、Pascal、PROLOG、C、C++、Delphi、Java 等。

当然,计算机是不能直接识别高级语言程序的,也要进行"翻译"。用一种称为编译程序的软件把用高级语言写的程序(称为**源程序**(source program))转换为机器指令的程序(称为**目标程序**(object program)),然后让计算机执行机器指令程序,最后得到结果。高级语言的一个语句往往对应多条机器指令。

1.1 简单的 C 程序

1. 简单的 C 程序实例

【例 1-1】 第一个 C 程序——在屏幕输出 Hello World!。

```
#include<stdio.h>            //这是编译预处理指令
int main()                   //定义主函数
{                            //函数开始的标志
    printf("Hello World!\n");    //输出所指定的一行信息
    return 0;                //函数执行完毕时返回函数值 0
}                            //函数结束的标志
```

程序解析:

(1) **main** 是函数的名字,表示"主函数";每一个 C 语言程序都必须有且仅有一个 main 函数。它是程序的入口,这个道理就好比每个电梯只有一扇门,要想乘坐电梯就必须从这扇门进入。**注意:C 程序一定是从主函数开始执行的。**

(2) main 前面的 int 表示此函数的类型是 int 类型(整型),即在执行主函数后会得到一个值(即函数值),其值为整型。

(3) return 0;的作用是在 main 函数执行结束前将整数 0 作为函数值,返回到调用函数处。

(4) 函数体由花括号{}括起来。

(5) printf 是 C 编译系统提供的函数库中的输出函数。printf 函数中**双引号**内的字符串"Hello World!"按原样输出。\n 是换行符,即在输出"Hello World!"后,显示屏上的光标位置移到下一行的开头。

(6) 每个语句最后都有一个**分号**,表示语句结束。

(7) 在使用函数库中的输入输出函数时,编译系统要求程序提供有关此函数的信息,程序第 1 行"**#include < stdio. h >**"的作用就是用来提供这些信息的。**stdio. h** 是系统提供的一个文件名,**stdio** 是 standard input & output 的缩写,文件后缀 **. h** 的意思是头文件(header file),因为这些文件都是放在程序各文件模块的开头的。输入输出函数的相关信息已事先放在 stdio. h 文件中。

(8) //表示从此处到本行结束是"注释",用来对程序有关部分进行必要的说明。在写

C程序时应当多用注释,以方便自己和别人理解程序各部分的作用。在程序进行预编译处理时将每个注释替换为一个空格,因此在编译时注释部分不产生目标代码,注释对运行不起作用。注释只是给人看的,而不是让计算机执行的。

【例 1-2】 体会注释的作用。

```
# include < stdio. h>
int main()
  {
    int a;                          //定义 a 为整型变量
    a = 5;                          /* 给 a 变量赋值 5
    a = a + 3; 赋值后再加 3 * /
    printf(" % d\n",a);
    //以十进制整型形式在屏幕上输出 a 的值
    return 0;
  }
```

程序解析:

(1) **注释**是为了使别人能看懂你写的程序,也为了使你在若干年后还能看得懂你曾经写的程序而设定的。注释是写给程序员看的,不是写给计算机看的。所以注释的内容会在 C 语言编译器编译时被自动忽略。

(2) C 语言**注释方法**有两种。

单行注释:以//开始的单行注释,这种注释可以出现在一行中其他内容的右侧,也可以单独占一行。

多行注释: / * 注释内容 * /,这种注释可以单独占一行,也可以包含多行。编译系统在发现一个/ * 后,会开始找注释结束符 * /,把两者间的内容作为注释。

(3) 此题的结果看似等于 8,其实为 5。因为"a=a+3;"这条语句被多行注释包围着,被看作注释的一部分,注释是不执行的,所以输出 a 的值为 5。

【例 1-3】 计算两个整数的和。

```
# include < stdio. h>
int main()
  {
    int a = 78,b = 6,c;
    c = a + b;                      /* 计算两个整数的和 * /
    printf(" % d\n",c);
    return 0;
  }
```

试一试求两个数的差(c=a−b)、积(c=a * b)、商(c=a/b),其中,"* "与"/"是乘、除运算符。

【例 1-4】 计算两个整数的和。

```
# include < stdio. h>
int main()
{
    int a, b, sum;
    printf("请输入两个整数: ");       //输出提示信息,请输入两个整数
    scanf(" % d % d", &a, &b);       //输入变量 a 和 b 的值
    sum = a + b;
    printf("sum =  % d\n", sum);     //输出两个整数的和
    return 0;
}
```

程序解析：

（1）**scanf** 是 C 的标准输入函数，格式为 scanf("格式控制符",变量地址)

作用：从键盘按格式读取数值，并赋给后面这个地址所指的变量。

scanf 函数的工作原理如下。

当执行 scanf 函数时，从格式控制字符串的左边开始：

遇到格式控制符（如%d 或%f），从键盘输入中读匹配的数据；匹配，则读入数据，不匹配，则 scanf 语句执行结束。

遇到普通字符，与键盘输入的下一个字符比较，相同，则继续；不同，则 scanf 语句执行结束。

程序中 scanf("%d%d",&a,&b)的作用是输入变量 a 和 b 的值，如果改为 scanf("%d,%d",&a,&b);,则输入为 23,45。

若改为 scanf("a=%d,b=%d",&a,&b);,则输入为 a=23,b=45。

（2）**printf** 是 C 的标准输出函数，格式为 printf("格式控制字符串",输出表列)

作用：向终端输出若干个类型任意的数据。其中，格式控制字符串由格式控制符和普通字符组成。

格式控制符，由"%"和格式字符组成，将对应的数据按指定格式输出，例如，%d、%f。

普通字符，非%开始的字符，则原样输出（案例中的 sum=为普通字符）；还可以写成 printf("%d+%d=%d\n",a,b,sum);,若输入 23 45，则输出结果为 23+45=68。

输出表列可以是常量、变量或表达式。

【例 1-5】 求任意两个整数的和与积，要求计算和与积的操作用函数实现。

```c
#include <stdio.h>
int sum(int x, int y)         //定义求和函数 sum,函数值为整型,形式参数 x 和 y 为整型
{
 int z;
 z = x + y;
 return z;                    //将 z 的值作为 sum 函数的值,返回到调用 sum 函数的位置
}
int product(int x, int y)     //定义求积函数 product
{
  return x * y;               //返回 x * y 的值,即将两数的积返回到调用 product 函数的位置
}
int main()
{
    int a, b, c, d;
    scanf("%d %d", &a, &b);
    c = sum(a, b);            // 调用求和函数,将得到的值赋给 c
    d = product(a, b);        // 调用求积函数,将得到的值赋给 d
    printf("%d + %d = %d\n", a, b, c);
    printf("%d × %d = %d\n", a, b, d);
    return 0;
}
```

运行结果：

12 56   ↙（键盘输入两个数）
12 + 56 = 68
12 × 56 = 672

程序解析：

该程序由三个函数组成，即 sum 函数、product 函数和 main 函数，程序的执行从 main 函数开始。主函数 main 中定义了四个整型变量：a、b、c 和 d，接下来调用 scanf 函数输入两个整数，当执行到"c＝sum(a,b)；"语句时，调用 sum 函数计算两数的和。这里 sum(a,b) 为函数调用表达式，sum 为被调用的函数名，圆括号内的 a 和 b 为实际参数。调用时将程序控制转移到 sum 函数，同时将输入的实际参数值 a 和 b 传递到形式参数 x 和 y，执行 sum 函数体的各条语句；执行到"return z；"语句时，返回 z(形式参数 x 加 y 的和，也就是传递过来的实际参数 a 加 b 的和)的值，程序控制回到主函数，将返回的函数值(即 sum(a,b) 的值)赋值给变量 c，继续执行主函数的后续语句。接着调用 product 函数计算两数的积，执行过程同上。

2. 归纳案例特点

通过阅读和上机练习例 1-1 至例 1-4 的 4 个程序，可见：

(1) 程序具有一个统一的基本框架，如下所示：

```
# include < stdio. h >
int main()
{
    //程序主要代码
    return 0;
}
```

(2) 由一对花括号{}组成的框架内，每行代码都以"；"结束。

(3) / * … * /中间包含的内容是对代码功能的注释，是不参与程序执行的，其功能是方便程序员之间的交流及后期的程序维护。

通过阅读和上机练习例 1-5 的程序，可见其框架如下：

```
# include < stdio. h >
int sum( int x, int y)
{
    //求和函数 sum 的代码
}
int product( int x, int y)
{
    //求积函数 product 的代码
}
int main()
{
    //调用函数
    return 0;
}
```

由此可见，函数是 C 语言的基本组成单位。在本例中除了 main 主函数外，还定义了求和函数 sum 和求积函数 product，在这些定义的函数中进行代码编写，使其完成特定的功能。这样整个程序看起来具有结构性，易于观察和修改。

1.2　C 程序的基本结构

C 程序属于结构化与模块化的程序设计语言，以函数作为程序的基本模块单位，并具有结构化的控制语句。函数是组织单位，语句是执行单位。

C程序的基本结构包括以下部分。

1. 头文件

C语言标准库中提供了大量的头文件,用于声明常用的函数、变量、宏等,后缀为.h。在C程序中,可以有一个或多个头文件。当使用#include语句将头文件引用时,相当于将头文件中所有内容复制到#include处。例如,stdio.h声明了输入输出函数。C语言提供了一系列常用的库函数,如输入输出函数、数学函数等。程序可以在编译时链接相应的库文件。

2. 宏定义

在程序中需要定义一些常量或者宏,方便在程序中进行调用,通常使用#define指令来定义。

3. 函数定义

函数是C程序的主要组成部分,程序可以通过函数实现特定的功能。C程序中可以有多个函数定义。函数定义包括函数首部和函数体两个部分。函数首部包括函数名、函数类型、函数参数、参数类型,函数体一般包括声明部分(定义在本函数中用到的变量)和执行部分(由若干语句组成,完成特定的功能)。

4. 变量定义

变量是程序中用来存储数据的一种抽象概念。可以把变量想象成一个容器,用来存放各种类型的数据。在C语言中,变量必须先声明后使用,变量声明包括数据类型、变量名和作用域。

5. 主函数

程序的主函数是C语言程序的入口函数,它是程序执行的起点。主函数包括函数头和函数体,执行程序的主要功能。

6. 函数调用

函数调用是程序的主要逻辑过程,程序可以通过调用不同的函数来实现特定的功能。

7. 控制语句

C语言提供了多种控制语句来帮助程序实现不同的逻辑功能,如if-else语句、for循环语句、while循环语句等。

8. 注释

注释用于解释代码的功能和用途。单行注释使用双斜杠"//",多行注释使用"/ * … * /"。

以上是C语言程序的基本结构,程序员需要按照程序的需要合理地组织程序的逻辑结构,编写出高效、可读性高的程序。

1.3 C程序的开发环境

C语言是典型的结构化程序设计语言,各大学普遍开设C语言程序设计课程。在近年的教学过程中,大多借用C++的编辑环境编辑C程序,使用较多的有Visual C++、Dev-C++、Builder、Borland C++等。本节将介绍使用Visual C++ 2022以及Dev-C++进行C程序的设计开发。

1.3.1 Visual C++ 2022

Visual Studio 2022 是美国微软公司推出的一套完整的开发工具,用 Visual Studio 编写的代码适用于微软支持的所有平台。除了编写 C 语言,它还可以编写 C++、C♯、ASP.NET 等语言。使用 Visual Studio 2022 中基于组件的强大开发工具和其他技术,可简化基于团队的企业级解决方案的设计、开发和部署。其中,Visual C++ 2022 是 Visual Studio 2022 的重要组成部分,既可单独作为开发工具进行基于桌面和基于.NET 应用程序的开发,也可以和 Visual Studio 其他组件协助开发。

1. 安装 Visual Studio 2022

从微软官方网址进入,在页面上找到"下载 Visual Studio",并在其下拉菜单中选择 Community 2022 进行下载。下载完成后双击.exe 文件开始安装,在安装界面,勾选"使用 C++的桌面开发"复选框,并在"位置"处更改安装位置后,单击"安装"按钮即可完成软件安装。

2. 使用 Visual Studio 2022 开发 C 程序

初期学习 C 语言编程主要在 Windows 控制台应用程序环境下完成,下面将按步骤介绍控制台应用程序的创建过程。

(1) 选择"开始"→"所有程序"→Visual Studio 2022 命令,进入 Visual Studio 2022 开发环境起始页,Visual Studio 2022 主界面如图 1-1 所示。单击"创建新项目"按钮,界面如图 1-2 所示。

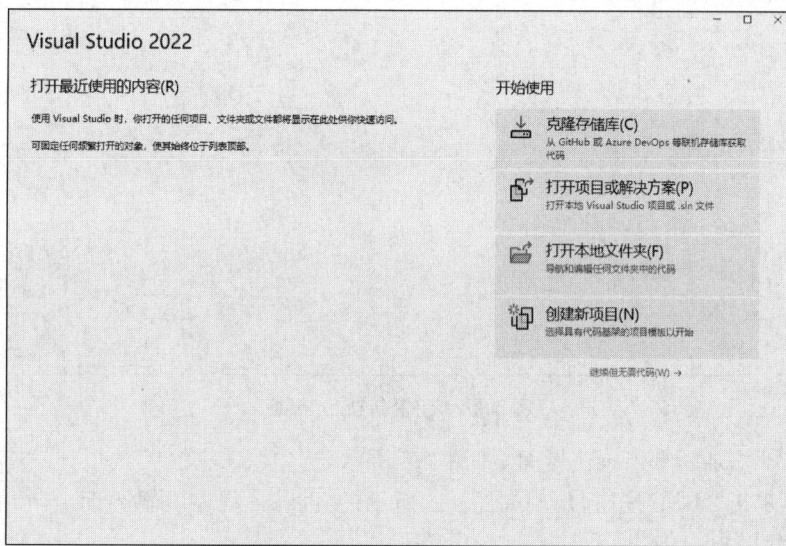

图 1-1　Visual Studio 2022 主界面

(2) 选择"空项目"选项,然后单击"下一步"按钮,出现如图 1-3 所示的"配置新项目"界面。在"项目名称"文本框中输入 Test,在"位置"框中设置文件夹的保存地址,单击"创建"按钮,出现如图 1-4 所示的"解决方案资源管理器"界面。

(3) 在"解决方案'Test'"下的"源文件"选项上右击,在弹出的快捷菜单中,选择"添加"→"新建项"命令,如图 1-4 所示。

图 1-2　选择"空项目"选项

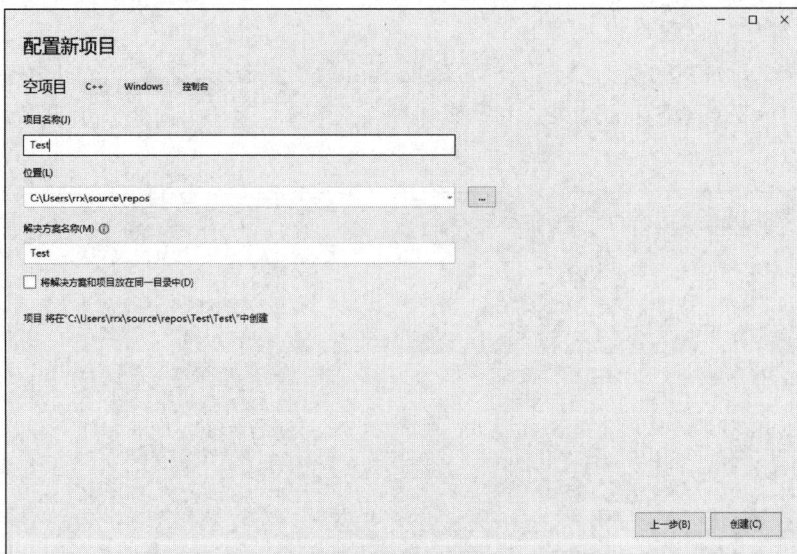

图 1-3　"配置新项目"界面

（4）出现"添加新项-Test"界面，如图 1-5 所示，选中"C++文件"选项，在"名称"框中输入"Test.c"，单击"添加"按钮，出现如图 1-6 所示的 Test.c 程序编辑界面，即可在程序编辑区中输入源程序。

（5）运行程序，在图 1-6 所示窗口中选择"调试"→"开始执行（不调试）"菜单命令，如果有语法错误或其他编译错误，会显示如图 1-7 所示的错误输出窗口，这个窗口会列出所有的错误和警告，并给出错误代码的位置和可能的解决方法。

例如，如果在某行代码的末尾忘记加分号，错误列表会显示一个错误，告诉你有一个分号预期的错误，并指出具体的行号和文件。双击错误列表中的错误，会自动跳转到相应的代码行，以便你可以快速找到并修复错误。

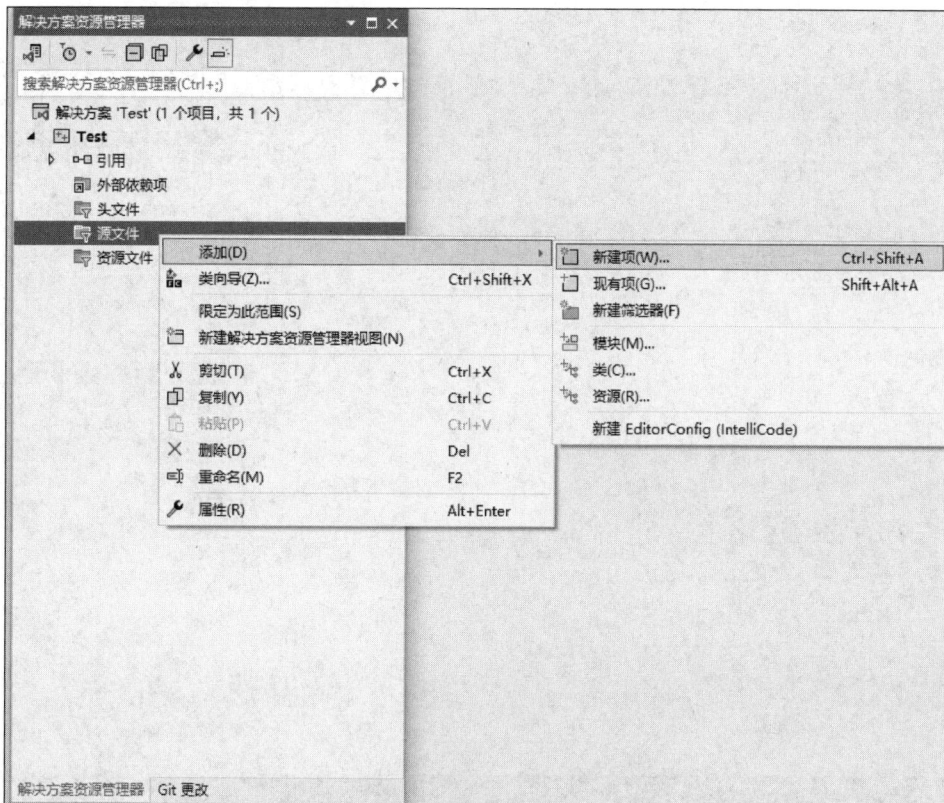

图 1-4　添加新建项步骤

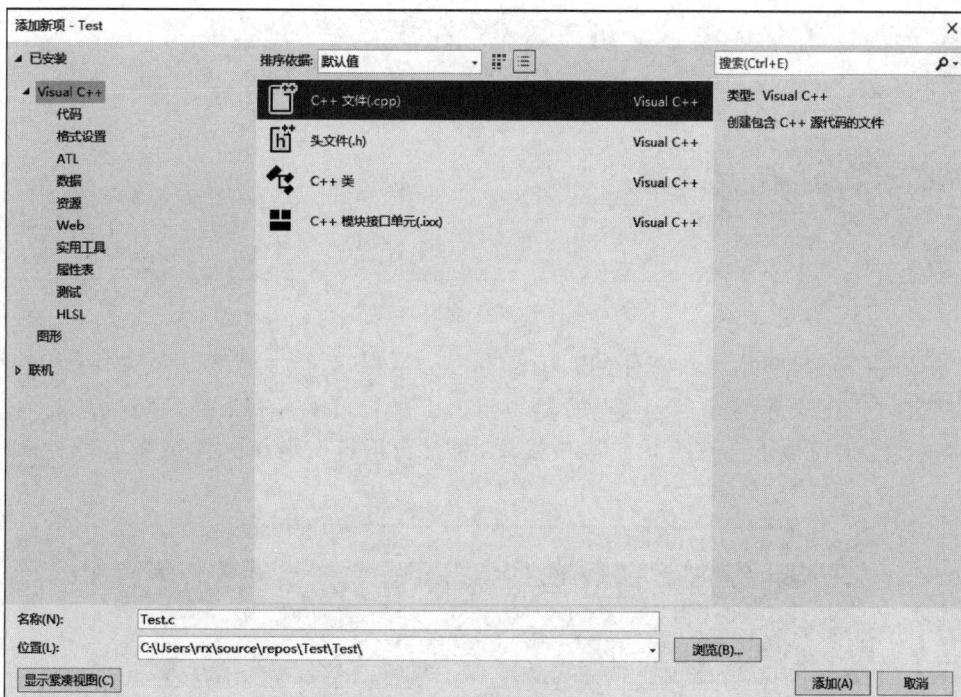

图 1-5　添加新建项配置

初识 C 语言

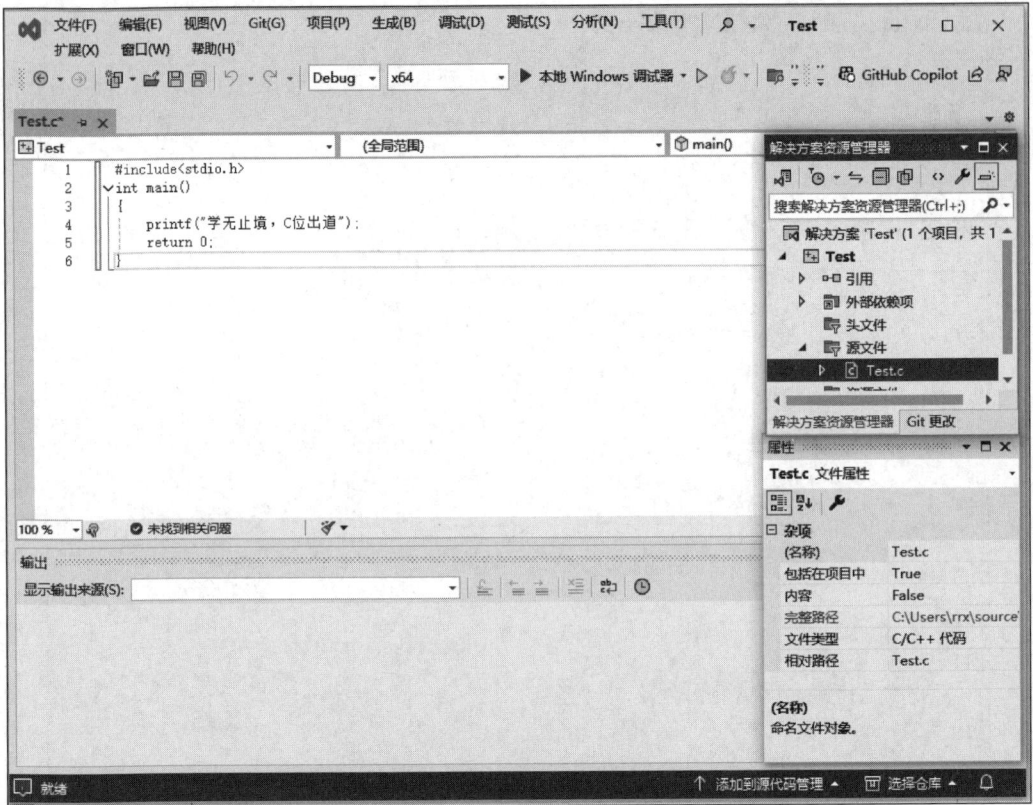

图 1-6　程序编辑界面

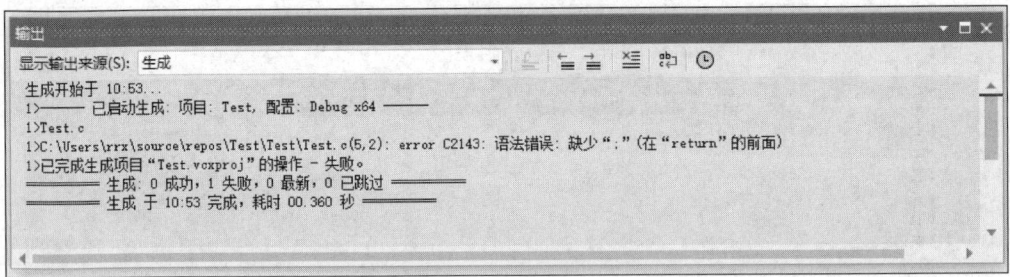

图 1-7　错误输出窗口

（6）如果编译通过，意味着你的代码没有语法错误，可以生成可执行文件，出现程序运行结果，如图 1-8 所示。但是，即使编译通过，程序仍可能存在逻辑错误或其他运行时错误，这些错误可能不会在编译阶段被发现，需要在运行时调试和测试来进一步诊断和修复。

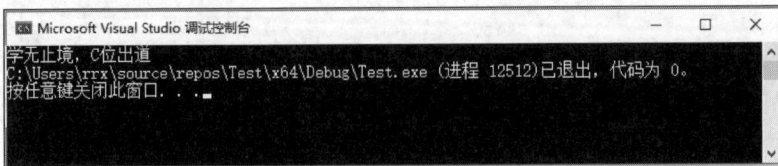

图 1-8　程序运行结果

1.3.2 Dev-C++开发环境

Dev-C++是一款 Windows 环境下的轻量级 C/C++集成开发环境(IDE)，适合初学者使用。它集合了功能强大的源码编辑器、编译器、调试器和格式整理器等工具，为 C/C++语言的学习和开发提供了全面的支持。Dev-C++的一个显著优点是界面简洁，易于上手，它还提供了语法高亮显示功能，有助于减少编辑错误。同时，Dev-C++还具备完善的调试功能，能够满足初学者在不同阶段的调试需求。

1. 安装 Dev-C++

通过访问 sourceforge 网址进入，找到 Dev-C++并下载该程序。下载完成后双击.exe 文件开始安装，在安装界面，语言选择 English，需要安装的组件直接默认即可，单击"安装"按钮即可完成软件安装。

2. 用 Dev-C++创建 C 程序

Dev-C++支持单个源文件的编译。如果程序只有一个源文件(初学者基本都是在单个源文件下编写代码)，那么不用创建项目，直接运行即可；如果有多个源文件，则需要创建项目。

(1) 双击桌面上的 Dev-C++图标或从"开始"菜单中找到 Dev-C++并启动它。进入 Dev-C++开发环境起始页，选择"文件"菜单中的"新建"命令，然后选择"项目"选项，如图 1-9 所示。

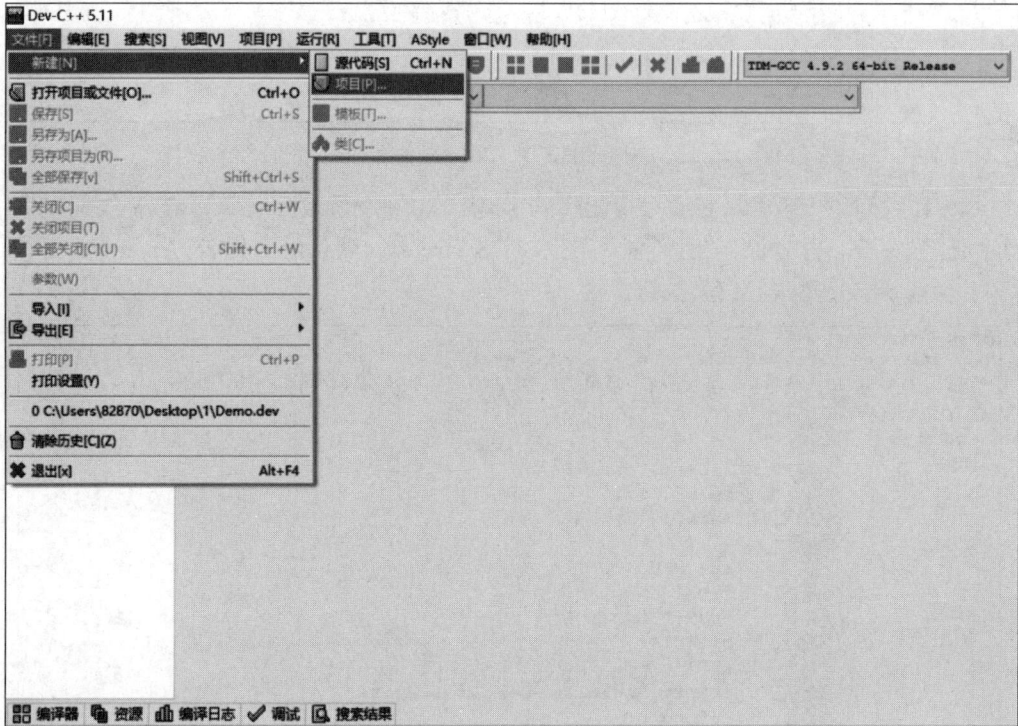

图 1-9 Dev-C++创建项目

(2) 在弹出的"新项目"对话框中，如图 1-10 所示，选择 Console Application 作为项目类型。然后选中"C 项目"单选按钮，并输入项目的名称 Demo，单击"确定"按钮后，弹出"另存为"窗口,选择项目保存的位置,单击"保存"按钮。

图 1-10   C 语言项目创建

(3)此时,出现项目管理界面如图 1-11 所示。在左侧的"项目管理"目录中出现新建的项目 Demo,默认创建的项目通常会有一个名为 main.c 的源文件,它包含了一些基本的代码框架。读者可以在这个基础上开始编写 C 程序。初学者可将 main 函数的参数删除。

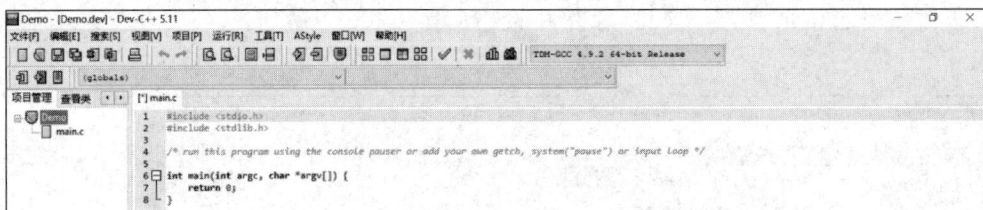

图 1-11   项目管理界面

(4)在右侧的代码编辑区编写功能代码,如图 1-12 所示,编写完成后,选择"文件"菜单中的"保存"命令,弹出"保存"对话框,输入文件名 circle.c(默认的文件名为 main.c,可根据代码的功能命名),单击"保存"按钮。

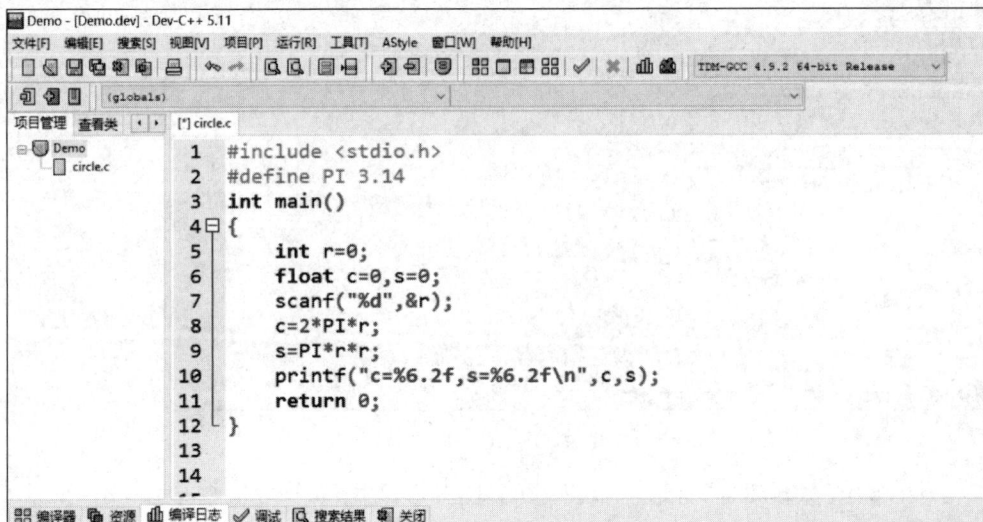

图 1-12   编写功能代码

（5）编译程序。选择"运行"菜单中的"编译"命令,程序编译提示窗口输出如图 1-13 所示,表示编译成功。

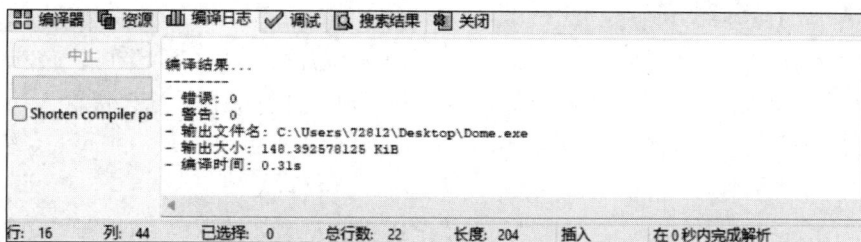

图 1-13　程序编译提示窗口

（6）运行程序。选择"运行"菜单中的"运行"命令,可以看到输出结果如图 1-14 所示。

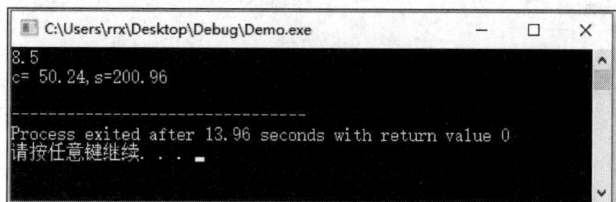

图 1-14　程序运行结果

1.3.3　运行 C 程序的步骤与方法

在本章看到的用 C 语言编写的程序是源程序。计算机只能识别二进制代码,不能直接识别和执行用高级语言编写的指令,因此必须用编译程序（也称编译器）把 C 源程序翻译成二进制形式的目标程序,然后再将该目标程序与系统的函数库以及其他目标程序连接起来,形成可执行的目标程序。要转换 C 语言为在计算机上可执行的文件共包括以下四个步骤。

1. 编辑

用程序语言编写的程序称为源程序,上机输入和修改源文件的过程称为编辑。在这个过程中还可对源代码进行布局排版,并辅以注释帮助理解代码的含义,最后将源程序以文件形式保存,生成后缀为.c 的源文件。

2. 编译

编辑完成后需要将 C 语言代码编译成机器能够执行的目标代码。编译器是用来执行这一过程的工具,常用的 C 语言编译器有 Visual C++、Dev-C++等。编译器会检查代码的语法语义,如果编译过程出现错误,编译器会提示错误信息,需要根据错误信息修改代码直到能够通过编译。这时,编译程序自动把源程序转化为二进制形式的后缀为.obj 的目标程序。

3. 连接

连接是将编译生成的目标代码文件与系统库和其他目标代码文件进行合并的过程。在 C 语言中使用函数库是非常常见的,例如,标准库函数（如 printf、scanf 等）就是通过连接将我们编写的代码与标准库函数进行关联。如果你使用了库函数,或者你的程序由多个目标文件组成,那么你需要使用连接器将这些目标文件和库文件合并成一个可执行文件（后缀为.exe）。

4. 运行

连接成功后,就可以运行生成的可执行文件了。在运行过程中,计算机会按照代码的逻辑执行指令,实现相应的功能。

以上过程如图 1-15 所示。首先,编辑得到一个源程序文件 f.c,然后在进行编译时再将源程序文件 f.c 输入,经过编译得到目标程序文件 f.obj,再将所有目标模块输入计算机,与系统提供的库函数等进行连接操作,得到可执行的目标程序 f.exe,最后把 f.exe 输入计算机,并使之运行,得到结果。

在程序开发的过程中,从编写到运行并得到预期结果,往往需要经历多次的迭代和修改。编写完成的程序并不能保证完全无误,除了通过人工仔细审查外,还需利用编译系统来检测潜在的语法错误。如图 1-15 所示,如果在编译阶段发现错误,需要仔细检查源程序,找出问题,并对源程序进行相应的修改,然后重新编译,直到无错为止。

然而,有时候即使编译过程没有检测到任何错误,并且能够成功生成可执行程序,但在实际运行时得到的结果可能并不正确。这通常不是由于语法错误导致的,而可能是程序逻辑方面的错误,例如,计算公式不准确、赋值错误等。在这种情况下,需要再次回到源程序,仔细审查并修正这些逻辑错误,以确保程序能够按照预期运行并得到正确的结果。

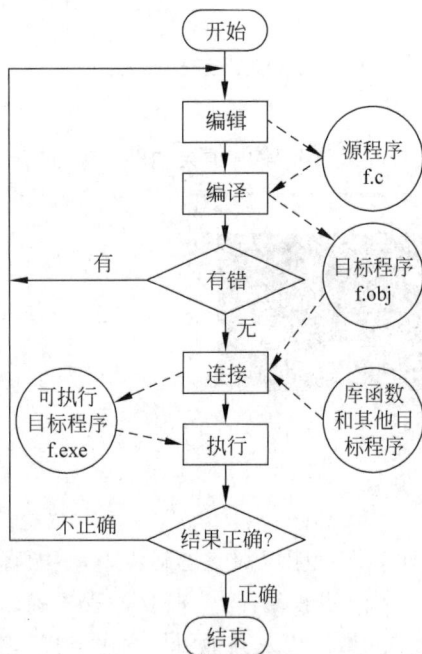

图 1-15 转换 C 语言为可执行文件的流程

1.4 算　　法

通常一个程序包含算法、数据结构、程序设计方法、语言工具及环境 4 个方面,其中算法是核心,算法就是解决"做什么"和"如何做"的问题。算法是解决一个问题的完整的步骤描述,是解决问题的方法、步骤、策略和规则。

1.4.1 算法的特性

一个有效算法应该具有以下特点。

(1) 有穷性。一个算法必须在有限步骤内结束执行,不能无限地执行下去。如果要编写一个由小到大整数累加的程序,这时要注意一定要设一个整数的最上限,也就是加到哪个数为止。若没有这个最上限,那么程序将无终止地运行下去,也就是常说的死循环。

(2) 确定性。算法中的每一个步骤都应当是确定的,具有明确的意义,不应当是含糊的、模棱两可的,必须对要执行的每个动作做出严格而清楚的规定。

(3) 有零个或多个输入。所谓输入是指在执行算法时需要从外界取得必要的信息。例如,判断 n 是否为素数,在执行算法时,需要输入 n 的值。也可以有两个或多个输入,例如,求两个整数 m 和 n 的最大公约数,则需要输入 m 和 n 的值。一个算法也可以没有输入。

（4）有一个或多个输出。算法的目的是求解,"解"就是输出。如本节案例中求阶乘的算法,最后输出的结果 n 就是输出的信息。但算法的输出并不一定就是计算机的打印输出或屏幕输出,一个算法得到的结果就是算法的输出。没有输出的算法是没有意义的。

（5）有效性。算法中的每一个步骤都应当能有效地执行,并得到确定的结果。例如,若 b=0,则执行 a/b 是不能有效执行的。

1.4.2　算法的描述

算法的描述方式有多种,常用的方法包括自然语言、流程图、N-S 流程图、伪代码和计算机语言表示等,不同的表示方法有不同的特点和作用。在本节内容中,我们分别用以上方法对求 5!进行算法描述。

1. 自然语言描述

【例 1-6】　将求 5!用自然语言进行描述。

步骤如下。

步骤 1：设置变量 n 用来存放运算结果,并将 n 的初值赋为 1,可表示为 n＝1 或 1＝>n。

步骤 2：设置变量 i 表示乘数,并将 i 的初值赋为 2,可表示为 i＝2 或 2＝>i。

步骤 3：让变量 n 与 i 相乘,并将运算结果赋值给 n,可表示为 n＝n＊i 或 n＊i＝>n。

步骤 4：乘数 i 增加 1,可表示为 i＝i＋1 或 i＋1＝>i。

步骤 5：判断乘数 i 是否大于 5。如果 i 的值不大于 5,返回重新执行步骤 3、步骤 4 和步骤 5；否则算法结束,n 的值即为 5!的结果。

步骤 6：输出结果,即 n 的值。

从上述例题可知,使用自然语言描述算法就是使用人们日常生活中的语言对算法的步骤进行描述,其优点在于通俗易懂,但文字冗长,容易出现歧义。此外,使用自然语言描述包含分支和循环的算法时不太灵活,因此,除了一些较简单的问题外,一般很少使用自然语言表示算法。

2. 流程图

流程图也称为框图,它是一种以特定的几何框图、流程线加上说明表示算法的图。美国国家标准化协会（American National Standard Institute，ANSI）规定了一些常用的流程图符号,已为世界各国程序工作者普遍采用,如表 1-1 所示。

表 1-1　流程图符号作用表

基本框图	名　称	说　明
	起止框	流程图的起始和终止
	输入输出框	框中标明数据的输入与输出
	判断框	框中标明算法的判断条件
	处理框	框中标明数据的处理操作

续表

基本框图	名　称	说　明
→　↓	流程线	连接各种框图,表示算法的执行顺序
○	连接点	表示与流程图其他部分相连接
----□	注释框	框中标明算法某操作的说明信息

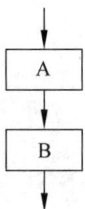

图 1-16　顺序结构
流程图

传统的流程图用流程线指出各种框图的执行顺序,但对流程线的使用没有严格的限制,如果毫无限制地使流程任意转来转去,将使流程图变得毫无规律,难以阅读。为了解决这个问题,人们通常会使用 Bohra 和 Jacopini 提出的以下 3 种基本结构作为表示一个良好算法的基本单元,用以限制流程图无规则的转移,使算法结构规范化。

(1) 顺序结构是最简单的一种线性结构,表示依次顺序执行程序框图,如图 1-16 所示,表示首先执行 A 框所指定的操作,然后按顺序执行 B 框所指定的操作。

(2) 选择结构一般根据条件满足或者不满足而去执行不同的程序框图,此结构中必包含一个判断框,如图 1-17 所示。图 1-17(a)所表示的执行顺序如下:当满足条件 P 即条件 P 为真时执行 A 框所指定的操作,否则执行 B 框所指定的操作;图 1-17(b)所表示的执行顺序如下:当满足条件 P 即条件 P 为真时执行 A 框所指定的操作,否则直接执行选择结构之后的操作。在画流程图时,如果满足条件,一般执行判断框左边的流程,否则执行判断框右边的流程,可以在其左右两边的流程线上分别标注 Y 和 N 来表示。

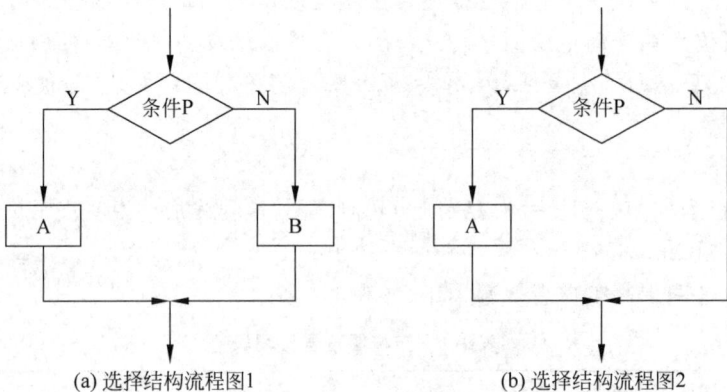

(a) 选择结构流程图1　　　　　　　　(b) 选择结构流程图2

图 1-17　选择结构流程图

(3) 循环结构是指重复执行某些操作,可分为当型循环和直到型循环两种,分别如图 1-18(a)和图 1-18(b)所示。

当型循环:执行顺序为,首先判断是否满足条件 P,当满足条件 P 时反复执行 A 框所指定的操作,每执行一次判断一次条件,直到不满足条件 P 为止,此时跳出循环,执行循环后面的操作。

直到型循环:执行顺序为,首先执行一次 A 框所指定的操作,再判断是否满足条件 P,

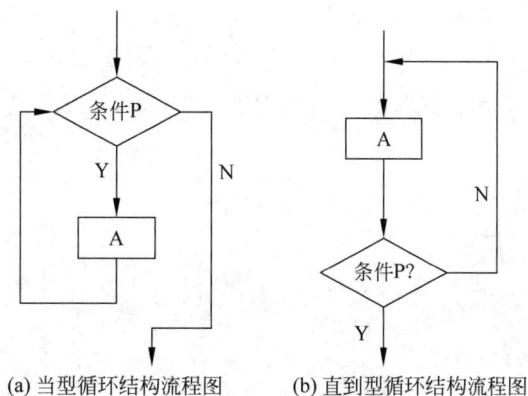

(a) 当型循环结构流程图   (b) 直到型循环结构流程图

图 1-18　循环结构流程图

如果不满足,则反复执行 A 框所指定的操作,直到条件 P 满足为止。

以上三种基本程序结构都具有如下共同点。

只有一个入口。

只有一个出口。

结构内的每一部分都有机会被执行到。

结构内不存在死循环,即无终止的循环。

【例 1-7】　将求 5! 使用流程图进行描述,如图 1-19 所示。

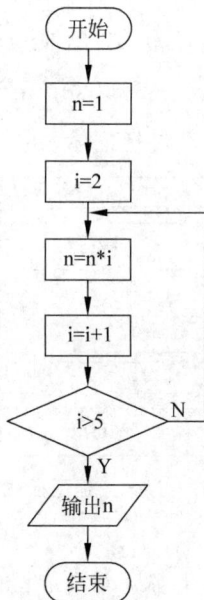

图 1-19　流程图描述求 5!

3. N-S 流程图

N-S 流程图由美国学者 I. Nassi 和 B. Shneiderman 提出,它以三种基本结构作为构成算法的基本元素,完全去掉了带箭头的流程线,将全部算法写在一个矩形框内,框内又包含若干基本框,各基本结构之间保持顺序执行的关系,保证了程序具有良好的结构,所以 N-S 流程图又叫 N-S 结构化流程图。

3 种基本结构的 N-S 流程图描述如下所示。

（1）顺序结构。顺序结构的 N-S 流程图如图 1-20 所示，表示先执行 A 后执行 B。

（2）选择结构。选择结构的 N-S 流程图如图 1-21 所示，表示当满足条件 P 时执行 A，不满足条件时，执行 B。

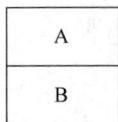

图 1-20　N-S 流程图的顺序结构　　　　图 1-21　N-S 流程图的选择结构

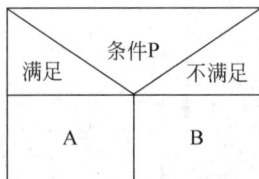

（3）循环结构。当型循环结构的 N-S 流程图如图 1-22(a)所示，表示先判断是否满足条件 P，当满足条件 P 时反复执行 A，直到条件不满足为止。

直到型循环结构的 N-S 流程图如图 1-22(b)所示，表示先执行 A，然后判断是否满足条件 P，如不满足则反复执行 A，直到满足条件为止。

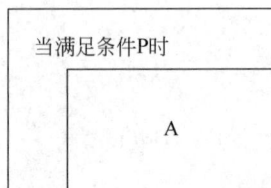

(a) N-S流程图的当型循环结构　　(b) N-S流程图的直到型循环结构

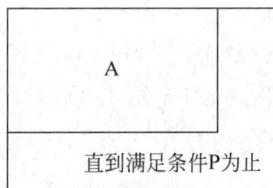

图 1-22　N-S 流程图的循环结构

【例 1-8】　将求 5!使用 N-S 流程图进行描述，如图 1-23 所示。

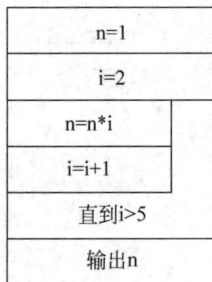

图 1-23　N-S 流程图描述求 5!

4. 伪代码

伪代码是一种类似于编程语言但不必遵循具体语法规则的代码，其介于自然语言和计算机语言之间，用以说明算法的步骤。它使用起来比较灵活，无固定的格式与规则，可以使用英文，也可中英文混用，只要能表达清楚算法的意思即可。相比较流程图而言，使用伪代码描述算法更容易修改，例如，增加一行、删除一行或者调整某一部分的位置等都很容易做到，而流程图描述算法则不便处理，但其缺点在于不像流程图那样直观，因而在描述算法时要根据自己的需求选择适合的方法。

【例 1-9】　将求 5!使用伪代码进行描述。

```
begin                          //算法开始
  1 = > n
  2 = > i
while i < = 5
  {
  n * i = > n
  i + 1 = > i
  }
  print   n
end                            //算法结束
```

5. 用计算机语言实现算法

前四种方法只讲述了如何描述算法,即用不同的方法描述求解 5 的阶乘的步骤,而要想得到 5!的结果,就必须要实现算法。实现算法的方式有很多种,在本书中主要使用计算机去实现算法,而计算机是无法识别流程图和伪代码的,只有使用计算机语言编写的程序才能被计算机识别并执行,因此,在使用流程图或者伪代码描述算法之后,还需要将其转换为计算机语言程序,最终让计算机帮助我们实现算法。

【例 1-10】 将求 5!使用 C 语言实现。

```c
# include < stdio. h >
int main()
{
    int i,n;
    n = 1;
    i = 2;
    while(i < = 5)
    {
      n = n * i;
      i = i + 1;
    }
    printf(" % d\n",n);
    return 0;
}
```

本 章 小 结

C 语言是目前使用非常广泛的高级程序设计语言之一。本章通过简单的 C 程序、基本的输入输出函数、C 程序的基本结构、C 程序的开发环境,初步讲解了 C 语言的构成和书写格式,介绍了 C 语言程序编辑、编译、连接、运行的过程,以方便读者掌握编写 C 程序的方法。

算法是编写程序的关键,本章通过简洁的实例介绍了算法的基本概念、特性和表示方法。上机实践是检验算法和程序的重要手段,同时也能有效提高编程能力。

习 题 1

一、选择题

1. 以下叙述中错误的是(   )。

    A. 使用三种基本结构构成的程序只能解决简单问题

    B. 结构化程序由顺序、分支、循环三种基本结构组成

    C. C语言是一种结构化程序设计语言

    D. 结构化程序设计提倡模块化的设计方法

2. 计算机能直接执行的程序是(　　)。

    A. 源程序　　　　　　　　　　　　B. 目标程序

    C. 汇编程序　　　　　　　　　　　D. 可执行程序

3. C语言程序的模块化通过(　　)来实现。

    A. 变量　　　　　　　　　　　　　B. 函数

    C. 程序行　　　　　　　　　　　　D. 语句

4. 以下叙述中正确的是(　　)。

    A. 用C语言编写的程序只能放在一个程序文件中

    B. C程序书写格式严格,要求一行内只能写一个语句

    C. C程序中的注释只能出现在程序的开始位置和语句的后面

    D. C程序书写格式自由,一个语句可以写在多行上

5. 以下叙述中正确的是(　　)。

    A. C语言规定必须用main作为主函数名,程序将从此开始执行

    B. 可以在程序中由用户指定任意一个函数作为主函数,程序将从此开始执行

    C. C语言程序将从源程序中第一个函数开始执行

    D. main的各种大小写拼写形式都可以作为主函数名,如MAIN、Main等

6. 以下选项中关于程序模块化的叙述错误的是(　　)。

    A. 可采用自底向上、逐步细化的设计方法把若干独立模块组装成所要求的程序

    B. 把程序分成若干相对独立、功能单一的模块,可便于重复使用这些模块

    C. 把程序分成若干相对独立的模块,可便于编码和调试

    D. 可采用自顶向下、逐步细化的设计方法把若干独立模块组装成所要求的程序

7. 以下叙述中错误的是(　　)。

    A. C语言中的每条可执行语句和非执行语句最终都将被转换成二进制的机器指令

    B. C语言程序经过编译、连接步骤之后才能形成一个真正可执行的二进制机器指令

    C. 用C语言编写的程序称为源程序,它以ASCII形式存放在一个文本文件中

    D. C语言源程序经编译后生成扩展名为.obj的目标文件

8. 下列叙述中错误的是(　　)。

    A. C语言程序可以由多个程序文件组成

    B. 一个C语言程序只能实现一种算法

    C. C语言程序可以由一个或多个函数组成

    D. 一个C语言函数可以单独作为一个C语言程序文件存在

9. 以下关于注释的叙述中错误的是(　　)。

    A. 注释的边界符号"/"和" * "之间不允许加入空格

    B. C语言允许注释出现在程序中任意合适的地方

    C. 注释的内容仅用于阅读,对程序的运行不起作用

    D. 注释的边界符号"/ * "和" * /"必须成对出现且可以嵌套

10. 以下说法正确的是(　　)。

    A. C 语言只接受十进制的数

    B. C 语言只接受二进制、八进制、十六进制的数

    C. C 语言只接受二进制、十进制、十六进制的数

    D. C 语言只接受八进制、十进制、十六进制的数

二、程序题

1. 请查阅文献资料。描述程序设计语言的三个发展阶段。

2. 请查阅文献资料。了解 C 语言的发展过程,列举 C 语言有哪些特点。

3. 请分别用 Visual C++和 Dev-C++集成开发工具,自己动手将它安装到计算机中,然后分别输入本章的 5 个程序,再对程序进行编译、运行,了解程序的执行过程。并对程序范例进行改造,使其能完成你的预期设计目标。

4. 编写一个求梯形面积的程序。

5. 已知正方形的边长为 4,根据已知的条件计算出正方形的周长、面积,并将其输出。

6. 用传统流程图和 N-S 流程图表示求解以下问题的算法。

(1) 有 3 个数 a、b、c,要求按大小顺序把它们输出。

(2) 依次将 10 个数输入,要求输出其中最大的数。

(3) 判断一个数 n 能否同时被 3 和 5 整除。

(4) 求两个数 m 和 n 的最大公约数。

第2章　C 语言基础知识

——"不积跬步,无以至千里"

在 C 语言的学习旅程中,每一个数据类型和运算符的掌握都是至关重要的。整数、浮点数、字符等数据类型是构建复杂程序的基石,而运算符则是这些基石之间的黏合剂,它们共同构成了程序的骨架。学习数据类型和运算符,就像是积累跬步,每一步虽小,却铺就了通向编程高手之路。我们不能期望一蹴而就,而是应该脚踏实地,一个类型一个类型地掌握,一个运算符一个运算符地理解。只有通过不断的积累和实践,我们才能在编程的天地中自由翱翔,将千里之行始于足下。

数据是程序处理的基本对象,每个程序首要的是对处理的数据明确定义并做好数据准备。程序的数据是有不同类型的,对不同类型数据的加工处理是有规范要求的。编写程序的目标实际上是对不同类型数据利用算法加工处理后输出正确结果。作为一种程序设计语言,C 语言规定了一套严密的语法规则和字符集,程序设计就是根据这些语法规则和基本字符,按照实际问题的需要编制出相应的 C 语言程序。程序设计中不能违反特定的语法规则,程序语句中也不能使用规定以外的字符。

C 语言字符集是 C 语言程序里允许使用的字符集合,是构成语言的最小单位,主要由字母、数字、空白符、标点和特殊符号组成。在字符串常量和注释中还可以使用汉字或其他可表示的图形或符号。C 语言中使用的词汇可分为六类:关键字、标识符、分隔符、注释符、运算符、常量。

关键字是 C 语言规定的具有特定意义的字符串,通常也称为保留字。C 语言中的关键字一共有 37 个,分为以下四类,其中加黑显示的是 C99 标准中新增加的 5 个关键字。

标识数据类型:int、char、long、float、double、short、unsigned、struct、union、enum、void、signed、**_Bool**、**_Complex**、**_Imaginary**。

标识控制流程:if、else、goto、switch、case、default、for、do、while、break、continue、return。

标识存储类型:auto、static、register、extern。

其他关键字:sizeof、const、typedef、volatile、**restrict**、**inline**。

在计算机高级语言中,用来对变量、符号常量名、函数、数组、类型等命名的有效字符序列统称为标识符。简单地说,标识符就是一个对象的名字。C 语言中,标识符由字母、数字和下画线组成,但不能以数字开头,也不能是 C 语言关键字。

C 语言是区分大小写的,例如,myVariable 和 myvariable 是不同的标识符,均是合法的;int、float 等是不合法的,因为不能使用 C 语言的关键字作为标识符,但 Int、Float 是合法的；标识符最好做到"见名知义"，以提高程序的可读性，如学生姓名用 stuname 表示，半径用 r 表示。注意以下标识符是非法的：2data（以数字开头）、a＋b（有非法字符）、long（C语言关键字）。

分隔符有逗号、空白符、分号和冒号四种。逗号主要用于分隔多个变量和函数参数，空白符多用于分隔单词，分号主要用于语句末尾，起分隔语句的作用，也用于特殊位置，如 for 循环中起分隔三个表达式的作用。冒号一般用于特定位置，如在语句标号后、条件表达式中或 case 分支中等。

注释是对源程序代码功能和实现方法等的说明信息，程序在编译时会将其忽略掉，一般有两种实现方式：①以"//"开始的单行注释，到换行符结束；②多行注释用"/＊"和"＊/"联合表示，两者必须配对使用，不可嵌套。添加注释可以提高程序可读性，是程序员良好编程风格的一个重要标志。一般在程序的最前面说明程序的主要功能；在函数的开头说明函数的功能、所需参数和含义及取值范围；在关键功能代码处说明此句或此段代码实现的功能及思路等。另外，也可以利用注释辅助程序调试。

2.1 基本数据类型

在数学中，数值是不分类型的，数值的运算是绝对准确的。而在计算机中，数据是存放在存储单元中的，它是具体存在的。而且，存储单元是由有限的字节构成的，每一个存储单元中存放数据的范围是有限的，不可能存放"无穷大"的数，也不能存放循环小数。例如，用C程序计算和输出 1/3：printf("%f",1.0/3.0);，得到的结果是 0.333333，只能得到 6 位小数，而不是无穷位的小数。所以，用计算机进行的计算不是抽象的理论值的计算，而是用工程的方法实现的计算，在许多情况下只能得到近似的结果。

C语言中的数据类型可分为基本类型、构造类型、指针类型和空类型四种，如图 2-1 所示。

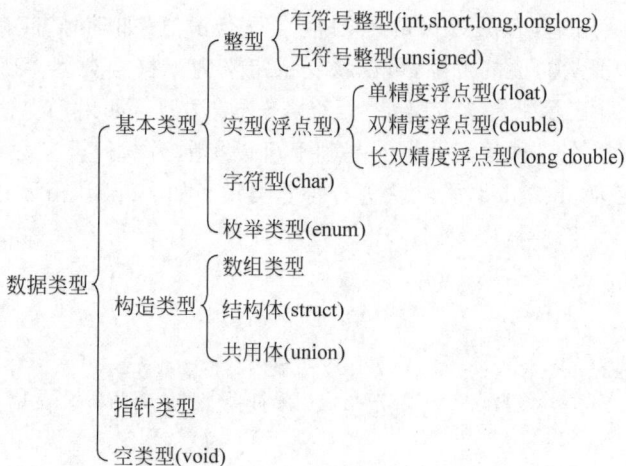

图 2-1　C语言允许使用的数据类型

在 C 语言中,数据类型不仅仅是语法上的要求,它们还直接影响程序的性能和行为。因此,选择合适的数据类型对于编写高效、可靠和易于维护的程序至关重要。

数据类型决定了变量在内存中占用的空间大小。例如,在 Visual C++ 系统中,一个 int 类型通常占用 32 位(4 字节),而一个 double 类型可能占用 64 位(8 字节)。选择合适的数据类型可以优化内存使用,尤其是在处理大量数据或资源受限的环境中。每种数据类型都有其特定的值的范围,这决定了变量可以存储的最大和最小值。例如,unsigned int 类型的变量只能存储非负整数,而 signed int 既可以存储正整数也可以存储负整数。浮点数类型(如 float 和 double)提供了对小数点后数值的支持,这在科学计算和需要精确数值表示的场合非常重要。基本数据类型如表 2-1 所示。

表 2-1　基本数据类型

类型	关　键　字	含义与输出格式符	字节数	数据表示范围
字符型	char	字符型　%c	1	$-128 \sim 127$
	unsigned char	无符号字符型　%c 或%u	1	$0 \sim 255$
整型	int	整型　%d	4	$-2^{31} \sim (2^{31}-1)$
	unsigned	无符号整型　%u	4	$0 \sim (2^{32}-1)$
	short	短整型　%hd	2	$-32768 \sim 32767$,即 $-2^{15} \sim (2^{15}-1)$
	long	长整型　%ld	4	$-2^{31} \sim (2^{31}-1)$
	unsigned short	无符号短整型　%hu	2	$0 \sim 65535$,即 $0 \sim (2^{16}-1)$
	unsigned long	无符号长整型　%lu	4	$0 \sim (2^{32}-1)$
	long long	长长整型　%lld	8	$-2^{63} \sim (2^{63}-1)$
	unsigned long long	无符号长长整型　%llu	8	$0 \sim (2^{64}-1)$
实型	float	单精度浮点型　%f	4	$-3.4 \times 10^{38} \sim 3.4 \times 10^{38}$
	double	双精度浮点型　%lf	8	$-1.7 \times 10^{308} \sim 1.7 \times 10^{308}$
	long double	长双精度浮点型　%Lf	6	$-1.2 \times 10^{4932} \sim 1.2 \times 10^{4932}$
布尔类型	_Bool	布尔型　%d	1	0 和 1

以上类型变量值在存储单元中都是以补码形式存储的,存储单元中的第 1 个二进制位代表符号。在实际应用中,有的数据的范围常常只有正值(如学号、年龄、库存量、存款额等)。为了充分利用变量的值的范围,可以将变量定义为无符号类型,可以在类型符号前面加上修饰符 unsigned 表示指定该变量是"无符号整数"类型。如果加上修饰符 signed,则是"有符号类型"。因此,在 4 种整型数据的基础上可以扩展为 8 种整型数据。如果既未指定为 signed,也未指定为 unsigned,则默认为有符号类型。如 signed int a 和 int a 等价。

【例 2-1】 输出无符号整型数据。

```
# include < stdio.h >
int main()
{
    unsigned short price = 60;        //定义为无符号短整型变量
    printf(" % u\n",price);           //指定用无符号十进制数的格式输出
    return 0;
}
```

程序解析:

对无符号整型数据用"%u"格式输出。"%u"表示用无符号十进制数的格式输出。

需要特别说明的是,如果指定 unsigned 型,那么存储单元中全部二进制位都用作存放数值本身,而没有符号。这也意味着无符号型变量只能存放不带符号的整数,而不能存放负数。由于左面最高位不再用来表示符号,而用来表示数值,因此无符号整型变量中可以存放的整数的范围比一般整型变量中正数的范围扩大一倍。另外需要注意的是,只有整型(包括字符型)数据可以加 signed 或 unsigned 修饰符,实型数据是不能加的。

【例 2-2】 理解无符号整数的取值范围及其赋值规则。

```c
#include<stdio.h>
int main()
{
    unsigned short price = -2;        //不能把一个负整数存储在无符号变量中
    printf("%u\d",price);
    return 0;
}
```

程序解析:

在将一个变量定义为无符号整型变量后,不应向它赋予一个负值,否则会得到错误的结果。本例中,系统对-2 先转化成补码形式,就是假设使用的是 8 位二进制系统,那么 2 的二进制表示是 00000010,它的补码就是将这个数取反(得到 11111101)然后加 1 得到补码:11111110,如果是其他位数的系统,比如 16 位、32 位或 64 位,计算方法相同,只是位数不同。然后把它存入变量 price 中。由于 price 是无符号短整型变量,其左面第一位不代表符号,按格式输出得到结果为 65534,很显然与原意不符。

【例 2-3】 测试不同数据类型数据所占存储空间的长度。

```c
#include<stdio.h>
int main()
{//%d 为按整型输出,sizeof 运算符用于测试某种数据类型所占存储空间的长度
    printf("字符型占%d字节,浮点型占%d字节\n",sizeof(char),sizeof(float));
    printf("Visual C++整型最大值:%d,整型最大值+1:%d",2147483647,2147483647+1);
    return 0;
}
```

运行结果:

```
字符型占 1 字节,浮点型占 4 字节
Visual C++整型最大值:2147483647,整型最大值+1:-2147483648
```

程序解析:

从程序运行结果可以看出,字符型数据占 1 字节,浮点型数据占 4 字节,整型数据最大值为 2147483647,最大值加 1 后超出整型的表示范围,即发生了溢出,所以输出错误数据-2147483648。

【例 2-4】 编程观察实型数据的舍入误差。

```c
#include<stdio.h>
int main()
{
    float a;
    a = 5678.161926534;
    printf("%f\n",a);
    return 0;
}
```

运行结果：

5678.162109

程序解析：

产生这种现象的原因是，实型变量是由有限的存储单元组成的，能提供的有效数字数量是有限的。float 型变量只能保证有效数字是 7 位，在有效位以外的数字将被舍去，发生一些误差，不准确地表示该数。如果要准确地表示该数，将 float 改成 double 即可，需要说明的是，Visual C++、Turbo C 都规定，默认小数后最多保留 6 位，其余部分四舍五入。所以改成 double 后，运行的结果是 5678.161927。

【例 2-5】 浮点数的有效数位。

```
#include<stdio.h>
int main()
{
    float a;
    double b;
    a = 66666.66666;
    b = 88888.888888888888888;
    printf("%f\n%f\n",a,b);
    printf("%20.10lf\n%20.10lf\n",a,b);
    return 0;
}
```

运行结果：

66666.664063
88888.888889
    66666.6640625000
    88888.8888888889

程序解析：

由于 a 是单精度浮点型，有效位数只有 7 位。而整数已占 5 位，故小数两位之后均为无效数字。b 是双精度型，有效位为 16 位。

Visual C++ 6.0/2010、TurboC(或 Win-TC)都规定，默认小数后最多保留 6 位，其余部分四舍五入。

除基本数据类型外，C 语言还提供了构造数据类型、指针类型和空类型。

(1) 通常将数组、结构体、共用体(又叫联合体)、枚举称为构造数据类型，或称自定义数据类型。它是在基本数据类型基础上，用户根据需要对类型相同或不同的若干个变量构造的新类型，具体内容将在以后的章节中介绍。

(2) 指针类型。指针类型是 C 语言为实现间接访问而提供的一种数据类型，特殊而重要。具体内容将在第 8 章介绍。

(3) 空类型。也称为 void 类型，一般有两个主要用途：①修饰函数返回值类型或者函数参数，表示函数无返回值或函数没有参数，具体用法参见第 7 章；②修饰指针数据类型，表示该指针为通用指针。

2.2 常　　量

程序运行过程中,其值不能被改变的量称为常量。常用的常量有整型常量、实型常量、字符常量、字符串常量、符号常量。

2.2.1　整型常量

C语言的整型常量有十进制、八进制和十六进制3种表示形式。

1. 十进制形式

十进制整型常量是可以带正负号的数学意义上的整数,由0~9的数字组成。例如,123、+456、-789都是合法的十进制整型常量。

2. 八进制形式

八进制整型常量是以0开头的带正负号的八进制整数,由0~7的数字组成。如012、+0234、-0456。需要注意的是,C语言中,013与13不同,013是八进制数,换算为十进制数为11,而13是十进制数。19是合法的十进制数,而019因八进制中没有8,则是非法数。

3. 十六进制形式

十六进制整型常量是以0X或0x开头的带正负号的十六进制整数,由0~9、a~f或A~F组成,如0x123、0x1B、0X5C8。

以上3种表示形式均表示此整型常量为int类型,如果要表示long int或unsigned int类型的常量,则需要在常量后面加后缀l(或L)或u(或U),如23L表示长整型常量,23u表示无符号常量。

【例2-6】 按十进制输出不同进制常量。

```
#include <stdio.h>
int main()
{
    printf("%d, %d, %d",016,16,0x16);    //%d是指按十进制整数输出
    return 0;
}
```

运行结果:

14,16, 22

程序解析:

程序的执行结果为按十进制整数输出,八进制数016按十进制整数输出为14,十六进制数0x16按十进制整数输出为22。

2.2.2　实型常量

实型常量就是数学中的实数,有两种表示形式:十进制形式和指数形式。

(1) 十进制形式:由整数部分和小数部分组成,中间以小数点隔开。整数部分和小数部分可以省略其中一个,但小数点不能省略。如3.12、-0.456、+6.289、169、2.等都合法。需要说明的是2和2.0在C语言中虽然值相等,但前者是整型常量,后者是实型常量。

(2) 指数形式:指数学中的科学记数法,$a \times 10^b$ 在C语言中表示为aeb或aEb,其中尾

数 a 为十进制实数形式,底数 10 用阶码标志(e 或 E)表示,指数 b 为十进制整型形式。如 1.23e4、−3.14E-2、6.02e+23 是合法的。注意指数部分必须有一个指数符号(e 或 E),前面必须有数字,后面必须为整数。如 e5、8e2.5 是非法的。

实型常量默认都为 double 类型,若要表示 float 类型的实型常量,则需要加后缀 f 或 F,例如,12.456f、−2.39E10f。

【例 2-7】 按十进制和指数形式输出十进制和指数形式常量。

```
#include<stdio.h>
int main()
{//用%f输出单精度十进制常量,%1f输出双精度十进制常量,%e输出单精度指数常量
    printf("%f,%1f,%e",568.0f,6.78E2,789.0f);
}
```

运行结果:

568.000000,678.000000,7.890000e+002

程序解析:

可以看出,printf 默认输出实型数据格式为精确到小数点后 6 位,指数默认占 3 位。

2.2.3 字符常量

C 语言的字符常量是 ASCII 码字符集中的一个半角字符,包括字母(区别大、小写)、数字、标点符号以及特殊字符等。字符常量在计算机中是以其对应的 ASCII 码存储的,因此 C 语言规定,所有字符常量都作为整型常量处理。字符常量有普通字符和转义字符两种表示方式。

1. 普通字符表示形式

用一对西文半角单引号(注意格式要求)将一个字符(有且只有一个)括起来表示字符常量,如'A'、'0'、'*'、';'。每个字符常量都有一个对应的 ASCII 码值,如'A'的 ASCII 码为 65,'0'的 ASCII 码为 48,具体对应关系参见附录 A。

普通字符常量代表 ASCII 码表中的单个字符,可以是字母、数字、标点符号或其他可打印字符。此处的单引号只是界限符,字符常量只能是一个字符,不包括单引号。字符常量存储在计算机存储单元中时,并不是存储字符本身,而是以其 ASCII 码存储的。例如,字符'a'的 ASCII 码是 97,因此,在存储单元中存放的是 97(以二进制形式存放)。

注意区分 1 和'1'是不同的,1 是整型常量,'1'是字符常量,它们对应的 ASCII 码也不同。

2. 转义字符表示形式

转义字符用于表示那些不可见的控制字符或需要特殊处理的字符。它们以反斜杠"\"开头,后面跟着一个或多个字符,这些字符组合起来表示另外的含义。如'\n'(换行符)、'\t'(水平制表符,即 Tab)、'\\'(反斜杠)、'\"'(双引号)。

某些转义字符序列可能看起来不像常规的字符,如'\xh'(其中 h 是十六进制数)、'\o'(其中 o 是八进制数),它们用来表示扩展 ASCII 码中的字符。如'\x1B'或'\033'代表 ASCII 代码为 27 的字符,即 ESC 控制符。'\0'或'\000'代表 ASCII 代码为 0 的控制字符,即空操作字符。

常见的转义字符及其含义如表 2-2 所示。

表 2-2　常见的转义字符及其含义

转义字符	含　义	ASCII 值	转义字符	含　义	ASCII 值
\0	字符串的结束标志	0	\b	退格	8
\a	响铃	7	\\	反斜杠	92
\n	回车换行	10	\'	单引号	39
\r	回车	13	\"	双引号	34
\t	横向跳到下一个制表位	9	\OOO	1 到 3 位八进制对应字符	
\f	换页	12	\xhh	1 到 2 位十六进制对应字符	

【例 2-8】　输出字符常量。

```
# include < stdio. h >
int main()
{
    printf(" % c, % d\n",'c','c');
    //将字符 c 按 % c(即字符)输出,按 % d(即整型)输出其 ASCII 码
    printf(" % c, % c, % c, % c",'a',97,'\141','\x61');
    return 0;
}
```

运行结果:

```
c,99
a,a,a,a
```

程序解析:

程序第 4 行语句的执行结果按规定输出小写字符 c 与其对应的 ASCII 码值。第 5 行语句是字符 a 的 4 种表达形式:普通字符'a'、ASCII 码 97、八进制转义字符'\141'和十六进制转义字符'\x61',其执行结果为按不同形式转义后的按字符格式输出的字符 a。

【例 2-9】　转义字符举例。

```
# include < stdio. h >
int main()
{
    printf("\101 \x42 C\n");
    printf("I say:\"How are you?\"\n");
    printf("\\C Program\\\n");
    printf("Turbo \'C\'");
    return 0;
}
```

运行结果:

```
A B C
I say:"How are you?"
\C Program\
Turbo 'C'
```

2.2.4　字符串常量

字符串常量是用西文半角双引号括起来的字符序列,如"Hello world!"、"20 $ "、"我爱你中国!"、"cde\"等都是合法的字符串常量。这些字符包括可打印字符、转义字符、空白字符等。字符串在存储时,除要存储字符串中的字符外,还要在末尾存放一个结束标志'\0'。

'\0'是一个八进制转义字符,其对应的 ASCII 码为 0。因此字符串所占存储空间长度总是比字符串本身长度多 1 字节。例如,字符串常量"a\\b\n"在内存中的存储方式如下。

a	\	b	\n	\0

该字符串的长度为 4(字符串中的\\和\n 均为一个转义字符),不包括'\0',但存储时所占内存空间长度为 5。

字符和字符串关联密切,但又有本质区别。如''(两个单引号紧密相连,不是空格字符)不是合法字符,因为中间没有字符;但""却是合法字符串,它不包含任何字符,但在内存中会有一个结束标志'\0'(null 字符),这是因为在 C 语言中字符串是以'\0'结束的字符数组,这个结束标志确保了字符串的末尾可以被正确识别。

【例 2-10】 字符串常量测试。

```
# include < stdio.h >
# include < string.h >              //strlen()函数包含在 string.h 中
int main()
{
    printf("%s","a\\b\n");       //%s 输出一个字符串
    printf("字符串长度:%d\n",strlen("a\\b\n"));
    //strlen 是获取字符串长度的函数
    printf("占用空间长度为:%d",sizeof("a\\b\n"));
    //sizeof 是获取所占内存空间长度的运算符
    return 0;
}
```

运行结果:

```
a\b
字符串长度:4
占用空间长度为:5
```

2.2.5 符号常量

符号常量在 C 语言中通常使用 # define 来实现,它们是由预处理器处理的标识符,用于代表一个值。符号常量的主要优势在于提高代码的可读性和易于维护性。

例如:

```
# define PI 3.14159
# define ARRAY_SIZE 100
# define RED 1
```

【例 2-11】 某粮库拟建造一半径为 r 米、深 h 米的圆形粮仓,要为粮仓底面和侧面贴上瓷砖,编程求出大约需要多少平方米的瓷砖。

```
# include < stdio.h >
# define PI 3.14                          //定义符号常量 PI,注意行尾没有分号
int main ()
{
    float r,h,area;
    printf("请输入粮仓半径(米)和深度(米):");
    scanf("%f%f",&r,&h);                  //从键盘上输入半径和深度
    area = PI * r * r + 2 * PI * r * h;   //计算粮仓底面和侧面面积并相加,多次使用 PI
    printf("需要瓷砖大约%f 平方米\n",area);
}
```

运行结果：

请输入粮仓半径(米)和深度(米):300.0 112.5
需要瓷砖大约 494550.000000 平方米

程序解析：

经过以上的指定后,程序中从此行开始,所有的 PI 都代表 3.14。C 语言规定,符号常量的定义单独占一行,并且♯define 为预处理命令,不是语句,所以尾部没有分号。在对程序进行编译前,预处理器先对 PI 进行处理,把所有 PI 全部置换为 3.14,在预编译后,符号常量已全部变成 3.14。使用符号常量需要"见名知义"。在一个规范的程序中,不提倡使用很多的常数。因为在检查程序时,搞不清各个常数究竟代表什么,应尽量使用"见名知义"的变量名和符号常量。并且在需要改变程序中多处用到的同一个常量时,能做到一改全改。

另外需要注意,不要把符号常量误认为变量,因为符号常量不占内存,只是一个临时符号,代表一个值,在预编译后,这个符号就不存在了。所以不能对符号常量赋新值。为与变量名相区别,习惯上符号常量用大写表示。

2.3 变　　量

与常量对应的是变量,指在程序运行过程中可以改变的量。变量值之所以能够改变,是因为变量的本质是一段内存空间。变量有变量名、变量值、存储单元(有唯一变量地址)3 个不同的属性。变量类型决定了该变量要占内存空间的大小以及能参与的运算等,变量名决定了程序如何引用这段内存空间,变量值决定了内存空间中的数据。C 语言规定,所有变量必须先定义后使用。

2.3.1　变量的定义

变量名遵循标识符的构成规则,一般用小写,建议做到"知名达意"。如果一次定义多个变量,则变量名之间用","分隔。

变量代表一个有名字的、具有特定属性的存储单元,它用来存放数据,也就是存放变量的值。在程序运行期间,变量的值是可以改变的。变量必须先定义后使用。在定义时,指定该变量的名字和类型。一个变量应该有一个名字,方便被引用。注意区分变量名和变量值,这是两个不同的概念。变量值指的是存放在变量名对应的内存单元中的数据,变量名实际上是以一个名字代表的一个存储地址。在对程序编译链接时,由编译系统给每一个变量名分配对应的内存地址,从变量中取值实际上是通过变量名找到相应的内存地址,从该存储单元中读取数据。

2.3.2　变量赋初值

变量在使用前一定要赋初值,否则将导致程序逻辑错误。变量赋初值一般有以下两种方法。

(1) 初始化,即定义变量的同时赋初值。例如：

```
int age = 28;                //定义整型变量 age,并赋值为 28
char ch1 = 97,ch2 = 'b';     //定义字符型变量,ch1 赋值为 97,ch2 赋值为字符 b
```

（2）先定义后赋初值。例如：

```
int age;                    //定义整型变量 age
float height;               //定义单精度实型变量 height
age = 18;                   //用赋值符号为 age 赋值为 18
scanf("%f",&height);        //用 scanf 函数为 height 赋值,具体值来源于键盘输入
```

【例 2-12】 变量三要素测试。

```
#include <stdio.h>
int main()
{
    int age = 28;               //初始化 age
    double r,area;              //定义 r 和 area
    //用 sizeof 运算符获取变量占用内存空间字节数
    printf("age 占用%d 字节,r 占用%d 字节\n",sizeof(age),sizeof(r));
    r = 5;                      //为 r 赋值为 5
    printf("age = %d, r = %lf,area = %lf\n",age,r,area);
    return 0;
}
```

运行结果：

```
age 占用 4 字节,r 占用 8 字节
age = 28,r = 5.000000,area = -92559631349317831000000000000000000000000000.00
```

程序解析：

由运行结果可以看出,不同数据类型的变量会分配不同大小的内存空间；age 和 r 中的值确定,但 area 没有赋初值,其运行结果会在不同开发环境中显示不同的值,如 Dev-C++ 5.11 中为 0,但在 Visual C++中是随机数。

2.3.3 常变量

常变量也称为只读变量,是一种值在程序运行期间不能改变的特殊变量,定义时需加上 const 关键字,例如：

```
const float pi = 3.1415926;
const int a = 5;
```

（1）常变量与常量的区别：常变量具有变量的基本属性,有类型,占存储单元,只是不许改变其值。可以说,常变量是有名字的不变量,而常量是没有名字的不变量。有名字便于在程序中被引用。

（2）常变量和符号常量的区别：常变量要占用存储单元,有变量值,只是初始化后再也不能被重新赋值,该值不能改变。而符号常量并不占用内存空间,定义符号常量用#define 指令,它是预编译指令,它只是用符号常量代表一个字符串,在预编译时仅进行值替换。

2.4 运算符与表达式

1. 运算符

运算符可以由一个或多个字符组成,表示各种运算。根据参与运算操作数的个数,运算符可划分为 3 类：单目运算符、双目运算符和三目运算符。按其功能可以划分为算术、关

系、逻辑、位运算等运算符,具体情况如表 2-3 所示。

表 2-3 运算符的分类

序号	名　　　称	符　　号
1	算术运算符	＋、－、＊、/、%、++、--
2	关系运算符	＞、＜、==、＞=、＜=、!=
3	逻辑运算符	!、&&、‖
4	位运算符	&、|、~、^、＜＜、＞＞
5	赋值运算符	=、+=、-=、＊=、/=、%=、＞＞=、＜＜=、&=、^=、|=
6	条件运算符	?　　　:
7	逗号运算符	,
8	指针运算符	＊、&
9	求字节数运算符	sizeof
10	强制类型转换运算符	(数据类型)
11	特殊运算符	括号()、下标[]、成员运算符(.、->)

2. 表达式

表达式是由常量、变量、函数等通过运算符连接起来的一个有意义的式子。一般将单个常量、变量或函数构成的表达式称为简单表达式,其他包含运算符和运算对象的表达式称为复杂表达式。一个表达式代表一个具有特定数据类型的具体值。C 语言允许使用以下几种类型的表达式。

赋值表达式,例如,a=28;

算术表达式,例如,8＊x+3/4.5;

关系表达式,例如,8＞=2;

逻辑表达式,例如,5＞2‖a＜b;

条件表达式,例如,x＞y?x:y;

逗号表达式,例如,a=11,b=25,c=5;

移位表达式,例如,x＞＞3;

指针表达式,例如,＊p=35;

3. 运算符的优先级和结合性

C 语言规定了运算符的优先级和结合性(见附录 B)。运算符的优先级就是运算对象(或称操作数)两侧运算符执行的先后顺序。运算符的结合性是指当一个运算对象两侧的运算符具有相同的优先级别时,该运算对象是先与左边的运算符结合,还是先与右边的运算符结合。自左向右的结合方向称为左结合性,反之称为右结合性。

表达式的求值过程实际上是一个数据加工的过程。通过各种不同的运算符实现不同的数据加工。表达式代表了一个具体值,在计算这个值时,要根据表达式中各个运算符的优先级和结合性,按照优先级高低,从高到低进行表达式的运算,对同级别的优先级按照该运算符的结合性按从左向右或从右向左的顺序计算。同时,为了改变运算次序,可以采取加圆括号的方式,因为圆括号的优先级最高,以此提升某个运算的次序。

2.4.1　赋值运算符与赋值表达式

在 C 语言程序设计中,赋值运算符和赋值表达式是用于给变量分配值的基本工具。

1. 简单赋值运算符和赋值表达式

简单赋值运算符"＝"，用于将右侧表达式的值赋给左侧的变量，是一个优先级仅高于逗号运算符的双目运算符，结合方向为自右至左。由"＝"连接的式子称为简单赋值表达式。其一般形式为

变量 = 表达式

例如，a＝3、y＝a＋5、area＝sqrt(s * (s－a) * (s－b) * (s－c))。

赋值表达式的计算顺序是先计算"＝"右边的表达式，再将表达式的值赋给"＝"左边的变量，因此赋值表达式具有计算和赋值的双重功能。既然是表达式，就应该有一个值，表达式的值等于赋值后左侧变量的值。赋值运算符左侧应该是一个可修改值的"左值"。左值的意思是它可以出现在赋值运算符的左侧，它的值是可以改变的。并不是任何形式的数据都可以作为左值的，左值应当为存储空间并可以被赋值。变量可以作为左值，而算术表达式a+b就不能作为左值，常量也不能作为左值，因为常量不能被赋值。能出现在赋值运算符右侧的表达式称为"右值"。显然左值也可以出现在赋值运算符右侧，因而凡是左值都可以作为右值。

例如：

```
x = y;              //x是左值
z = x;              //x是右值
```

赋值表达式中的"表达式"又可以是一个赋值表达式。例如：

```
a = (b = (c = 12))   /* 赋值表达式的值为12，a、b、c的值均为12；赋值运算符按照"自右至左"
                        的结合顺序，因此这里的括号可以不要 */
x = (a = 5) + (b = 8)  //赋值表达式的值为13，a的值为5，b的值为8
printf("%d",c = d);   //若d的值为8，则输出c的值(也就是表达式c=d的值)为8
```

如果对几个变量赋予同一个初值，应写成

```
int a = 6,b = 6,c = 6;
```

表示a、b、c的初值都是6，不能写成int a＝b＝c＝6；。

2. 复合赋值运算符和表达式

在赋值运算符"＝"之前加上其他双目运算符可构成复合赋值运算符，如＋＝、－＝、* ＝、/＝、%＝等，使用复合赋值运算符可以起到简化代码、提高编译效果的作用。赋值运算符都为同一优先级，结合方向为自右至左。常见的复合赋值运算符如表2-4所示。

表2-4 常见的复合赋值运算符

复合赋值运算符	复合赋值表达式	意义等价于
＋＝	i＋＝1	i＝i＋1
－＝	i－＝1	i＝i－1
* ＝	j * ＝2	j＝j * 2
/＝	k/＝10	k＝k/10
%＝	m%＝10	m＝m%10

【例2-13】 复合赋值表达式测试。

```
# include < stdio.h>
int main ()
```

```
    {
        int a = 1,b = 2,c = 3;        //定义三个整型变量,并初始化
        float d = 10.2;               //定义 float 变量 d,用浮点常量 10.2 初始化
        a += 1;
        b -= a + 5;
        c *= a - 4;
        printf("%d,%d,%d,%f\n",a,b,c,d/ = a);
        return 0;
    }
```

运行结果:

```
2, - 5, - 6,5.100000
```

程序解析:

(1) a+=1;相当于 a=a+1;,求出 a 为 2。

(2) b-=a+5;,由于赋值运算符的优先级低于算术运算符,故该语句等价于 b=b-(a+5);,即 b=2-(2+5);,得 b=-5;。同理,c * =a-4;即 c=3 * (2-4);,故 c=-6。

(3) printf("%d,%d,%d,%f\n",a,b,c,d/=a);由于输出列表中 a、b 和 c 均为 int 型变量,故输出格式占位符均为%d;输出列表中第 4 项为表达式 d/=a,其表达式的值为 d=d/a=10.2/2=5.1,为浮点类型,输出格式占位符为%f,在 Visual C++ 6.0 环境中,float 类型为小数点后保留 6 位数字。

【例 2-14】 复合赋值运算符连续赋值示例。

```
# include < stdio. h>
int main()
{
    int a = 12;
    a += a -= a * a;
    printf("%d",a);
    return 0;
}
```

运行结果:

```
- 264
```

程序解析:

程序中复合赋值表达式 a+=a-=a * a 等价于 a=a+(a=a-(a * a)),先计算 a * a 的值为 144,即 a=a+(a=a-144);a 的值为 12,因此计算 a=a+(a=12-144),得 a=a+(a=-132),此时 a 的值已经变为-132,计算 a=-132+(-132),得到最终 a 的值为-264。

3. 自动类型转换

在 C 语言中,整型、实型和字符型数据可以进行混合运算。如果一个运算符两侧的操作数的数据类型不同,则系统按照"先转换后运算"的原则,首先将数据自动转换成同一类型,然后在同一类型数据间进行运算。转换规则如图 2-2 所示。

图 2-2 中横向向左的箭头表示必需的转换,如字符数据必定先转换为 int 型,short 型转换为 int 型,float 型数据在运算时一律先转换成 double 型,以提高运算精度(即使是两个 float 型数据相加,也先都转换成 double 型,然后再相加)。纵向的箭头表示当运算对象为不

高

double ←—— float

↑

long

↑

unsigned

↑

低

int ←—— char,short

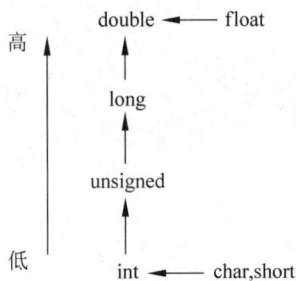

图 2-2 不同类型数据的
转换规则

同类型时转换的方向。例如,int 型与 double 型数据进行运算,先将 int 型的数据转换成 double 型,然后在两个同类型(double 型)数据间进行运算,结果为 double 型。注意箭头方向只表示数据类型级别的高低,由低向高转换。不要理解为 int 型先转换成 unsigned int 型,再转换成 long 型,再转换成 double 型。如果一个 int 型数据与一个 double 型数据运算,是直接将 int 型转换成 double 型。同理,一个 int 型数据与一个 long 型数据运算,先将 int 型转换成 long 型。如果参加运算的两个数据中最高级别为 long 型,则另一数据先转换为 long 型,运算结果为 long 型。其他依此类推。

自动类型转换遵循以下规则。

(1) 如果 int 型与 float 型或 double 型数据进行运算,先把 int 型和 float 型数据转换为 double 型,然后进行运算,结果为 double 型。

(2) 所有的浮点运算都是以双精度进行的,即使仅含 float 单精度量运算的表达式,也要先转换成 double 型,再进行运算。

(3) char 型和 short 型参与运算时,必须先转换成 int 型。

(4) 字符型数据与整型数据进行运算,就是把字符的 ASCII 码与整型数据进行运算。

(5) 在赋值运算中,赋值号两边量的数据类型不同时,赋值号右边量的类型将转换为左边量的类型。如果右边量的数据类型长度比左边长,将丢失一部分数据,这样会降低精度,丢失的部分按四舍五入向前舍入。

4. 强制类型转换

在 C 语言中,可以通过强制类型转换运算符将一个表达式的值转换成所需的数据类型。其一般形式如下:

(类型说明符)(表达式)

例如:

```
(float)a                        /* 把 a 转换为单精度浮点型 */
(int)(x + y)                     /* 把 x + y 的结果转换为整型 */
(double)(x/y)                    /* 把 x/y 的结果转换为双精度浮点型 */
```

注意:类型说明符和表达式都必须加"()"(单个变量可以不加),如把(double)(x/y)写成(double)x/y,则表示把 x 转换成 double 型之后再与变量 y 相除。

无论是强制转换还是自动转换,都只是为了本次运算的需要而对变量的数据长度进行的临时性转换,并没有改变原变量的数据类型。

【例 2-15】 强制类型转换示例。

```
# include < stdio. h >
int main()
{
    float f = 5.75;
    printf("(int)f = % d,f = % f\n",(int)f,f);    //(int)强制类型转换为整型
    return 0;
}
```

运行结果：

(int)f = 5,f = 5.750000

程序解析：

本例表明，f虽强制转为int型，但只在运算中起作用，是临时的，而f本身的类型并不改变。因此，表达式(int)f的值是整型5(删去了小数)，而f的值仍为实型5.75。

2.4.2 算术运算符与算术表达式

1. 基本的算术运算符

常用的算术运算符如表2-5所示。

表 2-5 常用的算术运算符

运算符	含　义	举　例	结　果
＋	正号运算符(单目运算符)	＋a	a 的值
－	负号运算符(单目运算符)	－a	a 的算术负值
*	乘法运算符	a * b	a 和 b 的乘积
/	除法运算符	a/b	a 除以 b 的商
％	求余运算符	a％b	a 除以 b 的余数
＋	加法运算符	a＋b	a 和 b 的和
－	减法运算符	a－b	a 和 b 的差

说明：

(1) 如果一个运算符需要两个运算对象，则称为双目运算符；如果只对一个运算对象进行运算，则称为单目运算符。

(2) 除法运算符"/"：双目运算，具有左结合性。参与运算的对象均为整型时，除法为整型数相除，商为整型，舍去小数部分，如5/3的结果值为1。多数C编译系统(如Visual C++)采取"向零取整"的方法，即取整后向零靠拢。如果运算对象中有一个是实数或两个均为实数，则相除的结果是双精度实数，如 543/10.0＝54.3。除法的结果符号：符号相同为正，相异为负。

(3) 求余运算符(模运算符)"％"：双目运算，具有左结合性。要求参与运算的运算对象均为整型，其结果为两整数相除后的余数，也是整型。例如：5％1＝0；1％10＝1；756％10＝6。求余结果的符号与被除数符号相同，例如：－5％2＝－1；5％－2＝1。

(4) 除％以外的运算符的操作数都可以是任何算术类型。

【例2-16】 编程实现除法运算的特性。

```c
# include < stdio.h >
int main()
{
    printf(" % d, % d\n",18/7, - 22/7);
    printf(" % f, % f\n",18.0/7, - 22.0/7);
    return 0;
}
```

运行结果：

```
2, - 3
2.571429, - 3.142857
```

程序解析：

本例中，18/7 和－22/7 的结果均为整型，小数全部舍去。而 18.0/7 和－22.0/7，由于除法运算符"/"的一侧为实型，所以结果为实型。

【例 2-17】 利用/、%运算，取出任一数 x 的个、十、百、千、万位数。

```
# include< stdio.h>
int main()
{
    int x,g,s,b,q,w;
    printf("请输入一个五位整数\n");
    scanf("%d",&x);
    g=x%10;                    //取个位：x%10
    s=x/10%10;                 //取十位：x/10%10
    b=x/100%10;                //取百位：x/100%10
    q=x/1000%10;               //取千位：x/1000%10
    w=x/10000%10;              //取万位：x/10000%10
    printf("%d%d%d%d%d\n",g,s,b,q,w);
    return 0;
}
```

运行结果：

请输入一个五位整数
54321
12345

程序解析：

假设输入的数 x 为 54321，那么 g＝54321%10，结果为（个位数 1）；s＝54321/10%10，先计算 54321/10＝5432，再计算 5432%10，结果为（十位数 2）；以此类推，54321/100%10，结果为（百位数 3）；54321/1000%10，结果为（千位数 4）；54321/10000%10，结果为（万位数 5）。

2. 算术表达式

用算术运算符和括号将运算对象（也称操作数）连接起来的、符合 C 语法规则的式子称为 C 算术表达式。运算对象包括常量、变量、函数等，算术表达式中的运算符都是算术运算符。在表达式求值时，先按运算符的优先级高低依次执行，如先括号内然后再乘除后加减。如果在一个运算对象两侧的运算符的优先级别相同，则按规定的"结合方向"处理。算术运算符的结合方向是"自左至右"，即左结合性。如计算 a－b＋c 时，减号和加号的优先级相同，变量 b 先与左边的减号结合，执行 a－b，然后再执行右侧加 c 的运算。

以下是算术表达式的例子：

a＊b/c－1.5＋"a"、a%b、(b＊4)/c、sin(a)＋sin(b)、3.14159＊r＊r/(a＋b)

【例 2-18】 编写程序实现如下功能：输入一元二次方程 $ax^2＋bx＋c＝0$ 的系数 a、b、c 后求方程的根。要求：运行该程序时，输入 a、b、c 的值，假设 $b^2－4ac$ 的值大于或等于 0，求根公式为 $x=\dfrac{-b\pm\sqrt{b^2-4ac}}{2a}$

```
# include< stdio.h>
# include< math.h>        //由于程序中用到求平方根函数,故需要引入数学函数库头文件
int main()
{
    double a,b,c;
```

```
        double x1,x2;
        printf("请输入三个实数：\n");
        scanf("%lf%lf%lf",&a,&b,&c);
        x1 = (-b+sqrt(b*b-4*a*c))/(2*a);
        x2 = (-b-sqrt(b*b-4*a*c))/(2*a);
        printf("此方程的两个根为：\nx1 = %7.2f\nx2 = %7.2f\n",x1,x2);
        return 0;
}
```

运行结果：

请输入三个实数：
2.0 3.0 1.0
此方程的两个根为：
x1 = -0.50
x2 = -1.00

程序解析：

一些常用的数学表示形式必须转换为 C 语言能够识别的方式，例如，一元二次方程的求根公式：

$$x = \frac{-b \pm \sqrt{b^2 - 4ac}}{2a}$$

需要转换为(-b+sqrt(b*b-4*a*c))/(2*a)和(-b-sqrt(b*b-4*a*c))/(2*a)。

2.4.3　自增/自减运算符

在 C 语言中，自增和自减运算符用于将变量的值加 1 或减 1。它们可以用作独立的语句，也可以作为表达式的一部分使用。根据表达式中运算符的位置，可有如下两种形式：

++i,--i　　　(在使用 i 之前,先使 i 的值加(减)1)
i++,i--　　　(在使用 i 之后,使 i 的值加(减)1)

注意，++i 和 i++的不同之处在于：++i 是先执行 i=i+1，再使用 i 的值；而 i++是先使用 i 的值，再执行 i=i+1。如果 i 的原值等于 5，请分析下面的赋值语句：

① j=++i;(i 的值先变成 6,再赋给 j,j 的值为 6)
② j=i++;(先将 i 的值 5 赋给 j,j 的值为 5,然后 i 变为 6)

又如：

```
i = 5;
printf("%d",++i);          //输出 6
```

若改为 printf("%d\n",i++);,则输出 5。

自增(减)运算符常用于循环语句中，使循环变量自动加 1；也用于指针变量，使指针指向下一个地址。程序中通常不会写成 i+++j，是理解为(i++)+j 还是 i+(++j)呢？程序应当清晰易读，不致引起歧义。建议谨慎使用++和--运算符，只用最简单的形式，即 i++和 i--，而且把它们作为单独的表达式，而不要在一个复杂的表达式中使用++或--运算符。

【例 2-19】　编程实现自增自减运算。

```
#include<stdio.h>
int main()
```

```
{
    int i = 6;
    printf(" % 3d",++i);
    printf(" % 3d", -- i);
    printf(" % 3d",i++);
    printf(" % 3d",i-- );
    return 0;
}
```

运行结果：

7 6 6 7

程序解析：

程序中i的初值为6,函数体内第2行i加1后输出,故为7;第3行减1后输出,故为6;第4行先输出6后再加1;第5行先输出7后再减1,因此程序运行结果为7 6 6 7。

【例2-20】 编程实现自增自减运算。

```
# include < stdio. h>
int main()
{
    int i = 3,j = 3,m,n;
    m = (++i) * 5;
    n = (j++) * 5;
    printf("i = % d,j = % d\n",i,j);
    printf("m = % d,n = % d\n",m,n);
    return 0;
}
```

运行结果：

i = 4,j = 4
m = 20,n = 15

程序解析：

自增自减运算符有前置和后置两种形式,两种形式的运算步骤不同,如表2-6所示。因此,在程序中,要看清楚是求表达式++i或i++的值,还是求变量的值,两种情况经过运算后变量i的值都会增加1,不同的是表达式的值(自减运算符同理)。

表2-6 ++i和i++运算顺序

表 达 式	步 骤 1	步 骤 2
前置形式：++i	i=i+1	表达式的值=i
后置形式：i++	表达式的值=i	i=i+1

2.4.4 关系运算符与关系表达式

在C语言中,关系运算符用于比较两个值之间的关系。关系运算符和运算对象构成的式子称为关系表达式。关系表达式的运算结果为逻辑值"真"或"假",由于C语言中没有逻辑类型的数据,用"1"表示"真",用"0"表示"假"。C语言提供如表2-7所示的6种关系运算符。

表 2-7 关系运算符

运　算　符	意　　义	示　　例	结　　果
＞	大于	a＞b	如果 a 大于 b,值为 1,否则为 0
＞＝	大于或等于	a＞＝b	如果 a 大于或等于 b,值为 1,否则为 0
＜	小于	a＜b	如果 a 小于 b,值为 1,否则为 0
＜＝	小于或等于	a＜＝b	如果 a 小于或等于 b,值为 1,否则为 0
＝＝	等于	a＝＝b	如果 a 等于 b,值为 1,否则为 0
!＝	不等于	a!＝b	如果 a 不等于 b,值为 1,否则为 0

关于优先次序,如图 2-3 所示。

(1) 关系运算符＞、＞＝、＜、＜＝的优先级别相同,＝＝和!＝的优先级别相同。前 4 种的优先级高于后 2 种。

(2) 关系运算符的优先级低于算术运算符。

(3) 关系运算符的优先级高于赋值运算符。

算术运算符　（高）

关系运算符

赋值运算符　（低）

图 2-3　运算优先级

例如:

```
99 > 80            //表达式的值为 1
16 > (2 + 18)      //表达式的值为 0
```

若 a＝3,b＝2,c＝1,则

```
c > a + b          //等效于 c>(a+b),表达式的值为 0
a > b!= c          //等效于 (a>b)!=c,表达式的值为 0
a = b > c          //等效于 a=(b>c),表达式的值为 1
d = a > b > c      //等效于 d=(a>b>c),表达式的值为 0,因为">"运算符是自左至右的结合方
                   //向,先执行"a>b"得值为 1,再执行关系运算"1>c",得值 0,赋给 d,所以 d 的
                   //值为 0。
```

【例 2-21】 关系表达式测试。

```c
#include <stdio.h>
int main()
{
    char ch = 'E';
    int a = 10,b = 10;
    printf("%d\n", ch >= 'A');          //字母 E 的 ASCII 码大于字母 A 的 ASCII 码,输出 1
    printf("%d, %d, %d\n",a < b,a!= b,a == b);
    b = 8;                              //b 赋值为 8
    printf("%d\n",a == b);              //10 == 8 不再成立,输出 0
    printf("%d\n",a = b);               //a 赋值为 b,即 a 值修改为 8,然后输出 a 的值 8
    return 0;
}
```

运行结果:

```
1
0, 0, 1
0
8
```

2.4.5　逻辑运算符与逻辑表达式

1. 逻辑运算符

C 语言提供 3 种逻辑运算符,如表 2-8 所示。

表 2-8　C 逻辑运算符及其含义

运算符	含义	举例	说　明	运算对象个数	结合性
&&	逻辑与	a && b	如果 a 和 b 都为真，则结果为真；否则为假	双目运算符	左结合
||	逻辑或	a||b	如果 a 和 b 有一个以上为真，则结果为真；两者都为假时，则结果为假	双目运算符	左结合
!	逻辑非	!a	如果 a 为假，则!a 为真；如果 a 为真，则!a 为假	单目运算符	右结合

2. 逻辑表达式

逻辑表达式就是用逻辑运算符将关系表达式或其他逻辑量连接起来的式子。逻辑表达式的值是一个逻辑值，即"真"或"假"。在 C 语言中表示逻辑运算结果时，以"1"代表"真"，以"0"代表"假"。但在判断一个量时，非"0"的值为真，"0"代表"假"。逻辑运算的真值表如表 2-9 所示。

表 2-9　逻辑运算的真值表

a	b	!a	!b	a&&b	a||b
非 0	非 0	0	0	1	1
非 0	0	0	1	0	1
0	非 0	1	0	0	1
0	0	1	1	0	0

逻辑非：即真变假，假变真。

逻辑与：当条件同时为真时，结果才为真；其他情况都为假。

逻辑或：只要有一个条件为真，结果就为真；只有条件同时为假时，结果才为假。

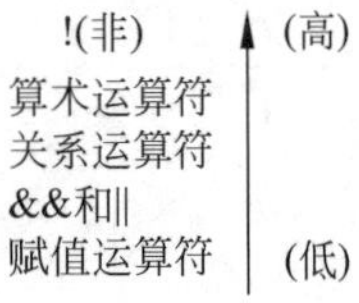

!(非)　(高)
算术运算符
关系运算符
&&和\|\|
赋值运算符　(低)

图　2-4

在一个逻辑表达式中如果包含多个逻辑运算符。按以下的优先次序，如图 2-4 所示。

（1）!(非)→&&(与)→\|\|(或)，即"!"为三者中最高。

（2）逻辑运算符中的"&&"和"\|\|"低于关系运算符，"!"高于算术运算符。

例如：

（1）若 a＝－8，则!a 的值为 0。因为 a 的值为非 0，被认作"真"，对它进行"非运算"，得"假"，"假"以 0 代表。

（2）a 和 b 值分别为 6 和－2,!a\|\|b 的值为 1。

（3）7 && 0\|\|2 的值为 1。

（4）'c' && 'd'的值为 1。

（5）5＞3 && 8＜1－!10 的值为 0。

（6）判别某年 year 是否为闰年，可以用一个逻辑表达式来表示。闰年的条件是符合下面两者之一：①能被 4 整除，但不能被 100 整除；②能被 400 整除。可写出逻辑表达式为

(year % 4 == 0 && year % 100!= 0)\|\|year % 400 == 0

3. 逻辑与和逻辑或的短路特性

在 C 语言中，为提高效率，会对逻辑运算进行优化。逻辑表达式在求解时并非所有的逻辑运算符都被执行，当逻辑表达式中的一部分就能定结果时，就不会继续运算下去，只在

必须执行下一个逻辑运算符才能求出表达式的结果时，才执行该运算符，也即在已明确表达式的真或假值时，后续对结果没有影响力的运算将不执行了，也称为逻辑短路。

（1）在 a && b && c 中，只有 a 为真（非 0）时，才需要判别 b 的值。如果 a 为真，b 为假，不判别 c。只有当 a 和 b 都为真的情况下才需要判别 c 的值。如果 a 为假，就不必判别 b 和 c（此时整个表达式已确定为假）。

（2）在 a||b||c 中，只要 a 为真（非 0），就不必判断 b 和 c。只有 a 为假，才判别 b。a 和 b 都为假才判别 c。

如果有逻辑表达式(m=a>b) && (n=c>d)，当 a=1，b=2，c=3，d=4，m 和 n 的原值为 1 时，由于"a>b"的值为 0，因此 m=0，此时已能判定整个表达式不可能为真，不必再进行"n=c>d"的运算，因此 n 的值不是 0 而仍保持原值 1。

【例 2-22】 输出逻辑表达式的运算值。

```
#include <stdio.h>
int main()
{
    int a = 4, b = 6, c = 8;
    float x = 2e + 3, y = 0.65;
    char d = 'k';
    printf("%d, %d\n", x||a&&b - 3, a < b&&x < y);
    printf("%d, %d\n", a == 5&&d&&(b = 6), x + y||a + b + c);
    return 0;
}
```

运行结果：

```
1,0
0,1
```

程序解析：

对于"x||a&&b-3"，先计算"b-3"的值为非 0，即值为 1，接着计算 a&&1 的值为 1，最后计算 x||1 的值为 1，故"x||a&&b-3"的逻辑值为 1；对于"a<b&&x<y"，由于"a<b"的值为 1，而"x<y"的值为 0，故此表达式的值为 1 与 0 相与，结果为 0；对于"a==5&&d&&(b=6)"，由于"a==5"为假，即值为 0，逻辑与运算具有短路特性，后续不会被计算，所以整个表达式的值为 0；对于"x+y||a+b+c"，由于"x+y"的值为非 0，故此表达式的值为 1。

2.4.6 位运算符与位表达式

程序中的数据在内存中都是以二进制形式存储的，位运算的本质是直接对整数在内存中的二进制位进行操作。C 语言共提供了 6 种位运算符，其中按位取反"～"是单目运算符，其他为双目运算符，如表 2-10 所示。

表 2-10　位运算符

运　算　符	含　义	使用示例(x:0000 1010　y:0000 0011)
～	按位取反	～x:1111 0101
<<	左移	x<<3:0101 0000
>>	右移	x>>3:0000 0001

C 语言基础知识

运　算　符	含　　义	使用示例(x:00001010 y:00000011)
&	按位与	x&y:0000 0010
^	按位异或	x^y:0000 1001
|	按位或	x|y:0000 1011

1. 按位取反～

～x 的运算规则:将 x 对应的二进制位按位取反,即二进制位上的 0 变 1,1 变 0。

例如,计算～10 的值。

10 为整数,补码与原码相同,其补码为 00001010,则～0000 1010 为 1111 0101。

【例 2-23】 编写程序,求一个整数的相反数。

```c
#include<stdio.h>
int main()
{
    int y;
    printf("请输入一个整数:");
    scanf("%d",&y);
    printf("相反数为:%d\n",~y+1);
    return 0;
}
```

运行结果:

```
请输入一个整数:8
相反数为:-8
```

程序解析:

在计算机中,整数以补码形式存储。正整数的补码与其原码相同,而负整数的补码是其绝对值的原码按位取反后加 1。因此对于任意整数 y,其相反数可以通过～y+1 来计算。这个操作利用了补码的性质,即～y+1 等价于-y。

2. 左移<<

x<<y 的运算规则:将 x 向左移动 y 位,高位丢弃,低位补 0。例如,计算 10<<3 的值。

10,即 0000 1010,左移 3 位后为 80,即 0101 0000。如果左移所丢弃的高位以及左移后的最高位不包括 1,则左移 1 位,相当于该数乘以 2,因此左移 3 位,相当于该数乘以 8,因此 10<<3 值为 80。

【例 2-24】 有种水草每天生长的速度都是前一天的 2 倍,假设今天水草的面积为 1 平方米,编写程序,求 n(n<30)天后水草占据多少平方米。

```c
#include<stdio.h>
int main()
{
  int day;
  printf("请输入天数:");
  scanf("%d",&day);
  printf("%d天后会占据%d平方米",day,1<<day);
  return 0;
}
```

运行结果：

请输入天数：25
25 天后会占据 33554432 平方米

程序解析：

根据前面所学知识，如果左移所丢弃的高位以及左移后的最高位不包括 1，则左移 1 位，相当于该数乘以 2，即乘以 2 的 1 次方，所以 n 天后水草的面积相当于天数直接左移 n 位，即乘以 2 的 n 次方得到了 n 天后的面积。

3. 右移＞＞

x＞＞y 的运算规则：将 x 向右移动 y 位，低位丢弃，高位如果为无符号整数或正整数则补 0，如果为负整数，则取决于编译系统，有的补 0，有的补 1，Dev-C++ 规定补 1。

例如，计算 10＞＞3 的值。

10，即 0000 1010，右移 3 位后为 1，即 0000 0001。

如果右端移出的部分不包括 1，则右移 1 位，相当于该数除以 2。

4. 按位与 &

x&y 的运算规则：z 和 y 对应二进制位均为 1 时，结果为 1，否则为 0。

例如，计算 10&3 的值。

10 和 3 为正数，其二进制补码分别为 0000 1010 和 0000 0011。

```
  0000 1010
& 0000 0011
  ─────────
  0000 0010
```

即 printf("%d\n",10&3); 的输出结果为 2。

再如，计算 10&-3 的值。

10 为整数，二进制补码为 0000 1010，−3 为负数，二进制补码为 1111 1101。

```
  0000 1010
& 1111 1101
  ─────────
  0000 1000
```

即 printf("%d\n",10&−3); 的输出结果为 8。

按位与运算通常用来对一个数的某些二进制位清 0，而保留剩余位。例如，x 为一个字符（8 位），如果要将其高 4 位清 0，而保留低 4 位，则可以用 x&15，15 的二进制补码为 0000 1111。

【例 2-25】 编写程序，判断一个整数是奇数还是偶数。

```c
#include <stdio.h>
int main()
{
    int y;
    printf("请输入一个整数:");
    scanf("%d",&y);
    printf("%d",y&1);      //输出 1 则 y 是奇数,输出 0 则 y 为偶数
    return 0;
}
```

运行结果：

请输入一个整数：8
0

C 语言基础知识

程序解析：

整数的末位如果为1,则说明为奇数；为0,则说明为偶数。因此要判断整数的奇偶性,只需判断其末位即可。而只保留末位则用整数与1进行 & 运算即可。

5. 按位异或 ^

x^y 的运算规则：x 和 y 对应的二进制位,如果不同,则为1,否则为0。

例如,计算 10^3 的值。

10 和 3 为正数,其二进制补码分别为 00001010 和 00000011。

```
  0000 1010
^ 0000 0011
  0000 1001
```

即 printf("%d\n",10^3); 的输出结果为 9。

按位异或通常对一个数的某些二进制位进行翻转。例如,x 为一个字符(8位),如果要将其第 3 位进行翻转,则可以用 x^4,4 的二进制补码为 00000100。

【例 2-26】 编写程序,实现两个整数的交换。

```c
#include <stdio.h>
int main ()
{
    int p,q;
    printf("请输入两个整数,用空格分隔:");
    scanf("%d%d",&p,&q);
    p = p^q;
    q = p^q;                //y 的值被替换为 x
    p = p^q;                //x 的值被替换为 y
    printf("p= %d, q= %d",p,q);
    return 0;
}
```

运行结果：

```
请输入两个整数,用空格分隔:8 3
p=3,q=8
```

程序解析：

p^q 的作用其实就是将 p 中 q 对应二进制位为1的二进制位进行翻转,因此 p^q^q 的值为 p,即按同样的方式翻转两次则是原数据。

6. 按位或 |

x|y 的运算规则：x 和 y 对应二进制位,如果有1,则为1,否则为0。

例如,计算 10|3 的值。

```
  0000 1010
| 0000 0011
  0000 1011
```

即 printf("%d\n",10|3); 的输出结果为 11。

按位或通常用来对一个数中的某些二进制位置 1。例如,x 为一个字符(8位),如果要对其低 4 位置 1,则可以用 z|15,15 的二进制补码为 00001111。

【例 2-27】 假设有 n(n<28)个开关,用一个 int 型变量的第 i 个二进制位表示第 i 个开关的状态,1 表示开,0 表示关。编写程序,将第 i 个开关打开。

```
#include<stdio.h>
int main()
{
    unsigned int x=0,i;              //x 赋初值为 0,则默认开关全部关闭
    printf("请输入打开开关的序号(1-28):");
    scanf("%u",&i);
    x=x|1<<(i-1);                     //将 x 的第 i 位置 1,注意从右向左数位置
    printf("%x\n",x);                 //以十六进制输出 x,方便查看第 i 位是否为 1
    return 0;
}
```

运行结果:

请输入打开开关的序号(1-28):6
20

程序解析:

将第 i 个开关打开意味着 x 要与从右往左数的第 i-1 位为 1 的数(其他位均为 0)相或,所以函数体中第 4 行为关键语句。

本 章 小 结

本章主要内容是“程序=数据结构+算法”中的数据结构,包括 C 语言的数据类型、数据运算符及其优先级和结合性、数据与运算符构成的表达式等。数据是算法设计前首要考虑的,因为数据的选择与确定,会直接影响算法乃至最终程序。因此,本章是学习后续章节的基础,非常重要。

(1) 认识与把握每种基本数据类型,字符类型用单引号括起(' '),转义字符('\xxx\'形式)是学习难点。

(2) 整型种类多,有基本型、短整型、长整型、字符型(其 ASCII 码为整型的一小段)等,能充分认识整型的补码编码方式。

(3) 实型有单精度与双精度之分。

(4) 数据的各种运算(符)有类型相容、相互转换要求,其中典型代表是赋值(=)运算带来的类型转换。另外,取余(%)运算要求整型类型,除(/)运算有整除与带小数点实数除之分。

(5) “a=1”是把 1 赋值给变量 a 的赋值表达式,不是 a 与 1 的相等比较,“a==1”才是相等比较的关系表达式。众多运算与表达式则需要去逐个认识与实践,包括运算符内涵、优先级与结合性等,它们是处理各类数据的有用“兵器”。

习　题　2

选择题

1. 若有定义“int x=12,y=8,z;”,在其后执行语句“z=0.9+x/y;”,则 z 的值

为(　　)。

　　A. 1　　　　　　　B. 1.9　　　　　　C. 2　　　　　　D. 2.4

2. 表达式"3.6−5/2+1.2+5%2"的值是(　　)。

　　A. 4.3　　　　　　B. 4.8　　　　　　C. 3.3　　　　　　D. 3.8

3. 若有定义"int a;long b;double x,y;",则以下选项中正确的表达式是(　　)。

　　A. a=x<>y　　　　　　　　　　　B. a%(int)(x−y)

　　C. (a * y)%b　　　　　　　　　　D. y=x+y=x

4. 设变量已正确定义并赋值,下列表达式中正确的是(　　)。

　　A. x=y+z+5,++y　　　　　　　　B. int(15.8%5)

　　C. x=y * 5=x+z　　　　　　　　D. x=25%5.0

5. 设有定义"int k=0;",以下选项的 4 个表达式中与其他 3 个表达式的值不相同的是
(　　)。

　　A. ++k　　　　　　B. k+=1　　　　　　C. k++　　　　　　D. k+1

6. 若变量 x,y 已正确定义并赋值,以下符合 C 语言语法的表达式是(　　)。

　　A. x+1=y　　　　　　　　　　　B. ++x,y=x−−

　　C. x=x+10=x+y　　　　　　　　D. double(x)/10

7. 若变量均已正确定义并赋值,以下合法的 C 语言赋值语句是(　　)。

　　A. x=y==5;　　B. x=n%2.5;　　C. x+n=i;　　D. x=5=4+1;

8. 表达式"a+=a−=a=9"的值是(　　)。

　　A. 18　　　　　　B. −9　　　　　　C. 0　　　　　　D. 9

9. 若变量已正确定义,则语句"s = 32; s^ = 32; printf("%d", s);"的输出结果
是(　　)。

　　A. −1　　　　　　B. 0　　　　　　C. 1　　　　　　D. 32

10. C 语言的逻辑表达式在特定情况下会产生"短路"现象。若有逻辑表达式"x++
&&y++",则以下叙述中正确的是(　　)。

　　A. 若 x 的值为 0,则"y++"操作被"短路",y 值不变

　　B. 若 x 的值为 1,则"y++"操作被"短路",y 值不变

　　C. 若 y 的值为 0,则"&&"运算被"短路",y 值不变

　　D. 若 y 或 x 的值为 0,则表达式值为 0,"x++"和"y++"均不执行

11. 以下关于逻辑运算符两侧运算对象的叙述中正确的是(　　)。

　　A. 只能是整数 0 或 1　　　　　　B. 只能是整数 0 或非 0 整数

　　C. 可以是结构体类型的数据　　　D. 可以是任意合法的表达式

12. 若有定义"int a=3;double b=0.1263;char ch = 'a';",则以下选项中错误的
是(　　)。

　　A. 逗号表达式的计算结果是最后一个表达式的运算结果

　　B. 运算符"%"只能对整数类型的变量进行运算

　　C. 语句"ch=(unsigned int)a+b;"是对 a 与 b 之和进行强制类型转换,结果赋值
　　　　给变量 ch

　　D. 复合运算"a * =b+ch"是将变量 b、ch 之和与 a 相乘,结果再赋值给 a

13. 以下关于 C 语言算术表达式的叙述中错误的是(   )。

    A. 可以通过使用圆括号来改变算术表达式中某些算术运算符的计算优先级

    B. C 语言采用的是人们熟悉的四则运算规则,即先乘除后加减

    C. 算术表达式中,运算符两侧类型不同时,将进行类型之间的转换

    D. C 语言仅提供了"＋""－""＊""/"这 4 个基本算术运算符

14. 若有定义"int a=0,b=1,c=1;",关于逻辑表达式"a++||b++&&c++"中各个部分的执行顺序,以下说法正确的是(   )。

    A. 先执行"b++",再执行"c++",最后执行"a++"

    B. 先执行"a++",再执行"b++",最后执行"c++"

    C. 先执行"c++",再执行"b++",最后执行"a++"

    D. 先执行"b++",再执行"a++",最后执行"c++"

15. 若想定义 int 型变量 a、b、c、d,并都赋值为 1,以下写法中错误的是(   )。

    A. int a=b=c=d=1;   B. int a=1,b=1,c=1,d=1;

    C. int a,b,c,d;a=b=c=d=1;   D. int a,b,c,d=1;a=b=c=d;

16. 有以下程序:

```
# include < stdio. h>
main()
{
    int a = 2,b = 3,c = 4;
    a * = 16 + (b++) - (++c);
    printf(" % d\n",a);
}
```

程序运行后的输出结果是(   )。

    A. 15   B. 30   C. 28   D. 14

17. 以下与数学表达式"0<x<5 且 x≠2"不等价的 C 语言逻辑表达式是(   )。

    A. (0<x<5)&&(x!=2)   B. 0<x && x<5 && x!=2

    C. x>0 && x<5 && x!=2   D. (x>0 && x<2)||(x>2 && x<5)

18. 以下选项中与"(!a==0)"的逻辑值不等价的表达式是(   )。

    A. (a==!0)   B. a   C. (a>0||a<0)   D. (a!=0)

19. 设有定义"int x,y,z;"且各变量已经赋正整数值,则以下能正确表示代数式"$x=\dfrac{1}{x\cdot y\cdot z}$"的 C 语言表达式是(   )。

    A. 1.0/x/y/z   B. 1/x * y * z   C. 1/(x * y * z)   D. 1/x/y/(double)z

20. 有以下程序:

```
# include < stdio>
main()
{
    int x = 3,y = 5,z1,z2;
    z1 = y^x^y;z2 = x^y^x;
    printf(" % d, % d\n",z1,z2);
}
```

程序运行后的输出结果是(   )。

    A. 7,7   B. 5,3   C. 8,8   D. 3,5

C 语言基础知识

第3章　顺序结构程序设计

————"凡事预则立，不预则废"

在现实生活中，事物的发展通常按照一定的顺序进行。当我们能把先后顺序搞清楚，处事做人就非常条理清晰，能够达到事半功倍的效果。凡事预则立，不预则废，计划越周详越精细，则做事情越顺利。做事还要有轻重缓急，学会判断主要矛盾和次要矛盾。

上一章介绍了 C 语言中用到的基本数据类型、常量、变量、运算符和表达式等语法要素，它们是构成程序的基本组成部分。本章主要介绍程序设计的基本方法 IPO、顺序结构、C 语句分类、格式输入\输出函数以及其他常用函数的相关知识，运用本章知识可以编写顺序结构的简单程序。

3.1　程序设计的三种基本结构

计算机语言提供了三种基本结构：顺序结构、选择结构和循环结构，使用这三种结构可以解决任何复杂问题，而且编写的程序结构清晰，易于理解。顺序结构比较简单，按照语句书写的先后次序从上往下依次执行；选择结构是根据给定的条件进行判断，选择执行若干语句的结构；循环结构是指在满足一定条件的情况下，重复执行若干语句的结构。关于选择结构和循环结构在后续章节介绍。

3.1.1　程序的基本编写方法

每个计算机程序都用来解决特定的计算问题，无论求解问题大小，程序规模如何，每个程序都有统一的模式：输入数据、处理数据和输出数据，这种简单的运算模式形成了基本的程序编写方法：IPO(Input、Process、Output)方法。

(1) Input(输入)：即输入数据，是一个程序的开始。程序要处理的数据有多种来源，形成了多种输入方式，包括控制台(键盘、鼠标等)输入、文件输入、网络输入、随机数据输入、内部参数输入等。

(2) Process(处理)：即处理数据，程序对输入数据进行计算产生输出结果的过程。计算问题的处理方法统称为"算法"，它是程序最重要的组成部分，是一个程序的灵魂，关于算法已在第 1 章介绍过。

(3) Output(输出)：即输出数据，是程序展示运算成果的方式。程序的输出方式包括控制台(显示器等)输出、文件输出、网络输出、图形输出、操作系统内部变量输出等。

例如，已知某住宅小区每平方米每个月的物业费是 1.2 元，求任意平方米的两套住宅每年需要各交多少物业费。这是一个生活中的小问题，使用 C 程序解决这一问题可以按照上述 IPO 方法来实现。

(1) 输入数据：通过键盘输入两套住宅的面积。

(2) 处理数据：利用公式计算出每年需要各交的物业费。

(3) 输出数据：将计算出的物业费输出到屏幕上，以供用户查看。

确定上述总体思路后，还需要确定在编写 C 程序时所遇到的一些问题。

(1) 程序需要定义几个变量？各自属于什么数据类型？哪些变量需要初始化？

(2) 如何通过键盘输入住宅面积？又如何将计算出的物业费输出到屏幕上呢？

(3) 计算出来的物业费带有小数点，又如何保留指定的小数位数然后输出呢？

IPO 不仅是基本的程序编写方法，也是描述计算问题的方式。通过上述列举的生活案例可以看到，IPO 描述能够帮助初学计算机语言的读者理解程序设计的基本方法和过程，从而建立设计程序的基本概念。IPO 方法是非常基本的程序设计方法，随着学习的深入，本书第 7 章将从模块化设计的思想解决实际问题，建立对较大规模程序框架的理解。

3.1.2 顺序结构

C 语言是一种结构化的编程语言，它可以将一个复杂的问题分解为若干个简单的子问题，然后用一系列的语句来描述每个子问题的解决方法。这些语句的排列顺序就构成了程序的顺序结构，它是结构化程序设计中最常用、最简单的基本结构之一。

顺序结构是按照语句的书写顺序，从上到下按部就班地执行每一条语句，不发生任何跳转或分支，其执行过程是线性的，没有回路或循环，每条语句只执行一次，其流程图如图 3-1 所示，即语句 1 执行完毕后再执行语句 2。

顺序结构的逻辑关系是顺序关系，即前一条语句的执行结果会影响后一条语句的执行，其优点是简单、清晰、易于理解和编写，但缺点是不能处理复杂的问题，需要配合选择结构、循环结构。

图 3-1 顺序结构流程图

【例 3-1】 从键盘输入两个整数，交换这两个整数并输出。

编程提示：实现两个变量的数据交换有很多方法，这里使用最常用方法——中间变量法。

```
# include < stdio. h >                              //编译预处理的文件包含命令
int main()
{
    int x,y,t;                                       //定义三个整型变量 x、y、t
    printf("请输入两个整数,用英文逗号分开: ");        //在屏幕上输出提示信息
    scanf("%d, %d",&x,&y);                           //键盘输入 x 和 y 的值
    printf("原始 x 的值为 %d,y 的值为 %d. \n",x,y);   //输出两个数
    t = x;                                           //以下这三条语句实现两个整数的交换
    x = y;
    y = t;
    printf("交换后 x 的值为 %d,y 的值为 %d. \n",x,y); //输出交换后的这两个数
    return 0;
}
```

运行结果：

请输入两个整数,用英文逗号分开:5,8↙
原始 x 的值为 5,y 的值为 8。
交换后 x 的值为 8,y 的值为 5。

程序解析:

为了交换 x 和 y,需要一个中间变量 t,如同交换一杯水和一杯油需要借助一个空杯子,

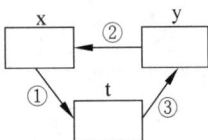

先将 x 的值暂时存放在 t 中(t=x;);然后将 y 的值存放在 x 中(x=y;),此时不会覆盖 x 原有的值;最后再将 t 的值(即 x 的值)存放在 y 中(y=t;)。交换两个变量的算法示意图如图 3-2 所示。

图 3-2　交换算法示意图

因为内存变量在任何时刻只能存储一个值,所以必须使用一个中间变量,把即将被覆盖的变量先临时保存。案例中这三条语句"t=x;x=y;y=t;"的执行是有先后顺序的:①→②→③。如果刚开始就先执行语句"x=y;"就会把 x 原有的值覆盖,不能正确实现两个变量值的交换。

顺序结构虽然只能满足设计简单程序的要求,但它是任何一个程序的主体结构,即从整体上看,都是从上往下依次执行的。在选择结构和循环结构中往往也以顺序结构作为其子结构。

3.2　C 语句的作用和分类

3.2.1　C 语句的作用

大型的 C 程序为了分工合作,往往被划分为若干个模块,每一个模块实现一定的功能,这些模块在 C 程序中都被设计成一个个函数,这样可以由多个源程序文件组成一个 C 程序。每个源程序文件可以由若干个函数、预编译命令以及全局变量声明部分组成。在第 1 章已经介绍过,一个函数包含变量声明部分和执行部分。C 程序结构如图 3-3 所示,从图中可以看出,函数是 C 程序的基本组成单位,因此 C 语言又称"函数式语言"。

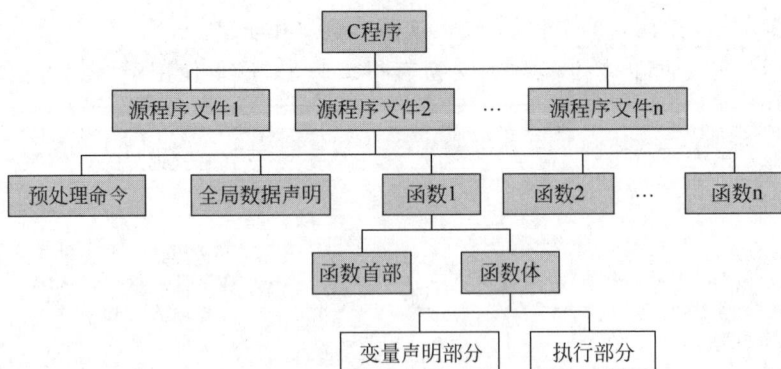

图 3-3　C 程序结构

在 C 语言中,语句是向计算机系统发出的操作指令,这些语句经编译后一般会产生若干条机器指令,通过机器指令实现程序功能。函数体中的变量声明部分主要指声明变量、常量、自定义的数据类型以及被调函数的声明,但声明部分不能称为语句,因为其并不产生指令;而执行部分由一条条语句组成,可以说语句是组成 C 程序的最小单位。从程序设计角

度来看,用户采用一定的方法(比如 IPO 方法),通过语句来描述程序的求解过程,即通过语句来控制程序的执行流程。

3.2.2 C 语句的分类

根据语句的功能,C 语句分为五大类:表达式语句、控制语句、函数调用语句、空语句和复合语句。

1. 表达式语句

任何一个合法的 C 表达式后面加上一个分号构成一个表达式语句,是 C 语言中最简单的语句之一,其一般形式如下:

表达式;

一般执行表达式语句就是指计算表达式的值,表达式语句常用于描述算术运算、逻辑运算以及特定动作。最典型、最常用的表达式语句是由一个赋值表达式加一个分号构成的赋值语句,其一般形式如下:

变量 = 表达式;

表达式语句举例如表 3-1 所示。

表 3-1　表达式语句举例

表 达 式	表达式语句	说 明
a=16(赋值表达式)	a=16;(赋值语句)	将 16 的值赋给 a,是使用频率最高的一种表达式语句
a+b(算术表达式)	a+b;(算术表达式语句)	只计算出 a+b 的值,但计算结果没有保存,也没有输出,无实际意义
y=(x1+x2)/2(混合表达式)	y=(x1+x2)/2;(混合表达式语句)	由算术运算符"+""/"和赋值运算符"="以及 y、x1、x2 三个变量组成的混合表达式语句
i++(自增表达式)	i++;(自增表达式语句)	表示 i 的值增加 1
b+=a*a(复合赋值表达式)	b+=a*a;(复合赋值语句)	相当于 b=b+a*a
(a>b)?a:b(条件表达式)	c=(a>b)?a:b;(条件表达式语句)	将右边条件运算符表达式的值赋值给左边变量 c

2. 函数调用语句

由一个函数调用后面加上一个分号构成一条函数调用语句,其一般形式如下:

函数名(实际参数表);

例如:

```
printf("Hello World!\n");        //执行时调用 printf 函数,在屏幕上输出 Hello World!
```

3. 控制语句

控制语句用于完成一定的控制功能,以实现程序的结构化。在 C 语言中,除了顺序结构按照语句出现顺序依次执行,其他流程均需要通过特定的语句定义符控制。C 语言有 9 种控制语句,分为以下三大类。

(1) 选择结构控制语句:if 语句、switch 语句。

(2) 循环结构控制语句:for 语句、while 语句、do-while 语句。

（3）流程转向控制语句：break 语句、continue 语句、return 语句、goto 语句。

4. 空语句

一条只有一个分号而没有表达式的语句称之为空语句，一般形式为

;

其含义是什么也不做，可以用来作为流程的转向点（流程从程序其他地方转到此语句处），也可用来作为循环语句中的循环体（循环体是空语句，表示循环体什么也不做）。

```
for(i = 1;i < = 10;i++)
    ;        //这个分号就是空语句
```

虽然空语句什么也不做，但它毕竟是一条语句，不能在程序中随便加，否则可能会造成逻辑错误。

5. 复合语句

前面所讲的一条表达式语句、函数调用语句、控制语句和空语句都可以统称为一条单语句，而用一对花括号"{}"将任意多条语句括起来组合在一起则称为复合语句，在语法上相当于一个整体，其一般形式如下：

{语句 1;语句 2;…;}

常在分支结构和循环结构中使用复合语句，此时程序需要连续执行一组语句。

注意：

（1）复合语句中最后一个语句末尾的分号不能忽略不写。

（2）在复合语句的右括号"}"外不能加分号。

（3）复合语句可以嵌套，即复合语句也可以出现在复合语句中。

3.3 格式输出和输入函数

为了实现程序和用户之间的交互，需要对数据进行输入与输出。输入输出是针对计算机主机而言，在第 1 章中讲过，一个程序应该至少有 0 个输入和 1 个输出。输入是指用户从外部输入设备向计算机主机输入数据的过程，这里的外部输入设备可能是标准输入设备键盘，也可能是非标准输入设备（如扫描仪、文件等）。输出是指用户从计算机主机向外部输出设备输出数据的过程，这里的外部输出设备可能是标准输出设备显示屏，也可能是非标准输出设备（如打印机、文件等）。

C 语言函数库中有一批标准输入输出函数，它们是以标准输入设备键盘和标准输出设备显示器为输入输出对象的，主要有格式输入输出函数 scanf 和 printf、字符输入输出函数 getchar 和 putchar、字符串输入输出函数 gets 和 puts，都是成对的函数，在格式、用法上类似，因此可以对比着学习，便于记忆。若使用这些函数实现输入输出，需要在编译前进行预处理工作，此时必须用文件包含命令 ♯include 将有关"头文件"包含到用户源程序文件中，例如，♯include < stdio.h >或者 ♯include "stdio.h"，其中，stdio 是 standard input & output 的缩写，即"标准的输入\输出"，文件后缀 .h 的意思是头文件（header file），因为这些文件都是放在程序各文件模块的开头的。C 语言的这些标准输入输出函数的相关信息（包括与标准输入输出库有关的变量定义、宏定义以及对函数的声明）已事先放在 stdio.h 文件中，在

对程序进行编译预处理时,系统会把在该头文件中存放的内容调出来,取代本行的#include命令。这些内容就成为了程序中的一部分,一起参加程序的正式编译。

注意:文件包含命令一般放在程序的开头,而且这些命令都不用分号结束,使用不同类型的函数需要包含不同的"头文件":例如,本章后面讲解的几个常用函数,数学函数需要在程序开头加上命令#include<math.h>,字符函数则需要加#include<ctype.h>命令。

关于非标准输入输出设备,比如,以文件的打开、关闭等若干函数为输入输出设备,将在第10章详细讲解。前两章的案例曾通过printf和scanf函数对数据进行输出输入,读者已对此有初步认识,从本节开始比较系统地介绍标准输入输出函数。

3.3.1 输入输出案例

在3.1.1小节中讲解了基本的程序编写方法即IPO方法,通过采取此方法编程实现本章刚开始提到的生活案例。

【例3-2】 已知某住宅小区每平方米每个月的物业费是1.2元,求任意平方米的两套住宅每年各需交多少物业费。

```c
#include<stdio.h>
#define PRICE 1.2                 //符号常量 PRICE 代表每平方米每月的物业费
int main()
{
    double area1,area2;           //定义两个双精度型变量 area1 和 area2 分别用来存放住宅面积
    double cost1,cost2;           //定义两个双精度型变量 cost1 和 cost2 分别用来存放物业费
    printf("请输入两套住宅的面积(单位:平方米): \n");        //输入面积提示
    scanf("%lf%lf",&area1,&area2);        //调用输入函数 scanf,通过键盘为这两个变量赋值
    cost1 = PRICE * area1 * 12;        //计算这两套住宅每年需交的物业费
    cost2 = PRICE * area2 * 12;
    printf("area1:%8.2f 平方米,cost1:%8.2f 元\n",area1,cost1);   //输出每年需交的物业费
    printf("area2:%8.2f 平方米,cost2:%8.2f 元\n",area2,cost2);
    return 0;
}
```

运行结果:

```
请输入两套住宅的面积(单位:平方米):
67.8 155.6
area1:   67.80平方米,cost1:   976.32 元
area2:  155.60平方米,cost2:  2240.64 元
```

程序解析:

本程序采用简单的顺序结构实现,按照每条语句出现的先后顺序依次执行。

(1) 由于小区每平方米每个月的物业费一般是固定不变的,所以用预编译命令的宏定义指令#define将其定义为符号常量PRICE,关于符号常量上一章已经介绍过,**注意**:此指令后面没有分号。

(2) 当执行到语句"scanf("%lf%lf",&area1,&area2);"处暂时中断程序的执行,等待用户通过键盘输入两个双精度数据,并分别将其存放到地址为&area1和&area2内存单元中,即分别赋给变量area1和area2。这里注意三点:①变量area1和area2前面须加取地址符&;②%lf格式声明表示输入的是双精度型实数,因为对应的这两个变量在定义时是double类型;③在输入这两个双精度数据时用空格分开(也可以用Tab键或者Enter键分

开),如果输入其他符号(如逗号),程序运行结果将不正确。

(3) 在最后两条 printf 函数调用语句中,均用同一个格式控制符%8.2f,表示在输出后面两个变量时,指定数据总共占 8 列(包括小数点),其中小数位数占 2 列,请分析运行结果。这里用%8.2f 输出,而没有用%f 默认输出的 6 位小数,这样做的好处是即使输出数据的整数位数不相同,但输出时上下行按小数点对齐,使输出数据整齐美观,请读者自己验证。

3.3.2 格式化输出函数 printf

在前面的案例中已经多次用 printf 函数输出数据,现在开始系统介绍其具体用法。

1. printf 函数的调用形式

printf 是 C 语言最常用的格式化输出函数,其功能是在标准输出设备显示屏上输出指定格式的字符串。printf 后面的 f 是指"format",表示格式的意思,其调用形式如下:

```
printf("格式控制字符串" [,输出项列表]);
```

printf 括号内有两项内容,前一项是输出数据的格式(即要输出什么类型的数据),后一项是通过逗号分开的若干输出数据项。

1) 格式控制字符串

"格式控制字符串"由格式控制字符、转义字符和普通字符三类字符组成。

(1) 格式控制字符。由"%"和格式说明符组成,作用是将输出项列表中对应的数据按照指定格式输出,说明输出数据的类型、长度、小数位数等,例 3-1 中 printf 函数输出语句的"%d"说明按照十进制整数格式输出,例 3-2 中的"%8.2f"表示按照小数格式输出,包括小数点总共占 8 列,并且保留两位小数。在 C 语言中有十进制整数、浮点数、字符等多种格式说明符,随后将详细介绍 printf 函数中格式控制字符的使用。

(2) 转义字符。上述案例中 printf 函数中的"\n"就是转义字符,输出时产生一个"换行"操作。

(3) 普通字符。除格式控制字符和转义字符之外的其他字符就是普通字符。格式控制字符串中的所有普通字符均按原样输出。例 3-2 中的"printf("area1:%8.2f 平方米,cost1:%8.2f 元\n",area1,cost1);"语句中的"area1:""平方米,cost1:"以及"元"都是普通字符。

2) 输出项列表

输出项列表是指按照格式控制字符指定的格式输出若干数据项,可以是常量、变量、表达式、数组和函数调用。这一项是可选的,即可以省略,如例 3-2 中的语句:

```
printf("请输入两套住宅的面积(单位:平方米): \n");
```

在输出时按原样输出双引号中的内容,然后换行,一般用于输入或输出时的提示信息,也可以包含转义字符。

输出项列表可以只输出一个数据项,例如,下面程序段中的输出项只有一个变量 sum:

```
int a = 2,b = 3,sum;
sum = a + b;
printf("这两个整数的和是 % d",sum);        //将整型变量 sum 以十进制整数 % d 的格式输出
```

如果输出项有多个,则一般用逗号分开,例如:

```
printf("a = % f,b = % f\n", a, b);
```

注意：格式控制字符和各输出项在数量和类型上应该——对应，即第一个格式控制字符控制第一个待输出项的格式，以此类推，否则会引起输出错误。例如：

```
printf("str = % s, f = % d, i = % c\n", "Internet", 1.0 / 2.0, 3 + 5, 'A');
```

是错误的。因为第一个输出项"1.0/2.0"的数据类型是浮点数，而前面的格式控制字符是"%s"，应该改成"%f"。

2. printf 函数的格式控制字符

在输出不同类型的数据时，要使用不同的格式控制字符。格式控制字符的一般形式为

%[标志][最小宽度][.精度][长度]格式字符

从形式上可以看出格式控制字符必须以%开头，以格式字符结尾，中间有方括号[]的项为可选项，各项的意义如下。

（1）格式字符：表示输出列表中要输出的数据类型，是格式控制字符中必须有的一项。printf 函数中常用的格式字符如表 3-2 所示。

表 3-2   printf 函数的常用格式字符

数据类型	格式字符	意　义	输出语句格式	输出结果
int	d 或 i	按十进制形式输出带符号的整数（默认正数前不输出＋号）	int a=123,b=−123; printf("%d,%i,%d",a, a,b);	123,123,−123
	o	按八进制无符号形式输出（默认不输出前导符 0）	int a=65; printf("%o",a);	101
	x 或 X	按十六进制无符号形式输出（默认不输出前导符 0x 或 0X，用 x 则在输出十六进制数的 a～f 时以小写形式输出，用 X 时，则以大写字母输出）	int a=255; printf("%x,%X",a,a);	ff,FF
	u	按十进制无符号形式输出 unsigned 型整数	unsigned int a=123; printf("%u",a);	123
char	c 或 C	按字符形式输出一个字符	int a=65; printf("%c",a);	A
	s	输出一个以\0 结尾的字符串	printf("%s","ABCD");	ABCD

float 或 double	f	按十进制小数形式输出单、双精度浮点数（默认均为 6 位小数）	float a=12.3;
			double b=12.3
			printf("%f,\n%f",a,b);
				12.300000,
				12.300000

	e 或 E	按指数形式输出单、双精度浮点数，用 e 时指数以"e"表示（如 3.14e＋002），用 E 时指数以"E"表示（如 3.14E＋002）	float a=12.3; printf("% e, \ n% E", a,a);	1.230000e＋001, 1.230000 E＋001

从表 3-2 中可以看出，同一功能可能会有多个格式字符，例如，输出十进制整数时，d、i 都可以，输出一个字符时，c 或 C 都可以。但是为了减少记忆负担，提高程序可读性，建议初学者统一使用第一个小写字符。

（2）标志：可以是−、＋、#、0、空格共 5 种，其功能描述如表 3-3 所示。

58

表 3-3　printf 函数的标志字符

标志字符	意　　义
—	表示输出结果左对齐,如果结果不够指定宽度,则右边补充空格,默认右对齐
＋	输出数据前加符号(正号"＋"或负号"－"),默认只有负数前有符号
♯	加在格式字符 o(八进制)前,则输出结果前加前缀 0;加在格式字符 x 或 X(十六进制)前,则输出结果前加前缀 0x 或 0X
0	如果实际位数少于定义宽度,则左边补 0,但与"-"一起使用时不起作用,此时右边填充空格
空格	输出数据是正数时,前面加空格

因为 printf 函数的输出格式默认是右对齐,左边输出空格。如果想按左对齐方式输出,则标志写成"—"。如果想让空白位输出 0,则标志写成"0"。如果想让正数前面输出"＋"号,则标志写成"＋"。

(3) 最小宽度:用十进制整数表示输出数据(可以是整数、浮点数或者字符)占据的最少位数。例如:

```
printf("%+5d",68);    /*输出结果为□□+68,5 为输出宽度,□为空格*/
printf("%-5d",68);    /*输出结果为 68□□□*/
printf("%05d",68);    /*输出结果为 00068,其中,05d 的 0 表示用数字 0 占位*/
```

注意:如果实际位数大于定义宽度,则按实际位数输出;如果实际位数小于定义宽度,则补以空格或 0。

(4) 精度:精度格式符以"."开头,后跟十进制整数。如果输出数据为浮点数,则表示小数的位数;如果输出的数据是字符串,则表示输出字符的个数;若实际位数大于所定义的精度数,则截去超过的部分。例如:

```
printf("%.2f",123.4567);     /*输出结果为 123.46,2 为小数点后的位数*/
printf("%.0f",123.4567);     /*输出结果为 123,注意这种格式在输出时没有小数点*/
printf("%8.2f",123.4567);    /*输出结果为□□123.46,8 为输出总宽度(包括小数点)*/
printf("%-8.2f",123.4567);   /*输出结果为 123.46□□*/
printf("%3s,%7.2s,%.4s,%-5.3s\n","china","china","china","china"); /*输出结果为
china,□□□□□ch,chin,chi□□*/
```

请读者根据最小宽度和精度要求,自己分析上述字符串格式"%3s,%7.2s,%.4s,%-5.3s"的输出结果。

(5) 长度:可以是字符 h、l。h 表示是按短整型输出,l 表示按长整型输出。例如:

```
long x=123;
printf("%5ld",x);    /*输出结果为□□123,其中,5 为输出宽度,长整型需要加字符 l*/
```

3. printf 函数的使用说明

(1) 格式字符 x、e 可以用小写字母,也可以用大写字母。使用大写字母时,输出数据中包含的字母也是大写;另外,按字符形式输出一个字符时,可以是 c 或者 C。除了这些格式字符外,其他格式字符必须用小写字母。例如,%f 不能写成%F。

(2) 只有格式字符紧跟在"%"后面才可以作为格式控制字符,否则将作为普通字符使用,原样输出。例如,语句"printf("c=%c,f=%f\n",c,f);"中的第一个 c 和 f 都是普通字符,输出时原样输出;第二个 c 和 f 紧跟在%后面,所以是格式控制字符,分别代表字符格式

和浮点数格式；第三个 c 和 f 在输出项列表，是变量名，表示其值分别按照％c 和％f 格式输出。

（3）printf 是格式输出函数，既然是函数就有返回值，如果输出成功，则返回输出字符的个数，否则返回一个负数。但是最常用的还是使用 printf 函数单独构成的语句进行输出，很少使用其返回值。

（4）如果想输出字符"％"，则应该在格式控制字符串中用连续两个％表示。例如：

printf("％f％％",1.0/3);

输出结果：0.333333％。

【例 3-3】 练习并掌握 printf 函数的输出格式。

```c
# include < stdio. h>
int main()
{
    float a = 123.456,b = 789.0,c = 0.00000123456;     //定义 a、b、c 三个单精度变量并赋值
    double d = 123456000;                               //定义 d 双精度变量并赋值
    printf("％f\n",a);                                  //输出 123.456000,隐含输出 6 位小数
    printf("％10.2f\n",a);                              //指定输出的数据占 10 列,其中包含 2 位小数,默认右对齐
    printf("％ - 10.2f\n",a);                           //10.2 前面加一个负号,表示数据左对齐,右端补空格
    printf("％.2f\n",a);                                //宽度省略,.2 表示小数位为 2 位,其余按实际输出
    printf("％10f\n",a);                                //不指定小数位数,按默认 6 位输出
    printf("％f,\t\t％e\n",b,b);                        //第 11 行
    printf("％f,\t\t％e\n",c,c);                        //第 12 行
    printf("％f,\t％e\n",d,d);                          //第 13 行
    return 0;
}
```

运行结果：

```
123.456000
      123.46
123.46
123.46
123.456001
789.000000,              7.890000e+002
0.000001,                1.234560e-006
123456000.000000,        1.234560e+008
```

程序解析：

程序第 11 行，将变量 b 以％f 的形式输出为 789.000000，隐含 6 位小数；\t\t 将光标向右移动了两个制表位后再输出 b，b 以％e 形式输出，如果不指定输出数据所占的宽度和小数位数，一般 C 编译系统会自动给出 6 位的小数位数，指数部分占 5 列（如 e＋002，其中，"e"占 1 列，指数符号占 1 列，指数占 3 列），数值最终按照标准化指数形式输出（即小数点前必须有且只有 1 位非零数字），故结果是 7.890000e＋002。

程序第 12 行，把一个非常小的数 c 分别以％f 和％e 格式输出；程序第 13 行，把一个非常大的数 d 分别以％f 和％e 格式输出，方法均同第 11 行。由输出结果可知：对于非常小的数 c 或者非常大的数 d，％e 格式输出的数据更清晰，尾数部分显示有效数据，指数部分显示大小级别。

顺序结构程序设计

3.3.3　格式化输入函数 scanf

在程序运行过程中给计算机提供数据,可以用前面所介绍的赋值语句,例如,"a=2;b=3;",而在实际需求中常常需要用户从键盘输入数据,这样也增加了程序的适应性和灵活性。在C语言中,使用格式化输入函数 scanf 在程序运行过程中通过键盘输入一个或多个任意类型的数据。

1. scanf 函数的一般格式

scanf 函数是与 printf 函数相对应的一个标准输入库函数,称为格式化输入函数,其功能是将从终端(如键盘)读取的符合特定格式的数据存放到指定内存地址的变量中,是输入数据的接口。其调用的一般格式如下:

scanf("格式控制字符串", 输入项地址列表);

(1)格式控制字符串:用于指定数据的接受类型和格式,其定义和使用方法与 printf 相似,但又不完全一样,包括格式控制字符和普通字符两类信息。

格式控制字符用于指定接受的数据类型,例如,%d 指定按一个十进制整数类型接受数据,%lf 指定按一个双精度浮点数据类型接受数据。

普通字符用于指定接受格式,例如,语句"scanf("x=%d,y=%d",&x,&y);"中的"x="和",y="属于普通字符,必须通过键盘原样输入。**注意**:转义字符在 scanf 函数中也作为普通字符严格按照原样输入,即在输入时也要输入该字符,但一般不建议在 scanf 函数中使用转义字符。

(2)输入项地址列表:由若干个输入项首地址组成,相邻两个输入项首地址之间用逗号分开。这里的输入项地址可以是变量的地址、字符串的首地址,也可以是字符数组名或指针变量。

变量地址的表示方法:

&变量名

其中,& 是取地址运算符,优先级较高,处于第二。例 3-2 中的 &area1 是指变量 area1 在内存中的地址,这里必须加取地址运算符 & 的作用是什么呢?

变量是存储在内存中的,变量名就是一个代号,内存为每个变量分配一块存储空间,而存储空间也有地址,也可以说成是变量的地址。但在计算机中要找到这个地址就要用到取地址运算符"&",这样就能获取计算机中变量的地址。

通过前面的案例,我们可以体会到 scanf 函数的调用过程:调用 scanf 函数时程序运行暂停下来,等待用户从键盘输入数据,当用户输入一个或多个数据,输入完成后按 Enter 键,此时 C 编译系统从 scanf 函数中格式控制字符串的左边开始检测,遇到格式控制符(如%d或%f),从键盘输入中读数据,如果匹配,则读入此数据并存放到变量所对应的内存单元中;若不匹配,则 scanf 函数调用语句执行结束;遇到普通字符,与键盘输入的下一个字符比较,如果相同,则继续;若不同,则 scanf 函数调用语句执行结束。从 scanf 函数返回后接着执行程序后面的语句。

例如,例 3-1 中执行语句"scanf("%d,%d",&x,&y);"时,应该从键盘输入"8,5",变量 x 和 y 才能分别正确接受;如果在输入两个整数时,中间的逗号换成空格,则只把 8 读入变量 x 中,然后检测到空格和逗号不相同,于是 scanf 函数调用语句执行结束,变量 y 并没有正确接受 5,而是一个垃圾数据。若改为"scanf("a=%d,b=%d",&x,&y);",则从键盘输入应该为"a=8,b=5"。

2. scanf 函数的格式控制字符

格式控制字符的一般形式如下:

　%[*][宽度][格式附加字符]格式字符

scanf 函数和 printf 函数的格式控制符极其相似,也必须以%开头,以格式字符结尾,中间有方括号[]的项为可选项,各项的意义如下。

(1) 格式字符:用于指定输入数据的数据类型,是格式控制字符中必须有的一项。例如,scanf 函数语句"scanf("%d",&a);"中格式控制字符%d,表示从键盘输入一个十进制整数,并且赋给整型变量 a。

(2) 格式附加字符:有 l 和 h 两种(这里的 l 是小写字母),l 表示输入长整型数据(%ld、%lo、%lx)或者双精度浮点数(%lf、%le)。scanf 函数常用的格式字符(含格式附加字符)及其意义,如表 3-4 所示。

表 3-4　scanf 函数常用的格式字符(含格式附加字符)

数据类型	格式字符	意　　义
int	d 或 hd 或 ld	输入十进制的整型数据、短整型数据、长整型数据
	o 或 ho 或 lo	输入八进制的整型数据、短整型数据、长整型数据
	x 或 hx 或 lx	输入十六进制的整型数据、短整型数据、长整型数据
	u 或 hu 或 lu	输入无符号的十进制整数、短整型数据、长整型数据
char	c	输入一个字符
	s	输入一个字符串(以空白符结束)
float	f	输入十进制形式的单精度浮点数
	e	输入指数形式的单精度浮点数
double	lf	输入十进制形式的双精度浮点数
	le	输入指数形式的双精度浮点数

表 3-4 中的 d、x、u、c、e 这几个格式字符也可以是大写,但一般不提倡。另外,空白符一般指空格、制表符(Tab 键)或换行符。

(3) 宽度:用十进制正整数指定该项输入数据所占列数,即读取输入数据中相应的 n 位,按需要的位数赋给相应的变量,多余部分被舍弃。例如以下程序段:

```
int a;
scanf("%3d",&a);
```

假设从键盘输入:12345,则系统只读取 123 赋给整型变量 a,其余部分被截去。

(4) "*"符号:表示本输入项对应的数据读入后,不赋给相应的变量(该变量由下一个格式控制字符输入),又称赋值抑制字符。例如以下程序段:

```
int a,b;
scanf("%2d%*2d%3d",&a,&b);
printf("a=%d,b=%d\n",a,b);
```

假设从键盘输入"123456789",则系统将读取 12 并赋值给 a;读取 34,但舍弃掉("*"的作用);读取 567 并赋值给 b,最后的 89 留在缓冲区。所以 printf() 函数的输出结果为

a＝12,b＝567。

当通过键盘输入两个或三个以上的整数或浮点数时,我们习惯用空格、制表符(Tab 键)和换行符作为分隔符分开这些数值数据,但是当用%c 接收字符数据时,这三个分隔符也会当成正常字符一样被读入,因此经常用"%*c"忽略分隔符。

【例 3-4】 用 * 忽略整数与字符之间的分隔符。

```
#include<stdio.h>
int main()
{
    int i;
    char c;
    scanf("%d%*c%c",&i,&c);
    printf("i=%d,c=%c\n",i,c);
    return 0;
}
```

运行结果(□代表一个空格):

```
5□a✓
i=5,c=a
```

3. 有关 scanf 函数的说明

(1) 由于 scanf 函数以及下一节讲解的 getchar 函数都是缓冲输入函数,即并不是直接接受键盘数据,而是将用户输入的数据暂时存放在缓冲区中,当用户按 Enter 键或者缓冲区满了之后,scanf 函数才会从缓冲区中依次读取数据。因此当使用 scanf 函数从键盘输入数据完毕后,一定要按 Enter 键,函数才会接受到数据。

(2) 在用 scanf 函数输入浮点数据时,不能规定精度。假设 a 变量为 float 数据类型:

```
scanf("%3.2f",&a);
```

此语句无论输入什么数据,变量 a 都无法正常接受到,而且程序在编译连接时也没有任何错误信息的提示,输出变量 a 的值是一个垃圾值,因此一定避免使用。

(3) 特别注意在 scanf 函数中第二个参数"输入项地址列表"要求必须给出变量地址,即加取地址符 &,若只给出变量名则会出现运行错误,这是初学者最容易犯的错误。

(4) 当输入多个数值数据而且格式控制串中没有普通字符做输入数据之间的间隔时,则系统默认用空格、制表符(Tab 键)或换行符进行分隔。例如:

```
int a,b;
scanf("%d%d",&a,&b);
```

运行时从键盘输入 32□56 或者 32<Tab>56 或者 32<Enter 键>56,这三种方式变量 a 和 b 都可以分别正确接受 32 和 56。

当遇到非法数据(如对%d 输入 32c 时,c 即为非法数据)时即认为该数据结束。例如,上述代码段在运行时从键盘输入 32c56 ✓,则变量 a 接受 32,由于字母 c 对于整数是非法数据,因此系统认为数据输入结束,而变量 b 无法正确接受 56,而是一个垃圾值。

当遇到宽度限制时,系统也认为数据输入结束,如%3d,只取 3 列数据。此内容上一小节已介绍过。

(5) 在输入字符类型数据时,若格式控制字符串中没有普通字符,作为数值数据的空格、制表符(Tab 键)、换行符这三类分隔符,在这里不再起间隔数据的作用,系统也认为它们是有效字符。例如：

```
char c1,c2;
scanf("%c%c",&c1,&c2);
```

运行时从键盘输入 A□B↙，则变量 c1 接受字符 A，由于空格字符也是有效字符，故变量 c2 接受的是空格字符，而不是期望的 B 字符。如果从键盘输入 AB↙，则可以正确使 c1='A',c2='B'。

（6）注意，scanf 函数中使用"%s"格式读入字符串时，如果输入的字符串有空白符（空格、制表符（Tab 键）或者换行符）时，只将空白符之前的所有字符读入，之后的字符串并不读入。例如：

```
char a[20],b[20],c[20];              //定义 a、b、c 是具有 20 个字符的字符数组
scanf("%s%s%s",a,b,c);
printf("a=%s,b=%s,c=%s\n",a,b,c);
```

运行时从键盘输入 How□are□you↙，则字符数组 a、b、c 分别接受字符串，其输出结果为

a=How,b=are,c=you

所以用这种格式不能读入带空格的字符串，如果想读入带空格的字符串，可使用 gets 函数（在第 6 章的"字符数组"中进行讲解）。

（7）在高版本的 Visual Studio 编译器中，scanf 被认为是不安全的，被弃用，应当使用 scanf_s 代替 scanf。

4. scanf 函数和 printf 函数的使用注意事项

（1）与 printf 函数类似，scanf 函数中的格式控制字符和各输入地址项在数量和类型上也应该一一对应，即第一个格式控制字符控制第一个待输入地址项的格式，以此类推，否则对应输入项不能正确接受数据或者会出现意想不到的情况。

（2）printf 函数的格式控制字符串中经常用\n 进行换行操作，但是在 scanf 函数中，初学者经常会加它，注意最好不要加\n。如果有\n，请思考该如何正确输入呢？

（3）scanf 函数在输入双精度浮点数时，其格式控制字符必须用%lf 或%le，而在 printf 函数中输出双精度浮点数时可以用%lf 或%le，也可以用%f 或%e。

（4）为了实现人机对话的效果，使用 scanf 函数之前最好先使用 printf 函数提示用户以什么样的方式来间隔输入若干数据，例如：

```
printf("请输入三个整数，并以半角英文逗号分开：\n");
scanf("%d,%d,%d",&i,&j,&k);
```

（5）类似于 printf 函数，scanf 函数也有返回值，其返回值是成功接受数据的个数，出错时返回一个 EOF，即−1。

【例 3-5】 根据 scanf 函数返回值判断正确接受数据的个数。

```
#include <stdio.h>
int main()
{
    int a,b,num;
    num=scanf("%d%d",&a,&b);        //将 scanf()函数返回值赋给变量 num
    printf("成功接受数据的个数：%d\n",num);
    return 0;
}
```

顺序结构程序设计

运行结果(□代表一个空格)：

15□88 ↙

成功接受数据的个数：2

如果从键盘输入 15,88 ↙ ,则输出

成功接受数据的个数：1

请思考：为什么成功接受数据的个数为 1？

大多数情况下我们更关心和需要输入的数据,所以最常用的还是使用 scanf 函数单独构成的语句进行输入,很少使用其返回值。

(6) 格式输入输出函数的规定比较烦琐,可以先掌握常用的规则,多上机练习,随着以后的深入学习,自然就能掌握,切记不要死记硬背。

3.4　字符输入输出函数

前面介绍的 scanf 函数可以从键盘输入数据,而 printf 函数则可以输出数据,本节介绍的 getchar 和 putchar 函数则仅能实现单个字符的输入输出。在使用这两个函数时,在程序头部同样应加文件包含命令：#include <stdio.h>。

3.4.1　字符输出函数 putchar

字符输出函数 putchar 的功能是向标准输出设备(如显示器)输出一个字符,其调用的一般形式如下：

```
putchar(ch);
```

putchar 是 put character(给字符)的缩写,容易记忆,参数只有一个字符 ch,下面介绍关于 ch 的几点说明。

(1) ch 可以是字符常量、字符变量或整型表达式,其功能等价于语句：

```
printf("%c",ch);
```

(2) ch 也可以是转义字符,例如：

```
putchar('\n');                   //输出一个换行符
putchar('\101');                 //输出一个大写字母 A
```

(3) ch 还可以是一个函数,例如语句：

```
putchar(getchar());              //getchar()函数是单个字符输入函数
```

调用 getchar 函数从键盘中读入一个字符,然后直接使用该字符作为 putchar() 函数的参数,输出到屏幕上。

【例 3-6】　putchar 函数的使用。

```
#include <stdio.h>
int main()
{
    char c1,c2,c3,c4,c5;
    c1 = 'C',c2 = 'H',c3 = 'I',c4 = 'N',c5 = 'A';
    printf("%s","I love ");              //输出字符串常量"I love"
    putchar(c1);putchar(c2);putchar(c3);  //依次输出字符变量 c1、c2、c3、c4、c5 的值
```

```
    putchar(c4);putchar(c5);
    putchar('\n');                          //输出一个换行符
    return 0;
}
```

运行结果：

I love CHINA

3.4.2 字符输入函数 getchar

getchar 是单个字符输入函数，其功能是从标准输入设备（如键盘）输入一个字符，其调用的一般形式如下：

```
getchar();
```

getchar 是 get character（取得字符）的缩写，注意它没有参数，而且只能接受一个字符，如果想输入多个字符就要用多个 getchar 函数。

注意：getchar 函数是一个缓冲输入函数，输入字符后必须按 Enter 键才能接受数据。当程序执行到 getchar 函数调用语句时，将等待输入，只有当用户输入字符，并按 Enter 键后，才接收输入的第 1 个字符，并在屏幕上回显该字符，同时送到内存的缓冲区，准备赋给指定的变量，并且对空格、制表符（Tab 键）和换行符都当作有效字符读入。例如：

【例 3-7】 getchar 函数的使用。

```
# include < stdio. h>
int main()
{
    char c1,c2,c3,c4,c5;
    printf("请连续输入 5 个字母然后按 Enter 键: \n");
    c1 = getchar(),c2 = getchar(),c3 = getchar(),c4 = getchar(),c5 = getchar();
    printf("%s","I love ");                 //输出字符串常量
    putchar(c1);putchar(c2);putchar(c3);     //依次输出字符变量 c1、c2、c3、c4、c5 的值
    putchar(c4);putchar(c5);
    putchar('\n');                          //输出一个换行符
    return 0;
}
```

运行结果：

请连续输入 5 个字母然后按 Enter 键：

China↙
I love China

程序解析：

因为 getchar 函数是一个缓冲输入函数，即从键盘连续输入的 5 个字符 China 先放入缓冲区中，直到遇到换行符，getchar 函数才从缓冲区中依次读取字符，并分别赋给对应的 c1、c2、c3、c4、c5 变量。然后执行 printf 函数和若干 putchar 函数调用语句输出结果。

如果在运行例 3-7 中的 getchar 函数时，每输入一个字符后马上按 Enter 键，则运行结果如下：

I love C
h
i

请思考为什么是上述输出结果？

当输入第一个大写字母 C 同时按 Enter 键时，Enter 键也当作有效字符被读入，即 c1＝'C'，c2＝'\n'，同理再输入第二个字母 h 同时按 Enter 键时，使得 c3＝'h'，c4＝'\n'，接着输入字母 i 和 Enter 键时，使得 c5＝'i'，换行符没有输入任何变量，此时结束 5 个 getchar 函数的调用。在执行 putchar 函数分别输出变量 c1、c2、c3、c4、c5 时，先在第一行输出字母 C，然后输出换行，第二行输出字母 h 和换行，第三行输出字母 i，最后执行代码"putchar('\n');"实现换行。

如何在这种输入情况下仍然要求使用 getchar 和 putchar 函数在一行输出这 5 个字符呢？解决办法是，在调用函数 getchar 输入字符之前，先清空缓冲区，例如：

【例 3-8】 改写例 3-7。

```c
# include < stdio. h>
int main()
{
    char c1,c2,c3,c4,c5;
    printf("请每当输入一个字母后按 Enter 键: \n");
    c1 = getchar();
    while(getchar()!= '\n');            //清空输入缓冲区
    c2 = getchar();
    while(getchar()!= '\n');            //清空输入缓冲区
    c3 = getchar();
    while(getchar()!= '\n');            //清空输入缓冲区
    c4 = getchar();
    while(getchar()!= '\n');            //清空输入缓冲区
    c5 = getchar();
    printf(" % s","I love ");           //输出字符串常量
    putchar(c1);putchar(c2);putchar(c3);    //依次输出字符变量 c1、c2、c3、c4、c5 的值
    putchar(c4);putchar(c5);
    putchar('\n');                      //输出一个换行符
    return 0;
}
```

运行结果：

请每当输入一个字母后按 Enter 键:
C↙
h↙
i↙
n↙
a↙
I love China

程序解析：

在调用第二个 getchar 函数从键盘读取字符之前，先执行语句"while(getchar()!＝'\n');"清空输入缓冲区，这样换行符就不会赋值给变量 c2，同理，在后续三个 getchar 函数前都加上此语句即可正确地将后续字符进行相应赋值，最后输出 I love China。

上例中的"c1＝getchar();"与"scanf("%c",&c1);"的功能基本等效，都是输入一个字符放在变量 c1 中，区别在于 scanf 函数的返回值为成功接受数据的个数，此处为 1 或 0，而 getchar 函数的返回值是接受字符的 ASCII 码值。在某些应用中，使用 getchar 函数实现的

代码更简洁,可读性更强。例如,在统计一行字符中单词个数的循环结构中经常用"(ch＝getchar())!＝'\n'"作为循环条件:用 getchar 函数接受一个字符,将其赋给变量 ch,然后比较 ch 中的值是否与换行符相等。

3.5　其他常用函数

为了更便捷、高效地使用 C 语言,除了学好 C 语言的基本语法外,掌握常用的 C 语言库函数的使用也非常重要,本节主要介绍在实际项目开发过程中常用 C 语言函数的用法。使用这些函数时,和前面讲解的标准输入\输出函数类似,同样需要使用♯include 命令将其对应的头文件包含到程序中。

3.5.1　常用数学函数

C 语言中提供了许多数学函数,对应的头文件是＜ math.h ＞,该头文件帮助我们求平方根、次幂、绝对值以及正弦值等基本的数学计算,下面介绍一些常用的数学函数及其功能。

1. 求平方根函数 sqrt

函数原型:double sqrt(double x);

函数功能:计算 $\sqrt{x}$,函数的返回值是 double 类型,注意,x≥0。例如:

```
double x = 1.44;
printf("%lf\n",sqrt(x));
```

输出结果:

```
1.200000
```

2. 求次幂函数 pow

函数原型:double pow(double x,double y);

函数参数中,第一个 x 是底数,第二个 y 是指数。

函数功能:计算 x^y,函数的返回值是 double 类型。例如,在利息计算中,本金为 m,r 为一年定期存款利息,n 为存款年数,p 为本息和,则存 n 次 1 年期本息和的公式为 $p＝m*(1+r)^n$,使用求次幂函数 pow 可以将此公式写成 p＝m＊pow(1+r,n)。

3. 求绝对值函数

1) abs 函数

函数原型:int abs(int x);

函数功能:求整数 x 的绝对值,函数的返回值是 int 类型。

2) fabs 函数

函数原型:double fabs(double x);

常用于对 double 类型的变量取绝对值,返回值的类型为 double。例如:

```
double x = -3.14159;
printf("%lf\n",fabs(x));
```

输出结果:3.141590

4. 取整函数

1）向下取整函数 floor

函数原型：double floor(double x)

函数功能：求不大于 x 的最大整数，返回值是该整数的双精度实数，如果程序中需要整数，应使用强制类型(int)进行转换。例如：

```
double x = 3.14159;
printf(" % d\n", (int)floor(x));
```

输出结果：3

2）向上取整函数 ceil

函数原型：double ceil(double x)

函数功能：求不小于 x 的最小整数，返回值是该整数的双精度实数，如果程序中需要整数，应使用强制类型(int)进行转换。例如：

```
double x = 3.14159;
printf(" % d\n", (int)ceil(x));
```

输出结果：4

3.5.2　常用字符函数

字符函数对应的头文件是< ctype. h >，该头文件中定义了一系列用于字符分类的函数，这些函数可以帮助我们判断字符是否属于特定的类别，例如，字母、数字、控制字符等。以下是一些常用函数及其功能。

1. 大小写字母转换函数

1）tolower

函数原型：int tolower(int ch);

函数功能：参数 ch 为大写则返回小写，否则返回原始参数。

2）toupper

函数原型：int toupper(int ch);

函数功能：参数 ch 为小写则返回大写，否则返回原始参数。

2. 字符测试函数

1）判断是否为大写字母

函数原型：int isupper(int ch);

函数功能：用来判断参数 ch 是否为大写字母（A～Z），如果是大写字母，则返回非零值；否则返回 0。

2）判断是否为小写字母

函数原型：int islower(int ch);

函数功能：用来判断参数 ch 是否为小写字母（a～z），如果是小写字母，则返回非零值；否则返回 0。

【例 3-9】　通过键盘输入一个大写字母，将其转换成小写字母并输出，如果输入的是一个小写字母，则将其转换成大写字母并输出，利用相关字符函数实现。

```
# include < stdio. h>
# include < ctype. h>
int main()
{
    char ch;
    printf("请输入一个大写或者小写字母: ");
    ch = getchar();
    if (islower(ch))              //使用函数 islower()判断变量 ch 是否为小写字母
        putchar(toupper(ch));     //使用函数 toupper 将小写字母 ch 转换为大写字母并输出
    else
        putchar(tolower(ch));     //使用函数 tolower 将大写字母 ch 转换为小写字母并输出
    return 0;
}
```

运行结果(先后运行两次):

请输入一个大写或者小写字母: T↙
t
请输入一个大写或者小写字母: d↙
D

程序解析:

这里用双分支选择结构实现(下一章讲解),使用函数 islower 的返回值进行判断是否为小写字母,如果是小写字母,就执行语句"putchar(toupper(ch));",使用函数 toupper 将小写字母 ch 转换为大写字母;否则就使用函数 tolower 将大写字母 ch 转换为小写字母。

3) 检查是否为数字

函数原型: int isdigit(int ch)

函数功能:检查 ch 是否为数字(0~9),是则返回非零值;不是,则返回 0。例如:

```
char a;
a = getchar();                    //也可以用 scanf(" % c",&a);实现
printf(" % d",isdigit((int)a));
```

如果输入数字 0 到 9 中的任意一个数字,输出非零值 4;如果输入字母、!等其他符号,则输出 0。

4) 检查是否为字母

函数原型: int isalpha(int ch)

函数功能:判断字符 ch 是否为英文字母,若为英文字母,返回非零值(小写字母为 2,大写字母为 1)。若不是字母,则返回 0,它相当于使用"isupper(ch)||islower(ch)"做测试,常用来检测字符串是否只由字母组成。

5) 检查是否为字母或数字

函数原型: int isalnum(int ch)

函数功能:检查参数 ch 是否为字母(A~Z 和 a~z)或数字(0~9),如果是,则函数返回非零值;如果传入的字符不是字母或数字,则函数返回 0。

【例 3-10】 使用 isalnum()函数判断输入的字符是否为字母或数字。

```
# include < stdio. h>
# include < ctype. h>
int main()
{
```

```
    char ch;
    printf("请输入一个字母或数字: ");              //提示输入一个字符
    scanf("%c", &ch);
    if (isalnum(ch))                              //判断输入字符是否为字母或数字字符
        printf("%c 是字母或数字\n", ch);
    else
        printf("%c 不是字母或数字\n", ch);
}
```

运行结果：（先后运行两次）：

请输入一个字母或数字: d↙
d 是字母或数字
请输入一个字母或数字: #↙
不是字母或数字

提示：本小节所介绍的常用字符函数返回值都是 int 型,参数 ch 是要检查的字符。虽然参数是 int 类型,但通常传入的是 char 类型的字符,传入 EOF(文件结束标志)也是有效的,关于 EOF 将在第 10 章讲解。

3.5.3 其他常用工具函数

1. 获取当前的系统时间函数

下面介绍的时间函数在头文件 time.h 中。

1) time 函数

函数原型: time_t time(time_t * timer)

参数 timer 是 time_t 类型,用来存放时间值,其值可以为 NULL。

函数功能：获取当前的系统时间(秒数),即当前的时间戳,返回的结果是一个 time_t 类型。

2) localtime 函数

函数原型: struct tm * localtime(const time_t * timer)

参数 timer 是指向表示日历时间的 time_t 值的指针。

函数功能：用于将时间戳(time_t 类型的值)转换为本地时间的日期和时间表示。它返回一个指向 struct tm 结构体的指针,该结构体包含了年、月、日、时、分、秒等时间信息。

3) asctime 函数

函数原型: char * asctime (const struct tm * timeptr)

函数功能：把 timeptr 指向的 tm 结构体中存储的时间转换为字符串,返回的字符串格式为 Www Mmm dd hh:mm:ss yyyy。其中,Www 为星期;Mmm 为月份;dd 为日;hh 为时;mm 为分;ss 为秒;yyyy 为年份。

上面函数中提到的指针和结构体在后续章节讲解。

【例 3-11】 用 time()函数获取当前时间,使用 localtime()函数将其转换为可读的本地时间,并且使用 asctime 函数将时间转化为字符串。

```
#include <stdio.h>
#include <time.h>
int main()
```

```
{
    time_t currentTime;
    struct tm * localTime;
    currentTime = time(NULL);                    // 获取当前时间戳
    localTime = localtime(&currentTime);     // 将时间戳转换为本地时间
    printf("当前系统时间: % s", asctime(localTime));
    //使用 asctime 函数将时间转换为字符串
    return 0;
}
```

运行结果：

当前系统时间:Sun Apr 14 22:29:37 2024

2. 产生随机数函数

在实际编程中,经常需要生成随机数,例如,贪吃蛇游戏中在随机的位置出现食物,扑克牌游戏中随机发牌。下面介绍的常用随机数函数包含在头文件 stdlib.h 中。

1) 伪随机数函数 rand

函数原型: int rand (void);

void 表示不需要传递参数。

函数功能：返回一个大于或等于 0 并且小于或等于 RAND_MAX 的伪随机整数,其中, RAND_MAX 是<stdlib.h>头文件中的一个常量,用来指明 rand()函数返回随机数的最大值。C 语言标准并没有规定 RAND_MAX 的具体值,仅规定它的值至少是 32767。在实际编程中也不需要知道 RAND_MAX 的具体值,把它当作一个很大的数来对待即可。例如下面代码段：

```
int a = rand();
printf("% d\n",a);
```

运行结果：41

请注意观察：多次运行上面的代码,发现每次产生的随机数都一样,为什么随机数并不随机呢？实际上,rand()函数产生的随机数是伪随机数,被称为"种子",是根据一个数值按照某个公式推算出来的。种子与随机数之间的关系是一种正态分布,在每次启动计算机时是随机的,但是一旦计算机启动以后它就是定值,不再变化。所以根据公式推算出来的结果（即生成的随机数）就是固定的。那么如何才能产生真正意义上的随机数呢？可以通过 srand()函数来重新"播种",这样种子就会发生改变,即每次运行结果都不一样。

2) 随机数生成器初始化函数 srand

函数原型: void srand (unsigned int seed);

参数 seed 是 unsigned int 类型。

函数功能：为随机数生成器提供一粒新的随机种子。

在实际开发中,可以用时间作为参数,只要每次播种的时间不同,那么生成的种子就不同,最终的随机数也就不同。

【例 3-12】 srand 函数的使用。

```
# include < stdio.h >
# include < stdlib.h >
# include < time.h >
```

顺序结构程序设计

```
int main()
{
    int a;
    srand(time(NULL));        //使用函数 srand 为随机数生成器提供一粒新的随机种子
    a = rand();               //此时使用函数 rand 产生的随机数在每次运行都不一样
    printf("%d\n", a);
    return 0;
}
```

多次运行此程序,会发现每次生成的随机数都不一样。但是,这些随机数会有逐渐增大的趋势,这是因为以时间为种子,时间是逐渐增大的,所以随机数也会逐渐增大。

3)生成一定范围内的随机数

在实际开发中,经常需要生成一定范围内的随机数,过大或者过小都不符要求,那么,如何产生一定范围的随机数呢?这里可以利用取模的方法:

```
int a = rand() % 10;          //产生 0~9 的随机数,注意 10 会被整除
```

如果要规定上下限,则改写如下:

```
int a = rand() % 90 + 10;     //产生 10~99 的随机数
```

分析:取模即取余,表达式"rand()％90+10"可以看成两部分,rand()％90 是产生 0~89 的随机数,后面加 10 保证 a 最小只能是 10,最大就是 89+10＝99。

思考:如何随机产生一个三位整数呢?

3. 睡眠函数 Sleep

当程序在执行过程中需要延时一段时间后才继续执行,这时使用睡眠函数实现,它可以使计算机程序(进程、任务或线程)进入休眠,使其在一段时间内处于非活动状态。Sleep 函数包含在头文件 windows.h 中。

函数原型:unsigned Sleep(unsigned milliseconds)

其中,参数 milliseconds 是 unsigned 类型,单位是毫秒,代表程序挂起的时间间隔。

函数功能:程序睡眠或挂起 milliseconds 毫秒。

【例 3-13】 编程实现:输出"请稍等…"和"可以了吗?"之间间隔两秒。

```
#include <stdio.h>
#include <windows.h>
int main()
{
    int a = 2000;
    printf("请稍等…\n");
    Sleep(a);            //Visual C++使用 Sleep,程序睡眠两秒
    printf("可以了吗?");
    /*输出"请稍等…"和"可以了吗?"之间会间隔 2000 毫秒,即间隔两秒*/
    return 0;
}
```

4. system 函数

system 函数也包含在头文件 windows.h 中。

函数原型:int system(const char * command)

参数是一个字符串,指定了要执行的命令。

函数功能:主要用于执行操作系统命令。该函数执行成功后返回 0,执行失败则返回−1。

在 Windows 系统中,system 函数直接在控制台调用指定的命令,例如:

```
system("dir");          //列出当前目录的内容
system("pause");        //冻结屏幕并显示"按任意键继续"的提示
system("cls");          //调用系统命令 cls,完成清屏功能
```

注意:system 函数在不同的操作系统中有所不同,请自行查阅。

3.6 顺序结构程序举例

现在我们已经掌握 C 语言的五类语句、输入输出函数和常用函数的基本知识,可以使用 IPO 方法编写简单的顺序结构程序。

【例 3-14】 随机产生一个三位自然数,输出其逆序数。

编程提示:使用随机数函数 rand() 和种子函数 srand(),要想产生不重复的随机数需要以时间为种子。要想求出逆序数,需要先使用运算符"%"和"/"分解此随机数,然后将每位数按权值加起来即可。

```
# include< stdio.h>
# include< stdlib.h>
# include< time.h>
int main()
{
    int x,y,ge,shi,bai;              /* 定义 x、y、ge、shi、bai 是 5 个整型变量,分别存放随机
                                        数、逆序数、个位数、十位数和百位数 */
    srand(time(NULL));               //以时间为种子产生不同的随机数
    x = rand() % 900 + 100;          //产生一个 100～999 的随机数并且赋给变量 x
    ge = x % 10;                     //求随机数 x 的个位数并且赋给变量 ge
    shi = x/10 % 10;                 //求随机数 x 的十位数并且赋给变量 shi
    bai = x/100;                     //求随机数 x 的百位数并且赋给变量 bai
    y = ge * 100 + shi * 10 + bai;   //求随机数 x 的逆序数并且赋给变量 y
    printf("产生的随机数是: % d\n 其逆序数是: % d\n",x,y);
    //输出随机数 x 和其逆序数 y
    return 0;
}
```

运行结果(注意此结果不唯一):

```
产生的随机数是:188
其逆序数是:881
```

程序解析:

求逆序数需要先分离出这个三位数的百位、十位、个位,再用个位乘以 100,然后加十位乘以 10,最后加百位。

【例 3-15】 输入 3 个双精度实数,分别求出它们的平均值以及立方和的开方,并输出所求结果。

```
# include< stdio.h>
# include< math.h>
int main()
{
    double d1,d2,d3,ave,cubsum_sqr;
    printf("请输入 3 个双精度实数: ");
```

```
        scanf("%lf%lf%lf",&d1,&d2,&d3);
        ave = (d1 + d2 + d3)/3;
        cubsum_sqr = sqrt(pow(d1,3) + pow(d2,3) + pow(d3,3));    //使用数学函数 sqrt 和 pow 实现
        printf("这 3 个数的平均值：%.2f,立方和的开方：%.2f\n",ave,cubsum_sqr);
        return 0;
}
```

运行结果：

请输入 3 个双精度实数：2.5 1.5 6.6↙
这 3 个数的平均值：3.53,立方和的开方：17.51

【例 3-16】 设银行定期存款年利率 r 为 2.25%,若存款期为 n 年,存款本金为 x 元,求 n 年后本利之和 y 是多少元。

```
# include < stdio.h >
# include < math.h >
int main()
{
        float r = 0.0225;
        int n;
        double x,y;
        printf("请输入存款年数：");
        scanf("%d",&n);
        printf("请输入存款本金(以元为单位)：");
        scanf("%lf",&x);
        y = x * pow((1 + r),n);
        printf("%d 年后本利之和是 %.2f\n",n,y);
        return 0;
}
```

运行结果：

请输入存款年数：5↙
请输入存款本金(以元为单位)：10000↙
5 年后本利之和是 11176.78

本 章 小 结

在 C 语言中,顺序结构是指程序按照代码的书写顺序从上到下逐行执行,没有跳转或重复执行的情况,直到执行完所有语句,这种结构是最简单、最基本的程序结构。顺序结构可以采用 IPO 方法进行编程,设计一个 C 程序的大致步骤如下：定义变量,输入数据,对数据进行处理(即确定算法,该步骤是核心,也是最重要的),最后输出结果。本章主要讲解了以下三部分内容：

1. C 语言中的五类语句

表达式语句、函数调用语句、控制语句、空语句和复合语句。

2. C 语言中标准的输入\输出函数

printf 函数、scanf 函数、putchar 函数、getchar 函数,其中 scanf 和 printf 是标准的格式输入输出函数,是本章重点。

3. C 语言中常用的其他函数

常用数学函数(pow、sqrt、abs 等)、常用字符函数(isupper、islower、isalnum 等)、获取当

前的系统时间函数（time、localtime、asctime）、产生随机数函数（rand、srand）、睡眠函数 Sleep、函数 system。

习 题 3

一、选择题

1. 设有程序段：

```
int x = 102, y = 12;
printf("%2d,%3d\n", x, y);
```

则执行后的输出结果是（　　　）。

    A. 02,12　　　　　　B. 10,012　　　　　　C. 102,120　　　　　　D. 102,□12

2. 以下有关 scanf 函数的叙述中错误的是（　　　）。

    A. 在 scanf 函数的格式控制字符前既可以加入正整数指定输入数据所占的宽度，也可以对实数指定小数位的宽度

    B. scanf 函数有返回值，其值就是本次调用 scanf 函数时正确读入的数据项个数

    C. scanf 函数从输入字符流中按照格式控制字符指定的格式解析出相应数据，送到指定地址中

    D. 在 scanf 函数中的格式控制字符串不会输出到屏幕上

3. 以下叙述中正确的是（　　　）。

    A. 在 scanf 函数的格式控制字符串中，必须有与输入项一一对应的格式控制符

    B. 只能在 printf 函数中指定输入数据的宽度，而不能在 scanf 函数中指定输入数据占的宽度

    C. scanf 函数中的格式字符串，是提示程序员的，输入数据时不必管它

    D. 复合语句也被称为语句块，它至少要包含两条语句

4. 设有定义：int a; float b;，执行 scanf("%2d%f", &a, &b); 语句时，若从键盘输入 876 543.0<回车>，a 和 b 的值分别是（　　　）。

    A. 876 和 543.000000　　　　　　　　B. 87 和 6.000000

    C. 87 和 543.000000　　　　　　　　D. 76 和 543.000000

5. 若有以下程序

```
#include <stdio.h>
int main()
{
    char c1, c2;
    c1 = 'C' + '8' - '3';    c2 = '9' - '0';
    printf("%c  %d\n", c1, c2);
    return 0;
}
```

则程序的输出结果是（　　　）。

    A. H '9'　　　　　　　　　　　　　　B. H 9

    C. F '9'　　　　　　　　　　　　　　D. 表达式不合法输出无定值

6. 已知字符 A 的 ASCII 值是 65，字符变量 c1 的值是 'A'，c2 的值是 'D'，则执行语句

顺序结构程序设计

"print("%d,%d",c1,c2-2)"的输出结果是(　　　)。

    A. 65,68　　　　　B. A,68　　　　　C. A,B　　　　　D. 65,66

7. 若变量已正确定义为 int 型,要通过语句"scanf("%d,%d,%d",&a,&b,&c);"将 a 赋值为1,b 赋值为2,c 赋值为3,以下输入形式中错误的是(注:□代表一个空格)(　　　)。

    A. 1,2,3 < Enter >　　　　　　　　B. □□□1,2,3 < Enter >

    C. 1,□□□2,□□□3 < Enter >　　　D. 1□2□3 < Enter >

8. 设有定义"double x=5.16894;",则语句"printf("%lf\n ", (int)(x * 1000+0.5)/1000.);"的输出结果是(　　　)。

    A. 5.16900

    B. 5.16800

    C. 0.00000

    D. 输出格式说明符与输出项不匹配,产生错误信息

9. 以下选项中错误的是(　　　)。

    A. prntf("%s\n",'s');　　　　　　B. printf(" %d %c\n",'s','s');

    C. printf("%c\n", 's' -32);　　　　D. printf("%c\n",65)

10. 若有定义"char ch; int a; double d;",当输入为 12345 678910.36 时,以下选项中能给各个变量正确赋值的是(　　　)。

    A. scanf(" %d%c%lf",&a,&ch,&d);

    B. scanf("%5d%2c%7.2lf",&a,&ch,&d);

    C. scanf(" % d%c% lf" , a,ch,d);

    D. scanf("5d%2c%7.2lf%",&a,&ch,&d);

11. 设有定义"double x=123.456;",则语句"printf("%6.2f,%3.0f\n",x,x);"的输出结果是(　　　)。

    A. 123.46,123.0　　B. 123.45,123　　C. 123.46,123　　D. 123.45,123.

12. 有以下程序段:

```
int x = 072;
printf(" >%d < \n",x+1);
```

则程序运行后的输出结果是(　　　)。

    A. >073 <　　　　　B. >73 <　　　　　C. >142 <　　　　　D. >59 <

13. 若有定义"int a,b,c;",想通过语句"scanf(" %d,% d% d" ,&a,&b,&c);"把1、2、3分别赋给变量a、b、c,则正确的键盘输入是(　　　)。

    A. 1,2,3 < Enter >　　　　　　　　B. 1,2 < Tab >3 < Enter >

    C. 1 < Enter > < Tab >2 < Tab >3　　D. 1 < Enter >2 < Enter >3

14. 设有定义"float a =12.3f; double b=456.78;",若想用 printf 函数输出 a 和 b 的值,关于输出格式,以下说法正确的是(　　　)。

    A. 只能用%lf 输出 a,用%f 输出 b

    B. 只能用%f 输出 a,用%lf 输出 b

    C. 只能用%lf 输出 a,用%lf 输出 b

    D. 既可以用%f 输出 a,也可以用%f 输出 b

15. 用函数从终端输入一个字符,可以使用函数(　　)。

    A. putchar( )　　　　B. getchar( )　　　　C. puts( )　　　　D. gets( )

二、程序题

1. 根据下面的输出结果编写程序,要求用 scanf 函数输入(注意:□代表一个空格)。

ch = 'a',ASCII = 97
i = 5□□j = 8
x = 12.34□□□y = 56.78

2. 要求输入身份证号,结果输出:"您的生日是:××××年××月××日"。

3. 输入华氏温度 F,输出摄氏温度 C。转换公式:

$$C=\frac{5}{9}(F-32)$$

4. 练习分数如何输入。向北走 x=600 米,再向东走 x 的 7/8,最后向北走 x 的 9/13。

5. 输入直角三角形的两个直角边的边长,求斜边的长度和三角形的面积。

6. 根据铺设瓷砖的面积(平方米)和所选择瓷砖的尺寸(厘米×厘米),计算需要瓷砖的块数并输出。

7. 设圆半径 r,圆柱高 h,求圆周长、圆面积、圆球表面积、圆球体积、圆柱体积。

编程提示:用 scanf 函数输入 r、h,输出计算结果,保留小数点后两位(圆周长 $ly=2\pi r$,圆面积 $sy=\pi r^2$,圆球表面积 $sq=4\pi r^2$,圆球体积 $vq=4/3\pi r^3$,圆柱体积 $vz=\pi h r^2$)。

8. 编写程序实现如下功能:从键盘输入 3 个小写字母,将其转换成大写字母,然后在屏幕上分 3 行输出这 3 个大写字母。要求使用 putchar 函数和 getchar 函数实现。

顺序结构程序设计

第4章 选择结构程序设计

—— **"充满选择的人生，需要你的认真权衡"**

人生的路，靠自己一步步去走，真正能保护你的，是你自己的人格选择和文化选择，那么反过来，真正能伤害你的，也是一样，自己的选择。人生道路上会有很多选择，面对瞬息万变的复杂问题，也只有自己思考方能明白其中的奥妙，有的选择会让你奋发向上，有的选择会让你追悔莫及，要懂得权衡和取舍。

在顺序结构程序中，所有语句按照自上而下顺序执行，是没有任何条件自动执行的，即按照代码书写的先后顺序。但现实问题是多样的，往往需要根据不同的条件或情况来选择执行不同的操作任务，仅靠顺序结构是无法解决多样的问题的。比如，把一个班级 C 语言成绩按及格和不及格分别打印，这时候我们就要根据不同的情况，执行不同的操作。这就要求计算机可以对问题进行判断，根据判断的结果，选择不同的处理方式。选择结构正是为解决这类问题而设计的，它是结构化程序设计的第二种结构。

设计选择结构程序要考虑两个方面的问题：一是在 C 语言中如何来表示条件；二是在 C 语言中实现选择结构用什么语句。在 C 语言中表示条件一般用关系表达式或逻辑表达式，实现选择结构用单分支、双分支、多分支的 if 语句或多分支的 switch 语句。根据不同的情况恰当地使用它们，可以提高编程效率。

4.1 使用 if 语句实现选择结构

C 语言中 if 语句是用于根据条件执行特定代码块的控制流语句。在 C 语言编程中，if 语句是一种基本的选择结构，它允许程序根据一个条件表达式的结果来选择执行不同的代码路径。if 语句可以分为单分支结构、双分支结构和多分支结构。

4.1.1 用 if 语句实现单分支结构

if 语句的单分支结构指的是当满足某个条件时执行一段代码，否则跳过该段代码，继续执行后面的语句。这种结构只包含一个 if 关键字，后面跟一个条件表达式以及一个代码块。这种单分支的 if 语句适用于只需要处理一种情况的场景，即当条件满足时执行特定操作，而不需要在条件不满足时执行其他操作。

if 语句的单分支结构的语法格式如下：

```
if(表达式)
语句
```

功能：计算表达式的值，若为"真"（即非 0），则执行语句，否则跳过语句而执行 if 语句的后续语句。其中，语句可以是单条语句，也可以是花括号括起来的一组复合语句。单分支结构的执行流程如图 4-1 所示。

【例 4-1】 从键盘输入一个整数，求该数的绝对值。

```c
# include < stdio. h >
int main ()
  {
    int a;
    scanf(" % d",&a);
    if(a < 0)
     a = - a;
    printf("The absolute value is % d\n",a);
    return 0;
  }
```

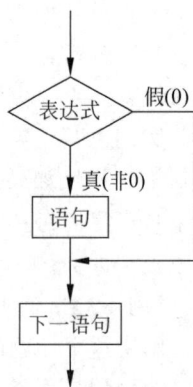

图 4-1 单分支结构

运行结果：

```
- 3↙
The absolute value is 3
```

程序解析：

解决这个问题的重点是负数的绝对值，因为正数的绝对值是自己本身。此程序 if 结构中的语句只有一条，不需要用花括号，如果给变量 a 的值为一个正数，则不执行 if 语句，也就是会跳过 if 语句，只执行 printf 语句，变量 a 的值原样输出。

【例 4-2】 每天进步一点点的力量。

一年 365 天，每天进步千分之一，累计进步多少呢？
一年 365 天，每天退步千分之一，累计剩下多少呢？

```c
# include < stdio. h >
# include < math. h >
int main()
{
    int n;
    float up,down;
    printf("查看进步指数请输入 1,退步指数输入 2\n");
    scanf(" % d",&n);
    if(n == 1)
    {
        up = pow(1.001,365);           //每天进步千分之一,累计进步(1.001)^365 = 1.44
        printf("up = % .2f\n",up);
    }
    if(n == 2)
    {
        down = pow(0.999,365);         //每天退步千分之一,累计剩下(0.999)^365 = 0.69
        printf("down = % .2f\n",down);
    }
    return 0;
}
```

若输入 1，运行结果：

```
查看进步指数请输入 1,退步指数输入 2
1↙
```

```
up = 1.44
```
若输入 2,运行结果:
查看进步指数请输入 1,退步指数输入 2
2↙
```
down = 0.69
```

程序解析:

该程序主要由两个单分支结构组成,if 结构中的语句有两条,需要用花括号括起来。通过此案例说明一年 365 天,你每天只要进步千分之一,一年累计下来,你将成长为基础的 1.44 倍;相反如果你每天都不再努力,那么只剩下了 0.69。成功往往不是一蹴而就的,而是来自于我们每一天的积累和努力。只要我们坚持不懈,每天都努力进步,时间会见证我们的成长和进步。

【例 4-3】 输入 3 个数 x、y、z,要求按由大到小的顺序输出。

解决这个问题的重点是 if(x<y),将 x 和 y 交换,if(x<z),将 x 和 z 交换,交换后 x 就是三个数的最大值,接着判断 if(y<z),将 y 和 z 交换,交换后 y 是 y、z 中的大者,也就是三个数的次大者。

```c
# include < stdio. h>
int main()
{
    float x,y,z,t;
    scanf(" % f, % f, % f",&x,&y,&z);
        if(x < y)
        {
          t = x;                  //借助变量t,实现变量x和变量y互换值
          x = y;
          y = t;                  //互换后,x大于或等于y
        }
        if(x < z)
        {
          t = x;                  //借助变量t,实现变量x和变量z互换
          x = z;
          z = t;                  //互换后,x大于或等于z
        }
        if(y < z)
        {
          t = y;
          y = z;
          z = t;
        }
    printf(" % f, % f, % f\n",x,y,z) ;
    return 0;
}
```

运行结果:

```
3,8,5
8.000000,5.000000,3.000000
```

程序解析:

交换两个变量的值的方法是引入中间变量 t。在经过第 1 次互换后,x 大于或等于 y,经过第 2 次互换后,x 大于或等于 z,这样 x 已经是三个数中最大的,但是 y 和 z 哪个大还未比

较,经过第 3 次互换后,x≥y≥z,此时 x、y、z 这 3 个变量已经由大到小顺序排列。顺序输出 x、y、z 的值即实现了由大到小输出这 3 个数。

4.1.2 用 if 语句实现双分支结构

if 语句的双分支结构指的是如果表达式条件为真,则执行语句块 1,否则执行语句块 2, 一般情况下语句块 1 和语句块 2 都以复合语句的形式出现,即用一对花括号将语句括起来, 如果语句块 1 和语句块 2 都只有一条语句,则可以不使用花括号。

if 语句的双分支结构的语法格式如下:

```
if (表达式)
    语句 1
else
    语句 2
```

功能:计算表达式的值,若表达式值为非 0,执行语句 1,之后跳过语句 2 去执行 if-else 语句的后续语句;若表达式值为 0,则跳过语句 1 执行语句 2,然后执行 if-else 语句的后续 语句。

if 语句的双分支结构的执行流程如图 4-2 所示。

【例 4-4】 输入一个整数,判断它能否被 2、5、8 整除。

```
#include <stdio.h>
int main()
{
    int x;
    printf("Please enter x:");
    scanf("%d",&x);
    if((x%2==0) && (x%5==0)&& (x%8==0))
        printf("%d 能被 2、5、8 整除\n",x);
    else
        printf("%d 不能被 2、5、8 整除\n",x);
    return 0;
}
```

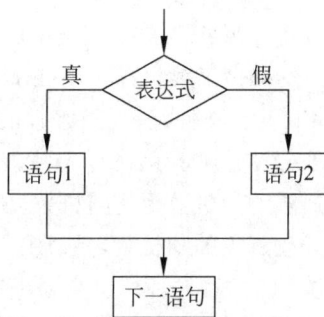

图 4-2 双分支结构

若输入 40,运行结果:

```
Please enter x:40
40 能被 2、5、8 整除
```

程序解析:

解决这个问题的重点是通过逻辑表达式表示能同时被 2、5、8 整除的数。程序通过 (x%2==0) && (x%5==0) && (x%8==0)这个逻辑表达式来设定 x 能同时被 2、5、8 整除。通过两个 && 把 x 被 2 整除,x 被 5 整除,x 被 8 整除 3 个算术表达式连接起来,逻 辑表达式为真,执行 if 下面的语句,逻辑表达式为假,执行 else 下面的语句。如果输入 x 的 值为 40,40 满足能同时被 2、5、8 整除。if 条件后面为真,执行其下面的语句。由于本例中 if 和 else 下面的语句都为一条,所以可以不加花括号。

【例 4-5】 设计一个猜数游戏,由计算机产生一个随机数 magic,从键盘输入一个数 guess,若输入的数 guess 的大小等于随机数 magic,则输出"Great! You are right.",否则,输出"Sorry,You are wrong."。

选择结构程序设计

```
# include < stdio. h >
# include < stdlib. h >
int main()
{
    int magic,guess;
    magic = rand();
    printf("please input a guess number:\n");
    scanf(" % d",&guess);
    if (guess == magic)
        printf("Great! You are right.");
    else
        printf("Sorry,You are wrong.");
    return 0;
}
```

运行结果：

若第一次给 guess 变量输入一个数为 41,输出为：
Great! You are right.
若第二次给 guess 变量输入一个数为 10,输出为：
Sorry,You are wrong.

程序解析：

rand()函数包含在 stdlib. h 头文件中,所以程序中用到 rand()函数,代码的开头要添加 stdlib. h 头文件,随机函数 rand()的取值范围是 0～RAND_MAX 之间的一个正整数,C 语言标准并没有规定 RAND_MAX 的具体数值,只是规定它的值至少为 32767。但由于 rand()函数产生的随机数为伪随机数,所以这个程序每次运行产生的随机数都是一样的。若要计算机产生真正的随机数,要使用 srand(unsigned seed)函数,选择系统时间 time()作为参数,修改例 4-5 程序为产生真随机数,代码如例 4-6 所示。

【例 4-6】 把例 4-5 的伪随机数修改为真随机数。

```
# include < stdio. h >
# include < stdlib. h >
# include < time. h >
int main()
{
    int magic,guess;
    srand((unsigned int) time(NULL));
    magic = rand();
    printf("please input a guess number:\n");
    scanf(" % d",&guess);
    if (guess == magic)
        printf("Great! You are right.");
    else
        printf("Sorry,You are wrong.");
    return 0;
}
```

运行结果：

若第一次给 guess 变量输入一个数为 41,输出为：
Sorry,You are wrong.
若第二次给 guess 变量输入一个数为 25,输出为：
Sorry,You are wrong.

程序解析：

这个程序和例 4-5 的区别是修改了随机函数,用 srand((unsigned int)time(NULL))代替 rand()函数产生的随机数为真随机数,每次运行这个程序产生的随机数都是不一样的,每次猜中的概率只有 32767 分之一,我们很难猜中它,所以程序的运行结果都是"Sorry, You are wrong."。

如果想提高猜中的概率,可以让产生的随机数在一个小的范围内,如 1～10,设定随机函数为 rand()%10+1,那么产生的随机数为 1～100 呢? 大家可以想想,编写程序,上机自己验证。

4.1.3　用 if 语句实现多分支结构

前面讲解了 if 语句的单分支结构和双分支结构,但在实际的问题中常常要用到多分支结构,比如学生的成绩分类(90 分以上为 A,80～89 分为 B,70～79 分为 C,60～69 分为 D,60 分以下为 E),教师工资按职称分类,人口统计按年龄分类等,这些都要用 if 语句的多分支结构实现。

if 语句的多分支结构的语法格式如下:

```
if(表达式 1)
    语句 1
else if (表达式 2)
    语句 2
else if (表达式 3)
    语句 3
……
else if (表达式 n)
    语句 n
else
    语句 n+1
```

功能:

(1) 首先计算表达式 1 的值,若为真,则执行语句 1,然后跳过其后面所有的 else if 和 else 语句,转而执行程序的后续语句。

(2) 若表达式 1 的值为假,则计算表达式 2 的值,若为真,则执行语句 2,然后跳过其后面所有的 else if 和 else 语句块,转而执行后续的其他语句。

(3) 若表达式 2 的值为假,则继续测试下一个条件,以此类推。

(4) 如果所有的条件均为假,则执行 else 对应的语句 n+1,然后转而执行程序的后续语句。

if 语句的多分支结构的执行流程如图 4-3 所示。

【例 4-7】　给出百分制成绩,要求输出对应的五级制成绩等级 'A'、'B'、'C'、'D'、'E'。

90～100 分为'A', 80～89 分为'B',70～79 分为'C',60～69 分为'D',60 分以下为'E'。若输入的值不为 0～100,则程序输出"这是一个非法数据!"。

```
# include < stdio. h>
# inlude < stdlib. h>

int main()
```

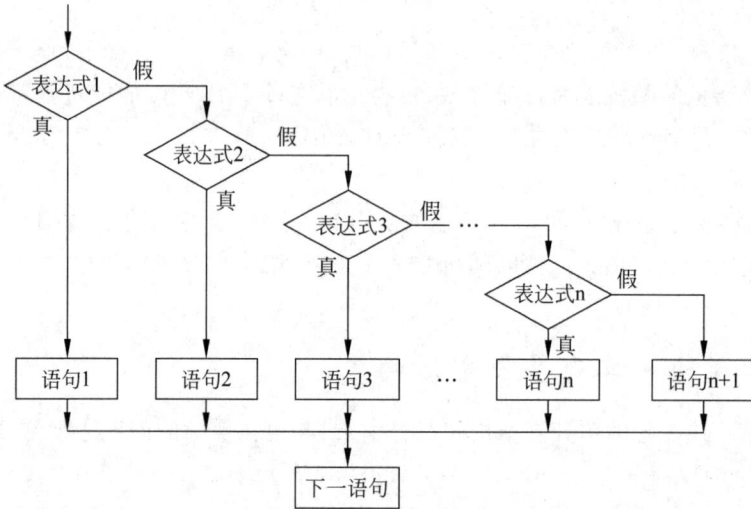

图 4-3 多分支结构

```
{
    int score; char grade;
    printf("请输入一个百分制成绩: ");
    scanf("%d",&score);
    if(score<0||score>100)
    {
        printf("这是一个非法数据!\n");
        exit(0);
    }
    if (score>=90)        grade = 'A';
    else if (score>=80)   grade = 'B';
    else if (score>=70)   grade = 'C';
    else if (score>=60)   grade = 'D';
    else                  grade = 'E';
    printf("%d, %c\n",score,grade);
    return 0;
}
```

运行结果:

请输入一个百分制成绩: 86
86, B

程序解析:

函数 exit()的作用是终止整个程序的执行,强制返回操作系统,并将 int 型参数 code 的值传给调用进程(一般为操作系统)。当 code 为 0 时,便使程序正常退出。调用函数 exit()时,需要在程序开头加 # include < stdlib. h >。

【例 4-8】 判别键盘输入字符的类别。

```
# include < stdio. h >
int main ()
{
    char ch;
    printf("Enter a character: ");
    ch = getchar();                    //读取用户输入的字符
```

```
    //检查输入字符的 ASCII 值
    if(ch < 32)
        printf("This is a control character.\n");
    else if(ch > = '0' && ch < = '9')
        printf("This is a digit.\n");
    else if(ch > = 'A' && ch < = 'Z')
        printf("This is an uppercase letter.\n");
    else if(ch > = 'a' && ch < = 'z')
        printf("This is a lowercase letter.\n");
    else
        printf("This is another type of character.\n");
    return 0;
}
```

运行结果：

```
Enter a character: 8
This is a digit.
```

程序解析：

根据输入字符的 ASCII 码来判断类型。由 ASCII 码表可知 ASCII 码值小于 32 的为控制字符，在 0~9 之间的为数字，在 A~Z 之间的为大写字母，在 a~z 之间的为小写字母，其余则为其他字符。这是一个多分支选择的问题，用 if…else if 语句编程，判断输入字符 ASCII 码所在的范围，分别给出不同的输出。例如，输入 8，输出"This is a digit."。

4.1.4 if 语句的嵌套

if 语句的嵌套是指在 if…else 结构中的任一执行框中插入 if 结构或 if…else 结构，现实问题中很多问题需要通过 if 语句的嵌套结构解决，其一般形式如下：

```
if()
    if()  语句 1
    else  语句 2
else
    if()  语句 1
    else  语句 2
```

在 if 语句的嵌套结构中，else 语句总是和它最近的未配对的 if 语句配对。若写成

```
if()
    if()  语句 1
else
    if()  语句 2
    else  语句 3
```

编程序者把第 1 个 else 写在与第 1 个 if(外层 if)同一列上，意图是使 else 与第 1 个 if 对应，但实际上 else 是与第 2 个 if 配对，因为它们相距最近。为了避免二义性的混淆，最好使内嵌 if 语句也包含 else 部分(如本节开头列出的形式)，这样 if 的数目和 else 的数目相同，从内层到外层一一对应，不致出错。

如果 if 与 else 的数目不一样，为实现程序设计者的思想，可以加花括号来确定配对关系。例如：

```
if()
{
```

```
    if()语句 1
    }
    else   语句 2
```

这时"{}"限定了内嵌 if 语句的范围,因此 else 与第一个 if 配对。

【例 4-9】 输入一个整数,将其数值按小于 10、10～99、100～999、1000 以上分类并显示。

```
# include < stdio.h >
int main()
{
    int a;
    scanf(" % d",&a);
    if(a > = 100)
    {
        if(a > = 1000)
            printf(" % d is greater than 1000\n",a);
        else
            printf(" % d is 100 to 999 \n",a);
    }
    else
    {
        if(a < 10)
            printf(" % d is less than 10\n",a);
        else
            printf(" % d is 10 to 99\n",a);
    }
    return 0;
}
```

运行结果:

输入 a 的值为 55,输出 55 is 10 to 99

程序解析:

解决这个问题的重点是通过 if…else 语句把大于或等于 100 和小于 100 分开。

这个程序是一个 if 语句的嵌套,从程序中可以看出 if 语句中嵌套了一个 if…else 语句,else 语句中也嵌套了一个 if…else 语句。先通过 if…else 语句把数按大于或等于 100 和小于 100 分开,在大于或等于 100 中,再通过嵌套的 if…else 语句把大于或等于 1000 和小于 1000 大于或等于 100 分开。else 中通过嵌套的 if…else 语句把小于 10 和大于或等于 10 小于 99 的数分开。

【例 4-10】 编写一程序,判断某一年是否为闰年。

```
# include < stdio.h >
int main()
{
    int year,leap;
    printf("enter year:") ;
    scanf(" % d",&year) ;
    if (year % 4 == 0)
    {
        if( year % 100 == 0)
        {
            if(year % 400 == 0)
                leap = 1;
            else
```

```
                        leap = 0;
                    }
            else
                leap = 1;
        }
        else
            leap = 0;
    if(leap)
        printf(" % d is a leap year.\n", year);
    else
        printf(" % d is not a leap year.\n" ,year);
    return 0;
}
```

运行结果：

输入 2000,输出 2000 is a leap year.
输入 2005,输出 2005 is not a leap year.

程序解析：

这个程序也是一个 if 语句的嵌套,第一个 if 语句判断输入的年份能否被 4 整除,如果不能被 4 整除,则年份肯定不是闰年,执行第一个 if 语句的 else。能被 4 整除,则通过 if 语句嵌套的第二个 if…else 语句判断能否被 100 整除,如果不能被 100 整除,则年份是闰年。能被 100 整除,则还要通过嵌套的第三个 if…else 语句判断能否被 400 整除,如果能整除则是闰年,不能整除,则不是闰年。

通过这个例子我们知道了闰年的条件是①能被 4 整除,但不能被 100 整除;②能被 4 整除同时被 100 整除再同时被 400 整除。这两个条件满足一个即可。第二个条件还可以简化成能被 400 整除即可。因此可用逻辑表达式表示闰年的条件为

(year % 4 == 0&&year % 100!= 0)||year % 400 == 0

4.2 选择结构的其他表示方法

每一个 if 语句都只能在两种分支情况中进行选择,对于现实中的多分支情况用 if 语句的多分支和 if 语句的嵌套都可实现,但有时程序会变得复杂、冗长,可读性差。为了解决这个问题,C 语言提供了 switch 结构来处理某些特定形式的多分支条件判断,尤其适用于根据单个变量(或表达式)的值进行判断的情况,使程序更加简洁,可读性也更强。

4.2.1 switch 结构

1. switch 语句

switch 语句是一种多路分支语句,其语句的一般形式如下:

```
switch(表达式)
{
    case 常量表达式 1: 语句序列 1; break;
    case 常量表达式 2: 语句序列 2;break;
      ⋮
    case 常量表达式 n: 语句序列 n; break;
    default:   语句序列 n + 1;
}
```

选择结构程序设计

switch 语句的执行过程是,首先计算 switch 后面的表达式的值,然后将该值依次与各 case 子句后的常量表达式进行比较,当它们相等时,执行相应的 case 子句,当执行到 break 语句时,程序直接跳转到 switch 语句后面的语句,表示 switch 语句执行完毕。若没有与 switch 后面的表达式的值相等的 case 常量,且有 default,则程序执行 default 子句。

2. 使用 switch 语句的注意事项

(1) switch 后面"()"中的"表达式"只能是整型或字符型数据。

(2) switch 下面的"{}"内是一个复合语句,这个复合语句包含多个 case 子句和最多一个 default 语句(根据程序要求,也可以没有 default 语句)。

(3) case 后面的常量(或常量表达式)与 switch 后面"()"中的"表达式"类型一致。注意,case 与常量中间至少有一个空格且常量后面是":"。每个 case 常量必须互不相同;但多个 case 常量可以共用一组执行语句。例如:

```
……
case 'A':
case 'B':
case 'C':
case 'D': printf("> 60\n");break;
……
```

(4) 在 case 子句中虽然包含了一个以上的子句,但可以不必用"{}"括起来,程序会自动顺序执行本 case 后面所有的语句。每个 case 子句中都包含一个 break 语句,但最后一条语句不论是 case 子句还是 default 子句,都可以没有 break 语句。

(5) 一般情况下,在每个 case 子句后应当用 break 语句使流程跳出 switch 结构,否则程序将顺序执行下面所有 case 子句,直到遇到下一个 break 或者 switch 的"}"为止。

【例 4-11】 输入星期,输出对应的英文。请输入 1~7 之间的整数,查看运行结果。

```
# include < stdio. h>
int main()
{
    int week;
    scanf(" % d", &week);
    switch(week)
    {
    case 1: printf("Monday\n");
    case 2: printf("Tuesday\n");
    case 3: printf("Wednesday\n");
    case 4: printf("Thursday\n");
    case 5: printf("Friday\n");
    case 6: printf("Saturday\n");
    case 7: printf("Sunday\n");
    default:printf("It's wrong.\n");
    }
    return 0;
}
```

若输入 4,运行结果:

```
Thursday
Friday
Saturday
```

Sunday
It's wrong.

程序解析：

该程序中 case 分支后没有 break 语句，所以如果输入的 week 变量值为 4，程序会继续执行 case 4：、case 5：、case 6：、case 7：和 default 分支，这可能会导致不期望的结果。因为执行 switch 语句时，当 switch 后面表达式的值与某一个 case 中的常量相同时，流程转向此 case 标号后面的语句，但是没有 break 语句，所以后面 case 分支都会被执行，而不是仅执行与输入值匹配的分支。因此，在 switch 语句中，通常在每个 case 分支的最后添加 break 语句，以确保只执行与输入值匹配的分支，并防止代码执行不必要的分支。

【例 4-12】 用 switch 语句实现例 4-7 给出百分制成绩，要求输出对应的五级制成绩等级 'A'、'B'、'C'、'D'、'E'。90～100 分为'A'，80～89 分为'B'，70～79 分为'C'，60～69 分为'D'，60 分以下为'E'。若输入的值不为 0～100，则程序输出"这是一个非法数据！"。

```c
# include < stdio. h>
# inlude < stdlib. h>
int main()
{
    int score; char grade;
    printf("请输入一个百分制成绩: ");
    scanf(" % d",&score);
    if(score < 0 || score > 100)
    {
        printf("这是一个非法数据!\n");
        exit(0);
    }
    else
    {
        switch(score/10)
        {
        case 10:
        case 9 : grade = 'A'; break;
        case 8 : grade = 'B'; break;
        case 7 : grade = 'C'; break;
        case 6 : grade = 'D'; break;
        default : grade = 'E';
        }
        printf(" % d----->% c\n",score,grade);
    }
    return 0;
}
```

若输入 86，运行结果：

```
请输入一个百分制成绩: 86
86 ----->B
```

程序解析：

程序由用户输入一个成绩，检查这个成绩是否在 0 到 100 的范围内。如果不是，则输出"这是一个非法数据！"并退出程序。如果成绩有效，程序使用 score/10 的结果来确定等级，并打印出成绩和对应的等级。

选择结构程序设计

要想用 switch 语句编写该程序,则必须满足 switch 后"表达式"为整型数据的要求。经过分析,百分制的分数对 10 取整后,得到的数字恰好可以表示某个分数段。

如果 score/10 的结果是 10 或 9,则成绩在 90 到 100 分之间(包括 90 和 100),等级为'A';如果 score/10 的结果是 8,则成绩在 80 到 89 分之间,等级为'B';以此类推,直到 score/10 的结果是 6,表示成绩在 60 到 69 分之间,等级为'D';如果 score/10 的结果小于 6(即成绩低于 60 分),则默认等级为'E'。

【例 4-13】 编程实现,输入年、月、日,判断是该年第几天。

```c
# include < stdio.h>
int main()
{
int day,month, year, total;
printf("please input year,month, day\n" );
    scanf("%d %d %d",&year,&month, &day);
    switch(month) /* 先计算某月以前月份的总天数 */
    {
     case 1: total = 0;break;
     case 2: total = 31;break;
     case 3: total = 31 + 28;break;
     case 4: total = 31 + 28 + 31;break;
     case 5: total = 31 + 28 + 31 + 30;break;
     case 6: total = 31 + 28 + 31 + 30 + 31;break;
     case 7: total = 31 + 28 + 31 + 30 + 31 + 30;break;
     case 8: total = 31 + 28 + 31 + 30 + 31 + 30 + 31;break;
     case 9: total = 31 + 28 + 31 + 30 + 31 + 30 + 31 + 31;break;
    case 10: total = 31 + 28 + 31 + 30 + 31 + 30 + 31 + 31 + 30;break;
    case 11: total = 31 + 28 + 31 + 30 + 31 + 30 + 31 + 31 + 30 + 31;break;
    case 12: total = 31 + 28 + 31 + 30 + 31 + 30 + 31 + 31 + 30 + 31 + 30;break;
    }
    total = total + day; /* 再加上某天的天数 */
    /* 判断是不是闰年 */
    if((year % 400 == 0||(year % 4 == 0&&year % 100!= 0))&&month > 2)
        total++;
    printf("It is the %d day.",total);
    return 0;
}
```

程序解析:

输入 year、month、day;计算总天数 total,total=当前月份之前的所有月份的总天数+day;正常年份每个月的天数是已知的,不同月份有 31 天或 30 天;但二月比较特殊,闰年二月份 29 天,平年 28 天。因此要判断输入的年份是否为闰年,若为闰年且月份超过 2 月,总天数 total 要再加 1。

4.2.2 条件运算符

有一种 if 语句,当被判别的表达式的值为"真"或"假"时,都执行一个赋值语句且向同一个变量赋值。例如:

```c
if(a < b)
    min = a;
else
    min = b;
```

当 a<b 时,将 a 的值赋给 min,a>=b 时,把 b 的值赋给 min,可以看到无论 a<b 是否满足都是给同一个变量赋值,C 语言提供条件运算符来处理这类问题。可以把上面的 if 语句改写为

min = (a<b)?a:b;

赋值号右侧的"(a<b)? a:b"是一个条件表达式。"?"是条件运算符。

如果(a<b)条件为真,则条件表达式的值等于 a;否则取值 b。如果 a 等于 2,b 等于 6,则条件表达式"(a<b)? a:b"的值就是 a 的值 2,把它赋给变量 min,因此 min 的值为 2。

条件运算符由两个符号(? 和:)组成,必须一起使用。要求有 3 个操作对象,称为三目运算符,它是 C 语言中唯一的一个三目运算符。

条件表达式的一般形式为:表达式 1? 表达式 2:表达式 3。

它的执行过程是,先求解表达式 1 的值,若为非 0(真)则求解表达式 2,此时表达式 2 的值就作为整个条件表达式的值。若表达式 1 的值为 0(假),则求解表达式 3,此时表达式 3 的值就是整个条件表达式的值。

【例 4-14】 输入一个字符,判别它是否为小写字母,如果是则将它转换成大写字母,否则不转换。

```
#include<stdio.h>
int main()
{
    char ch;
    scanf("%c",&ch);
    ch = (ch>='a'&& ch<='z') ? (ch-32): ch;
    printf("%c\n",ch);
    return 0;
}
```

运行结果:

```
a
A
```

程序解析:

条件表达式"ch>='a'&& ch<='z') ?(ch-32): ch"的作用是,如果字符变量 ch 的值为小写字母,则条件表达式的值为(ch-32),即相应的大写字母,32 是小写字母和大写字母 ASCII 的差值。如果 ch 的值不是小写字母,则条件表达式的值为 ch,即不进行转换。

【例 4-15】 输入 3 个整数 a、b、c,输出其中最大者。

```
#include<stdio.h>
int main()
{
    int a, b, c,t,max;
    scanf("%d%d%d",&a,&b,&c);
    t = (a>b)?a:b;
    max = (t>c)?t:c;
    printf("3 个整数的最大数是%d\n",max);
    return 0;
}
```

运行结果:

第 4 章

选择结构程序设计

67 34 187
3 个整数的最大数是 187

可以看到,条件表达式相当于一个不带关键字 if 的 if 语句,用它处理简单的选择结构可使程序简洁。

4.3   选择结构应用举例

【例 4-16】   某公司销售部门根据年度销售额 S 来确定年终奖金的发放规则,具体如下:当年度销售额 S≤5 万元时,年终奖金提成比例为 8%;当 5 万元<S≤10 万元时,前 5 万元按 8%提成,超过 5 万元的部分按 6%提成;当 10 万元<S≤20 万元时,前 10 万元按上述规则提成,超过 10 万元的部分按 4%提成;当 20 万元<S≤30 万元时,前 20 万元按上述规则提成,超过 20 万元的部分按 2%提成;当 30 万元<S≤50 万元时,前 30 万元按上述规则提成,超过 30 万元的部分按 1%提成;若 S>50 万元,则前 50 万元按上述规则提成,超过 50 万元的部分按 0.5%提成。根据这一规则,销售部门员工可根据自己全年的销售额计算年终奖金。

```c
#include< stdio. h>
int main()
{
    double S;                                  //年度销售额
    double bonus, bon5, bon10, bon20, bon30, bon50;   //奖金及各阶段奖金计算变量
    //预先计算固定奖金部分
    bon5 = 5 * 0.08;
    bon10 = bon5 + 5 * 0.06;
    bon20 = bon10 + 10 * 0.04;
    bon30 = bon20 + 10 * 0.02;
    bon50 = bon30 + 20 * 0.01;
    printf("请输入年度销售额 S(单位: 万元):");
    scanf(" % lf",&S);
    if(S < = 5)
        bonus = S * 0.08;
    else if(S < = 10)
        bonus  = bon5 + (S - 5) * 0.06;
    else if(S < = 20)
        bonus = bon10 + (S - 10) * 0.04;
    else if(S < = 30)
        bonus = bon20 + (S - 20) * 0.02;
    else if(S < = 50)
        bonus = bon30 + (S - 30) * 0.01;
    else
        bonus = bon50 + (S - 50) * 0.005;
    printf("年终奖金是: % .2f 万元\n", bonus);
    return 0;
}
```

运行结果:

请输入年度销售额 S(单位: 万元):28.6
年终奖金是: 1.27 万元

程序解析:

此程序关键在于正确写出每一区间的奖金计算公式。首先,预先计算固定奖金部分,分别对应销售额 5 万元、10 万元、20 万元、30 万元和 50 万元时的累积奖金。然后,程序通过 if-else 条件判断,根据输入的销售额 S 确定奖金计算公式。若销售额不超过 5 万元,奖金为销售额的 8%;若超过 5 万元但不超过 10 万元,奖金为基础部分加上超出 5 万元部分的6%;以此类推,直到销售额超过 50 万元,此时奖金为基础部分加上超出 50 万元部分的0.5%。最后,程序输出计算得到的年终奖金。

【例 4-17】 简易整数计算器:实现加法、减法、乘法、除法和求余运算。

```c
# include < stdio. h>
int main()
{
    int num1, num2, result;              //分别代表第一个数、第二个数和运算结果
    int choice;                          //用户的选择
    printf(" --------- 欢迎使用计算器 --------- \n");
    printf(" *    1.加法      2.减法        * \n");
    printf(" *    3.乘法      4.除法        * \n");
    printf(" *    5.求余      6.退出        * \n");
    printf(" ---------------------------- \n");
    printf("请输入相应的编号\n");
    scanf("%d", &choice);
    if (choice == 6)
    {
        printf("退出计算器.\n");
        return 0;                        //直接退出程序
    }

    if (choice < 1 || choice > 5)
    {
        printf("无效的选项,请重新输入.\n");
        return 0;                        //退出程序,因为输入无效
    }
    printf("请输入两个整数: \n");
    scanf("%d %d", &num1, &num2);        //获取用户输入的两个数
    switch (choice)
    {
    case 1:
        result = num1 + num2;
        printf("%d + %d = %d\n", num1, num2, result);
        break;
    case 2:
        result = num1 - num2;
        printf("%d - %d = %d\n", num1, num2, result);
        break;
    case 3:
        result = num1 * num2;
        printf("%d * %d = %d\n", num1, num2, result);
        break;
    case 4:
        if (num2 != 0)
        {
            result = num1/num2;          //整数除法
            printf("%d / %d = %d...%.2f\n", num1, num2, result, (float)num1 / num2);
```

```
                                    //显示整数结果和浮点结果
        }
        else
            printf("除数不能为 0\n");
        break;
    case 5:
        result = num1 % num2;
        printf(" % d % % % d = % d\n", num1, num2, result);
        break;
    }
    return 0;
}
```

程序解析：

程序使用 switch 语句来判断用户输入的运算符，并实现相应的运算。在进行除法运算时，必须考虑除数是否为 0 的情况，因此使用了 if…else 语句。在处理除法时，若结果不是整除，则将整数除法转换为浮点数除法，并且确保运算结果以两位小数的形式呈现。除法运算的测试结果如图 4-4 和图 4-5 所示。

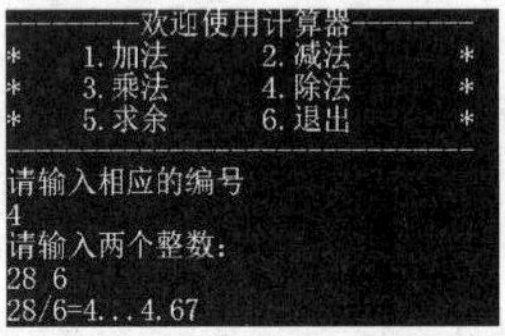

图 4-4　除法运算的测试结果 1

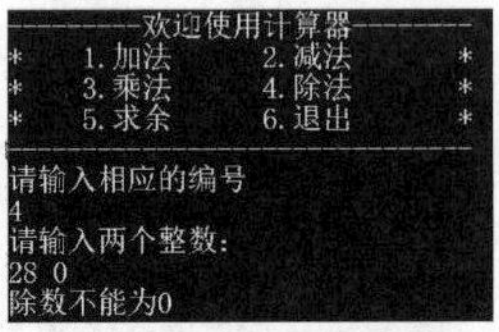

图 4-5　除法运算的测试结果 2

本 章 小 结

1. 选择结构的一般形式

（1）单分支结构的语法格式：

```
if(表达式)
    语句 A
```

（2）双分支结构的语法格式：

```
if(表达式)   语句 1
else     语句 2
```

（3）多分支结构的语法格式：

```
if(表达式 1)    语句 1
else if (表达式 2)   语句 2
……
else if (表达式 n)    语句 n
else    语句 n+1
```

（4）switch 语句的语法格式：

```
switch(表达式)
  {
    case 常量表达式 1: 语句序列 1; break;
    case 常量表达式 2: 语句序列 2; break;
```

......
```
case 常量表达式 n: 语句序列 n; break;
default: 语句序列 n+1;
}
```

2. 语法要点

（1）if 语句是 C 语言中选择结构语句的主要形式,它根据 if 语句后面的条件表达式来决定执行哪些语句。if 语句一般分为单分支、双分支和多分支 3 类。而多分支选择除了可以使用 if 语句的第 3 种形式或嵌套形式外,还可以使用 switch 语句来实现。

（2）switch 语句是一种多分支结构,它的执行过程是,首先计算表达式的值,根据表达式的值寻找入口,找到后从入口向下执行所有语句,直到遇到 break 语句停止,如果没有找到入口,则执行 default 后的语句。

（3）当 if 语句进行嵌套时,必须注意 else 的匹配问题,即 else 总是与离它最近的未配对的 if 配对。根据算法的不同,if 语句的嵌套形式不是唯一的,建议将内嵌的 if 语句放在外层 if…else 语句的 else 子句部分。这种 if 语句嵌套形式实际上完全等价于 if 语句的第 3 种形式,重要的是它避免了 else 与 if 语句进行匹配时引起的程序歧义。因此,当使用 if 语句实现多分支结构时,建议使用 if 语句的第 3 种形式。从形式上来看,if 语句的第 3 种形式明显比 if 嵌套语句更直观和简洁。

习　题　4

一、选择题

1. 当变量 c 的值不为 2、4、6 时,值为"真"的表达式是(　　　)。

　　A. (c>=2 && c<=6)&&(c%2!=1)

　　B. (c==2)||(c==4)||(c==6)

　　C. (c>=2 && c<=6)&&!(c%2)

　　D. (c>=2 && c<=6)||(c!=3)||(c!=5)

2. 有以下程序:

```
#include <stdio.h>
int main()
{
int a=1,b=2,c=3,d=0;
if(a==1 && b++==2)
    if(b!=2||c-- !=3)
        printf("%d, %d, %d\n",a,b,c);
    else printf("%d,%d, %d\n",a,b,c);
else printf("%d, %d, %d\n",a,b,c);
return 0;}
```

程序的运行结果是(　　　)。

　　A. 1,3,2　　　　　　B. 1,3,3　　　　　　C. 1,2,3　　　　　　D. 3,2,1

3. if 语句的基本形式是"if(表达式)语句",以下关于"表达式"值的叙述中正确的(　　　)。

　　A. 必须是逻辑值　　　　　　　　B. 必须是整数值

　　C. 必须是整数　　　　　　　　　D. 可以是任意合法的数值

4. 下列条件语句中,输出结果与其他语句不同的是(　　)。

    A. if(a!=0) printf("%d\n",x); else printf("%d\n",y);

    B. if(a==0) printf("%d\n,y) ; else printf("%d\n",x);

    C. if(a==0) printf("%d\n",x); else printf("%d\n",y);

    D. if(a) printf(" %d\n", x); else printf("% d\n",y);

5. 设有定义"int a=1,b=2,c=3;",以下语句中执行结果与其他 3 个不同的是(　　)。

    A. if(a>b) c=a,a=b,b=c;　　　　　　B. if(a>b) {c=a,a=b,b=c;}

    C. if(a>b) c=a;a=b;b=c;　　　　　　D. if(a>b) {c=a;a=b;b=c;}

6. 以下程序段中,与语句"k=a>b?(b>c?1:0):0;"功能相同的是(　　)。

    A. if((a>b)||(b>c))k=1; else k=0;

    B. if((a>b) && (b>c)) k=1; else k=0;

    C. if(a<=b) k=0; else if(b <=c) k=1;

    D. if(a>b) k=1; else if(b>c) k=1; else k=0;

7. 有以下程序:

```
#include < stdio. h>
int main()
{
    int x=1,y=0,a=0,b=0;
    switch (x)
     {
        case 1:
        switch( y)
            {
                case 0:a ++;break ;
                case 1: b++; break;
            }
        case 2: a ++; b ++; break ;
        case 3: a ++; b++;
    }
    printf("a = %d, b= %d\n",a,b);
    return 0;
}
```

程序的运行结果是(　　)。

    A. a=2,b=2　　　　B. a=2,b=1　　　　C. a=1,b=1　　　　D. a=1,b=0

8. 下列叙述中正确的是(　　)。

    A. 在 switch 语句中不一定使用 break 语句

    B. 在 switch 语句中必须使用 default 语句

    C. break 语句必须与 switch 语句中的 case 配对使用

    D. break 语句只能用于 switch 语句

9. 以下能够正确描述"k 是大于 0 的偶数"的表达式是(　　)。

    A. (k>0)&&(k%2!=1)　　　　　　B. (k>0)&&(k%2=0)

    C. (k>0)||!(k%2)　　　　　　　　D. (k>0)||(k%2==0)

10. 有以下程序：

```
# include < stdio. h>
int main()
{
    int a = 0,b = 0,c = 0,d = 0;
    if(a = 1) b = 1;c = 2;
    else d = 3;
    printf( " % d, % d, % d, % d\n",a,b,c,d);
    return 0;
}
```

程序输出为( )。

  A. 编译有错   B. 0,0,0,3

  C. 1,1,2,0   D. 0,1,2,0

11. 有以下程序：

```
# include < stdio. h>
int main()
{
    int x = 10,y = 11,z = 12;
    if(y < z)
        x = y;y = z;z = x;
    printf( "x =  % d y = % d z = % d\n",x,y,z);
    return 0;
}
```

程序运行后的输出结果是( )。

  A. x=11 y=12 z=11   B. x=10 y=10 z=10

  C. x=11 y=11 z=10   D. x=10 y=10 z=12

12. 以下各选项中的代码段执行后，变量 y 的值不为 1 的是( )。

  A. int x＝5，y＝0；if (5) y＝1； B. int x＝5，y＝0；if (x) y＝1；

  C. int x＝10，y＝0；if (x＝y) y＝1； D. int x＝5，y＝10；if (x＝y) y＝1；

13. 设有定义"int m＝1, n＝2;"，则以下 if 语句中，编译时会产生错误信息的是( )。

  A. if(m＞n) m－－ else n －－; B. if(m＝n){m++; n++;}

  C. if(m＜0&&n＜0){}   D. if(m＞0); else m++;

14. 有以下程序：

```
# include < stdio .h >
int main ()
{
    char x , a = 'A', b = 'B', c = 'C', d = 'D';
    x = ( a < b )? a : b ;
    x = ( x > c )? c : x ;
    x = ( d > x )? x : d ;
    printf (" % c\n", x );
    return 0;
}
```

程序运行后的输出结果是( )。

  A. D   B. B   C. C   D. A

选择结构程序设计

15. 若 w＝1,x＝2,y＝3,z＝4,则表达式 w＜x?w:y＜z?y:z 的值是(　　)。

    A. 4　　　　　　B. 3　　　　　　C. 2　　　　　　D. 1

二、程序题

1. 用整数 1～12 依次表示 1 月～12 月,由键盘输入一个月份数,输出对应的季节名称(12 月～2 月为冬季;3 月～5 月为春季,6 月～8 月为夏季,9 月～11 月为秋季)。

2. 输入整数 a、b、c,当 a 为 1 时显示 b 和 c 之和,a 为 2 时显示 b 与 c 之差,a 为 3 时显示 b＊c 之积,a 为 4 时取 b/c 之商,a 为其他数值时不做任何操作。

3. 某班级准备周末举行一个班级活动,但活动内容要根据天气情况来定,分为 5 种情况:1 晴天,活动内容:登山;2 有风无雪,活动内容:郊游;3 下雪,活动内容:堆雪人;4 下雨,不举行班级活动;5 其他天气,活动内容:参观博物馆。

4. 求一元二次方程 $ax^2+bx+c=0$ 的根($a\neq0$)。

5. 从键盘输入一个小于 1000 的正数,要求输出它的平方根(如平方根不是整数,则输出其整数部分)。要求在输入数据后先检查其是否为小于 1000 的正数。若不是,则要求重新输入。

6. 编写程序,通过输入 x 的值,计算阶跃函数 y 的值。

$$y=\begin{cases}-1 & (x<0)\\ 0 & (x=0)\\ 1 & (x>0)\end{cases}$$

7. 运输费用的计算问题。货物的运输费用与运输距离和质量有关,距离 S 越远,每千米的运费越低。总运输费用 Exp 的计算公式为 $Exp=P*w*S*(1-d)$,式中,P 为每千米每吨货物的基本运费,W 为货物质量(t),S 为运输距离(km),d 为折扣率。折扣率 d 与运输距离 S 有关,具体标准如下:

0＜s＜250	没有折扣率(d＝0)
250≤S＜500	折扣率为 2％(d＝2％)
500≤S＜1000	折扣率为 5％(d＝5％)
1000≤S＜2000	折扣率为 8％(d＝8％)
2000≤S＜3000	折扣率为 10％(d＝10％)
3000≤S	折扣率为 15％(d＝15％)

8. "十二生肖"也称"十二属相",是我国传统文化中使用最广、影响最深的文化现象之一。编程实现,从键盘上输入年份,输出对应的生肖。

第5章 循环结构程序设计

在自我生命中，加入了"积极""坚持"的因子，每天努力朝向自己的目标进步一点点，那么，我们的成绩就愈来愈亮丽。要树立不断学习、持续学习的心态。领悟到持之以恒的力量，养成优秀程序员必须具备的细心、耐心、坚韧的品质，从而培养坚韧、持之以恒的工匠精神。

前面我们已经讨论了程序设计三种基本结构中的两种——顺序结构和选择结构。顺序结构相对简单，按照语句书写的顺序自上而下，依次执行；选择结构则是根据条件表达式的结果，有选择地执行不同语句块，正确的描述条件是关键。这两种结构相对都比较容易掌握，能够编写简单、没有大量重复操作的程序。然而，在日常我们接触的大多数软件中，都会多次重复执行某个过程。例如，很多计算机初学者都曾使用过的打字小程序，用户每次完成一个单词的输入，系统就会检查，并根据拼写正确与否进行计数，这一过程会一直重复，直到用户完成了所有当前给定的单词输入为止。这种在一定条件下重复执行一些动作的程序，就可通过本章介绍的循环结构实现。

大多数的应用程序都会包含循环结构，循环结构和顺序结构、选择结构是结构化程序设计的 3 种基本结构，它们是各种复杂程序的基本构成单元。循环结构的设计是程序设计学习初期的主要难点和重点。要想写好循环，首先要能够从问题的描述和解题步骤中去发现是否需要使用循环。在分析问题时，要注意识别出解决步骤中重复执行的类似动作，这是重要的线索，说明可能需要引进一个循环结构，统一处理这些重复的动作，尤其是重复次数不确定或者过多的情况。C 语言中有 3 种循环语句可用来实现循环结构，即 while 语句、do-while 语句和 for 语句。

5.1　while 语句

while 语句用来实现当型循环，即先判断循环条件表达式，后执行循环体语句。其一般形式如下。

```
while(表达式)
循环体语句;
```

while 语句的执行过程：先检查循环条件表达式的值，当为非 0 值(真)时，则执行 while 语句中的循环体语句，然后再判断表达式的值，为真继续执行循环体内的语句，直到表达式的值为 0(假)时，不执行循环体语句，结束循环。具体流程图如图 5-1 所示。

【例 5-1】　求 $1+2+3+\cdots+100$ 的和。

为了使思路清晰,画出流程图和 N-S 图表示算法,见图 5-2 和图 5-3。

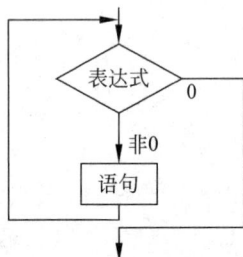

图 5-1　while 语句的执行流程　　　图 5-2　例 5-1 的流程图　　　图 5-3　例 5-1 的 N-S 图

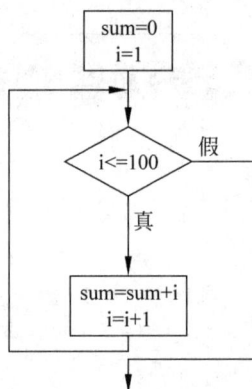

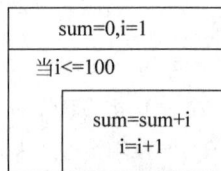

需要给出循环的三部分,定义 i 为循环变量,sum 为和变量,并在 while 语句前实现初始化部分;循环条件放在 while 后面的小括号中;循环体语句多于一条,一定要用{}将循环体语句括起来,如果循环体语句只有一条,可以不用{},但建议初学者无论循环体多少条语句均用{}将循环体语句括起来。参考代码如下:

```
# include < stdio. h >
int main()
{
    int i, sum = 0;                    //定义循环变量 i,sum 的初值为 0
    i = 1;                             //循环变量初始化
    while (i < = 100)                  //循环条件,当 i > 100 时,不执行循环体
    {                                  //循环体开始
        sum = sum + i;                 //第一次累加后,sum 的值为 1
        i = i + 1;                     //加完后,i 的值加 1,为下次循环做准备
    }                                  //循环体结束
    printf("sum = % d\n", sum);
    return 0; }
```

运行结果:

```
sum = 5050
```

程序解析:

(1) 不要忽略给 i 和 sum 赋初值(这是未进行累加前的初始情况),否则它们的值是不可预测的,结果显然不正确。读者可上机试一下。

(2) 在循环体中应有使循环趋向于结束的语句。例如,在本例中循环结束的条件是 i>100,因此在循环体中应该有使 i 增值以最终导致 i>100 的语句,本例用"i++;"语句来达到此目的。如果无此语句,则 i 的值始终不改变,循环永远不结束。

(3) 循环体如果包含一个以上的语句,应该用花括号括起来,作为复合语句出现。如果不加花括号,则 while 语句的范围只到 while 后面第 1 个分号处。例如,本例中 while 语句中如果去掉花括号,那么只有"sum=sum+i;"会被当作循环体执行,"i=i+1;"和"printf("sum=%d\n",sum);"将不会在每次循环时执行,这会导致无限循环,因为 i 的值不会增加,循环条件 i<=100 永远为真。

（4）如果 while 语句的花括号包含了｛sum＝sum＋i;i＝i+1;printf("sum＝%d\n",
sum);｝这三条语句,这意味着 printf 语句将成为循环体的一部分,因此它将在每次循环迭
代时执行。这会导致程序在循环的每次迭代后打印出 1 到 100 之间每个数的累加和,而不
仅仅是最终的累加结果。读者可上机试一下。

【例 5-2】 输出 100 以内能够被 5 整除,同时被 11 整除余 3 的数。

```
# include < stdio. h>
int main()
{
  int m = 1;                               //循环变量赋初值
  while(m < 100)                           //循环条件
   {
       if(m % 5 == 0 && m % 11 == 3)
       printf ("%d\t",m);
       m++;                                //循环变量增值
       }
   return 0;
}
```

运行结果：

25   80

程序解析：

本例循环体中有单分支 if 语句和 m 变量自增两条语句,利用循环结构对 1~100 每一
个数都做一次遍历,用 if 语句来检查每个数是否同时满足两个条件：能够被 5 整除
(m % 5＝＝0)和能够被 11 整除后余 3(m % 11＝＝3)。如果这两个条件都满足,程序就
会输出当前的数 m。

【例 5-3】 从键盘接收一串字符,将其中的小写字母输出,并统计当前输入的小写字母
的个数和总字符的个数。

```
# include < stdio. h>
int main()
{
    int i = 0;                            // 用于记录总字符的个数
    int lowercase_count = 0;              // 用于记录小写字母的个数
    char ch;
    printf("please input a string:\n");   // 提示输入一串字符
    while((ch = getchar()) != '\n')       // 从键盘输入字符,直到用户按下 Enter 键
    {
        if(ch >= 'a' && ch <= 'z')        // 判断当前字符是否为小写字母
        {
            printf("%c", ch);             // 输出小写字母
            lowercase_count++;            // 小写字母个数加 1
        }
        i++;                              // 总字符个数加 1
    }
    printf("\n从键盘一共输入了%d个字符,其中小写字母有%d个\n", i, lowercase_count);
    return 0;
}
```

运行结果：

循环结构程序设计

please input a string:
I am a beginner in C language.
amabeginnerinlanguage
从键盘一共输入了 30 个字符,其中小写字母有 21 个

程序解析:

定义两个整型变量 i 和 lowercase_count,分别用于记录总字符数和小写字母数,并将它们初始化为 0。提示用户输入一串字符,使用 while 循环不断从键盘接收字符,直到接收到"换行"字符,表示当前输入结束。若当前字符不是"换行",则代表读入未结束,循环继续;在循环内部,使用 if 语句检查当前字符是否是小写字母,如果当前字符是小写字母,它就会被输出,并且小写字母的计数器 lowercase_count 会增加 1。并在循环体中引入计数器 i,无论当前字符是什么,i 都会加 1,以记录总字符数。

【例 5-4】 利用辗转相除法求解两个整数的最大公约数和最小公倍数。

解决问题的方法如下。

(1)令 m 为两个整数中的较大者,n 为两个整数中的较小者。

(2)用 m 除以 n,令 r 为 m 除以 n 的余数。

(3)若 r 不等于 0,则令 m 等于 n,n 等于 r,返回步骤(2)继续;若 r 等于 0,则 n 中的数值就是两个整数的最大公约数。

(4)根据数学知识,两个整数的最小公倍数为两个整数乘积除以它们的最大公约数。

```c
# include < stdio.h>
int main()
{
    int m,n,p,r,temp;                    /* 定义程序中使用的变量 */
    printf("输入整数 m:");
    scanf(" % d",&m);
    printf("输入整数 n:");
    scanf(" % d",&n);
    if(m < n)                            /* 若 m < n,则交换 m 和 n 的值 */
    {
        temp = m;
        m = n;
        n = temp;
    }
    p = n * m;
    r = m % n;                           /* r 等于 m 除以 n 的余数 */
    while(r!= 0) /* 若 r 不等于 0,则循环执行 */
    {
        m = n;
        n = r;
        r = m % n;
    }
    printf("它们的最大公约数为: % d\n",m);
    printf("它们的最小公倍数为: % d\n",p/n);
    return 0;
}
```

运行结果:

若令两个整数分别为 35 和 49,在计算机上运行该程序的过程如下:
输入整数 m:35

输入整数 n:49
它们的最大公约数为:7
它们的最小公倍数为: 245

5.2　do…while 语句

do…while 语句是无论如何都要先执行一次循环体语句,然后判断循环条件是否成立。其一般形式如下:

```
do
    循环体语句
while(表达式);
```

do…while 的执行过程:先执行循环体语句一次,然后计算表达式的值。若表达式值为非 0,继续执行循环体;否则当表达式的值为 0 时,循环结束,执行 do…while 语句的后续语句。具体流程图如图 5-4 所示。

【例 5-5】　用 do…while 语句求 $1+2+3+\cdots+100$ 的和。

为了使思路清晰,画出流程图和 N-S 图表示算法,见图 5-5 和图 5-6。

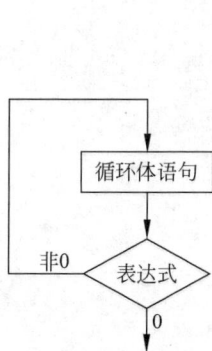

图 5-4　do…while 的执行流程　　图 5-5　例 5-5 的流程图　　图 5-6　例 5-5 的 N-S 图

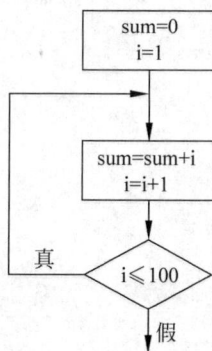

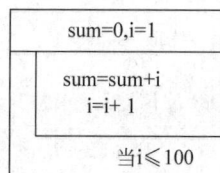

```c
# include < stdio. h>
int main()
{
    int i = 1, sum = 0;
    do
    {
        sum = sum + i;
        i = i + 1;
    }while(i < = 100);
    printf("sum = % d\n", sum);
    return 0;
}
```

运行结果:

```
sum = 5050
```

程序解析:

从例 5-1 和例 5-5 可以看到:对同一个问题可以用 while 语句处理,也可以用 do…

第 5 章

循环结构程序设计

while 语句处理。do…while 语句结构可以转换成 while 结构。但是如果 while 后面的表达式一开始就为假(0 值),while 循环不会执行任何循环体,而 do…while 循环会执行一次循环体。

【例 5-6】 输入一个大于或等于 0 的整数,计算它是一个几位数。

```c
# include < stdio.h >
int main()
{
    long x;
    int n = 0;
    printf("请输入一个非负整数 x:\n");
    scanf("%ld", &x);
    if(x == 0)
        printf("x 的位数是: 1\n");
    else
    {
        do
        {
            n++;
            x /= 10          // 将 x 除以 10,相当于去掉 x 的最后一位数字
        } while (x > 0);      // 当 x 大于 0 时,继续执行循环体内的代码
        printf("x 的位数是: %d\n", n);
    }
    return 0;
}
```

运行结果:

```
请输入一个非负整数 x:
7589
x 的位数是: 4
```

程序解析:

(1) 程序使用一个 if 语句来判断 x 是否为 0。如果 x 为 0,则直接打印出其位数为 1。如果 x 不为 0,则进入 do…while 循环。

(2) do…while 循环的目的是计算变量 x 的位数。在每次循环中,首先通过 n++ 语句将变量 n 的值增加 1,然后通过 x/=10 语句将变量 x 的值除以 10,这相当于去掉 x 的最后一位数字。例如,如果 x 是 123,除以 10 后 x 变成 12。这个过程会一直重复,直到 x 的值为 0。此时,变量 n 的值就是变量 x 的位数。

【例 5-7】 小明和小红在玩一个猜数字的游戏,他们约定了一个 1～100 之间的整数作为游戏的目标数字,然后轮流猜测。每次猜测后,另一个人会告诉猜的人,猜的数字是太高了,还是太低了,或者猜对了。现在请你编写一个程序,模拟这个游戏。程序首先随机生成一个 1～100 之间的整数作为目标数字,然后让用户猜测这个数字。每次用户猜测后,程序会告诉用户猜的数字是太高了,还是太低了,或者猜对了。如果用户猜对了,程序会输出目标数字。

```c
# include < stdio.h >
# include < time.h >          //time 函数包含在 time.h 中
# include < stdlib.h >        //srand 和 rand 函数包含在 stdlib.中
int main()
```

```
{
    int password,guessdata,high = 100,low = 1;
    //用当前系统时间做 srand 函数的种子,保证程序多次运行产生的随机数不一样
    srand((unsigned)time(NULL));
    password = rand()%100+1;                //将产生的随机数,即密码限制在 1~100
    do
    {
        printf("请输入[%d-%d]之间的整数:\n",low,high);
        scanf("%d",&guessdata);
        if(guessdata > password)            //猜高了,则用猜测数代替范围上限
            high = guessdata;
        else                                //猜低了,则用猜测数代替范围下限
            low = guessdata;
    }while(guessdata!= password);           //猜不中就继续循环
    printf("恭喜你,猜中啦,密码是%d\n", password);
    return 0;
}
```

运行结果:

请输入[1-100]之间的整数:
36
请输入[1-36]之间的整数:
16
请输入[16-36]之间的整数:
18
恭喜你,猜中啦,密码是 18

程序解析:

猜数小游戏的规则是由程序随机生成一个 1~100 的整数密码,用户输入猜测数据。如果猜大了,则修改提示范围上限;如果猜小了,则修改提示范围下限;如果猜对了,则提示猜对了,程序结束。

5.3　for 语句

C 语言中的 for 语句使用灵活,功能强大,是使用最多的一种循环控制语句。

1. for 语句的一般格式

for(表达式 1; 表达式 2; 表达式 3)
　　　　语句

括号中 3 个表达式的主要作用如下。

表达式 1:设置初始条件,只执行一次,可以为零个、一个或多个变量设置初值(如 i=1)。

表达式 2:是循环条件表达式,用来判定是否继续循环。在每次执行循环体前先执行此表达式,决定是否继续执行循环。

表达式 3:作为循环的调整,例如,使循环变量增值,它是在执行完循环体后才进行的。

最常用的 for 语句形式如下:

for(循环变量赋初值; 循环条件; 循环变量增值)
　　语句

例如:

循环结构程序设计

```
for(i = 1;i < = 100;i++)
    sum = sum + i;
```

for 语句的执行过程如下。

（1）执行表达式 1（初始化表达式）。在整个循环中它只执行一次。

（2）求解表达式 2，它的值若为真（非 0），就执行一次循环体语句，然后执行表达式 3；再计算表达式 2，判断是否为真……如此反复直至表达式 2 的值为假，就不再执行循环，执行 for 语句的后续语句。对应程序流程图如图 5-7 所示。

例如，程序段：

```
sum = 0;
for(i = 1;i < = 100;i++)
    sum = sum + i;
```

等价于下面一段用 while 语句实现的代码。

```
sum = 0;
i = 1;
while(i < = 100)
{
    sum = sum + i;
    i++;
}
```

所以 for 语句的一般格式等价于下列 while 语句：

```
表达式 1;
while(表达式 2)
{
    循环体语句;
    表达式 3;
}
```

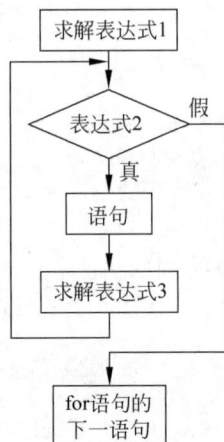

图 5-7　for 语句执行流程

2. 使用 for 循环语句时，必须注意到 for 语句所具有的几个特性

（1）表达式 1 可以省略，但须保留分号（;），同时在 for 之前必须给循环控制变量赋值，形式为：

```
表达式 1;
for(;表达式 2;表达式 3)
        循环体语句
```

（2）表达式 2 一般不可省略，否则不判断循环条件，也就是认为表达式 2 始终为真，循环将无终止地进行下去。

（3）表达式 3 也可省略，但在循环语句体中必须有语句来修改循环变量，以使表达式 2 的值在某一时刻为假，使程序能正常结束循环。例如：

```
for(sum = 0,i = 1;i < = 100;)
{
    sum = sum + i;
    i++;
}
```

（4）3 个表达式都可省略，即 for(;;)，相当于 while(1)语句，即不设初值，不判断条件（认为表达式 2 为真值），循环变量也不增值，无终止地执行循环体语句，显然这是没有实用价值的。

(5) 表达式 2 一般是关系表达式或逻辑表达式,但也可以是数值表达式或字符表达式,只要其值为非 0,就执行循环体。例如:

```
for(i = 0;(c = getchar())!= '\n';i += c);
```

此 for 语句的循环体为空语句,把本来要在循环体内处理的内容放在表达式 3 中,作用是一样的。

(6) 表达式 1 和表达式 3 可以是一个简单的表达式,也可以是逗号表达式,即包含一个以上的简单表达式,中间用逗号分隔。

例如,语句:

```
for(sum = 0,i = 1;i <= 100;i++,i++)
```

相当于

```
sum = 0;
for(i = 1;i <= 100;i = i + 2)
```

又如:

```
for(i = 0,j = 100;i <= j;i++,j-- )
```

【例 5-8】 以下程序的运行结果均为 abcdefghij。

# include < stdio. h > int main( ) { int i; for(i = 0;i < 10;i++) putchar('a' + i); return 0; }	# include < stdio. h > int main( ) { int i = 0; for(;i < 10;i++) putchar('a' + i); return 0; }	# include < stdio. h > int main( ) { int i = 0; for(;i < 10;) putchar('a' + (i++)); return 0; }	# include < stdio. h > int main( ) { int i = 0; for(;i < 10;putchar ('a' + i),i++) ; return 0; }
for 语句的一般形式	省略表达式 1	省略表达式 1、3	省略循环体

【例 5-9】 使用 for 循环语句求 Fibonacci 数列:$1,1,2,3,5,8,\cdots$的前 40 项,从第三项开始,每一项都是前两项之和,即 $F_1=1(n=1)$,$F_2=1(n=2)$,$F_n=F_{(n-1)}+F_{(n-2)}(n\geq3)$。

```
# include < stdio. h >
int main( )
{
    int i,f1 = 1,f2 = 1;
    for(i = 1;i <= 20;i++)            //每个循环中输出 2 项数据,故循环 20 次即可
    {
        printf(" %12d %12d",f1,f2);   //输出已知的前两项数
        if(i % 2 == 0)
                printf("\n");
        f1 = f1 + f2;                 //计算出下一项的数,并存放在 f1 中
        f2 = f2 + f1;                 //计算出下两项的数,并存放在 f2 中

    }
    return 0;
}
```

运行结果：

1	1	2	3
5	8	13	21
34	55	89	144
233	377	610	987
1597	2584	4181	6765
10946	17711	28657	46368
75025	121393	196418	317811
514229	832040	1346269	2178309
3524578	5702887	9227465	14930352
24157817	39088169	63245986	102334155

程序解析：

（1）定义一个循环变量 i，用于控制循环的次数，再定义两个变量 f1 和 f2，分别表示该数列相邻的两项。每次求出数列中的两个数，故其循环条件为 i<=20。

（2）if 语句的作用是使输出 4 个数后换行。i 是循环变量，当 i 为偶数时换行，由于每次循环要输出 2 个数（f1、f2），因此 i 为偶数时意味着已经输出了 4 个数，执行换行。

【例 5-10】 输入一个大于 3 的整数 m，判断它是否为素数（prime，又称质数）。素数就是只能被 1 和它本身整除，不能被其他整数整除的数。

方法 1：

```
#include<stdio.h>
int main()
{
    int i,m,flag=1;
    scanf("%d",&m);
    for(i=2;i<=m-1;i++)
    {
        if(m%i==0)
            flag=0;
    }
    if(flag=1)
        printf("%d是素数",m);
    else
        printf("%d不是素数",m);
    }
    return 0;
}
```

程序解析：

（1）假设给定一个数 m，用 m 去除以 2～m−1 之间的每一个整数，若有一个数使得 m%i==0，则不是素数，可提前结束循环。

（2）变量 flag 是标志的作用，取值只有 0 和 1，1 表示是素数，0 表示不是素数，可以根据 flag 的值输出判定结果。

方法 2：

```
#include<stdio.h>
#include<math.h>
int main()
{
 int m,i,k;
 scanf("%d",&m);
 k=sqrt(m);                //k是最大的检查数
 for(i=2;i<=k;i++)
 {
    if(m%i==0) break;}
```

```
    if(i>k) printf("%d is a prime ",m);
    else printf("%d is not a prime ",m);
    return 0;
}
```

程序解析:

(1) 把 m 看作被检查数,i 是检查数(范围 2~m−1);从数学上论证 i 的取值范围可以缩小到根号 m。

(2) if(i>k)代表检查到最大数 k 了,都检查完了也没有一个能被整除的数,所以是素数。

5.4 break 和 continue 语句

break 语句和 continue 语句的功能是改变程序的控制流。break 语句一般用于提前退出循环或跳出 switch 语句,在循环语句或 switch 语句中,执行 break 语句将导致程序立即从这些语句中退出,转去执行接下来的语句。

有时并不希望终止整个循环的操作,而只希望提前结束本次循环,而接着执行下次循环,此时用 continue 语句。所以 continue 语句在循环体中的作用是忽略循环体中位于它之后的语句,重新回到条件表达式的判断。

注意:continue 语句和 break 语句的区别是,continue 语句只结束本次循环,而不是终止整个循环的执行;break 语句则是结束整个循环过程,不再判断执行循环的条件是否成立。

【例 5-11】 在我们的日常生活中,可能会由于某种原因需要中断当前的事情,并且不能继续进行下去。例如,小明今天篮球训练,需要运球 10 次,当运到第 5 次的时候,突然肚子疼无法坚持循环,这个时候就要停止训练。

我们可以将运球看成是一个循环,那么循环 5 次的时候,需要中断不继续训练。在 C 语言中,可以使用 break 语句进行该操作,代码实现如下:

```
#include<stdio.h>
int main()
{
    int i;                      //运球次数
    for(i=1;i<=10;i++)
    {
        if(i==5)
        {
            break;
        }
        printf("运球%d次\n",i);
    }
    printf("今天的训练到此结束.\n");
    return 0;
}
```

运行结果:

```
运球1次
运球2次
运球3次
运球4次
今天的训练到此结束。
```

程序解析：

（1）在没有循环结构的情况下，break 不能用在单独的 if-else 语句中。

（2）在多层循环中，一个 break 语句只跳出当前循环。

【例 5-12】 输入一组非负的数，计算累加和；当输入数据为负数时，停止输入。

```c
#include <stdio.h>
int main()
{
    int n, sum = 0;
    while(1)
    {
        printf("Please enter n:");
        scanf("%d", &n);
        if(n<0)
            break;
        sum += n;
    }
    printf("sum is %d\n", sum);
    return 0;
}
```

运行结果：

```
Please enter n:10
Please enter n:20
Please enter n:30
Please enter n:40
Please enter n:50
Please enter n:-1
sum is 150
```

【例 5-13】 编程求 $1+2+3+\cdots+n$ 之和大于或等于 800 的最小数 n 及总和。

```c
#include <stdio.h>
int  main()
{
    int n,s = 0;
    for(n=1 ; ; n++)              //省略"表达式 2",即循环条件为永真
    {
        s += n;
        if(s >= 800)
            break;               //当 s>=800 时,跳出循环,转到循环后续语句
    }
    printf("s = %d,n = %d\n",s,n);
    return 0;
}
```

运行结果：

s = 820,n = 40

程序解析：

程序的目标是找到连续自然数的加和首次超过 800 的最小自然数 n 以及此时的和 s。程序使用了一个无限循环，从 1 开始不断累加自然数，直到累加和 s 超过 800 为止。循环体中，每个自然数 n 被加到累加和 s 上。当 s 达到或超过 800 时，循环通过 break 语句终止。最后，程序打印出此时的累加和 s 和对应的自然数 n。

恰当地使用 break 语句,常常可以减少循环的执行次数,提高程序的运行效率。

【例 5-14】 在我们的日常生活中,可能会由于某种原因需要中断当前的事情,过一会还能继续进行。例如,小明今天篮球训练,需要运球 10 次,当运到 5 次的时候,突然来电话了,然后接完电话回来继续训练。

我们可以将运球看成是一个循环,那么循环 5 次的时候,需要中断后继续训练。在 C 语言中,可以使用 continue 语句进行该操作,它的作用是结束本次循环开始执行下一次循环。代码实现如下:

```c
#include<stdio.h>
int main()
{
    int i;                          //运球次数
    for(i=1;i<=10;i++)
    {
        if(i==5)
        {
            continue;               //去接电话,回来继续训练
        }
        printf("运球%d次\n",i);
    }
    printf("今天的训练到此结束。\n");
    return 0;
}
```

运行结果:

【例 5-15】 输出 100~200 之间的不能被 5 整除的数。

```c
#include<stdio.h>
int main()
{
    int n, count = 0;
    for(n=100; n<=200; n++)
    {
        if(n%5==0)
            continue;               // 跳过当前循环,继续下一次循环
        printf("%d\t", n);          // 只有当 n 不能被 5 整除时,才会执行打印操作
        count++;                    // 每打印一个数,计数器加 1
        if(count%10==0)             // 如果计数器是 10 的倍数就换行
            printf("\n");
    }
    printf("\n");
    return 0;
}
```

运行结果:

```
101   102   103   104   106   107   108   109   111   112
113   114   116   117   118   119   121   122   123   124
126   127   128   129   131   132   133   134   136   137
138   139   141   142   143   144   146   147   148   149
151   152   153   154   156   157   158   159   161   162
163   164   166   167   168   169   171   172   173   174
176   177   178   179   181   182   183   184   186   187
188   189   191   192   193   194   196   197   198   199
```

程序解析：

程序使用 for 循环来遍历 100～200 之间的所有整数，并使用 if 语句来判断每个整数是否能被 5 整除。如果整数能被 5 整除，程序就会使用 continue 语句跳过当前的循环，继续下一次循环。如果整数不能被 5 整除，程序就会使用 printf 函数输出这个整数，并使用一个计数器来记录输出的整数数量。当输出的整数数量是 10 的倍数时，程序就会输出一个换行符，也就是每行输出 10 个数。

5.5　循环的嵌套

同分支结构具有分支嵌套一样，循环结构也可以进行嵌套，即一个循环结构的循环体内又包含另一个完整的循环结构，称为循环的嵌套。内嵌的循环中还可以嵌套循环，就是多重循环。C 语言中的 3 种循环(while 循环、do…while 循环和 for 循环)可以互相嵌套。但嵌套的层次一般不要太多，嵌套层次过多会造成代码的运行效率急剧下降，所以一般用 2～3 层的多重循环就可以了。下面通过具体的实例来实际运用循环嵌套。

【例 5-16】　请在编译环境中输入以下程序，观察输出结果。

```c
#include<stdio.h>
int main()
{
    int i, j;
    for(i=1;i<=3;i++)
        for(j=1;j<=3;j++)
            printf("i=%d,j=%d\n",i,j);
    return 0;
}
```

运行结果：

```
i=1,j=1
i=1,j=2
i=1,j=3
i=2,j=1
i=2,j=2
i=2,j=3
i=3,j=1
i=3,j=2
i=3,j=3
```

程序解析：

多重循环在执行的过程中，外层循环为父循环，内层循环为子循环，父循环一次，子循环需要全部执行完，直到跳出循环。父循环再进入下一次，子循环继续执行……

请观察输出结果，理解多重循环的执行流程。

【例 5-17】　按要求输出图 5-8 所示的 4 个图案。

引例：怎样输出一行 8 个星号？

```
*******        *            *            *
*******        **           **           ****
*******        ***          ***          *****
*******        ****         ****         *******
*******        *****        ****         *******
*******        ******       *****        *********
*******        *******      *******      **********
*******        ********     ********     ************
 (a)图案1        (b)图案2       (c)图案3       (d)图案4
```

图 5-8　程序输出结果

方法 1:
#include < stdio. h >
int main()
{
　　int j = 1;
　　while(j < = 8)
　　{
　　　　putchar(' * ');
　　　　j++;
　　}
　　return 0;
}
	方法 2:
	#include < stdio. h >
	int main()
	{
	　　int j;
	　　for(j = 1;j < = 8;j++)
	　　　　putchar(' * ');
	　　return 0;
	}

（1）图 5-8(a)输出 8 行 8 个星号：

```
#include < stdio. h >
int main()
{
    int i,j;
    for(i = 1;i < = 8;i++)
    {
        for(j = 1;j < = 8;j++)
            putchar(' * ');
        putchar('\n');
    }
    return 0;
}
```

（2）图 5-8(b)输出 8 行星号,星号逐行增加 1：

```
#include < stdio. h >
int main()
{
    int i,j;
    for(i = 1;i < = 8;i++)
    {
        for(j = 1;j < = i;j++)
            putchar(' * ');
        putchar('\n');
    }
    return 0;
}
```

（3）图 5-8(c)代码实现如下：

规律：第 i 行有 8 - i 个空格、i 个 *
```
#include < stdio. h >
int main()
{
    int i,j;
    for(i = 1;i < = 8;i++)
    {
        for(j = 1;j < = 8 - i;j++)
            putchar(' ');
        for(j = 1;j < = i;j++)
            putchar(' * ');
        putchar('\n');
    }
    return 0;
}
```

（4）图 5-8(d)代码实现如下：

规律：第 i 行有 8 - i 个空格,2 * i - 1 个 *
```
#include < stdio. h >
int main()
{
    int i,j;
    for(i = 1;i < = 8;i++)
    {
        for(j = 1;j < = 8 - i;j++)
            putchar(' ');
        for(j = 1;j < = 2 * i - 1;j++)
            putchar(' * ');
        putchar('\n');
    }
    return 0;
}
```

113

第 5 章

【例 5-18】 打印图 5-9 所示的九九乘法表。

```
#include <stdio.h>
int main()
{
      int i,j;
      for(i = 1;i <= 9;i++)
      {
            for(j = 1;j <= i;j++)
                  printf("%d× %d= %d\t",i,j,i * j);
            printf("\n");
      }
      return 0;
}
```

```
1×1=1
2×1=2  2×2=4
3×1=3  3×2=6  3×3=9
4×1=4  4×2=8  4×3=12 4×4=16
5×1=5  5×2=10 5×3=15 5×4=20 5×5=25
6×1=6  6×2=12 6×3=18 6×4=24 6×5=30 6×6=36
7×1=7  7×2=14 7×3=21 7×4=28 7×5=35 7×6=42 7×7=49
8×1=8  8×2=16 8×3=24 8×4=32 8×5=40 8×6=48 8×7=56 8×8=64
9×1=9  9×2=18 9×3=27 9×4=36 9×5=45 9×6=54 9×7=63 9×8=72 9×9=81
```

图 5-9 程序运行结果

程序解析：

(1) 该程序的功能是输出一个 9×9 的乘法口诀表。程序中使用了两个嵌套的 for 循环来实现。外层循环变量 i 从 1 遍历到 9，内层循环变量 j 从 1 遍历到 i。

(2) 在每次内层循环中，程序会输出 i 和 j 的乘积，格式为“i×j=i * j”，并且使用\t(制表符)作为分隔符。当内层循环执行完毕后，程序会通过 printf("\n")输出一个换行符，然后继续外层循环的下一个迭代。

【例 5-19】 全班有 10 个学生，每个学生考 5 门课。要求：分别统计出每个学生的平均成绩。

```
#include <stdio.h>
int main()
{
 int i, j,score ,sum; float aver; j = 1;
 while(j <= 10)
 {
    sum = 0;
 for(i = 1;i <= 5;i ++)
 {
    printf("Enter NO. %d the score %d:" ,j,i);
    scanf( "%d",&score );                        /* 输入第 j 个学生的第 i 门课成绩 */
    sum = sum + score ;                          /* 累计第 j 个学生的总成绩 */
 }
 aver = sum/5.0;                                 /* 计算第 j 个学生的平均成绩 */
 printf( " NO. %d aver =%5.2f\n" , j,aver);      /* 输出第 j 个学生的平均成绩 */
 j++;
 }
 return 0;
}
```

运行结果：

```
Enter NO. 1 the score 1:87
Enter NO. 1 the score 2:69
Enter NO. 1 the score 3:89
Enter NO. 1 the score 4:90
Enter NO. 1 the score 5:100
 NO.  1 aver = 87.00
Enter NO. 2 the score 1:_
```

程序解析：

程序是用来计算 10 个学生的平均成绩，每个学生考 5 门课。程序使用了一个 while 循环来处理每个学生以及一个嵌套的 for 循环来处理每个学生的 5 门课程成绩。

（1）初始化变量 j 为 1，表示第一个学生。进入 while 循环，循环条件是 j<=10，这意味着循环会执行 10 次，一次处理一个学生。

（2）在每次循环开始时，将 sum 变量清零，用于累计当前学生的总成绩。

（3）进入 for 循环，循环条件是 i<=5，这意味着循环会执行 5 次，一次处理一门课程。在 for 循环中，程序提示用户输入第 j 个学生的第 i 门课的成绩，使用 scanf 函数读取用户输入的成绩到 score 变量中。并将当前课程的成绩 score 加到 sum 变量中，累计当前学生的总成绩。

（4）for 循环结束后，计算当前学生的平均成绩 aver，通过将总成绩 sum 除以 5.0 来实现，使用 5.0 确保得到浮点数结果。使用 printf 函数输出当前学生的编号 j 和平均成绩 aver。

（5）j 变量递增，处理下一个学生。当所有学生的平均成绩都计算并输出后，while 循环结束。以上运行结果仅显示了一个学生的平均成绩，请读者自行输入其余学生的成绩。

5.6 循环结构典型应用

1. 穷举法问题求解

【例 5-20】 输出所有的"水仙花数"。所谓"水仙花数"是指一个 3 位数，其各位数字立方和等于该数本身。例如，153 是水仙花数，因为 $153 = 1^3 + 5^3 + 3^3$。

```c
# include< stdio. h>
int main()
{
    int g,s,b,n;
    for(n = 100;n < 1000;n++)
    {
        g = n % 10;
        s = n/10 % 10;
        b = n/100;
        if(n == g * g * g + s * s * s + b * b * b)
            printf(" % d\n",n);
    }
    return 0;
}
```

运行结果：

153
370
371
407

程序解析：

程序首先定义了 4 个整型变量：n、g、s 和 b。其中，n 用于存储当前的 3 位数，g、s 和 b 分别用于存储 n 的个位、十位和百位上的数字。接着，程序使用 for 循环来遍历所有的 3 位数，即从 100 到 999。在每次循环中，通过取余和除法运算得到 n 的个位、十位和百位数字，然后程序检查这些数字的立方和是否等于原始的数。如果相等，那么这个数就是一个"水仙花数"，程序就会输出这个数。

【例 5-21】 鸡兔同笼问题。

已知鸡和兔的总数量为 35，总腿数为 94，依次输出鸡的数量和兔的数量。

```c
# include < stdio. h>
int main()
{
    int x,y;
    for(x = 1;x < 35;x++)
    {
        for(y = 1;y < 35;y++)
        {
            if((x + y == 35)&&(2 * x + 4 * y == 94))
            printf("鸡：% d 兔：% d\n",x,y);
        }
    }
    return 0;
}
```

运行结果：

鸡：23   兔：12

程序解析：

程序使用了两层嵌套的 for 循环来遍历所有可能的鸡和兔的数量组合，其中，外层循环变量 x 代表鸡的数量，内层循环变量 y 代表兔的数量。循环的范围都是 1 到 34，因为总数量是 35，鸡或兔的数量至少为 1，所以鸡和兔的数量都不能超过 35。在内层循环中，程序通过 if 语句检查当前的 x 和 y 值是否同时满足两个条件，如果满足，程序输出当前的 x 和 y 值，分别代表鸡和兔的数量。

【例 5-22】 百鸡百钱问题。

我国古代数学家张丘建在《算经》一书中曾提出过著名的"百钱买百鸡"问题，一只公鸡五块钱，一只母鸡三块钱，小鸡三只一块钱，现在要用一百块钱买一百只鸡，问公鸡、母鸡、小鸡各多少只？

```c
# include < stdio. h>
int main()
{
    int x,y,z;
    for(x = 1;x < = 20;x++)
    {
        for(y = 1;y < = 33;y++)
        {
            z = 100 - x - y;
            if(15 * x + 9 * y + z == 300)
                printf("x = % d y = % d z = % d\n",x,y,z);
```

```
        }
    }
    return 0;
}
```

运行结果:

```
x=4    y=18   z=78
x=8    y=11   z=81
x=12   y=4    z=84
```

程序解析:

如果用百钱只买公鸡,最多可以买 20 只,但题目要求买一百只,所以公鸡数量在 0~20 之间。同理,母鸡数量在 0~33 之间。在此把公鸡、母鸡和小鸡的数量分别设为 x、y、z,则 x+y+z=100,因此百钱买百鸡问题就转换成解不定方程组的问题了。对于不定方程组,我们可以利用穷举循环的方法来解决,也就是通过对未知数可变范围的穷举验证方程在什么情况下成立,从而得到相应的解。

2. 累加法求多项式的和

【例 5-23】 求分数序列 $1/2, 2/3, 3/4, 4/5, \cdots$ 前 n 项的和。

```c
#include <stdio.h>
int main()
{
    double sum = 0;
    int i,n;
    scanf("%d",&n);
    for(i = 1;i <= n;i++)
        sum = sum + 1.0 * i/(i+1);
    printf("%f\n",sum);
    return 0;
}
```

程序解析:

(1) 每一项变化是有规律的。

(2) 分子和分母的增量都为 1,每一项可以写成 i/(i+1)的形式。

(3) 在程序中,1.0 的作用是将整数 i 转换为 double 类型的数值。这样在计算 $1.0 \times i/(i+1)$ 时,得到的结果将是一个 double 类型的数值,从而保留了除法的结果中的小数部分。

【例 5-24】 求 n 个分数的和:输入 n 值,求 $1/1 - 1/2 + 1/3 - 1/4 + \cdots + (-1)^{n-1} \times (1/n)$ 的值。

```c
#include <stdio.h>
int main()
{
    int n,i;
    double sum = 0.0, sign = 1.0, term;    //分别存放和、正负调节变量、各项的值
    scanf("%d", &n);  //输入项数 n
    for(i = 1; i <= n; i++)
    {
        term = sign / i;  //求第 i 项的值
        sum += term;          //将第 1 项的值 term 加到累加器 sum 中
        sign *= -1;           //改变下一项的符号
    }
```

循环结构程序设计

```
    printf("sum = % f\n", sum);              //输出分数和
    return 0;
}
```

程序解析：

首先考虑需要哪些变量，因为求 n 项分数的和，所以需要定义浮点型变量 sum 存储和，而式子中奇数项为正值，偶数项是负值，所以需要一个调节各项正负符号的变量 sign 与各项相乘后再放到累加器中，初值为 1，第二项时 sign 变成 −1，又因除第一项外，其余各项是非整数，所以将 sign 定义成 double 类型能较恰当地将各项变成 double 类型，式子是 n 项求和，循环次数为 n，用 for 语句较简洁，当然用其他两种循环语句也可以。

【例 5-25】 用 $\pi/4 \approx 1-1/3+1/5-1/7+\cdots$ 公式求 π 的近似值，直到最后一项的绝对值小于 10^{-6} 为止。

```
# include < stdio. h >
# include < math. h >
int main()
{
    int s = 1;                          //符号为正
    float n = 1, t = 1, pi, sum = 0.0;   //第一项的分母 n 为 1,第一项 t 为 1,累加和 sum 为 0
    while(fabs(t) >= 1e-6)              //检查当前项 t 的绝对值是否大于或等于 10⁻⁶
    {
        sum = sum + t;                 //把当前项 t 累加到 sum 中
        n = n + 2;                     //分母加 2,即下一项的分母
        s = - s;                       //符号反转
        t = s/n;                       //求下一项
    }
    pi = sum * 4;
    printf("pi = % f\n", pi);
    return 0;
}
```

运行结果：

pi = 3.141594

程序解析：

通项累加求和，关键在于寻找通项的规律。每一项的分子都是 1，后一项的分母是前一项的分母加 2，第一项的符号为正，从第二项起，每一项的符号与前一项的相反。

程序中，变量 s 用于控制符号的交替，初始为 1 表示第一项为正。变量 n 用于表示分母，初始为 1。变量 t 用于存储当前项的值，初始为 1。变量 sum 用于累加所有项的值，初始为 0.0。在 while 循环中，程序通过比较当前项 t 的绝对值与 10^{-6} 的大小来判断是否继续循环。如果 t 的绝对值大于或等于 10^{-6}，程序将 t 累加到 sum 中，并将 n 增加 2，s 反转符号，然后计算下一项 t。当 t 的绝对值小于 10^{-6} 时，循环结束。最后，程序将 sum 乘以 4 得到 π 的近似值，并输出结果。

本 章 小 结

循环结构程序设计用于解决程序中需要重复执行的部分。C 语言中有 3 种基本控制循环的方法：while 循环语句、do-while 循环语句和 for 循环语句。

1. 循环结构的一般格式

（1）while 循环语句的一般形式：

```
while( 表达式)
    循环体语句
```

（2）do-while 循环语句的一般形式：

```
do
    循环体语句
while(表达式);
```

（3）for 循环语句的一般形式：

```
for(表达式 1;表达式 2;表达式 3)
        循环体语句
```

2. 语法要点

（1）while 和 do-while 循环中的表达式为判断是否进行循环的依据。表达式可以是关系表达式、逻辑表达式、算术表达式等，还可以是变量、常量等，按照其值是非 0 或 0 决定是否进行循环。

（2）在知道循环次数的情况下更适合使用 for 循环；在不知道循环次数的情况下适合使用 while 或者 do-while 循环，如果有可能一次都不循环应考虑使用 while 循环，如果至少循环一次应考虑使用 do-while 循环。

（3）在循环开始前，应该对循环变量和累加求和或者累乘求积的变量初始化。一定要记着在循环体中改变循环变量的值，否则会出现死循环（无休止地执行）。

（4）在循环体中，使用 break 语句可以终止所在循环的循环执行流程，执行后续语句。

（5）在循环体中，使用 continue 语句可以终止本次循环，转入下次循环的判断和语句执行。循环是否结束要依据判断表达式的值。

（6）如果循环体语句是多于一条语句的复合语句，则需要用大括号把它们括起来。

（7）循环语句的循环体中又包含循环语句的结构称为循环嵌套。循环嵌套可以是两层或多层。各种循环结构可以互相嵌套。

（8）循环嵌套的外层与内层循环的循环控制变量不允许同名，但并列的同层循环允许有同名的循环控制变量。

（9）在循环嵌套结构中出现 break 语句时，需要注意其所在的循环结构是内层循环还是外层循环。break 终止其所在层的循环结构，如果它在内层循环，那么外层循环还照常进行循环。

习 题 5

一、选择题

1. 下列语句不是死循环的是（   ）。

A.
```
int i = 1;
do
i++;
while(1);
```

B.
```
int i = 10;
while(i)
i--;
```

C.
```
int i = 1;
for(;;) i++;
```

D.
```
int i = 1;
while(1) i++;
```

2. 设有程序段:

```
int k = 10;
while(k!= 0) k = k - 1;
```

则下面叙述正确的是( )。

    A. 循环体语句执行一次
            B. 循环体语句一次也不执行

    C. while 循环重复执行 10 次
         D. 是无限循环

3.
```
int i, j = 10;
for(i = 1; i == j; i++); 的循环次数是( )。
```

    A. 5   B. 0   C. 10   D. 无限

4. 语句 for(x=0,y=0；y!=1&&x<4；x++)；( )。

    A. 循环 3 次
            B. 循环次数不定

    C. 无限循环
            D. 循环 4 次

5. 执行下面的程序片段, k 的值是( )。

```
int k = 0, i, j;
for(i = 0; i < 5; i++)
 for(j = 0; j < 3; j++)
  k = k + 1;
```

    A. 15   B. 3   C. 8   D. 5

6. 有以下程序:

```
# include < stdio. h>
main()
{
    int y = 10;
    while(y-- );
    printf("y = % d\n",y);
}
```

程序运行后的输出结果是( )。

    A. y=0
          B. y=-1

    C. y=1
         D. while 构成无限循环

7. 有以下程序:

```
# include < stdio. h>
main()
{
    int k = 5;
    while( -- k)
        printf(" % d",k -= 3);
    printf("\n");
}
```

程序运行后的输出结果是( )。

    A. 1   B. 2   C. 4   D. 死循环

8. 若变量已正确定义,有以下程序段"i=0；do printf("%d,",i)；while(i++)；printf("%d\n",i)；",程序段的运行结果是( )。

    A. 0,1   B. 0,0

9. 以下程序段中的变量已正确定义：

```
for(i=0; i<4; i++,i++)
for(k=1; k<3;k++);
printf(" * ");
```

程序段的运行结果是(   )。

   A. **   B. ** **

   C. *   D. ** ** ** **

10. 有以下程序：

```
#include<stdio.h>
main()
{
    int y=9;
    for( ; y>0; y-- )
        if(y%3==0)
            printf("%d", --y);
}
```

程序的运行结果是(   )。

   A. 852   B. 963   C. 741   D. 875421

11. 有以下程序：

```
#include<stdio.h>
main()
{
    int a=1,b=2;
    for( ;a<8;a++)
    {
        b+=a; a+=2;
    }
    printf("%d,%d\n",a,b);
}
```

程序运行后的输出结果是(   )。

   A. 9,18   B. 8,11   C. 7,11   D. 10,14

12. 有以下程序：

```
#include<stdio.h>
main()
{
    int x=8;
    for(;x>0;x-- )
    {
        if(x%3)
        {
            printf("%d,",x-- );
            continue;
        }
        printf("%d,", --x);}
}
```

程序的运行结果是(　　)。

    A. 7,4,2,   B. 8,7,5,2,   C. 9,7,6,4,   D. 8,5,4,2,

13. 有以下程序：

```
#include<stdio.h>
main()
{
    int a=-2,b=2;
    for(;++a && --b;)
        ;
    printf("%d,%d\n",a,b);
}
```

程序运行后的输出结果是(　　)。

    A. 0,1   B. 0,0   C. 1,-1   D. 0,2

14. 有以下程序：

```
#include<stdio.h>
main()
{
    char c;
    for( ; (c=getchar())!='#'; )
    {
        if(c>='a' && c<='z') c=c-'a'+'A';
        putchar(++c);
    }
}
```

执行时输入 aBcDefG##并按 Enter 键,则输出结果是(　　)。

    A. AbCdEFg   B. ABCDEFG   C. BCDEFGH   D. bcdefgh

15. 有以下程序：

```
#include<stdio.h>
main()
{
    char ch='D';
    while(ch>'A')
    {
        ch--;
        putchar(ch);
        if(ch='A') break;
        putchar(ch+1);
    }
}
```

程序运行后的输出结果是(　　)。

    A. CB   B. BCA   C. CCBB   D. CDBCA

二、程序题

1. 求 $\sum_{n=1}^{20} n!$ (即求 $1!+2!+3!+4!+\cdots+20!$)。

2. 观察超市收银机是如何结账的,写一个结账程序。要求从键盘输入商品价格,然后求和,输入 0 结束,最后提示输入付款钱数和找零钱数。

3. 将 10 元人民币兑换成角币(角币有 1 角、2 角、5 角三种),有多少种换法?

4. 编程输出数字金字塔 1～9(见运行结果)。

5. 有一本书,被人撕掉了其中的一页。已知剩余页码之和为 140,问这本书原来共有多少页? 撕掉的是哪几页?

6. 哥德巴赫猜想:任何大于 2 的偶数可以分成两个素数之和(例如,18＝11＋7),请验证哥德巴赫猜想。

7. 编写程序实现,随机给出 0～100 以内加法计算题,当用户输入 Y 或 y 时,表示继续出题,否则结束出题。

8. 假设某年级期末有英语、计算机、数学三门课程的考试。排考要求:考试安排在周一到周五 5 天内完成。但每天最多只能考一门。数学必须是三门中最早考的,而计算机的考试时间不能安排在周四。要求输出可行的排考方案个数以及各种具体的排考方案。

第6章 数　　组

班级中每个学生都是班集体的一分子，只有每个人都努力发光发热，班集体才会像一个小宇宙，才会爆发出大能量。一个集体的成功，离不开每个人的努力。个人必须做到与班集体同进退，共荣辱，这样才是一个成功的班集体。物以类聚、人以群分，近朱者赤、近墨者黑，要多跟具有正能量的朋友交往，向时代榜样先锋看齐学习。

前面几章中，所使用的变量都属于简单变量，每个变量只能存储一个数据，但在实际问题中，经常需要对批量数据进行处理，例如，对一批数据进行求和、求平均值或排序等，用数组来处理此类问题可以使程序简单化。

问题1：求20个学生某课程的平均成绩，输出大于平均分的成绩。

根据前面所学知识，此问题的算法步骤如下。

(1) 定义20个变量存放20个成绩，再定义1个变量存放平均分。

(2) 20个变量赋值，算出平均值。

(3) 通过写20个if语句进行比较后输出大于平均分的成绩。

现有的解决方案是采用简单变量的方式，此方案的缺陷如下。

(1) 需要大量不同的标识符作为变量名，此问题存放成绩需要定义21个变量。

(2) 变量之间没有规律，无法和循环结合使用，因此成绩和平均分进行比较时需要写20次功能一致的if语句，如果是100个学生，就需要写100次。这样会造成代码冗余。

(3) 变量在内存中的存放是随机的，随着变量的增多，组织和管理好这些变量会使程序变得复杂。

所以用简单变量处理此类问题显得十分烦琐。

分析此问题，发现其特点是，数据类型相同，变量数目较多。针对这些特点，采用数组来处理则更方便有效。

在C语言中，为了便于处理批量数据，将具有相同类型的若干变量有序地组织起来，这些变量的集合称为数组。数组的构成如图6-1所示。

理解：

(1) 数组：相同类型变量的集合，图6-1中的数组包含5个整型变量。

(2) 数组名：数组名是变量集合的名字，图6-1中的score是数组名。

(3) 数组元素：该集合的各变量，用数组名和下标来表示。图6-1中，score数组有score[0]、score[1]、score[2]、score[3]、score[4]共5个数组元素。

(4) 下标：用来标识数组元素在数组中的位置，第一个元素的下标是0，后面元素依次加1。图6-1中第一个元素score[0]的下标是0，第5个元素score[4]的下标是4。

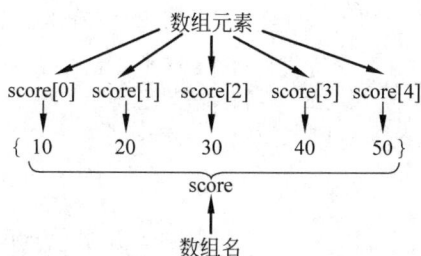

图 6-1　数组的构成

（5）数组元素值：每一个数组元素相当于一个简单变量，可以存储一个值，图 6-1 中 score[0]、score[1]、score[2]、score[3]、score[4]这 5 个元素分别存放了数据 10、20、30、40、50。

对于问题 1，可以定义一个 score 数组，包含 20 个元素，每个数组元素存储一个成绩，不需要单独定义 20 个变量。关键在于数组下标是有规律的变化，依次加 1，可以把下标作为循环变量，将数组和循环结合，可以使问题简单化。利用数组解决问题 1 的详细代码见例 6-2。

数组从下标个数（也称为维数）角度，可以分为一维数组、二维数组、三维数组、四维数组等，其中，三维及以上数组统称为多维数组。从数组元素类型角度，数组可以分为数值数组、字符数组、指针数组等。本章重点介绍应用较广的一维数组、二维数组和字符数组。

6.1　一 维 数 组

一维数组是指只有一个下标的数组，数组元素通过一个下标即可确定。一维数组用于存储一行或一列数据。

6.1.1　一维数组的定义和引用

数组需要先定义，后使用。

1. 一维数组的定义

一维数组的定义需要指定数组类型、数组名和数组的元素个数，其定义形式如下：

数据类型 数组名[整型常量表达式];

其中：

（1）**数据类型**：是对数组元素类型的定义，可以是 int 型、float 型、double 型、char 型以及后面章节要学习到的指针、结构体和共用体等各种复合数据类型。定义数组数据类型后，每个元素只能存储此类型数据。

（2）**数组名**：自定义标识符，需要遵循标识符命名规则。

（3）**[]**：数组的标志，用于确定数组的维数，只有一对"[]"的数组为一维数组。

（4）**整型常量表达式**：用来指定数组的元素个数（又称数组长度），整型常量表达式要求是常量表达式且结果是整型。

例如：

int a[6];

定义了一个一维数组，数组名为 a，包含 6 个元素，由于下标是从 0 开始，所以 6 个元素依次为 a[0]、a[1]、a[2]、a[3]、a[4]、a[5]，而且每个元素只能存放 int 类型数据。

```
float b[2];              //定义单精度型数组 b,包含 b[0]和 b[1]两个元素
double c[2+1];           //定义双精度型数组 c,包含 c[0]、c[1]和 c[2]三个元素
```

可以同时定义同类型的多个数组，例如：

```
char ch1[2],ch2[3];
```

定义了两个一维 char 类型数组 ch1 和 ch2，其中 ch1 数组包含两个元素 ch1[0]和 ch1[1]，ch2 数组包含三个元素 ch2[0]、ch2[1]和 ch2[2]，5 个元素都只能存储一个字符型数据。

注意：

(1) "[]"不能写成"()"。

(2) 定义数组长度时，[]中的表达式只能是常量或常量表达式。

例如：

```
int i = 20;
int score[i];            //错误,数组定义使用了变量,编译不通过
#define I 20
int score[I];            //正确,符号常量 I 也是常量
```

2. 一维数组的存储

一维数组的数组元素在内存中占用一段连续的内存空间，例如："int score[5];"，数组 score 在内存中的存储形式如图 6-2 所示。

2000	score[0]
2004	score[1]
2008	score[2]
2012	score[3]
2016	score[4]

图 6-2　数组 score 的
存储情况

在内存地址是 2000 的单元中存储了 score[0]元素。然后地址从低到高，每次增加 4 字节(int 类型占用 4 字节)，顺序存储了其余元素的值。score[1]就是在 score[0]的地址基础上加 4 字节，同理，a[4]的地址在 a[0]地址的基础上加 4×4 字节，共 16 字节。所以对于数组，只要知道了数组的首地址，就可以计算出待求数组元素的地址。数组在内存中所占字节数＝sizeof(数据类型)×数组长度。

数组名代表这段内存空间的首地址，是地址常量，是在定义数组时系统给数组分配的第一个内存单元的地址，也是数组第一个元素的地址，即 a==&a[0]。

3. 一维数组元素的引用

数组定义后，就可以使用数组元素。虽然数组元素一次可以定义多个，但使用时只能单独使用，不能一次引用整个数组的元素，数组元素的用法和简单变量一样。

一维数组元素的使用格式如下：

数组名[下标表达式]

其中，下标表达式是一个整型表达式。使用数组元素时，下标可以采用变量表达式。

例如，给数组 score 的第二个元素赋值 5，将第二个元素与第三个元素相加并赋给第四个元素。

```
int score[20],i = 2;    //定义一维整型数组 score(包含 20 个元素)和简单变量 i
score[1] = 5;           //给数组 score 的第二个元素赋值 5
score[3] = score[1] + score[i];
```

注意:

(1) 数组元素使用时的下标与数组定义时的下标含义是有区别的。数组定义时的下标表示该数组有几个元素,如"int score[20]"中的 20 是指数组 score 共有 20 个元素;而数组元素使用时的下标表示使用的是下标为几的元素,如"score[1]=5;"表示 score 数组中给下标为 1 的元素赋值为 5。

(2) 数组元素只能逐个引用,不能一次引用整个数组。

```
int score[20];
printf("%d",score);                    //错误
```

如果想输出数组 score 的 20 个元素,由于元素下标有规律,可以设变量 i 存储,通过循环语句,输出 20 个元素的值。

```
for(i=0;i<20;i++)
    printf("%d\n",score[i]);            //正确
```

(3) 数组元素使用时,一定要注意下标不能越界。元素的下标有效范围是 0 至数组长度-1。且 C 编译系统不对数组做越界检查,使用数组时要注意。

例如:

```
int score[5];
score[5]=10;                           //错误,数组最后一个元素是 score[4],不存在 score[5]
```

6.1.2 一维数组的初始化

一维数组的初始化是在定义一维数组的同时给数组元素赋初值。一维数组初始化的形式如下:

数据类型 数组名[整型常量表达式]={初始化列表};

其中,初始化列表中的数据用逗号分隔开。

例如:

```
int a[5]={5,3,1,4,2};                  //定义整型数组,同时初始化数组的 5 个元素
```

编译器按照数据与数组元素的对应顺序一一赋值,赋值情况如下:

a[0]	a[1]	a[2]	a[3]	a[4]
5	3	1	4	2

数组初始化根据数组长度和初始化列表中数据个数的不同分为以下几种形式。

(1) 在定义数组时对数组全部元素赋初值。

```
int a[5]={5,3,1,4,2};                  //等价于: a[0]=5;a[1]=3;a[2]=1;a[3]=4;a[4]=2;
```

(2) 部分初始化,定义数组时只给数组中的一部分元素赋初值,没有初始化元素的值为 0。

```
int a[5]={0,1,2};                      //等价于: int a[5]={0,1,2,0,0};
```

(3) 定义数组且对全部数组元素赋初值时,可不指定数组的长度。

```
int a[]={5,3,1,4,2};                   //等价于: int a[5]={5,3,1,4,2};
```

注意:若数组不初始化,其元素值为随机数。

6.1.3 一维数组的应用

一维数组常与单循环结合使用。

【例 6-1】 定义一维整型数组 a,包含 10 个元素,其值依次初始化为 1 到 10,逆序输出数组元素。

```
# include "stdio. h"
int main()
{
    int a[10] = {1,2,3,4,5,6,7,8,9,10},i;
    for(i = 9;i > = 0;i -- )
    printf(" % d,",a[i]);
    printf("\n");
}
```

运行结果:

```
10,9,8,7,6,5,4,3,2,1
```

程序解析:

此案例定义一维整型数组 a,包含 10 个元素,并为 10 个元素值初始化为 1 到 10,定义循环变量 i 用来存放元素的下标,通过循环语句,i 的值从 9 递减到 0,所以依次输出 a[9]到 a[0]的值。数组初始化是数组元素赋值的一种常用方法。

【例 6-2】 求 20 个学生某课程的平均成绩,输出大于平均分的成绩。

本案例为方便读者练习,成绩用随机函数 rand()产生 20 个两位数的正整数。

```
# include < stdio. h >
# include < stdlib. h >
# include < time. h >
int main()
{
    int sum = 0,i,score[20];
    double ave;
    srand((unsigned int)time(NULL));
    for(i = 0;i < 20;i++)
    {
        score[i] = rand() % 90 + 10;
        sum += score[i];
        printf(" % d\t",score[i]);
    }
    ave = sum/20.0;
    printf("大于平均分的成绩有: \n");
    for(i = 0;i < 20;i++)
        if(score[i]> ave) printf(" % d\t",score[i]);
    return 0;
}
```

运行结果:

```
30      78      54      17      25      37      35      61      13      86
36      66      89      70      44      20      51      22      97      88
大于平均分的成绩有:
78      54      61      86      66      89      70      51      97      88
Press any key to continue
```

程序解析：

通常，运行程序时所需原始数据都是在键盘上输入的，如果输入数据量较大，在调试程序时，可能要多次运行程序，于是会重复输入数据，耗费很多时间。在调试程序时如果让计算机自动产生合适的随机数，则可以免除重复输入数据之苦。

产生 a 到 b 之间的随机正整数的方法如下：

rand()％b＋a

rand()％90 产生 0 到 89 之间的整数，所以 rand()％90＋10 产生 10 到 99 之间的整数。

此案例用数组来处理本章一开始提出的问题 1，数组 score 用来存储 20 个成绩，而不是单独定义 20 个变量。通过使用 for 循环，随着循环变量的递增，代码能够遍历数组中的每个元素，从而实现成绩的赋值与平均分的比较。数组和循环的结合使得程序简洁且易于管理。

【例 6-3】 读入 10 个整数，统计非负数个数，并计算非负数之和。

```c
#include<stdio.h>
int main()
{
    int i,s,count,a[10];
    s = count = 0;
    for(i = 0; i < 10; i++)                //对数组元素 a[0]～a[9]赋值
        scanf("%d", &a[i]);
    for(i = 0;i < 10;i++)
    {
        if(a[i]< 0)
            continue;
        s += a[i];
        count++;
    }
    printf("s = %d count = %d\n", s, count);
    return 0;
}
```

运行结果：

```
3 -5 2 -7 8 9 -3 -4 2 10
s=34   count=6
Press any key to continue
```

【例 6-4】 用数组求 Fibonacci 数列：1,1,2,3,5,8,…前 40 个数。

```c
#include<stdio.h>
int main()
{
    int i;
    int f[40] = {1,1};
    for(i = 2;i < 40;i++)
        f[i] = f[i - 2] + f[i - 1];
    for(i = 0;i < 40;i++)
    {
        if(i%5 == 0) printf("\n");
        printf("%12d",f[i]);
    }
    printf("\n");
```

```
    return 0;
}
```
运行结果：

```
        1          1          2          3          5
        8         13         21         34         55
       89        144        233        377        610
      987       1597       2584       4181       6765
    10946      17711      28657      46368      75025
   121393     196418     317811     514229     832040
  1346269    2178309    3524578    5702887    9227465
 14930352   24157817   39088169   63245986  102334155
```

程序解析：

定义包含 40 个元素的数组 f，对 f[0] 和 f[1] 两个元素赋初始值 1 和 1。通过循环用语句 f[i]＝f[i－2]＋f[i－1] 可以计算出 f[2] 到 f[39] 的值。if(i％5＝＝0) 用来控制换行，每行输出 5 个数据。当 i 是 5 的倍数时，即 i 的值为 0、5、10、15、20、25、30、35 时，条件为真，会在此位置输出换行符。

6.2　二　维　数　组

问题 2：问题 1 需要存储 20 个学生 1 门课程的成绩，如果要处理 20 个学生 3 门课程的成绩，该怎么办？当然可以使用多个一维数组解决，例如，score1[20]、score2[20]、score3[20]，每个数组分别存储一门课程的成绩，但这样不仅烦琐，而且不能直观地表示同一个人各门课的成绩，这种情况可以使用二维数组。

二维数组是指有两个下标的数组，数组元素需要通过两个下标才能确定。

6.2.1　二维数组的定义和引用

1. 二维数组的定义

二维数组定义的一般形式如下：

数据类型 数组名[第一维整型常量表达式][第二维整型常量表达式];

例如：

float a[3][2];

表示定义了 float 型二维数组 a，有 3 行 2 列共 6 个元素，在逻辑上，可以把二维数组看成一个具有行和列的表格或矩阵形式，如图 6-3 所示。

```
a[0][0]    a[0][1]
a[1][0]    a[1][1]
a[2][0]    a[2][1]
```

图 6-3　二维数组的行列形式

又如，要存放 20 个学生 3 门课程的成绩，可以定义如下：

int score[20][3];

数组名为 score，有 20 行 3 列共 60 个元素，可理解为每一行是一个学生的 3 门课程成绩。

注意：

（1）定义形式包含两个方括号，不能写成 int score[20,3]的形式。

（2）第一维整型常量表达式表示二维数组的第一维长度，也称为行数；第二维整型常量表达式表示二维数组的第二维长度，也称为列数。二维数组长度，即二维数组包含元素个数的计算公式为，第一维整型常量表达式×第二维整型常量表达式。例如，score 数组有 20 行 3 列，因此数组长度为 20×3＝60。

2. 二维数组的存储

二维数组在逻辑上可看成一个行列矩阵，例如，"float a[2][3];"理解为 2 行 3 列共 6 个元素，但内存是一块连续的存储区域，是一维的。那么二维数组在内存中是如何存储的？

C 语言中的二维数组是按行优先存储的，也就是说数组中的元素是按照先行后列的顺序依次存放的。即在内存中先顺序存放第一行的元素，接着再存放第 2 行的元素。例如，a[2][3]的 6 个数组元素在内存的存放形式如图 6-4 所示。

根据存储方式，我们可将二维数组理解为一种特殊的一维数组，它的元素又是一个一维数组。例如，可把 a 看作一个一维数组，包括 2 个元素：a[0]和 a[1]，每一行表示一个元素，每个元素又是一个包含 3 个元素的一维数组，如图 6-5 所示，先存放 a[0]行，再存放 a[1]行，每行中每个元素也是依次存放的。

a[0][0]
a[0][1]
a[0][2]
a[1][0]
a[1][1]
a[1][2]

a[0]	a[0][0]	a[0][1]	a[0][2]
a[1]	a[1][0]	a[1][1]	a[1][2]

图 6-4　二维数组在内存的存放　　　　图 6-5　二维数组转化为一维数组

3. 二维数组元素的引用

与一维数组一样，二维数组虽然一次性定义了若干元素，但数组元素仍然单独使用。二维数组元素的引用格式如下：

数组名[行下标表达式][列下标表达式]

其中，行、列下标表达式是一个整型表达式，表达式可以包含变量。

例如：

```
float a[3][2];
int i = 2, j = 1;
a[0][0] = 4.5;
a[i][j] = a[0][0];
```

程序段中引用了数组元素 a[0][0]和 a[2][1]，为 a[0][0]赋值 4.5，然后将 a[0][0]值赋给 a[2][1]，其中，a[0][0]元素引用时，行列下标使用了常量表达式，引用 a[2][1]元素时，行列下标使用了变量表达式。

注意:

使用二维数组元素时也要注意下标不能越界。二维数组元素的行下标有效范围是 0 至行长度-1,列下标的有效范围是 0 至列长度-1。

6.2.2 二维数组的初始化

定义二维数组的同时给数组元素赋值,称为二维数组的初始化,一般有以下两种方式。

1. 分行初始化

用{}将数组中的各行数据分隔开。例如:

```
int a[2][3] = {{1,2,3},{4,5,6}};
```

第一对内层花括号内的数据按顺序依次赋给第 1 行各元素,第二对内层花括号内的数据按顺序依次赋给第 2 行各元素,即按行赋初值。

a[0][0]	a[0][1]	a[0][2]	a[1][0]	a[1][1]	a[1][2]
1	2	3	4	5	6

分行初始化时,未被赋值的元素赋值为 0。例如:

```
int a[2][3] = {{1,2},{4}};
```

等价于:

```
int a[2][3] = {{1,2,0},{4,0,0}};
```

定义数组 a 包括 6 个元素,但初始化时只有 3 个值,此时系统对每一行按顺序赋值,第一行的 a[0][2] 和第二行的 a[1][1] 和 a[1][2] 在未被初始化赋值的情况下,系统默认赋值为 0。

分行初始化时可以省略第一维长度,但第二维长度不能省略,编译器会根据内层花括号的对数确定第一维的长度。例如:

```
int a[][3] = {{1,2,3},{4,5,6}};
```

虽然省略行数,但系统根据内层花括号的对数可确定行数为 2。分行初始化方法行列清晰,可读性强,是初始化最常用的方法。

2. 单行初始化

把所有数据写在一对花括号中,根据数组元素在内存中的顺序依次赋值。例如:

```
int a[2][3] = {1,2,3,4,5,6};
```

数组 a 按照数组元素在内存中的顺序依次赋值,初始化后数组元素的值如下:

a[0][0]	a[0][1]	a[0][2]	a[1][0]	a[1][1]	a[1][2]
1	2	3	4	5	6

初始化时,未被赋值的元素系统赋值为 0。例如:

```
int a[2][3] = {1,2,3,4};
```

定义的数组 a 包括 6 个元素,但初始化的值只有 4 个,根据按顺序赋值原则,a[1][1] 和 a[1][2] 在未被初始化赋值的情况下,系统默认赋值为 0。

单行初始化时也可以省略第一维长度,但第二维长度不可以省略,编译器会根据初始化值的个数来确定第一维长度。例如：

```
int a[][3] = {1,2,3,4,5};
```

此语句省略行数，一共 5 个数据，每行 3 个数据，可确定省略的行数为 2。

6.2.3　二维数组的应用

二维数组的应用一般和双重循环结合使用，外层循环控制数组的行下标，内层循环控制数组的列下标。

【例 6-5】　二维数组的定义、初始化和输入输出。

```c
#include <stdio.h>
#define N 3
int main()
{
    int fs[N][3],i,j;
    //int fs[N][3] = {{1,2,3},{4,5,6},{7,8,9}};,利用初始化可以给数组元素赋值
    for (i = 0; i < N; i++)        //通过循环和 scanf()函数给数组元素赋值
    {
        for (j = 0; j < 3; j++)
            scanf("%d", &fs[i][j]);
    }
    for (i = 0; i < N; i++)
    {
        for (j = 0; j < 3; j++)
            printf("fs[%d][%d] = %d\n", i, j,fs[i][j]);
    }
    return 0;
}
```

运行结果：

```
1 2 3 4 5 6 7 8 9
fs[0][0]=1
fs[0][1]=2
fs[0][2]=3
fs[1][0]=4
fs[1][1]=5
fs[1][2]=6
fs[2][0]=7
fs[2][1]=8
fs[2][2]=9
Press any key to continue
```

程序解析：

给数组元素赋值常用以下两种方法。

(1) 数组初始化。

(2) 循环语句和 scanf()函数结合。

二维数组有行下标和列下标，所以需要用到循环的嵌套来遍历到二维数组的所有元素。

【例 6-6】　求一个 3×4 的矩阵中的最大元素及其行列下标。

```c
#include <stdio.h>
int main()
{
```

```
int a[3][4] = {{1,2,3,4}, {9,8,7,6}, { - 10,10, - 5,2}};   //定义数组并赋初值
int i, j;
int row = 0, colum = 0, max = a[0][0];
for(i = 0;i < = 2;i++)
    for(j = 0;j < = 3;j++)
        if (a[i][j] > max)                          //如果某元素大于 max,就取代 max 的原值
            {
                max = a[i][j]; row = i; colum = j;
            }
    printf("max = % d, row = % d, colum = % d\n", max, row, colum);
    return 0;
}
```

运行结果:

```
max=10, row=2, colum=1
Press any key to continue
```

程序解析:

先思考一下在打擂台时怎样确定最后的优胜者。先找出任一人站在台上,第二人上去与之比武,胜者留在台上。再上去第三人,与台上的人(即刚才的得胜者)比去武,胜者留台上,败者下台。以后每一个人都是与当时留在台上的人比武。直到所有人都上台比过为止,最后留在台上的就是冠军。这就是"打擂台算法"。

解本题也是用"打擂台算法"。先让 a[0][0]作"擂主",把它的值赋给变量 max,max 用来存放当前已知的最大值,在开始时还未进行比较,把最前面的元素暂时认为是当前值最大的。然后让下一个元素 a[0][1]与 max 比较,如果 a[0][1]>max,则表示 a[0][1]是已经比过的数据中值最大的,把它的值赋给 max,取代了 max 的原值。以后依此处理,值大的赋给 max。直到全部比完后,max 就是最大的值。

【例 6-7】 输入 5 个学生的学号和 3 门课的成绩,求每个学生的平均成绩。输出所有学生的学号、3 门课的成绩和平均成绩。

程序解析:

根据题意,可建立一个 5 行 5 列的实型二维数组,其中,第 0 列存放学号,第 1、第 2、第 3 列分别存放 3 门课的成绩,第 4 列存放平均成绩。首先,依次输入 5 个学生的学号和 3 门课的成绩,分别存放到数组的第 1、第 2、第 3、第 4 列。然后计算 3 门课的平均成绩,并存放到第 5 列。对每个学生重复以上操作。最后,依次输出所有学生的学号、3 门课的成绩和平均成绩。

```
# include "stdio. h"
# define N 5
int main()
{
 int i,j;
 float a[N][5];
 printf("输入:\n");
 for(i = 0;i < N;i++)                    /* 输入 N 个学生的数据 */
   for(j = 0;j < 4;j++)
     scanf("% f",&a[i][j]);
 for(i = 0;i < N;i++)
```

```
        {
         a[i][4] = 0;
         for(j = 1;j < 4;j++)
            a[i][4] += a[i][j];
         a[i][4]/ = 3;                      //求第 i 个学生的平均成绩
        }
        printf("输出:\n");
        for(i = 0;i < N;i++)
        {
         printf(" % - 8.0f",a[i][0]);       /ￊ输出第 i 个学生的学号 ＊/
         for(j = 1;j < 5;j++)
            printf(" % - 6.1f",a[i][j]);     /ￊ输出第 i 个学生的 3 门课成绩和平均成绩 ＊/
         printf("\n");                        /ￊ每输出一行,立即换行 ＊/
        }
        return 0;
        }
```

运行结果:

```
输入:
202401 65 78 90
202402 67 81 92
202403 71 88 98
202404 75 85 95
202405 77 86 93
输出:
202401   65.0   78.0   90.0   77.7
202402   67.0   81.0   92.0   80.0
202403   71.0   88.0   98.0   85.7
202404   75.0   85.0   95.0   85.0
202405   77.0   86.0   93.0   85.3
Press any key to continue
```

【例 6-8】 对 40、30、50、20、10 这 5 个数据进行冒泡升序排序。

排序是指将一组无序记录调整为有序记录的过程,应用场景非常多。例如,整理学生成绩时需要按照学号排序,整理名次时需要按照分数排序,整理销售排行榜时需要按照销售量排序等。

冒泡排序法是众多排序方法中比较简单的一种方法,空间复杂度低。冒泡排序的基本思路是,重复访问未排好序的数列,每次比较相邻的两个元素,将较小的数据调到前面,直到所有数据都排好序。

解题思路:

(1) 第一轮排序过程:将比较第一个数与第二个数,如果是升序则保持原位置,若为逆序,则交换两个数的位置;然后比较第二个数与第三个数;以此类推,直至最后一个数和倒数第 2 个数比较为止,完成第一轮冒泡排序,最大的数被放置在最后一个位置上。经过 4 次比较与交换,最大数被放置到最后,找到了其正确位置,不再参与后面的比较。

第一轮的排序的详细过程如图 6-6 所示。

第一轮冒泡排序经过了 4(5−1)次比较。

① 第 1 次:比较第 1 和第 2 个数据,40>30 不是升序,交换。

② 第 2 次:比较第 2 和第 3 个数据,40<50 升序,不交换,保持原位置。

③ 第 3 次:比较第 3 和第 4 个数据,50>20 不是升序,交换。

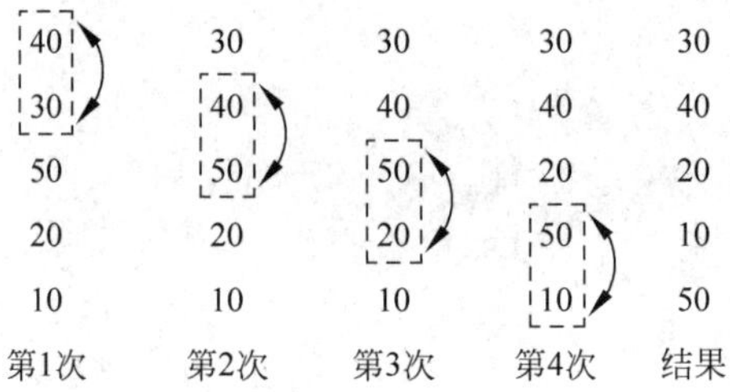

40	30	30	30	30
30	40	40	40	40
50	50	50	20	20
20	20	20	50	10
10	10	10	10	50
第1次	第2次	第3次	第4次	结果

图 6-6　第一轮排序过程

④ 第 4 次：比较第 4 和第 5 个数据，50＞10 不是升序，交换。

结果如表 6-1 所示。

表 6-1　第一轮排序结果

原顺序数据	40	30	50	20	10
第一轮排序	30	40	20	10	50

经过第一轮排序后，最大的数 50 被放到最后的位置，不再参与后面的比较和排序。

（2）第二轮排序：按照同样的思路，对未排好序的数据，即前 4 个数：30、40、20、10，进行排序，经过 3 次比较，结果使次大的数 40 被放置在第 4 个位置进行。

（3）第三轮排序：对未排好的数据 30、20、10 进行冒泡排序，经过 2 次比较，结果使 30 放置在第三个位置。

（4）第四轮排序：对未排好的数据 20、10 排序，经过 1 次比较，20 被放置在第二个位置，10 放置在第一个位置。

共经过 4 轮排序后，排序结束。排序结果如表 6-2 所示。

表 6-2　4 轮排序结果

原顺序数据	40	30	50	20	10
第一轮排序	30	40	20	10	50
第二轮排序	30	20	10	40	50
第三轮排序	20	10	30	40	50
第四轮排序	10	20	30	40	50

根据冒泡排序的思路，此案例可定义一个数组存储 5 个数据，算法中涉及两个数的交换，因此设置一个整型变量作为两个数据交换时的中间变量，然后通过双层嵌套循环进行冒泡排序，最后将排好序的数组元素输出。

编写程序：

```c
#include <stdio.h>
int main()
{
    int a[5],i,j,temp;
    printf("Input 5 numbers:\n");
    for(i = 0;i < 5;i++)
        scanf("%d",&a[i]);
    printf("\n");
```

```
for(i = 0;i < 5;i++)
  for(j = 0;j < 5 - i;j++)
    if(a[j]> a[j + 1])
    {
     temp = a[j];
     a[j] = a[j + 1];
     a[j + 1] = temp;
    }
printf("The sorted numbers:\n");
for(i = 0;i < 5;i++)
  printf(" % d\t",a[i]);
printf("\n");
return 0;
}
```

运行结果：

```
40 30 50 20 10 < Enter >
10 20 30 40 50
```

程序解析：

根据此案例 5 个数的详细排序过程,可以总结出 n 个数的排序过程。

对于 n 个数,共进行 n−1 轮排序。

第一轮在 n 个数中比较 n−1 次,确定最大值。

第二轮在 n−1 个数中比较 n−2 次,确定次大值。

$\vdots$

第 i 轮在 n−i+1 个数中比较 n−i 次,确定第 i 大值。

$\vdots$

第 n−1 轮在 2 个数中比较 1 次,确定次小值。

【例 6-9】 用选择排序法对 40、30、50、20、10 这 5 个数据进行升序排序。

选择法是对冒泡法的改进,在冒泡法中,每一轮确定一个数的位置。在这个过程中,每当两个数的顺序不符合要求时就要进行两个数的交换操作,这种交换的实际意义不大,因为交换后这两个数的位置仍然未最后确定,在以后的操作中或许还要进行交换。因此,只有确定某数最后位置的交换才是有意义的。选择法排序也是每一轮确定一个数的位置。经过若干次比较后,把确定的数一次性交换到目标位置。其最大改进在于减少了交换次数。

n 个数选择升序排序的具体过程如下。

(1) 第一轮排序：将第 1 个数和数据中最小的数进行位置互换,最小数被放置到最前面,找到了其正确位置,不再参与后面的比较。

(2) 第二轮排序：将第二个数和剩下的数中最小的数进行位置互换,次小数被放置到第 2 个位置,不再参与后面的比较。

……

(3) 共 n−1 轮排序：按照上面的方法,以此类推,每次都将下一个数和剩余的数中最小的数进行位置互换,直到将一组数按从小到大的顺序排序。

5 个数字经过 4 轮排序,每轮排序的结果如表 6-3 所示。

表 6-3　4 轮排序结果

原顺序数据	40	30	50	20	10
第一轮排序	10	30	50	20	40
第二轮排序	10	20	50	30	40
第三轮排序	10	20	30	50	40
第四轮排序	10	20	30	40	50

根据选择排序方法,编写程序:

```
# include "stdio.h"
int main()
{
  int a[5] = {40,30,50,20,10},i,j,temp,imin;
  for(i = 0;i < 5;i++)                    /* 设置外层循环为下标 0~4 的元素 */
  {
    temp = a[i];                          /* 设置当前元素为最小值 */
    imin = i;                             /* 记录最小值元素位置 */
    for(j = i + 1;j < 5;j++)              /* 内层循环为 i + 1 到 4 */
    {
      if(a[j] < temp)                     /* 如果当前元素比最小值还小 */
      {
        temp = a[j];                      /* 交换两个元素值 */
        imin = j;
      }
    }
    a[imin] = a[i];                       /* 重新设置最小值 */
    a[i] = temp;                          /* 记录元素位置 */
  }
  /* 输出排序后的数组元素 */
  for(i = 0;i < 5;i++)
    printf("% d\t",a[i]);
  return 0;
}
```

运行结果:

10 20 30 40 50

程序解析:

(1)定义一个包含 5 个元素的整型数组 a,并对其初始化。

(2)使用嵌套循环实现选择排序:外层循环从 i=0 开始,到 i=4 结束;每次外层循环开始时,假设当前元素 a[i]是最小值,并记录其下标 imin;内层循环从 j=i+1 开始,到 j=4 结束;在内层循环中,找到未排序部分的最小值,并记录其下标 imin;内层循环结束后,将未排序部分的第一个元素 a[i]与最小值 a[imin]交换;重复上述过程,直到所有元素都排序完成。

(3)使用循环输出排序后的数组元素。

6.3　字符数组与字符串

6.3.1　字符串与字符串结束标志

在 C 语言中,字符串是用一对双引号引起来的字符序列。字符串在存放时,编译器会在有效字符后自动加一个字符'\0'。'\0'是 ASCII 码值为 0 的字符,是一个不显示的字符,用来作为字符串的结束标志,也就是说,在遇到字符'\0'时,表示字符串结束,由它前面的字符组成字符串。

例如,"World"字符串,存储此字符串占用了 6 字节,而不是 5 字节,它在内存中的存储形式如下:

W	o	r	l	d	\0

C 语言中没有专门的字符串数据类型,而字符类型又只能存放一个字符,因此常用字符类型的数组存放字符串。

6.3.2 字符数组的定义和元素引用

用来存放字符型数据的数组称为字符数组,即数组中的每个元素都是字符。

1. 字符数组的定义

字符数组是指数据类型为 char 的数组,一个数组元素存放一个字符。使用字符数组前需要先定义。

字符数组定义的一般形式如下:

```
char 数组名[常量表达式];
char 数组名[常量表达式 1][常量表达式 2];
```

char 表示数组中的所有元素是字符型数据。一维字符数组元素的个数是常量表达式。二维字符数组元素的个数是常量表达式 1×常量表达式 2。

例如:

```
char ch1[5];                //定义了一维字符数组 ch1,它有 5 个元素
char ch2[5][6];             //定义了 5×6 的二维字符数组 ch2,它有 5 行 6 列共 30 个元素
```

2. 字符数组元素的引用

字符数组元素的引用与其他类型数组元素的引用一样。

例如:

```
ch1[0] = 'a';
ch2[1][2] = 'b';
```

6.3.3 字符数组的初始化

字符数组初始化的常用方式有两种。

(1) 逐个字符初始化。将初始化列表中的每个字符依次赋给数组各元素。例如:

```
char ch[5] = {'W','o','r','l','d'};
```

定义了 ch 数组,数组长度为 5,即包括 5 个元素,并且给 5 个元素分别赋值。初始化结果如下:

ch[0]	ch[1]	ch[2]	ch[3]	ch[4]
W	o	r	l	d

初始化后,ch 数组存放了 5 个字符,但存放的并不是一个字符串,因为字符串尾部必须

有结束标志'\0'。如果想在 ch 数组中存放字符串"World"，则数组的长度至少为 6，初始化语句应为

```
char ch[6] = {'W','o','r','l','d','\0'};
```

初始化后，ch 数组存放了字符串"World"。

当初始化没有全部赋值，只是部分初始化时，系统自动将没有赋值的元素的值赋为空字符'\0'。例如，char ch[6]＝{'W','o','r','l','d'};初始化后各元素的值如下：

ch[0]	ch[1]	ch[2]	ch[3]	ch[4]	ch[5]
W	o	r	l	d	\0

（2）字符串常量初始化。将一个字符串常量中的字符依次赋给数组各元素，最后系统自动添加一个字符'\0'。例如：

```
char ch[6] = {"World"};
char ch[6] = "World";
char ch[] = "World";
```

这三个语句的功能一样，数组 ch 包含 6 个元素，初始化后，6 个元素的值依次为'W'、'o'、'r'、'l'、'd'、'\0'，此时，ch 数组存放了字符串"World"。

又如，用字符串给二维字符数组初始化。

```
char fruit[][8] = {"Apple","Orange","Grape","Pear","Peach"};
```

在执行上述初始化语句后，二维字符数组 fruit 的实际存储情况如下所示。

A	p	p	l	e	\0	\0	\0
O	r	a	n	g	e	\0	\0
G	r	a	p	e	\0	\0	\0
P	e	a	r	\0	\0	\0	\0
P	e	a	c	h	\0	\0	\0

6.3.4　字符数组的输入输出

字符数组的输入输出常用以下两种方式。

1. 单个字符输入输出

单个字符输入输出可以用字符输入函数 getchar() 和字符输出函数 putchar()，也可以用标准输入函数 scanf() 和输出函数 printf() 来实现，注意格式符是％c。一般通过循环语句控制下标，实现逐个字符的输入输出。

【例 6-10】 输入输出字符数组元素。

```
int main()
{
    char ch[5];
    int i;
    for(i = 0;i < 5;i++)
        scanf(" % c",&ch[i]);
    for(i = 0;i < 5;i++)
        printf(" % c",ch[i]);
```

```
        printf("\n");
        return 0;
    }
```

运行结果：

输入：World↙
输出：World

2. 字符串整体输入输出

字符串整体输入输出需要使用 scanf( )函数和 printf( )函数，注意格式符是％s。但注意 scanf( )函数接收字符串时以空格、Tab 键或 Enter 键等分隔符为接收结束标志，并自动在末尾加上字符串结束标志'\0'。printf( )函数输出字符串时以'\0'为输出结束标志。

【例 6-11】 整体输入输出字符串。

```
    # include < stdio.h>
    int main()
    {
        char ch[6];
        scanf("％s",ch);
        printf("％s\n",ch);
        return 0;
    }
```

运行结果：

输入：World < Enter >   //< Enter >表示按 Enter 键
输出：World

注意：

(1) 输入字符串的实际长度一定要小于定义的字符数组长度。若输入字符串"World"，则数组 ch 的长度至少为 6，因为系统要添加字符串结束标志字符'\0'。

(2) 输入字符串时，scanf( )函数的输入项 ch 是已定义的字符数组名，不要再加地址符号"&"。

(3) 输出字符串时，printf( )函数的输出项是字符数组名 ch，而不是数组元素。

【例 6-12】 用"％s"输出有多个'\0'的情况。

```
    # include < stdio.h>
    int main()
    {
      char a[ ] = {'h','e','l','\0','l','o','\0'};
      printf("％s",a);
      return 0;
    }
```

运行结果：

hel

注意： 当字符数组中包含多个'\0'时，遇到第一个'\0'时输出就结束。

【例 6-13】 输入输出多个字符串。

```
    # include < stdio.h>
    int main()
    {
```

```
char a[15],b[5],c[5];
scanf("%s%s%s",a,b,c);
printf("a = %s\nb = %s\nc = %s\n",a,b,c);
scanf("%s",a);
printf("a = %s\n",a);
return 0;
}
```

运行结果：

输入: How are you?
输出: a = How
　　 b = are
　　 c = you?
输入: How are you?
输出: a = How

注意：

如果利用一个scanf()函数输入多个字符串,则应在输入时以空格、制表符或换行符键分隔。所以"scanf("%s%s%s",a,b,c);"在接收输入数据"How are you?"时,由于有空格字符分隔,作为3个字符串输入,a数组接收How,b数组接收are,c数组接收you。

若改为"scanf("%s",a);",在接收输入数据"How are you?"时,由于系统把空格字符作为输入的字符串之间的分隔符,因此只将空格前的字符串How送到a中。

6.3.5 字符串处理函数

在编写程序时,经常需要对字符和字符串进行操作,如转换字符的大小写、求字符串长度等,这些都可以用字符函数和字符串函数来解决。C语言标准函数库中提供了一系列用来专门处理字符串的函数。在编写程序的过程中合理有效地使用这些字符串函数可以提高编程效率,同时也可以提高程序性能。本节将对字符串处理函数进行介绍。

在使用字符串处理函数时,需要在文件开头写上预处理命令:

```
#include <string.h>
```

1. 字符串输入输出函数

前面介绍过标准输入输出函数scanf()和printf()对字符串进行输入输出,C语言也提供了专门的字符串输入输出函数。

1) 字符串输出函数puts()

puts()函数一般使用形式如下:

```
puts(字符数组名)
```

功能：字符串输出函数向标准输出设备输出已经存在的字符串并换行,圆括号中的字符数组名也可以是字符串常量。例如:

```
char ch[6] = "World";
puts(ch);
printf("%s\n",ch)
```

此代码段输出结果如下:

```
World
World
```

语句"puts(ch);"的作用与 printf("％s\n",ch)相同——输出字符串并换行。

2）字符串输入函数 gets()

gets()函数一般使用形式如下：

gets(字符数组名)

功能：字符串输入函数用来从标准输入设备读入字符串（包括空格），直到遇到换行符结束，并将读入的字符串赋给字符数组。

【例 6-14】 输入输出函数的应用。

```c
# include < stdio. h >
# include < string. h >
int main()
{
    char string[80];
    printf("Input a string:");
    gets(string);
    puts(string);
    return 0;
}
```

运行结果：

输入: How are you?
输出: How are you?

注意：

（1）gets()和 puts()函数只能输入或输出一个字符串，不能写成"gets(ch1,ch2);"或"puts(ch1,ch2);"的形式。

（2）gets()可以接受空格，而 scanf()遇到空格、换行符或制表符都认为结束。

2. 字符串复制函数

在字符串操作中，字符串复制是比较常用的操作之一。在字符串处理函数中，strcpy()函数可复制特定长度的字符串到另一个字符串中。

strcpy()函数一般使用形式如下：

strcpy(目的字符数组名,源字符数组名)

功能：把源字符数组中的字符串复制到目的字符数组中。字符串结束标志'\0'也一同复制。

【例 6-15】 字符串复制函数的应用。

```c
# include < stdio. h >
# include < string. h >
int main()
{
    char str1[] = "Chinese", str2[] = "English";
    strcpy(str1,str2);
    strcpy(str2,"French");
    puts(str1);
    puts(str2);
    return 0;
}
```

运行结果：

English
French

注意：

（1）"目的字符数组名"必须是数组名形式，而"源字符数组名"可以是字符数组名，也可以是字符串常量，这时相当于把一个字符串赋给一个字符数组。

（2）"strcpy(str1,str2);"语句中，str2 数组作为复制来源，其中存放的必须是有结束标志的合法字符串。

（3）目的字符数组要足够长，否则不能全部装入所复制的字符串。

（4）不能用赋值语句将一个字符串常量或字符数组直接赋给另一个字符数组，例如，写成"str1＝str2"是错误的。

3. 字符串连接函数

字符串连接就是将一个字符串连接到另一个字符串的末尾，使其组合成一个新的字符串。实现此功能可以使用 strcat()函数。

函数使用形式如下：

strcat(目的字符数组名,源字符数组名)

功能：把源字符数组中的字符串连接到目的字符数组中字符串的后面，删去目的字符数组中原有的字符串结束标志'\0'。

【例 6-16】 字符串连接函数的应用。

```
# include < stdio. h >
# include < string. h >
int main()
{
  char ch1[12] = "hello,";
  char ch2[ ] = "world";
  strcat(ch1,ch2);
  puts(ch1);
  return 0;
}
```

运行结果：

hello,world

连接前 ch1 和 ch2 的数据情况如下：

ch1	h	e	l	l	o	,	\0					

ch2	w	o	r	l	d	\0

连接后 ch1 和 ch2 的数据情况如下：

ch1	h	e	l	l	o	,	w	o	r	l	d	\0

ch2	w	o	r	l	d	\0

注意：同 strcpy()一样，源字符数组名也可以是字符串常量，而且目的字符数组长度要足够长，能容纳连接后形成的新字符串。

4. 字符串比较函数

字符串比较就是将一个字符串与另一个字符串从首字母开始,按照 ASCII 码值的顺序进行逐个比较,strcmp()函数可实现此功能。

函数使用形式如下:

strcmp(字符数组名 1,字符数组名 2)

功能:将两个字符串自左向右逐个字符按照 ASCII 码值进行比较,直到出现不同的字符或遇到'\0'停止。如果全部字符相同,表示两个字符串相等,若出现不同的字符,以第 1 对不同字符的比较结果作为两个字符串的比较结果。函数返回值如下:

字符串 1=字符串 2,返回值为 0。

字符串 1>字符串 2,返回值为正数。

字符串 1<字符串 2,返回值为负数。

【例 6-17】 字符串比较函数的应用。

```
#include<stdio.h>
#include<string.h>
int main()
{
    char ch1[12] = "hello";
    char ch2[] = "helworld";
    if(strcmp(ch1,ch2)>0) printf("大于\n");
    else if(strcmp(ch1,ch2)<0) printf("小于\n");
    else printf("相等\n");
    return 0;
}
```

运行结果:

小于

注意:

(1) 字符数组名 1 和字符数组名 2 既可以是数组名,也可以是字符串常量。

(2) 对两个字符串比较,不能使用 ch1>ch2 的形式。

5. 获取字符串长度函数

在使用字符串时,有时需要获取字符串的长度,strlen()函数可以实现此功能。

函数使用形式如下:

strlen(字符数组名)

功能:计算字符串的实际长度(不包含字符串结束标志'\0'),函数返回值为字符串的实际长度。

例如:

```
char ch[10] = "world";
printf("%d\n",strlen(ch));
```

输出结果为:5

6. 字符串大小写转换函数

字符串的大小写转换需要使用 strupr()和 strlwr()函数。

strupr 函数的使用格式如下：

strupr(字符串)

功能：将字符串中的小写字母变成大写字母，其他字母不变。

strlwr 函数的使用格式如下：

strlwr(字符串)

功能：将字符串中的大写字母变成小写字母，其他字母不变。

【例 6-18】 字符串大小写转换函数的应用。

```c
#include<stdio.h>
#include<string.h>
int main()
{
    char s[20]="Hello, world";
    strupr(s);
    puts(s)
    strlwr(s)
    puts(s);
    return 0;
}
```

运行结果：

```
HELLO, WORLD
hello, world
```

6.3.6　字符数组应用举例

【例 6-19】 删除字符串中的重复字符。

```c
#include<stdio.h>
#include<string.h>
int main()
{
    char str1[100],str2[100];
    int i, j, n;
    printf ("Enter string:");
    gets(str1);
    n=0;
    for( i=0;str1[i]!='\0';i++)
    {
        for(j=0;j<n;j++)
        if(str1[i]==str2[j])
            break;
      if(j==n)                /* 不重复,则复制 */
        str2[n++]=str1[i];
    }
    str2[n]='\0';
    printf("Result:");
    puts(str2);
    return 0;
}
```

运行结果：

```
Enter string:abcabc
Result:abc
```

程序解析：

首先通过 gets() 函数接收用户输入的字符串,然后程序通过双层循环遍历输入的字符串 str1,并使用另一个字符串 str2 来存储无重复字符的结果。内层循环检查当前字符是否已在 str2 中出现过,如果出现则跳过该字符。如果内层循环完成后 j 等于 n(即当前字符未在 str2 中出现过),则将该字符添加到 str2 中,并增加 n 的值。最后,在 str2 的末尾添加空字符'\0'以标记字符串的结束,并使用 puts() 函数输出处理后的字符串。

【例 6-20】 输入一行字符串,将其反序后再输出。

```c
# include < stdio. h>
# include < string. h>
int main()
{
    char str[80],c;
    int i,j,n;
    printf("Enter string:");
    gets(str);
    n = strlen(str);
    for(i = 0,j = n - 1;i < j;i++,j--  )
    {
        c = str[i];
        str[i] = str[j];
        str[j] = c;
    }
    printf("Result:");
    printf(" % s\n",str);      // 也可以使用"puts(str);"
    return 0;
}
```

运行结果：

```
Enter string:boy,girl
Result: lrig,yob
```

程序解析：

(1) 在使用字符串处理函数时,应当在程序的开头用 # include < string. h >把 string. h 文件包含到程序中。

(2) C 语言没有专门的字符串变量数据类型,而是用字符数组来处理字符串类型数据,但要求数组内容包含字符串结束标志字符'\0',没有结束标记的字符数组不能使用字符串处理函数对其处理。例如,"char ch[5]={ 'C', 'H', 'I', 'N', 'A'};"。

(3) gets() 函数的作用是从终端输入一个字符串到字符数组,可以接收空格,只能输入一个字符串,不能写成"gets(str1,str2);"。

(4) 用 strlen() 函数求字符串长度并赋值给 n,利用循环结构依次首尾交换各元素,最后用 puts() 函数输出。

(5) "printf(" %s\n",str);"用 %s 格式符,可以将整个字符串一次输入或输出。

【例 6-21】 输入若干字符串,当输入空字符串时结束输入,输出其中最大的字符串。

```c
# include < stdio. h>
```

```
# include < string. h >
int main()
{
    char s1[80 ],max[80 ];
    printf("input string:\n");
    gets(s1);
    strcpy(max,s1);
    gets(s1);
    do
    {
      if(strcmp(max,s1)< 0)
          strcpy(max,s1);
          gets(s1);
    }
    while(strcmp(s1,""));
        printf("max string is % s\n",max );
    return 0;
}
```

运行结果：

```
input string:
how
are
you

max string is you
```

程序解析：

程序中先假定第一个字符串为最大串 max，然后利用 strcmp 函数逐个比较以后输入的各字符串，每当出现输入的 s1 字符串比 max 大，则动态地把 s1 作为当前最大字符串。本例中是以输入空串作为结束输入的条件，采用 strcmp(s1,"")＝＝0(注意：两个双引号之间无字符)，则 s1 为空串，退出循环。

本 章 小 结

本章重点介绍了一维数组、二维数组和字符数组的定义、引用、初始化及应用。数组是一组具有相同数据类型的有序数列的集合，其中所有元素连续存放且所占字节数均相同。定义数组时，由类型说明符、数组名称、数组长度(数组元素个数)三部分组成。数组长度中"[]"的个数表示数组的维数，根据维数的不同，可将数组分为一维数组、二维数组以及多维数组。

C语言规定，数组元素的下标从 0 起始，依次递增 1。数组赋值可以通过在数组定义时进行初始化来完成，也可通过输入函数或赋值语句进行。数组引用可以通过数组名称和下标的形式来描述所要引用的数组元素，在引用数组元素时，通常结合循环语句来实现对各元素下标的控制。即一维数组结合单层循环，二维数组结合双层循环。

C语言在处理字符串时，将字符串存储在字符数组中，并在其末尾自动加上一个结束标志'\0'。因此可以通过判断当前元素是否为'\0'来判断字符串是否结束。字符串与字符数组的根本区别就在于程序在处理字符串时是以'\0'作为结束标志的。

字符数组如果包含字符串结束标志'\0'，则表示存储了字符串，否则只能表示存储了若干字符。如果存放字符串，则输入输出可以采用％s 的形式，也可以使用字符串处理函数，如果只是存储了不包含结束标志的若干字符，则只能用％c 的形式和循环结合进行输入输出，也不能使用字符串函数。

使用数组存储数据，能方便、快速地解决许多实际问题，常见的如查找、排序、计数、统计等。

习　题　6

一、选择题

1. 若要求定义具有 10 个 int 型元素的一维数组 a，则以下定义语句中错误的是(　　)。

 A. ＃define N 5 B. int n = 10; C. int a[5 + 5]; D. ＃define n 5

  int a[2 * N];   int a[n];   int a[n];

2. 若有定义"int a[]＝{1,2,3,4,5,6,7,8,9,10};"，则"a[a[5]－a[7]/a[1]]"的值是(　　)。

 A. 2   B. 4   C. 3   D. 10

3. 以下程序的运行结果是(　　)。

```
# include < stdio. h>
int main()
{
    int i,s = 0,t[] = {1,2,3,4,5,6,7,8,9};
    for(i = 0;i < 9;i += 2)
    s += t[i];
    printf( "% d\n" ,s);
    return 0;
}
```

 A. 20   B. 25   C. 45   D. 36

4. 下列定义语句中错误的是(　　)。

 A. int x[4][3]＝{{1,2,3},{1,2,3},{1,2,3},{1,2,3}};

 B. int x[4][]＝{{1,2,3},{1,2,3},{1,2,3},{1,2,3}};

 C. int x[][3]＝{{0},{1},{1,2,3}};

 D. int x[][3]＝{1,2,3,4};

5. 设有定义："int x[2][3];"，则以下关于二维数组 x 的叙述错误的是(　　)。

 A. 元素 x[0]可看作由 3 个整型元素组成的一维数组

 B. 数组 x 可以看作由 x[0]和 x[1]两个元素组成的一维数组

 C. 可以用"x[0]＝0;"的形式为数组所有元素赋初值 0

 D. x[0]和 x[1]是数组名，分别代表一个地址常量

6. 以下程序的输出结果是(　　)。

```
# include< stdio. h>
int main()
{
    int i, x[3][3] = {1,2,3,4,5,6,7,8,9 };
    for(i = 0; i < 3; i++)
```

```
        printf( "%d", x[i][2-i]);
    return 0;
}
```

  A. 1 5 0   B. 3 5 7   C. 1 4 7   D. 3 6 9

7. 以下程序的输出结果是( )。

```
# include < stdio.h >
int main()
{
    int s[12] = {1,2,3,4,4,3,2,1,1,1,2,3},c[5] = {0},i;
    for(i = 0;i < 12;i++)
        c[s[i]]++;
    for(i = 1;i < 5;i++)
        printf("%d",c[i]);
    printf("\n");
    return 0;
}
```

  A. 2 3 4 4   B. 4 3 3 2   C. 1 2 3 4   D. 1 1 2 3

8. 若有定义"char c="hello!";",则以下说法正确的是( )。

  A. c 占用 7 字节内存   B. c 是一个字符串变量

  C. 定义中有语法错误   D. c 的有效字符个数是 6

9. 以下程序的输出结果是( )。

```
# include < stdio.h >
int main()
{
    char s[] = "abede";
    s += 2;
    printf( "%d\n",s[0]);
    return 0;
}
```

  A. 输出字符 c 的 ASCII 码值   B. 程序出错

  C. 输出字符 e   D. 输出字符 a 的 ASCII 码值

10. 若有定义语句"char s[10]="1234567\0\0";",则 strlen(s)的值是( )。

  A. 7   B. 8   C. 9   D. 10

11. 若要求从键盘读入含有空格字符的字符串,应使用函数( )。

  A. getchar   B. getc   C. gets   D. scanf

12. 若有定义"char s1[100]="name",s2[50]="address",s3[80]="person";",要将它们连接成新字符串"personnameaddress",正确的函数调用语句是( )。

  A. strcat(strcat(s1,s2),s3);   B. strcat(s3,strcat(s1,s2));

  C. strcat(s3,strcat(s2,s1));   D. strcat(strcat(s2,s1),s3):

13. 以下程序的输出结果是( )。

```
# include < stdio.h >
int main()
{
  int i,j = 0;
  char a[] = "How are you!";
```

```
    for(i = 0;a[i];i++)
        if(a[i]!= ' ')
            a[j++] = a[i];
    a[j] = '\0';
    printf(" % s\n",a);
    return 0;
}
```

  A. Hay!   B. Howareyou

  C. Howareyou!   D. How are you!

14. 以下程序：执行时若输入(其中<Enter>表示回车符)Fig flower is red.<Enter>，则输出结果是(　　)。

```
# include < stdio. h >
int main()
{
    int i;
    char a[20],b[ ] = "The sky is blue.";
    for(i = 0;i < 7;i++)
        scanf(" % c",&b[i]);
    gets(a);
    printf(" % s % s\n",a,b);
    return 0;
}
```

  A. wer is red. Fig flo is blue.   B. wer is red. Fig flo

  C. wer is red. The sky is blue.   D. Fig flower is red. The sky is blue.

15. 以下程序的运行结果是(　　)。

```
# include < stdio. h >
int main()
{
 char s[ ] = {"012xy"};
 int i,n = 0;
 for(i = 0;s[i]!= 0;i++)
   if(s[i] > = 'a'&&s[i]< = 'z')
     n ++;
 printf( " % d\n" ,n);
}
```

  A. 0   B. 2

  C. 3   D. 5

二、程序题

1. 输入 5 个数存放在数组中，再按输入顺序的逆序存放在该数组中并输出。

2. 输入若干个 0 到 9 之间的整数，统计整数的个数。

3. 编写程序，求 4×4 矩阵的主对角线元素之和。

4. 将二维数组行列元素互换，存到另一个二维数组中。

$$a = \begin{bmatrix} 1 & 2 & 3 \\ 4 & 5 & 6 \end{bmatrix} \quad b = \begin{bmatrix} 1 & 4 \\ 2 & 5 \\ 3 & 6 \end{bmatrix}$$

5. 按下列要求编写程序。

（1）产生 10 个 2 位随机正整数并存放在 a 数组中。

（2）按从小到大的顺序排序。

（3）任意输入一个数，并插入数组中，使之仍保持有序。

（4）任意输入一个 0 到 9 之间的整数 k，删除 a[k]。

6. 某班期末考试科目为高等数学（MT）、英语（EN）和物理（PH），有 30 人参加考试。要统计并输出一个表格，包括学号、各科分数、总分、平均分以及三门课均在 90 分以上者（该栏标志输出为 Y，否则为 N），形式如下：

```
NO  MT  EN  PH  SUM   V   >90
------------------------------
1   97  87  92  276   92   N
2   92  91  90  273   91   Y
3   90  81  82  253   84   N
...
```

7. 输出以下的杨辉三角形（要求输出 10 行）。

```
1
1 1
1 2 1
1 3 3 1
1 4 6 4 1
1 5 10 10 5 1
.....................
```

8. 统计字符串中每个字符出现的次数。

9. 统计选票，设候选人有 N 人，参加投票的有 M 人。

10. 不使用字符串长度函数 strlen，编写程序求给定字符串的长度。

11. 编写程序，判断给定的字符串是否为回文。

第7章 函 数

合作和沟通是学生专业学习和全面发展应具备的重要能力。学会合作才能融入集体，才能更快地提升自己，实现共同进步。通过函数的学习培养学生的合作和沟通能力，面对困难分而治之，逐个击破，从而获得积极向上、奋发有为的精神力量；同时要有大局意识，把握全局，统筹规划，具有责任担当意识和团队合作能力。

在程序中引入函数是软件技术发展史上一个重要的里程碑，它标志着软件模块化和软件重用的真正开始。在 C 语言中，函数的引入是分而治之、模块化编程思想的重要体现。函数允许我们将一个大的问题分解为若干个小问题，每个小问题可以由一个函数来解决。分而治之的方法可以有效地降低问题的复杂度，模块化可以复用代码，避免重复劳动，提高效率；这样使得程序的结构更加清晰，易于理解和维护。因此，在 C 语言编程中，我们应当善于利用函数，将问题分解、模块化，从而编写出更加高效、可读、可维护的程序代码。

7.1 函 数 概 述

7.1.1 函数的引入

生活中的复杂问题，我们往往通过分解问题、逐步解决的方式来处理，这与编程中函数的使用原则不谋而合。在实际编程中，若程序的规模比较大，将所有代码都写在 main() 函数中，会使 main() 函数变得十分庞杂，不易于程序的阅读和维护。这时可以利用函数将规模大的程序分为若干程序模块，每个模块用来实现一个特定的功能。

（1）分而治之：复杂的程序可细分成若干个简单的子程序。例如，将安检模块分解为核验身份证、行李扫描、过安检门、随身物品检测，如图 7-1 所示。

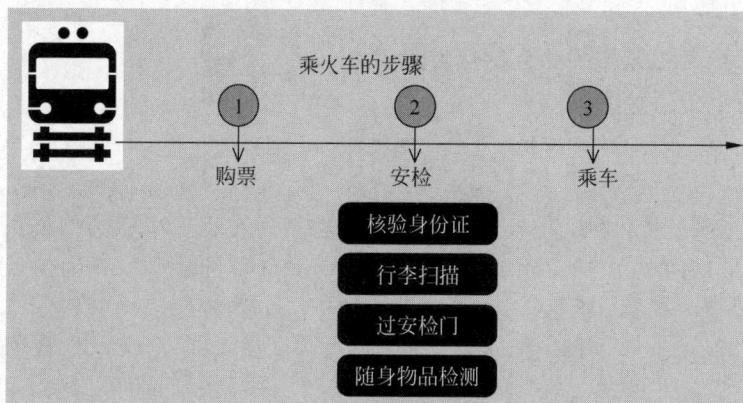

图 7-1 乘火车的步骤分解

（2）模块化：常用程序模块是可以重复使用的。

例如，安检模块，一旦设计好以后，就可以应用到诸如坐飞机、坐动车、坐轮船等场景中，如图 7-2 所示。

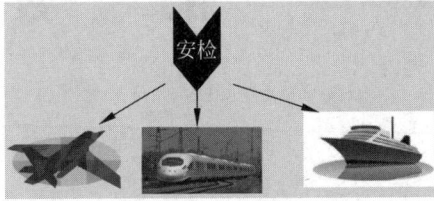

图 7-2 安检模块

【引例】 求 3 个长方体的体积的程序。

```
volumn = 1 * 2 * 5;
printf("长为%d、宽为%d、高为%d的长方体的体积是%d\n",1,2,5, volumn);
volumn = 3 * 6 * 9;
printf("长为%d、宽为%d、高为%d的长方体的体积是%d\n",3,6,9, volumn);
volumn = 10 * 20 * 5;
printf("长为%d、宽为%d、高为%d的长方体的体积是%d\n",10,20,5, volumn);
```

通过观察，可以发现：

求体积的 3 段程序，除了长、宽、高不同，其他都相同。

因此，有很多重复的代码，该如何简化呢？

答：使用函数。

```
int v(int length, int width, int height)
{
    int volumn;
    volumn = length * width * height;
    printf("长为%d、宽为%d、高为%d的长方体的体积是%d\n",length,width,height,volumn);
}
# include < stdio.h>
int main()
{
    v(1,2,5);        //在主函数中调用求体积函数 v()
    v(3,6,9);
    v(10,20,5);
    return 0;
}
```

在 C 语言中，可以从不同的角度对函数分类。

1. 从函数定义角度看

函数可分为库函数和用户自定义函数两种。

1）库函数

库函数是由系统提供的，用户不必自己定义，也不必在程序中做类型说明，只需在程序前包含该函数原型的头文件，即可在程序中直接调用。例如，使用 printf() 函数和 scanf() 函数时，只需在程序开头包含 stdio.h 头文件；使用 pow() 和 sqrt() 等数学函数时，只需在程序开头包含 math.h 头文件。

2）用户自定义函数

用户自定义函数是由用户根据自己的需要而定义的函数，需要用户编写实现相应功能的程序代码。在程序中若要使用用户自定义函数，就必须有函数的定义，例如，上述求体积的 v( )函数。自定义函数是模块化程序设计的基础。

2. 从主调函数和被调函数之间数据传送的角度看

C 语言函数可分为无参函数和有参函数。

1）无参函数

无参函数指函数定义、函数说明及函数调用中均不带参数，主调函数和被调函数之间不进行参数传送。函数通常用来完成一组指定的功能，可以返回或不返回函数值。

2）有参函数

有参函数指在函数定义及函数说明时都有参数，称为形式参数（简称"形参"）。在函数调用时也必须给出参数，称为实际参数（简称"实参"）。进行函数调用时，主调函数将把实参的值传送给形参，供被调函数使用。例如上述的 v( )函数就是有参函数，主函数分别将长、宽、高的值传递给 v( )函数中的参数 length、width、height，经过 v( )函数的运算，求得长方体的体积。

3. 从对函数返回值的需求状况看

C 语言函数可分为有返回值函数和无返回值函数两种。

1）有返回值函数

此类函数被调用执行完成后将向调用者返回一个执行结果，称为函数返回值。由用户定义并需要返回特定类型值的函数，必须在函数定义和函数说明中明确返回值的类型。

2）无返回值函数

此类函数一般用于完成某项特定的处理任务，如排序、特殊内容的输出等，函数被调用后不返回函数值。由于函数无返回值，用户在定义函数时，可指定它的返回值为"空类型"，说明符为 void。

注意：C 程序的执行总是从 main( )函数开始，完成对其他函数的调用后再返回 main( )函数，最后由 main( )函数结束整个程序。一个 C 源程序必须有且只能有一个 main( )函数。

7.1.2 函数的定义

函数在使用之前必须进行正确的定义，定义时根据函数要完成的工作，需要确定函数名、类型名、参数个数及类型等。函数的定义包括函数首部（或函数头）和函数体两部分。

1. 无返回值函数的定义

```
void 函数名(形参表列)              /* 函数首部 */
{                                /* 函数体 */
     声明语句
     功能语句
}
```

【例 7-1】 无返回值函数的定义和使用。

（1）使用无参函数，输出 8 行星号图案。

```
# include < stdio.h >
void printstar()                 //函数返回值类型为 void,且定义函数时括号中没有参数
```

```
{
    int i;
    for(i = 1;i < = 8;i++)
        printf(" ************* \n");
}
int main()
{
    printstar();                        //函数调用语句
    return 0;
}
```

（2）使用有参函数，输出指定的若干行星号图案。

```
# include < stdio. h >
void printstar(int k)                   //函数返回值类型为 void,且定义函数时括号中有参数 k
{
    int i;
    for(i = 1;i < = k;i++)
        printf(" ************* \n");
}
int main()
{
    int n;
    scanf(" % d",&n);
    printstar(n);                       //函数调用语句
    return 0;
}
```

程序解析：

void 说明此函数无返回值，表示调用该函数后不需要返回值。没有返回值的函数调用不能作为表达式的一部分参与运算，只能以函数调用语句形式出现。上述例 7-1 中的（1），如果函数调用语句改为："int x；x = printstar（）；"，则出现编译错误，例 7-1 中的（2）同理。

2. 有返回值函数的定义

```
函数类型 函数名(形参表列)               / * 函数首部 * /
{                                      / * 函数体 * /
    声明语句
    功能语句
}
```

【例 7-2】 编写求两个整数的较大值的函数，并在主函数中调用。

```
# include < stdio. h >
int max( int x, int y)
{
    int z;
    z = x > y?x:y;
    return z;
}
int main()
{
    int a = 5, b = 8,c;
    c = max(a,b);                       / * 调用 max 函数 * /
    printf("c = % d\n",c);
    return 0;
}
```

运行结果：

c = 8

程序解析：

定义了一个求两个整数的较大值的函数 max()，在主函数中调用该函数时，将 a、b 的值分别传递给 max() 函数的 x、y，经过计算将计算结果 8 返回主调函数。

(1) 函数类型是指函数返回值的数据类型，可以是基本数据类型如 int、float、char，也可以是指针类型等。例 7-2 的"int max(int x, int y)"中 max 前面的 int 表示调用该函数后返回的最大值为 int 类型。

(2) 函数名用于在程序中唯一标识一个函数，以便被调用。函数名的取名规则与变量名一样，是 C 语言的合法标识符。注意，程序中函数名和变量名不能重名。为了提高程序的可读性，函数名应尽量反映函数的功能。

(3) 形式参数是实现函数功能所要用到的传输数据，它是函数间进行交流通信的唯一途径。定义函数时，函数名后面圆括号中的变量称为"形式参数"（简称"形参"）。形参必须逐个说明类型和名称，且各个参数之间用逗号分隔开，如例 7-2 中 max() 函数的定义中，变量 x 和 y 就是形参。通过形参，明确调用函数时需要提供什么类型的数据以及数据的个数。

(4) 函数体是由 {} 括起来的一组复合语句，一般包含两部分：声明部分和执行部分。其中，声明部分主要是完成函数功能时所需要使用的变量的定义，执行部分则是实现函数功能的主要程序段。

(5) 有返回值函数的函数体中，必须出现 return 语句，函数通过该语句返回计算结果。若 return 语句中表达式值的类型与函数定义中函数返回值的类型不一致，则以函数返回值的类型为准。例如，return 语句中表达式的值如果为 1.5，是一个实数，定义函数返回值的类型为 int，则函数的返回值为 1。在无返回值函数的定义中，函数体中允许出现 return 语句，但只能是"return;"的形式，不能通过 return 语句返回某个表达式的值。在无返回值函数的定义中，return 语句往往被省略。

7.1.3 函数的调用

函数只有在调用时才会发挥它的作用，调用自己编写的函数与调用库函数的方法是一样的。函数调用是指一个函数暂时中断本函数运行，转去执行另一个函数的过程。C 语言是通过 main() 函数来调用其他函数的，其他函数之间可相互调用，但不能调用 main() 函数。函数被调用时获得程序控制权，调用完成后，返回到调用函数中断处继续运行。函数的调用过程如图 7-3 所示，main() 函数为主调函数，fun1() 函数为被调函数。

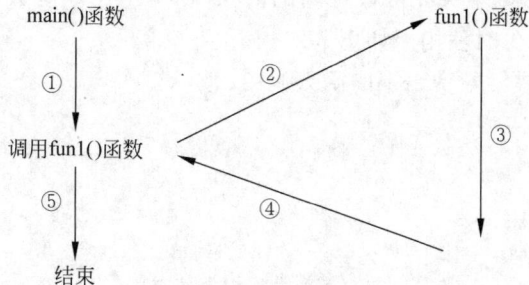

图 7-3 函数的调用过程

函　数

1. 函数调用的一般形式

函数调用的一般形式如下：

函数名([实参列表])

实参列表中的参数可以是常数、变量或其他构造类型数据及表达式。实参的个数必须与形参个数一致，当实参个数多于一个时，各实参之间用逗号分隔。当调用无参函数时，实参列表可以省略，但括号不能省略。

2. 函数调用的方式

(1) 函数作为表达式中的一项出现在表达式中，以函数返回值参与表达式的运算。这种方式要求函数是有返回值的。例如，c＝max(a,b);。

(2) 函数语句：函数调用的一般形式加上分号即构成函数语句。例如：

printf("%d",a); scanf("%d",&b);

(3) 函数实参：函数作为另一个函数调用的实际参数出现。这种情况是把该函数的返回值作为实参进行传递，因此要求该函数必须具有返回值的。例如：

printf("%d\n",max(c,d));

3. 在主调函数中调用某函数之前应对该被调函数进行声明

形式如下：

函数类型 被调函数名(类型 形参,类型 形参,…)

或

函数类型 被调函数名(类型,类型,…)

函数原型的声明就是在函数定义的基础上去掉函数体,后面加上分号";"。

4. 函数调用注意事项

(1) 调用库函数时必须将与该库函数相关的头文件用 include 命令包含在源代码前部，例如，用 ♯include＜stdio.h＞调用 printf() 和 scanf() 库函数，用 ♯include＜math.h＞调用 pow() 库函数等。

(2) 调用用户自定义函数有两种方式。

① 当用户自定义函数定义在函数调用的后面时，必须在调用该函数的前面进行声明，推荐使用这种方式，优点是当程序比较长时，自定义函数声明集中写在 main() 函数前面，而函数定义则放在调用它的后面，一般集中写在 main() 函数后面，这样程序阅读者很容易知道该程序有多少个函数，而且很容易找到 main() 函数。如例 7-3。

② 当用户自定义函数定义在函数调用的前面时，就不用在函数调用前声明了，这种方式一般在程序行数比较少时使用。如例 7-2。

【例 7-3】 观察在主函数中出现的函数调用的形式。

```c
#include<stdio.h>
int main()
{
    int max(int x, int y);
    int a=3,b=5,c,d;
    c=max(a,b);                //函数调用出现在表达式中
    d=max(max(30,40),c);       //函数调用出现在函数的参数中
```

```
        printf(" %d\n",max(c,d));        //函数调用出现在函数的参数中
        max(10,20);                      //函数调用以语句的形式出现
        return 0;
    }
    int max( int x, int y)
    {
        int z;
        z = x > y?x:y;
        return (z);
    }
```

运行结果：

40

程序解析：

用户自定义函数的定义在函数调用的后面,所以在调用该函数的 main()函数中进行声明。该自定义函数的目的是求两个整数的较大者。函数 max()有两个形参 x 和 y,这两个参数用来接收调用函数时传递来的变量或表达式的值。该程序的 main()函数调用了 4 次max()函数:第 1 次调用时,用形参 x 和 y 接收实参变量 a 和变量 b 的值,函数调用出现在表达式中;第 2 次调用时,用函数调用 max(30,40)作为实参之一,将 max(30,40)的值和 c的值传给形参 x 和 y;第 3 次调用时,函数调用 max(c,d)出现在 printf()函数的参数中;第 4 次调用时,用常量作为实参,将 10 和 20 的值传给 x 和 y,函数调用以语句的形式出现。

7.1.4 函数的参数传递

在函数调用过程中,不仅要发生控制权的转移,而且主调函数和被调函数之间通常会发生数据传递。

1. 在函数调用时要注意函数形式参数与实际参数的关系

形式参数(简称形参)是在函数定义时函数头中声明的,在函数体内部有效,离开该函数后则不能使用。实际参数(简称实参)则出现在函数调用时函数名后面的括号内。

形参和实参的作用在于数据的传递。当函数被调用时,主调函数把实参的值传递给被调函数的形参,以此来完成数据的传递过程。

2. 函数的形参和实参的特点

(1) 在定义被调函数时,必须明确指定形参类型,以便在函数调用时能够为形参分配相应的存储空间。形参在函数执行期间拥有分配的存储空间,但当函数调用结束,形参对应的存储空间被释放。因此,形参的作用域仅限于函数内部,一旦函数调用结束并返回到主调函数,形参变量将不再可用,无法在函数外部对其进行访问。

(2) 实参可以是常量、变量、表达式、函数等,无论实参是何种类型的量,在进行函数调用时,它们都必须具有确定的值,以便把这些值传递给形参。

(3) 在实参和形参之间进行数据传递时,一般遵循三个一致性原则,即"个数一致、顺序一致、类型一致",使实参数据与形参一一对应。

(4) 函数调用中发生的数据传递是单向的。即只能把实参的值传递给形参,而不能把形参的值反向地传递给实参。因此在函数调用过程中,形参的值发生改变,而实参中的值不会变化。

【例 7-4】 定义函数 void swap(int x,int y),用于交换两个变量的值。在主函数中输入两个整数的值,调用 swap()函数,查看能否交换两个整型变量的值。

```c
#include<stdio.h>
int main()
{
    void swap(int x,int y);                   /* swap()函数使用前声明 */
    int a,b;
    printf("Input a,b:\n");
    scanf("%d, %d",&a,&b);
    printf("main:a = %d,b = %d\n",a,b);       /* 调用 swap()函数前 a、b 的值 */
    swap(a,b);                                /* 主函数调用 swap()函数 */
    printf("main:a = %d, b = %d\n",a,b);      /* 调用 swap()函数后 a、b 的值 */
    return 0;
}
void swap(int x,int y)
{
    int t;
    t = x;x = y;y = t;
    printf("swap:x = %d,y = %d\n",x,y);       /* swap()函数执行后 x、y 的值 */
}
```

运行结果:

```
Input a,b:
12,25
main:a = 12,b = 25
swap:x = 25,y = 12
main:a = 12, b = 25
```

程序解析:

体会函数调用过程、形参变量的作用域及函数调用时实参向形参传值是单向的。

(1)函数调用过程:程序执行到"printf("main:a = %d,b = %d\n",a,b);"后,调用 swap()函数,主函数停止运行,进入被调函数 swap()中,swap()函数执行两个变量的交换并输出交换结果,执行完毕后,返回主函数,主程序继续进行。

(2)执行 main()函数中的语句"swap(a,b);"调用 swap()函数时,将两个实参变量 a 和变量 b 的值分别传递给形参变量 x 和 y。因为实参变量 a、b 与形参变量 x、y 占据的是不同的内存单元,函数的参数传递如图 7-4 所示,所以,尽管在 swap()函数中利用中间变量 t,将形参变量 x 和 y 的值进行交换,但不影响 main()函数中变量 a 和 b 的值。

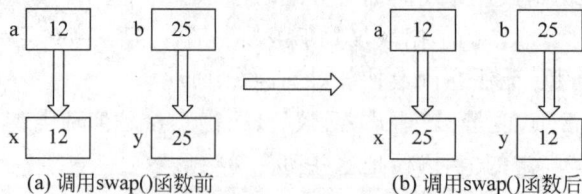

图 7-4 函数的参数传递

7.1.5 函数的返回值

函数返回值是指函数被调用之后,执行函数体中的程序段所取得的并返回给主调函数

的值。在 C 语言中,函数返回值是通过 return 语句来实现的。函数返回值的一般格式如下:

```
return 表达式;
return (表达式);
return;
```

对函数返回值有以下一些说明。

(1) return 语句可使函数从被调函数中退出,返回到调用它的代码处,并向调用函数返回一个确定的值。若需要从被调函数返回一个函数值(供主调函数使用),被调函数中必须包含 return 语句且带表达式,此时使用 return 语句的前两种形式均可。若不需要从被调函数返回函数值,应该用不带表达式的 return 语句,也可以不用 return 语句,这时被调函数一直执行到函数体的末尾,然后返回主调函数。在函数中允许有多个 return 语句,但每次调用只能有一个 return 语句被执行,因此只能返回一个函数值。

(2) 在定义函数时应当指定函数的类型,并且函数的类型一般应与 return 语句中表达式的类型一致。当两者不一致时,应以函数的类型为准,即函数的类型决定返回值的类型。对于数值型数据,可以自动进行类型转换。

(3) 不返回函数值的函数,可以明确定义为"空类型",类型说明符为 void。一旦函数被定义为空类型后,就不能在主调函数中使用被调函数的函数值了。为了使程序有良好的可读性并减少出错,凡不要求返回值的函数都应定义为空类型 void。

【例 7-5】 体会函数的定义、调用和复用。

(1) 有一种三位数叫水仙花数,就是组成这个数每个位的立方和等于该数本身,都有哪些数呢?(可将一个三位数表达为 a * 100＋b * 10＋c)

(2) 求从 1 到 10 之间相邻数的立方差。

分析:这两个题目都用到求一个数的立方,那么在现实生活中,在程序开发中,往往有一段程序可能会被其他的程序多次使用,就把它抽象为一个功能函数。

定义求一个数的立方的函数如下:

```
int cube(int x)
{
return x * x * x;
}
```

(1) 用函数实现求水仙花数。

```
#include< stdio.h>
int cube(int x)
{
return x * x * x;
}
int main()
{
int a,b,c;
for(a = 1;a<=9;a++)
    for(b = 0;b<=9;b++)
        for(c = 0;c<=9;c++)
            if(cube(a) + cube(b) + cube(c) == a * 100 + b * 10 + c)
                //分别以 a、b、c 为参数调用求立方的函数
```

```
        printf("%d\n",a*100+b*10+c);
    }
```

运行结果：

```
153
370
371
407
```

（2）求从1到10之间相邻数的立方差。

```c
#include<stdio.h>
int cube(int x)
{
    return x*x*x;
}
int main()
{
    int i;
    for(i=1;i<10;i++)
        printf("%d^3-%d^3=%d\n",i+1,i,cube(i+1)-cube(i));
    return 0;
}
```

运行结果：

```
2^3-1^3=7
3^3-2^3=19
4^3-3^3=37
5^3-4^3=61
6^3-5^3=91
7^3-6^3=127
8^3-7^3=169
9^3-8^3=217
10^3-9^3=271
```

【例7-6】 简单的学习成绩管理。

```c
#include<stdio.h>
int score[5][4]={100,90,89,78,
                 101,55,89,87,
                 102,87,67,65,
                 103,99,76,89,
                 104,78,67,88};
int main()
{
    int a,num;
    void query(int);
    void count();
    void browse();
    printf("1:通过学号查询成绩\n");
    printf("2:统计及格的分数\n");
    printf("3:浏览全部成绩\n");
    printf("请输入选项 n:1--3\n");
    scanf("%d",&a);
    switch(a)
    {
      case 1:printf("\n 请输入学生学号:");
             scanf("%d",&num);
             query(num);break;
```

```
    case 2:printf("\n 通过考试的:");
            count();break;
    case 3:printf("\n 所有同学成绩:\n");
            browse();break;
    default: printf(" 结束\n");
    }
}
void query(int a)
{
  int i,j;
  for(i = 0;i < 5;i++)
    if(score[i][0] == a )
    for(j = 0;j < 4;j++)
    printf(" % 5d",score[i][j] );
}
void browse()
{
 int i,j;
 for(i = 0;i < 5;i++)
  {
    for(j = 0;j < 4;j++)
    printf(" % 5d",score[i][j]);
    printf("\n");
  }
}
void count()
{
  int i,j,k = 0;
  for(i = 0;i < 5;i++)
    for(j = 1;j < 4;j++)
    {
      if(score[i][j]> = 60)
      k++;
    }
  printf("共 % d 个及格的分数\n",k);
}
```

运行结果:

```
1:通过学号查询成绩
2:统计及格的分数
3:浏览全部成绩
请输入选项n:1--3
1

请输入学生学号:102
  102  87   67   65
```

程序解析:

该程序通过自定义函数 query(int a)实现查询学生成绩功能,count()函数实现统计及格分数功能,browse()函数实现浏览全部成绩功能。通过一个 5×4 的二维数组存储 5 名学生的学号和 3 门课程成绩,用户可以选择相应操作。查询功能通过学号打印学生成绩,数组第一列的值 100、101、102、103 和 104 为学生的学号;统计功能计算所有及格成绩的数量;浏览功能展示所有学生的所有成绩。

7.2 函数的嵌套调用和递归调用

7.2.1 函数的嵌套调用

1. 函数的嵌套调用的概念

C 语言的函数定义是互相平行、独立的,也就是说在定义函数时,一个函数内不能再定义另一个函数,即不能嵌套定义,但可以嵌套调用函数。也就是在调用一个函数的过程中又调用了另外一个函数,称为函数的嵌套调用。

2. 函数的嵌套调用过程

图 7-5 给出了函数的嵌套调用示意图,main()函数实现了对 fun1 函数和 fun2 函数的调用。由于 main 函数首先调用 fun1 函数,fun1 函数又对 fun2 函数进行调用,fun1 函数中嵌套了 fun2 函数。

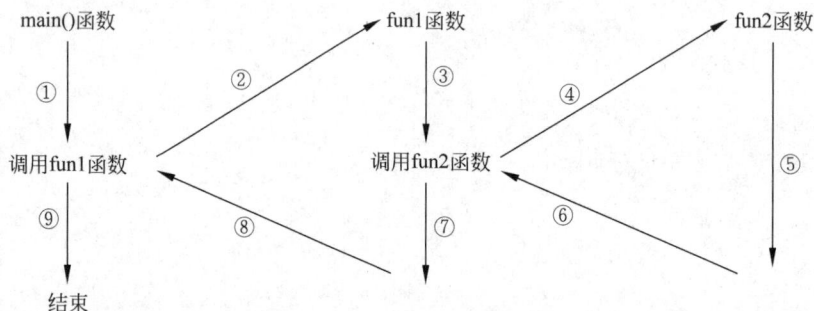

图 7-5 函数嵌套调用结构

其执行过程如下。

(1) 执行 main 函数的开头部分。

(2) 遇到函数调用语句,调用 fun1 函数,流程转去 fun1 函数。

(3) 执行 fun1 函数的开头部分。

(4) 遇到函数调用语句,调用 fun2 函数,流程转去 fun2 函数。

(5) 执行 fun2 函数,如果再无其他嵌套的函数,则完成 fun2 函数的全部操作。

(6) 返回到 fun1 函数中调用 fun2 函数的位置。

(7) 继续执行 fun1 函数中尚未执行的部分,直到 fun1 函数结束。

(8) 返回 main 函数中调用 fun1 函数的位置。

(9) 继续执行 main 函数的剩余部分直到结束。

【例 7-7】 通过函数的嵌套调用,求三个数中最大数和最小数的差值。

```
# include < stdio. h >
int max( int x, int y, int z)          //定义求三个数的最大值的函数
{
  int r;
  r = x > y?x:y;
  return(r > z?r:z);
}
int min( int x, int y, int z)          //定义求三个数的最小值的函数
{
```

```c
    int r;
    r = x < y?x:y;
    return(r < z?r:z);
}
int dif(int x,int y,int z)          //定义求三个数中最大数和最小数的差值的函数
{
return max(x,y,z) - min(x,y,z);
}
int main()
{
    int a,b,c,d;
    scanf("%d%d%d",&a,&b,&c);
    d = dif(a,b,c);
    printf("max - min = %d\n",d);
    return 0;
}
```

程序解析：

此程序包含了三个自定义函数：max 函数用于计算三个整数中的最大值，min 函数用于计算三个整数中的最小值，dif 函数用于计算三个整数中最大值和最小值的差。在主函数 main 中，程序通过 scanf 函数读取用户输入的三个整数，然后调用 dif 函数计算并打印这三个数的最大值和最小值之差，在调用 dif 函数时，嵌套调用了 max 和 min 函数。其执行流程如图 7-6 所示。

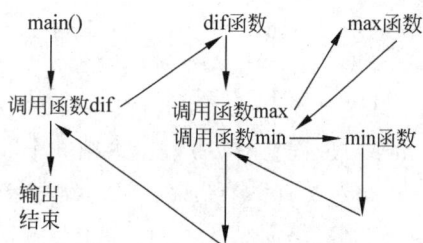

图 7-6　函数嵌套调用执行流程

7.2.2　函数的递归调用

函数的递归调用是指函数直接或间接地调用其本身。递归调用有两种方式：直接递归调用和间接递归调用。

（1）直接递归：是指在函数体内函数直接调用函数自身，如图 7-7 所示，f1 函数中调用 f1 函数本身。

（2）间接递归：是指在一个函数中调用其他函数，而在其他函数中又调用了本函数，如图 7-8 所示，f1 函数调用 f2 函数，而 f2 函数反过来又调用 f1 函数。

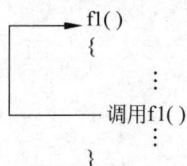

图 7-7　直接递归

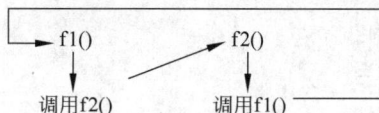

图 7-8　间接递归

可以看到，图 7-7 和图 7-8 这两种递归调用都是无终止的自身调用。显然，程序中不应该出现这种无终止的递归调用，而只应出现有限次数的、有终止的递归调用，可以用 if 语句来控制，只有在某一条件成立时才继续执行递归调用，否则就不再继续。

【例 7-8】 有 5 个牧民站成一排，问第 5 个牧民养了多少只兔子，他说比第 4 个牧民多

养 60 只。问第 4 个牧民养了多少只兔子,他说比第 3 个牧民多养 60 只。问第 3 个牧民,他又说比第 2 个牧民多养 60 只。问第 2 个牧民养了多少只兔子,他说比第 1 个牧民多养 60 只。最后问第 1 个牧民,他说他养了 100 只兔子。请问第 5 个牧民养了多少只兔子?

编程提示:要求第 5 个牧民养的兔子数,就必须先知道第 4 个牧民养的兔子数,而要求第 4 个牧民养的兔子数必须先知道第 3 个牧民养的兔子数,而第 3 个牧民养的兔子数又取决于第 2 个牧民养的兔子数,第 2 个牧民养的兔子数取决于第 1 个牧民养的兔子数。而且每一个牧民养的兔子数都比其前一个牧民养的兔子数大 60。

$$\text{num}(5) = \text{num}(4) + 60$$
$$\text{num}(4) = \text{num}(3) + 60$$
$$\text{num}(3) = \text{num}(2) + 60$$
$$\text{num}(2) = \text{num}(1) + 60$$
$$\text{num}(1) = 100$$

可以用数学公式表述如下:

$$\text{num}(x) = 100 \qquad (x = 1)$$
$$\text{num}(x) = \text{num}(x-1) + 60 \quad (x > 1)$$

可以看到,当 n>1 时,求每位牧民的兔子数的公式是相同的。可以用一个函数来描述上述递归过程。图 7-9 表示求第 5 个牧民的兔子数的过程,可以分为"回溯"和"递推"两个阶段,必须要有一个结束递归过程的条件,num(x)=100 就是使递归结束的条件。

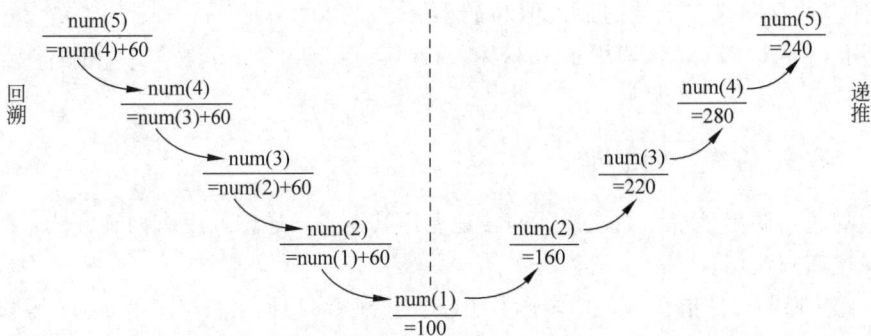

图 7-9 求第 5 个牧民养的兔子数的过程

用函数来描述上述递归过程如下:

```c
int num(int x)
{
    int y;
    if(x == 1)
        y = 100;
    else
        y = num(x - 1) + 60;
    return y;
}
```

用一个主函数调用 num 函数,求得第 5 个牧民养的兔子数。程序如下:

```c
#include<stdio.h>
int main()
{
```

```
        int num(int x);
        printf("NO.5,number:% d\n",num(5));              //输出第 5 个牧民养的兔子数
        return 0;
}
int num(int x)                                           //定义递归函数
{
        int y;
        if(x == 1)
            y = 100;
        else
            y = num(x - 1) + 60;                         //兔子数是前一个牧民养的兔子数加 60
        return y;
}
```

程序解析:

在 main 函数中整个问题的求解全靠一个 num(5)函数调用来解决。对 num 函数的递归调用过程如图 7-10 所示。

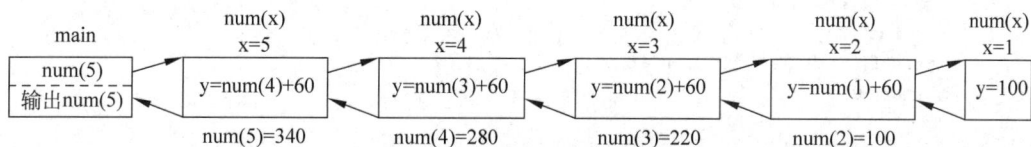

图 7-10 num 函数的递归调用过程

从图 7-10 可以看到,num 函数共被调用 5 次,即 num(5)、num(4)、num(3)、num(2)和 num(1)。其中,num(5)是 main 函数调用的,其余 4 次是在 num 函数中调用自己的,即递归调用 4 次。在某一次调用 num 函数时并不是立即得到 num(n)的值,而是一次又一次地进行递归调用,到 num(1)时才有确定的值,然后再递推出 num(2)、num(3)、num(4)、num(5)。

请读者将程序与图 7-9 和图 7-10 结合起来分析。

注意分析递归的终止条件。当 x 等于 2 时,应执行"y=num(x-1)+60;",由于 x=2,它相当于"y=num(1)+60;"。注意 num(1)的值是什么。此时 x=1,应执行"y=100;",即不再递归调用 num 函数了,递归调用结束。将 100 作为 num(1)的值返回 num 函数中的 "y=num(x-1)+60;"处(此时 x=2),得到 y=100+60,即 160。再把 160 作为 num(2)的值返回 num 函数中的"y=num(x-1)+60;"处(此时 n=3),得到 y=160+60,即 220。以此类推,可以得到 num(5)的值为 340。

由上可见,具有递归特性的问题一般有如下特点。

(1) 可以把要解决的问题转化为一个新的问题,而这个新的问题的解决方法仍与原来的解决方法相同,只是所处理的对象有规律地递增或递减。

(2) 新问题的规模比原始问题小,可以应用这个转化过程使问题得到解决。

(3) 必须要有一个明确的结束递归的条件,这是决定递归程序能否正常结束的关键。

【例 7-9】 用递归求非负整数的阶乘 n!。

编程提示:求 n!用递归方法表示,即 5!=5×4!,4!=4×3!,3!=3×2!,2!=2×1!,1!=1。可用下面的递归公式表示:

$$n!=\begin{cases} n!=1 & (n=0,1) \\ n\times(n-1)! & (n>1) \end{cases}$$

函 数

```
#include < stdio.h>
float fact(int n)
{
    float f = 0;
    if(n < 0)
        printf("n < 0, error!");
    else if(n == 0||n == 1)              /* 递归结束 */
        f = 1;
    else
        f = n * fact(n - 1);
    return (f);
}
int main()
{
    int n;
    float y;
    printf("\nInput n:");
    scanf("% d",&n);
    y = fact(n);                          /* 函数调用 */
    printf("% d!= % - 10.0f\n",n,y);
    return 0;
}
```

程序解析：

调用递归函数 fact(5)的过程如图 7-11 所示。请注意每次调用 fact 函数后，其返回值 f 应返回到调用 fact 函数处，例如，当 n＝2 时，从函数体中可以看到 f＝2 * fact(1)，再调用 fact(1)，返回值为 1，这个 1 就取代了 f＝2 * fact(1)中的 fact(1)，因此 f＝2 * 1＝2。以此类推。递归终止条件为 n＝0 或 n＝1。

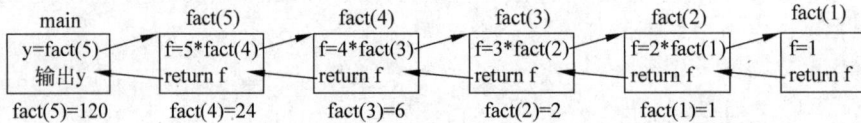

图 7-11　调用递归函数 fact(5)的过程

【例 7-10】 用递归求 Fibonacci 数列的前 20 项。

```
#include < stdio.h>
int main()
{
    int i;
    for(i = 1;i < = 20;i++)
    {
        printf("% d\t",f(i));
        if(i % 5 == 0)
            printf("\n");
    }
    return 0;
}
int f(int n)
{
    if(n < = 2)
        return 1;                         //递归出口
```

```
        else
            return f(n-1) + f(n-2);        //递归调用语句
}
```
运行结果：

```
1        1        2        3        5
8        13       21       34       55
89       144      233      377      610
987      1597     2584     4181     6765
```

程序解析：

Fibonacci 数列用数学方式表示如下：

$$\begin{cases} F_1 = 1 & (n=1) \\ F_2 = 1 & (n=2) \\ F_n = F_{n-1} + F_{n-2} & (n \geqslant 3) \end{cases}$$

找出表示数列第 n 项的递归公式：$f(n) = f(n-1) + f(n-2)$，递归的结束条件为当 n=1 或 n=2 时，$f(n)=1$。根据以上思路编程，找到正确的递归算法和确定递归算法的结束条件是关键。

7.3 数组作为函数参数

数组可以作为函数的参数使用，进行数据传递。数组用作函数参数有两种形式：一种是数组元素作为函数实参使用；另一种是数组名作为函数的参数使用。

7.3.1 数组元素作为函数实参

数组元素可以用作函数实参，但是不能用作形参。因为形参是在函数被调用时临时分配存储单元的，所以不可能为一个数组元素单独分配存储单元（数组是一个整体，在内存中占连续的一段存储单元）。在用数组元素作函数实参时，把实参的值传给形参，是"值传递"方式。数据传递的方向是从实参传到形参，单向传递。

【例 7-11】 求一维数组中的最大元素，要求使用数组元素作为函数实参。

```c
#include<stdio.h>
int max(int x,int y)
{
    if(x>y)
        return x;
    else
        return y;
}
int main()
{
    int a[6] = {12,2,36,4,19,0};
    int i, m = a[0];
    for(i=1;i<6;i++)
    {
        m = max(m,a[i]);
    }
    printf("数组中的最大元素是: %d\n",m);
    return 0;
}
```

运行结果：

数组中的最大元素是：36

程序解析：

程序首先定义了一个比较两个整型数大小的函数 max，接着在 main()函数中，定义了一个包含 6 个整数的数组 a，并初始化。将数组的第一个元素赋值给变量 m，即假设 a[0]为初始的最大值。通过一个 for 循环遍历数组中的其他元素，每次循环调用 max 函数比较当前最大值 m 与数组中下一个元素的大小，更新 m 的值。循环结束后，m 即为数组中的最大元素，最后通过 printf 函数输出结果。

7.3.2 数组名作为函数参数

数组名可以作为函数参数（包括实参和形参）。用数组名作为函数参数时，向形参（数组名或指针变量）传递的是数组首元素的地址。形参数组名取得该首地址之后，也就等于有了实在的数组。实际上，形参数组和实参数组为同一数组，共同拥有一段存储空间，形参的变化就是实参的变化。

【例 7-12】 对数组中的 10 个整数按由小到大排序。（一维数组名作为函数实参）

```c
#include < stdio.h >
void sort(int b[], int n)
{
    int i,j,temp;
    for(i = 0;i < n - 1;i++)
        for(j = 0;j < n - i - 1;j++)
            if(b[j]>b[j + 1])
            {
                temp = b[j];
                b[j] = b[j + 1];
                b[j + 1] = temp;
            }
}
int main()
{
    int i,a[10];
    printf("请输入数组的元素\n: ");
    for(i = 0;i < 10;i++)
    {
        scanf(" % d",&a[i]);
    }
    printf("排序后的数组顺序\n");
    sort(a,10);
    for(i = 0;i < 10;i++)
    {
        printf(" % 3d",a[i]);
    }
    return 0;
}
```

运行结果：

请输入数组的元素

```
24 36 12 45 8 65 18 76 92 86
排序后的数组顺序
8 12 18 24 36 45 65 76 86 92
```

程序解析:

(1) 用数组名作函数参数,应该在主调函数和被调用函数中分别定义数组,例 7-12 中 b 是形参数组名,a 是实参数组名,分别在其所在函数中定义,不能只在一方定义。

(2) 实参数组与形参数组类型应一致(都为 int 型),如不一致,结果将出错。

(3) 在定义 sort 函数时,形参数组 b 没有指定大小,它通过第二个参数 n 来确定需要排序的数组元素的大小。因为 C 语言编译系统并不检查形参数组大小,只是将实参数组的首元素的地址传给形参数组名。形参数组名获得了实参数组的首元素的地址,前已说明,数组名代表数组的首元素的地址,因此,可以认为,形参数组首元素(b[0])和实参数组首元素(a[0])具有同一地址,它们共占同一存储单元,使得数组 a 和数组 b 共享相同的存储空间,所以对数组 b 的任何修改都会反映在数组 a 上。

【例 7-13】 求二维数组中的最大元素。(二维数组名作为函数实参)

```c
#include<stdio.h>
int max(int b[][4])
{
    int max1 = b[0][0];
    int i,j;
    for(i = 0;i < 3;i++)
      for(j = 0;j < 4;j++)
         if(b[i][j]> max1)
         {
             max1 = b[i][j];
         }
      return max1;
}
int main()
{
    int a[3][4] = {5,16,30,40,23,4,123,8,11,13,50,37};
    int m = max(a);
    printf("max is % d",m);
    return 0;
}
```

运行结果:

```
max is 123
```

程序解析:

用二维数组名作为函数实参,第一维的大小可以不指定,第二维的大小必须指定。实参传递的是二维数组的首地址,使二维数组 a 和 b 共用同一存储单元,即 a[0][0] 与 b[0][0] 共用同一存储单元,a[0][1] 与 b[0][1] 共用同一存储单元,以此类推。

7.4 函数中的变量

在程序设计中,变量是一个很重要的概念。变量是用于存储程序执行过程中所需数据的载体。在 C 语言程序中,使用变量必须遵循"先定义,后使用"的基本原则。因此要用好变量,必须要学习变量的两个重要特征,即作用域(即作用范围)和生存期(即生命周期)。

7.4.1 局部变量和全局变量

在 C 语言中,用户命名的标识符都有一个有效的作用域。不同的作用域允许相同的变量和函数出现,同一作用域变量和函数不能重复。依据变量作用域的不同,C 语言变量可以分为局部变量和全局变量两类。

1. 局部变量

局部变量是指在函数内部或复合语句内部定义的变量。函数的形参也属于局部变量。局部变量的作用域仅限于其定义所在的函数或复合语句内部。

使用局部变量时应注意以下问题。

(1) 所有函数都是平行关系,main 函数也不例外。main 函数中定义的变量只在 main 函数中有效,不能使用其他函数中定义的内部变量。

(2) 允许在不同的函数中使用相同的变量名,它们代表不同的对象,分配不同的单元,互不干扰,也不会发生混淆。

(3) 形参变量是属于被调函数的局部变量,实参变量是属于主调函数的局部变量。

(4) 复合语句中也可定义变量,其作用域只在复合语句范围内。

【例 7-14】 不同函数中的同名变量。

编程提示:注意不同函数中使用相同变量的作用域及影响。

```
#include<stdio.h>
int sub();
int main()
{
    int a = 5,b = 8;
    printf("main:a = %d,b = %d\n",a,b);
    sub();
    printf("main:a = %d,b = %d\n",a,b);
    return 0;
}
int sub()
{
    int a = 1,b = 7;
    printf("sub:a = %d,b = %d\n",a,b);
    return a,b;
}
```

运行结果:

```
main:a = 5,b = 8
 sub:a = 1,b = 7
main:a = 5,b = 8
```

程序解析:

main 函数、sub 函数中各有局部变量 a、b,这些变量名字虽然相同,但各自独立,互不影响。所有函数都是平行关系,main 函数中定义的变量只在 main 函数中有效,不能使用其他函数中定义的内部变量。

【例 7-15】 阅读程序分析变量 i 和 k 的值。

```
# include < stdio. h>
int main()
{
    int i = 2, j = 3, k;
    k = i + j;
    {
        int k = 8;
        i = 3;
        printf(" % d\n",k);              / * 在复合语句中定义的变量 * /
    }
    printf(" % d, % d\n",i,k);
    return 0;
}
```

运行结果:

8
3,5

程序解析:

本程序在 main 函数中定义了 i、j、k 这 3 个变量,其中,k 未赋初值。而在复合语句内又定义了一个变量 k,并赋初值为 8。应该注意这两个 k 不是同一个变量。在复合语句外由 main 函数定义的 k 起作用,而在复合语句内则由在复合语句内定义的 k 起作用。因此程序第 5 行的 k 为 main 函数所定义,其值应为 5。第 9 行输出 k 值,该行在复合语句内,由复合语句内定义的 k 起作用,其初值为 8,故输出值为 8。第 11 行输出 i、k 值,i 是在整个程序中有效的,第 8 行对 i 赋值为 3,故输出为 3。而第 11 行已在复合语句之外,输出的 k 应为 main()所定义的 k,此 k 值由第 5 行已获得为 5,故输出为 5。

2. 全局变量

全局变量是指在函数外部定义的变量。有时将局部变量称为内部变量,全局变量称为外部变量。全局变量的作用域是从变量的定义位置开始,到源程序结束。全局变量可以被源程序中的所有函数共享,所以全局变量提供函数之间进行数据传递的渠道。

使用全局变量时应注意以下问题:在同一源文件中,若全局变量与局部变量同名,则在局部变量的作用范围内全局变量不起作用。

【例 7-16】 全局变量与局部变量同名。

```
# include < stdio. h>
int a = 3, b = 5;                    / * a、b 为全局变量 * /
int max( int a, int b)               / * a、b 为局部变量 * /
{
    int c;
    c = a > b?a:b;
    return(c);
}
int main()
{
    int a = 8;
    printf(" % d\n",max(a,b));
    return 0;
}
```

运行结果:

8

程序解析：

在程序中，a 和 b 被定义为全局变量，它们的初始值分别为 3 和 5。全局变量在程序的整个执行期间都是有效的，它们的作用域是从定义点到程序结束。max 函数中定义的 a 和 b 是局部变量，它们的作用域仅限于 max 函数内部。在 main 函数中，又定义了一个名为 a 的局部变量，其初始值为 8。这里就发生了变量屏蔽：在 main 函数内部，局部变量 a 屏蔽了同名的全局变量 a。因此，当在 main 函数内部提到 a 时，它指的是局部变量 a，而不是全局变量。当 main 函数调用 max(a,b) 时，它传递的是局部变量 a(值为 8)和全局变量 b(值为 5)给 max 函数。所以程序运行结果为 8。

如果同一个源文件中，全局变量与局部变量同名，则在局部变量的作用范围内，全局变量被"屏蔽"，即它不起作用。

7.4.2 变量的生存期

程序中定义变量的目的是向系统申请一定的内存空间，用于保存程序执行所需的数据或计算结果。一旦使用完毕，就应该释放这些内存空间，即系统需要将它们"回收"以便下次分配再利用。对于变量，也就产生了"生存期"的问题。从变量被分配内存空间开始，到系统释放该内存空间，这个时间周期就称为变量的"生命周期"(简称"生存期")。

在 C 语言中，变量的存储方式有两种：静态存储和动态存储。静态存储的变量在整个程序运行期间都占用固定的内存空间，其生命周期从程序开始到结束。动态存储的变量则根据需要动态地分配内存，其生命周期可能非常短暂，仅限于函数执行期间。变量的存储方式决定其生存期的长短。

注意：生命周期和作用域是不同的概念，分别从时间和空间上对变量的使用进行界定，相互关联又不完全一致。例如，静态变量的生命周期贯穿整个程序，但作用域是从声明位置开始到文件结束。

从存储属性角度划分，C 语言提供 4 种不同类型的变量。

(1) auto(自动)变量。

(2) register(寄存器)变量。

(3) static(静态)变量。

(4) extern(外部)变量。

变量的完整定义形式如下：

存储属性　类型名称　变量名表列;

1. auto 变量

auto 存储属性用于说明局部变量，在函数内部或复合语句内部定义 auto 变量。在函数中定义的自动变量只在该函数内有效，函数被调用时分配存储空间，调用结束就释放。在复合语句中定义的 auto 变量只在该复合语句中有效，退出复合语句后，便不能再使用，否则将引起错误。如例 7-15 中，main 函数内部的变量 i、j、k 和复合语句中的变量 k 均为 auto 变量。局部变量默认的存储类别是 auto。

2. register 变量

寄存器变量是指用 register 定义的变量，是一种特殊的自动变量。这种变量建议编译程序时将变量中的数据存放在寄存器中,而不像一般的自动变量占用内存单元,可以大幅提高变量的存取速度。

一般情况下,变量的值都是存储在内存中的。为提高执行效率,C语言允许将局部变量的值存放到寄存器中,这种变量就称为寄存器变量。

由于寄存器结构的限制,register只能说明整型和字符型变量,一般将循环控制变量声明成register属性,以提高程序运行速度。

3. static 变量

全局变量和局部变量都可以用static来声明,但意义不同。

全局变量总是静态存储,默认值为0。全局变量前加上static表示该变量只能在本程序文件内使用,其他文件无使用权限。对于全局变量,static关键字主要用于在程序包含多个文件时限制变量的使用范围,对于只有一个文件的程序,有无static都是一样的。

有时希望函数中的局部变量的值在函数调用结束后不消失而继续保留原值,即其占用的存储单元不释放,在下一次再调用该函数时,该变量已有值(就是上一次函数调用结束时的值)。这时就应该指定该局部变量为"静态局部变量",用关键字static进行声明。静态局部变量属于静态存储,在程序整个运行期间都不释放,即使变量所在函数调用结束也不释放。而自动变量(动态局部变量)属于动态存储,函数调用结束后释放。

对静态局部变量是在编译时赋初值的,即只赋初值一次,在程序运行时它已有初值。以后每次调用函数时不再重新赋初值而只是保留上次函数调用结束时的值。而对自动变量赋初值,不是在编译时进行的,而是在函数调用时进行的,每调用一次函数重新给一次初值,相当于执行一次赋值语句。

静态局部变量定义时如果没有赋初值,编译时自动赋初值0(对数值型变量)或空字符\'0'(对字符变量)。对自动变量来说,如果不赋初值,它的值是一个不确定的值。这是由于每次函数调用结束后存储单元已释放,下次调用时又重新另分配存储单元,而所分配的单元中的内容是不可知的。

虽然静态局部变量在函数调用结束后仍然存在,但其他函数是不能引用它的。因为它是局部变量,只能被本函数引用,而不能被其他函数引用。

什么情况下需要使用静态局部变量呢?需要保留函数上一次调用结束时的值时,利用静态局部变量可以实现一些特殊的计算。

【例7-17】 分析以下程序,观察静态变量的值。

```
# include < stdio.h >
int fun( int a)
{
    int b = 0;
    static int c = 6;
    b = b + 2;
    c = c + 2;
    return(a + b + c);
}
int main()
{
    int a = 2,i;
    for(i = 0;i < 3;i++)
```

```
        printf(" % d\n",fun(a));
    return 0;
}
```

运行结果：

```
12
14
16
```

程序解析：

main 函数第 1 次调用 fun 函数时，实参 a 的值为 2，它传递给形参 a。fun 函数中的局部变量 b 的初值为 0，c 的初值为 6，第 1 次调用结束时，b＝2，c＝8，a+b+c＝12。由于 c 被定义为静态局部变量，在函数调用结束后，它并不释放，仍保留 c 的值为 8。在第 2 次调用 fun 函数时，b 的初值为 0，而 c 的初值为 8（上次调用结束时的值），第 2 次调用结束时，b＝2，c＝10，a+b+c＝14。在第 3 次调用 fun 函数时，b 的初值为 0，而 c 的初值为 10（上次调用结束时的值），第 3 次调用结束时，b＝2，c＝12，a+b+c＝16。

【例 7-18】 输出 1～5 的阶乘值。

```
# include < stdio. h >
int fact(int n)
{
    static int f = 1;
    f = f * n;
    return(f);
}
int main()
{
    int i;
    for(i = 1;i < = 5;i++)
        printf(" % d!= % d\n",i,fact(i));
    return 0;
}
```

运行结果：

```
1!=1
2!=2
3!=6
4!=24
5!=120
```

程序解析：

利用 static 局部变量能够保留上一次函数调用结束时的值这一特点，每次调用 fact(i)，输出一个 i!，同时保留这个 i! 的值以便下次再乘(i+1)。

4. extern 变量

在默认情况下，在文件域中用 extern 声明（主要不是定义）的变量和函数都是外部的。对外部变量的声明，只是声明该变量是在外部定义过的一个全局变量在这里引用。而对外部变量的定义，则是要分配存储单元。一个全局变量只能定义一次，可以多次引用。extern 存储属性用于说明全局变量。一般来说，外部变量是在函数的外部定义的全局变量，它的作用域是从变量的定义处开始，到本程序文件的末尾。在此作用域内，全局变量可以为程序中各个函数所引用。但有时程序设计人员希望能扩展外部变量的作用域。

1) 在一个文件内扩展外部变量的作用域

如果外部变量不在文件的开头定义，其有效的作用范围只限于定义处到文件结束。在定义点之前的函数不能引用该外部变量。如果由于某种考虑，在定义点之前的函数需要引用该外部变量，则应该在引用之前用关键字 extern 对该变量作"外部变量声明"，表示把该外部变量的作用域扩展到此位置。有了此声明，就可以从"声明"处起，合法地使用该外部变量。

【例7-19】 求两个整数中的较小值并输出。

```
#include<stdio.h>
int min(int x,int y);
int main()
{
    extern int a,b;
    printf( "Input a&b: \n");
    scanf(" % d % d",&a,&b);
    printf("min =  % d\n",min(a,b));
    return 0;
}
int a,b;
int min(int x,int y)
{
    int z;
    if(x> y)
        z = y;
    else
        z = x;
    return z;
}
```

全局变量定义时的作用域

通过 extern 声明扩展后的作用域

运行结果：

```
Input a&b:
58,22
min = 22
```

程序解析：

本例主要用来说明使用外部变量的方法。由于定义外部变量 a、b 的位置在函数 main 之后，本来在 main 函数中是不能引用外部变量 a 和 b 的。现在，在 main 函数的开头用 extern 对 a、b 进行"外部变量声明"，把 a、b 的作用域扩展到该位置。这样在 main 数中就可以合法地使用全局变量 a、b 了，用 scanf 函数给外部变量 a、b 输入数据。如果不作 extern 声明，编译 main 函数时就会出错，系统无从知道 a、b 是后来定义的外部变量。

由于 a、b 是外部变量，所以在调用 max 函数时用不到参数传递，在 max 函数中可以直接使用外部变量 a、b 的值。

2) 将外部变量的作用域扩展到其他文件

C 语言程序设计中，一个程序可以由多个函数组成，这些函数可以保存在一个源程序文件中，也可以分别保存在不同的文件中，每个文件可以单独编译，最后通过文件包含或工程文件连接成统一的程序。在这种程序设计模式中，涉及不同文件之间全局变量的共享问题。在一个文件中定义的全局变量，其他文件通过 extern 声明该变量后即可使用。

7.4.3 存储类别小结

在 C 语言程序设计中,定义变量需要指出数据类型和存储类别。

(1) 从作用域角度分,有局部变量和全局变量,如图 7-12 所示。

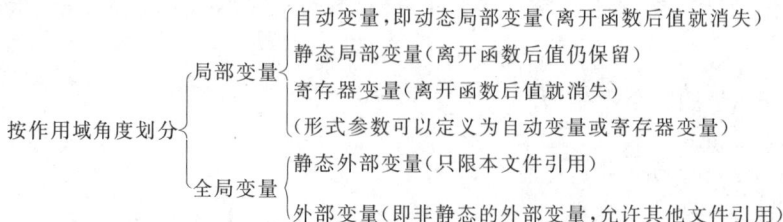

按作用域角度划分
- 局部变量
  - 自动变量,即动态局部变量(离开函数后值就消失)
  - 静态局部变量(离开函数后值仍保留)
  - 寄存器变量(离开函数后值就消失)
  - (形式参数可以定义为自动变量或寄存器变量)
- 全局变量
  - 静态外部变量(只限本文件引用)
  - 外部变量(即非静态的外部变量,允许其他文件引用)

图 7-12 按作用域角度分类

(2) 从生存期角度分,有动态存储和静态存储,如图 7-13 所示。

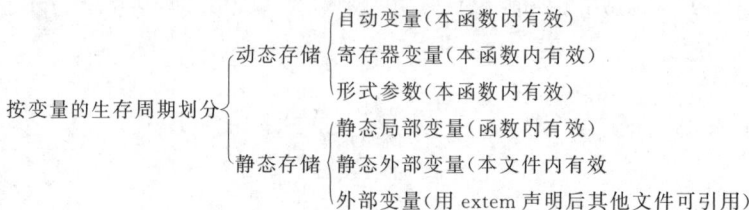

按变量的生存周期划分
- 动态存储
  - 自动变量(本函数内有效)
  - 寄存器变量(本函数内有效)
  - 形式参数(本函数内有效)
- 静态存储
  - 静态局部变量(函数内有效)
  - 静态外部变量(本文件内有效)
  - 外部变量(用 extern 声明后其他文件可引用)

图 7-13 按变量的生存期分类

本 章 小 结

本章介绍了 C 语言中函数的基本概念、定义与声明、调用与参数传递、返回值、嵌套调用与递归调用、作用域与生存期等内容。通过学习和掌握这些知识点,可以更好地利用函数来组织和管理代码,提高程序的效率和可维护性。在实际编程中,应该根据具体需求选择合适的函数设计方案,并遵循良好的编程规范来编写高质量的代码。

1. 函数的基本概念

函数是一段可重用的代码,它执行特定的任务并可能返回一个值。通过定义函数,可以将程序中的重复代码块提取出来,减少代码的冗余,提高代码的可读性和可维护性。

2. 函数的定义与声明

函数的定义包括函数名、返回类型、参数列表和函数体。函数名用于标识函数,返回类型指定函数返回值的类型,参数列表描述了传递给函数的变量和其类型,而函数体则包含了实现特定功能的代码。函数的声明用于告诉编译器函数的存在、返回类型以及参数类型,以便在调用函数之前进行类型检查。

3. 函数的调用与参数传递

函数调用是执行函数的过程,需要提供与函数定义中参数列表相匹配的参数。参数传递可以是按值传递。按值传递时,函数内部对形式参数的修改不会影响到实际参数的值。

4. 函数的返回值

函数可以通过 return 语句返回一个值给调用者。返回值的类型必须与函数定义中的返回类型相匹配。如果函数不返回任何值,则可以使用 void 作为返回类型。

5. 函数的嵌套调用和递归调用

函数不能嵌套定义但可以嵌套调用。递归调用是一种特殊的函数调用方式,其中函数直接或间接地调用自身。递归调用在解决某些问题时非常有用,如阶乘计算、斐波那契数列等。然而,递归调用需要谨慎使用,以避免无限递归和栈溢出等问题。

6. 函数的变量作用域与生存期

C 语言中的变量从不同的角度可以分为不同的类型。变量的作用域指的是变量在程序中可以被访问的代码区域,从变量的作用域划分,可分为局部变量和全局变量。变量的生存期指的是变量在内存中的存在时间,它决定了变量从何时开始存在到何时被销毁。从变量的生存期划分,可以分为静态存储和动态存储。静态存储在程序整个运行时间都存在,而动态存储是在调用函数时临时分配单元。

习 题 7

一、选择题

1. 下列叙述中错误的是(　　)。

　　A. 用户定义的函数中可以没有 return 语句

　　B. 用户定义的函数中可以有多条 return 语句,以便调用一次返回多个函数值

　　C. 用户定义的函数中若没有 reurn 语句,则应当定义函数为 void 类型

　　D. 函数的 return 语句中可以没有表达式

2. 若已定义的函数有返回值,则以下关于该函数调用的叙述中错误的是(　　)。

　　A. 函数调用可以作为独立的语句存在

　　B. 函数调用可以作为一个函数的实参

　　C. 函数调用可以出现在表达式中

　　D. 函数调用可以作为一个函数的形参

3. 在一个 C 语言源文件中定义的全局变量,其作用域为(　　)。

　　A. 由具体定义位置和 extern 说明来决定范围

　　B. 所在程序的全部范围

　　C. 所在函数的全部范围

　　D. 所在文件的全部范围

4. 在 C 语言中,只有在使用时才占用内存单元的变量,其存储类型是(　　)。

　　A. auto 和 static　　　　　　　　　　　B. extern 和 register

　　C. auto 和 register　　　　　　　　　　D. static 和 register

5. 有以下程序:

```
# include < stdio. h>
int fun (int x, int y)
{
    if(x!= y)
        return((x + y)/2);
    else return(x);
```

```
}
main()
{
    int a = 4,b = 5,c = 6;
    printf("%d\n",fun(2 * a,fun(b,c)));
}
```

程序的运行结果是(　　)。

    A. 6　　　　　　　　B. 3　　　　　　　　C. 8　　　　　　　　D. 12

6. 有以下程序：

```
# include < stdio. h>
void f(int b[])
{
    int i;
    for(i = 2;i < 6;i++)
        b[i] * = 2;
}
main()
{
    int a[10] = {1,2,3,4,5,6,7,8,9,10},i;
    f(a);
    for(i = 0;i < 10;i++)
        printf("%d,",a[i]);
}
```

程序的运行结果是(　　)。

    A. 1,2,3,4,5,6,7,8.9.10,　　　　　　B. 1,2,6,8,10,12,14,8,9,10,

    C. 1,2,3,4,10,12,14,16,9,10,　　　　D. 1,2,6,8.10.12,14.16,9,10,

7. 有以下程序：

```
# include < stdio. h>
int fun()
{
    static int x = 1;
    x * = 2;
    return x;
}
main()
{
    int i,s = 1;
    for(i = 1;i < = 3;i++)
        s * = fun();
    printf("%d\n",s);
}
```

程序的运行结果是(　　)。

    A. 10　　　　　　　B. 30　　　　　　　C. 0　　　　　　　D. 64

8. 设有如下函数定义：

```
# include < stdio. h>
int fun(int k)
{
    if(k < 1)
```

```
        return 0;
    else if(k == 1)
        return 1;
    else
        return fun(k - 1) + 1;
}
```

若执行调用语句"n＝fun(3);",则函数 fun 总共被调用的次数是(　　)。

   A. 2   B. 3   C. 4   D. 5

9. 以下程序的输出结果是(　　)。

```
# include < stdio. h>
void f(int x)
{
    if(x >= 10)
        {printf(" % d - ", x % 10);
        f(x/10);}
    else
        printf(" % d", x) ;
}
int main()
{
    int z = 123456;
    f(z);
    return 0;
}
```

   A. 6－5－4－3－2－1－   B. 6－5－4－3－2－1
   C. 1－2－3－4－5－6   D. 1－2－3－4－5－6－

10. 下列叙述中错误的是(　　)。

   A. C 语言函数中定义的自动变量,系统不自动赋确定的初值

   B. 在 C 语言的同一函数中,各复合语句内可以定义变量,其作用域仅限于本复合语句内

   C. C 语言函数中定义的赋有初值的静态变量,每调用一次函数为其赋一次初值

   D. C 语言函数中的形参不可以说明为 static 型变量

11. 有以下程序:

```
# include < stdio. h>
static int a = 50;
void f1(int a)
{
    printf(" % d",a += 10);
}
void f2(void)
{
    printf(" % d",a += 3);
}
int main()
{
    int a = 10;
    f1(a);
    f2();
```

```
    printf(" % d\n",a);
    return 0;
}
```

程序的运行结果是(　　)。

    A. 60,63,60 　　　　　　　　　　　B. 20,23,23

    C. 20,13,10 　　　　　　　　　　　D. 20,53,10

12. 以下程序的输出结果是(　　)。

```
#include<stdio.h>
int fun(int x)
{
    int p;
    if(x==0||x==1) return(3);
    p=x-fun(x-2);
    return(p);
}
int main()
{
    printf(" % d\n",fun(9));
    return 0;
}
```

    A. 4 　　　　　　B. 5 　　　　　　C. 9 　　　　　　D. 7

13. 有以下程序：

```
#include<stdio.h>
int f(int x);
main()
{
    int n=1,m;
    m=f(f(f(n)));
    printf(" % d\n",m);
}
int f(int x)
{
    return x*2;
}
```

程序的运行结果是(　　)。

    A. 8 　　　　　　B. 2 　　　　　　C. 4 　　　　　　D. 1

14. 有以下程序：

```
#include<stdio.h>
int f(int x,int y)
{
    return((y-x) * x);
}
main()
{
    int a=3,b=4,c=5,d;
    d=f(f(a,b),f(a,c));
    printf(" % d\n",d);
}
```

程序的运行结果是（　　）。

    A. 7　　　　　　　　　B. 10　　　　　　C. 8　　　　　　　D. 9

15. 有以下函数定义：

```
void fun(int n,double x){…}
```

若以下选项中的变量都已正确定义并赋值,则对函数 fun() 的正确调用语句是(　　　　)。

    A. fun(int y ,double m);　　　　　　B. k＝fun(10,12.5);

    C. fun(x ,n);　　　　　　　　　　　D. void fun(n,x);

二、程序题

1. 编写一个函数,判断是否为素数,如果是素数就返回 1,若不是就返回 0。

2. 编写一个函数,实现输入一个字符串,可以求出字符串中的大写、小写、数字、空格以及其他的字符。

3. 以下程序中,定义了 N×N 的二维数组,并在主函数中赋值。请编写函数 fun(),其功能是求出数组周边元素的平均值,并将其作为函数值返回给主函数中的 s。本题 s 的值为 3.375。

```c
#include< stdio.h>
#define N 5
double fun (int w[][N])
{




}
void main()
{
    int a[N][N] = {0,1,2,7,9,1,9,7,4,5,2,3,8,3,1,4,5,6,8,2,5,9,1,4,1};
    int i,j;
    double s;
    for(i = 0;i < N;i ++)
    {
        for(j = 0;j < N;j++)
        {
            printf (" %4d",a[i][j]);
        }
        printf("\n");
    }
    s = fun(a);
    printf("The sum is : %lf\n",s);
}
```

4. 以下程序中将 m 个人的成绩放在 score 数组中,请编写函数 fun(),它的功能是将低于平均分的人数作为函数值返回,将低于平均的分数放在 below 所指的数组中。例如,当 score 数组中的数据为 10、20、30、40、50、60、70、80、90 时,函数返回的人数应该是 4,below 中的数据应为 10、20、30、40。

```c
#include< stdio.h>
int fun(int score[],int m, int below[])
{
```

```
    }
    void main ()
    {
        int i,n, below[9];
        int score[9] = {10,20,30,40,50,60,70,80,90};
        n = fun(score,9,below);
        printf("\nBelow the average score are:");
        for(i = 0;i < n;i++)
            printf(" % 4d",below[i]);
    }
```

5. 以下程序中,编写函数 fac()。其功能是根据以下公式求 p 的值,结果由函数值返回。n 和 m 的值从键盘输入,n 与 m 为两个正整数且要求 n>m。

```
p = n!/(m! × (n - m)!)
# include < stdio. h >
float fac(int k)
{




}
int main()
{
    float c; int m,n;
    scanf(" % d % d",&n,&m);
    c = fac(n)/(fac(m) * fac(n - m));
    printf(" % f\n",c);
}
```

6. 以下程序中,请编写函数 fun(),其功能是在一组得分中去掉一个最高分和一个最低分,然后求平均值,并通过函数返回该值。函数形参 a 指向存放得分的数组,形参 n 中存放得分个数(n>2)。例如,若输入 9.9、8.5、7.6、8.5、9.3、9.5、8.9、7.8、8.6、8.4 共 10 个得分,则输出结果为 8.687500。

```
# include < stdio. h >
double fun(double a[ ],int n)
{




}
int main()
{
    double b[10], r;
    int i;
    printf("输入 10 个分数放入 b 数组中:");
    for(i = 0; i < 10; i++)
        scanf(" % lf", &b[i]);
    printf("输入的 10 个分数是:");
```

```
    for(i = 0; i < 10; i++)
        printf("%4.1f", b[i]);
    printf("\n");
    r = fun(b,10);
    printf("去掉最高分和最低分后的平均分：%f\n", r);
    return 0;
}
```

7. 编写一个函数 fun()，功能是读入一个字符串(长度<20)，将该字符串中的所有字符按 ASCII 码值升序排列后输出。主函数实现字符的输入、原字符串的显示和排列后的字符串显示。

例如，若输入"edcba"，则应输出"abcde"。

```
# include < stdio. h >
# include < string. h >
void fun(char t[])
{



}
int main()
{
    char s[81];
    printf("\nPlease Enter a character string:");
    gets(s);
    printf("\n\nBefore sorting:\n%s",s);
    fun(s);
    printf("\nAfter sorting ascendingly:\n%s",s);
    return 0;
}
```

8. 以下程序中，请编写函数 fun()，该函数的功能是删除一维数组中所有相同的元素，使之只剩一个。数组中的元素已按由小到大的顺序排列，函数返回删除后数组中元素的个数。

例如，若一维数组中的元素是 2 2 2 3 4 4 5 6 6 6 6 7 7 8 9 9 10 10 10 10，删除后，数组中的元素应该是 2 3 4 5 6 7 8 9 10。

```
# include < stdio. h >
# define N 80
int fun(int a[], int n)
{



}
void main()
{
    int a[N] = {2,2,2,3,4,4,5,6,6,6,6,7,7,8,9,9,10,10,10,10}, i, n = 20;
    printf("The original data:\n");
    for(i = 0; i < n; i ++)
        printf("%3d",a[i]);
    n = fun(a, n);
```

```
        printf("\n\nThe data afterdeleted:\n");
        for(i = 0;i < n;i++)
            printf(" % 3d",a[i]);
        printf("\n\n");
}
```

9. 以下程序中,编写函数 fun(),其功能是删除一个字符串中指定下标的字符。其中,a 指向原字符串,删除指定字符后的字符串存放在 b 所指的数组中,n 中存放指定的下标。

例如,输入一个字符串"World",然后输入"3",则调用该函数后的结果为"Word"。

```
# include< stdio. h>
# define LEN 20
void fun(char a[ ], char b[ ], int n)
{




}
int main()
{
    char str1[LEN],str2[LEN];
    int n;
    printf("Enter the string (up to % d characters):\n", LEN − 1);    /* 注意字符限制 */
    gets(str1);
    printf("Enter the position of the character to be deleted (0 − based index):");
    scanf(" % d",&n);
    while (getchar()!= '\n');        /* 清除输入缓冲区中的换行符(如果 scanf 留下了它) */
    fun(str1, str2, n);
    printf("The new string is: % s\n",str2);
    return 0;
}
```

10. 以下程序中,函数 fun()的功能是找出 100～x(x≤999)各位上的数字之和为 15 的所有整数,并输出;将符合条件的整数的个数作为函数值返回。例如,当 x 为 500 时,各位数字之和为 15 的整数有 159、168、177、186、195、249、258、267、276、285、294、339、348、357、366、375、384、393、429、438、447、456、465、474、483、492,共 26 个。

```
# include< stdio. h>
int fun(int x)
{




}
main()
{
    int x = − 1;
    while(x > 999 ||x < 0)
    {   printf("Please input(0 < X < = 999):");
        scanf(" % d",&x);}
    printf("\nThe result is : % d\n",fun(x));
}
```

第8章　　　　指　针

通过编写和调试使用指针的复杂程序,锻炼学生敢于尝试、不惧失败、迎难而上的意志力。看似复杂的操作只要有耐心和意志力,终会解决疑难,取得成功。培养学生主动思考的习惯,培养学生科学理性地分析问题、高效准确地处理问题的能力以及勇于探索、深入思考、挖掘问题之间的联系的能力。

指针是 C 语言中一种极其重要的数据类型。利用指针变量可以使程序简洁、紧凑、高效;能有效地表示各种复杂的数据结构;能很方便地使用数组和字符串;并能像汇编语言一样直接处理内存地址,并能动态地分配和释放内存空间,从而编出精练而高效的程序。

8.1　指针相关概念

8.1.1　地址与指针

在计算机中,所有的数据都是存放在存储器中的。任何要被计算机执行的程序,都要先从外部存储器调入内存以后才能执行。一般把内存储器中的一字节称为一个内存单元,不同的数据类型所占用的内存单元数不同。为了正确地访问这些内存单元,必须为每个内存单元编号,然后根据内存单元的编号即可准确地找到该内存单元。内存单元的编号也叫作"内存地址"。每个存储单元都有唯一的地址,就如同每个人都有一个身份证号码、宿舍楼中的每一个房间都有房间编号、电影院中的每个座位都有一个座位号一样,否则无法管理。

如果在程序中定义了一个变量,在对程序进行编译时,系统就会给这个变量分配内存单元。编译系统根据程序中定义的变量类型,分配一定长度的空间。例如,Visual C++为整型变量分配 4 字节,为单精度浮点型变量分配 4 字节,为字符型变量分配 1 字节。一个变量所占用存储区域的所有字节都有各自的地址,C 系统把该变量在存储区域中第一字节的地址作为此变量的地址。

由于通过地址能找到所需的变量单元,可以说,地址指向该变量单元。比如,一个房间的门牌号为 2024,这个 2024 就是房间的地址,或者说,2024"指向"该房间。因此,将地址形象化地称为"指针"。意思是通过它能找到以它为地址的内存单元。

注意:内存单元的地址与内存单元中的数据是两个完全不同的概念。地址相当于旅馆中的房间号,在地址所标志的内存单元中存放的数据则相当于旅馆房间中居住的旅客。

8.1.2　变量与指针

变量代表一个有名字的、具有特定属性的存储单元。"变量名"是给内存空间取的一个容易记忆的名称,如同上网时的域名一样,可方便用户使用(实际上起作用的是 IP 地址);"变量地址"是系统分配给变量的内存单元的起始地址;"变量值"是变量的地址所对应的内存单元中所存放的数值或内容。

1. "直接访问"方式

假设程序已定义了 3 个整型变量 i、j、k,在程序编译时,系统可能分配地址为 2000~2003 的 4 字节给变量 i,2004~2007 的 4 字节给 j,2008~2011 的 4 字节给 k(不同的编译系统在不同次的编译中,分配给变量的存储单元的地址是不相同的),如图 8-1 所示。在程序中一般是通过变量名来引用变量的值,例如:

```
printf("%d\n",i);
```

由于在编译时,系统已为变量 i 分配了按整型存储方式的 4 字节,并建立了变量名和地址的对应表,因此在执行上面语句时,首先通过变量名找到相应的地址,从该 4 字节中按照整型数据的存储方式读出整型变量 i 的值,然后按十进制整数格式输出。

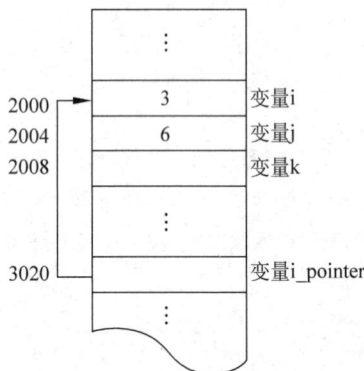

图 8-1 直接访问变量

输入时如果用 scanf("%d\n",&i),在执行时就把从键盘输入的值送到地址以 2000 开始的整型存储单元中。如果用语句"k=i+j;",则从第 2000~2003 字节取出 i 的值 3,再从第 2004~2007 字节取出 j 的值 6,将它们相加后再将其和 9 送到 k 所占用的第 2008~2011 字节单元中。这种直接按变量名进行的访问称为"直接访问"方式。

2. "间接访问"方式

"间接访问"的方式,即将变量 i 的地址存放在另一变量中,然后通过该变量来找到变量 i 的地址,从而访问 i 变量。在 C 语言程序中,可以定义整型变量、浮点型(实型)变量、字符变量等,也可以定义一种特殊的变量,用它存放地址。假设定义了一个变量 i_pointer,用来存放整型变量的地址。可以通过下面语句将 i 的地址(2000)存放到 i_pointer 中。

```
i_pointer = &i;                 //将 i 的地址存放到 i_pointer 中
```

这时,i_pointer 的值就是 2000(即变量 i 所占用单元的起始地址)。

要存取变量 i 的值,既可以用直接访问的方式,也可以采用间接访问的方式:先找到存放"变量 i 的地址"的变量 i_pointer,从中取出 i 的地址 2000,然后到 2000 字节开始的存储单元中取出 i 的值 3,如图 8-2 所示。

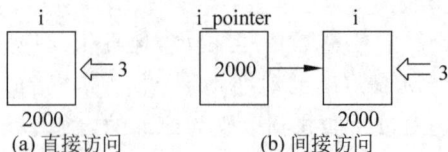

图 8-2 直接访问与间接访问

图 8-2(a)表示直接访问,根据变量名直接向变量 i 赋值,由于变量名与变量的地址有一一对应的关系,因此就按此地址直接对变量 i 的存储单元进行访问(如把数值 3 存放到变量 i 的存储单元中)。

图 8-2(b)表示间接访问,先找到存放变量 i 地址的变量 i_pointer,从中得到变量 i 的地址 2000,从而找到变量 i 的存储单元,然后对它进行存取访问。

指向就是通过地址来体现的。假设 i_pointer 中的值是变量 i 的地址 2000,这样就在 i_pointer 和变量 i 之间建立起一种联系,即通过 i_pointer 能知道 i 的地址,从而找到变量的内存单元。图 8-2(b)中以单箭头表示这种"指向"关系。

由于通过地址能找到所需的变量单元,因此说,地址指向该变量单元(如同说,一个房间号"指向"某一房间一样)。将地址形象化地称为"**指针**",意思是通过它能找到以它为地址的内存单元(如同根据地址 2000 就能找到变量 i 的存储单元一样)。

如果有一个变量专门用来存放另一变量的地址(即指针),则它称为"**指针变量**"。上述的 i_pointer 就是一个指针变量。指针变量就是地址变量,用来存放地址,指针变量的值是地址(即指针)。

注意:需要区分"指针"和"指针变量"这两个概念。例如,可以说变量 i 的指针是 2000,而不能说 i 的指针变量是 2000。指针是一个地址,而指针变量是存放地址的变量。

8.1.3 指针变量

1. 指针变量的定义

存放地址的变量称为指针变量。指针变量是一种特殊的变量,它不同于一般的变量,一般变量存放的是数据本身,而指针变量存放的是数据的地址。C 语言规定所有变量在使用前都必须定义,系统会按数据类型分配内存单元,所以指针变量必须定义为"指针类型"。指针变量定义的一般格式如下:

类型名 *指针变量名;

其中,类型名也叫基类型,是该指针变量所指向的变量的类型。指针变量名前面的 * 是一个标志,表示该变量的类型为指针型变量。

例如,"int * p";"float * pointl";"char * point2";分别定义了基类型为整型、实型和字符型的指针变量 p、pointl 和 point2。有了这些定义,指针变量 p 只能存储 int 类型变量的地址,pointl 只能存储 float 类型变量的地址,point2 只能存储字符型变量的地址。

2. 指针变量的初始化和赋值

在 C 语言中,用指针来表示一个变量指向另一个变量这样的指向关系。那么如何使一个指针变量指向一个普通类型的变量呢? 只要将需要指向的变量的地址赋给相应的指针变量即可。

(1) 先定义指针变量之后再赋值:

```
int a = 3;
int * p;
p = &a;          //指针变量 p 指向变量 a
```

(2) 定义指针变量的同时进行赋值:

```
int a = 3;
int * p = &a;     //指针变量 p 指向变量 a
```

在定义一个指针变量后,编译器不会自动为其赋值,此时指针变量的值是不确定的。事实上,指针变量必须被赋值语句初始化后才能使用,否则,直接使用会带来内存错误。指针可被初始化为 0、NULL 或某个地址,具有值为 NULL 的指针不指向任何值,NULL 是在头文件< stdio. h >(以及其他几个头文件)中定义的符号常量。把一个指针初始化为 0,等价于把它初始化为 NULL。

空指针 NULL 是一个特殊的值,将空指针赋值给一个指针变量后,说明该指针变量的值不再是不确定的,而是一个有效值,只是不指向任何变量。指针变量只能接收地址。例如,"int ＊ p,a＝100；p＝a；"赋值方法是错误的。

3. 指针变量的运算

指针变量同普通变量一样,使用之前不仅要定义说明,而且必须赋予具体的值,未经赋值的指针变量不能使用,否则将造成系统混乱,甚至死机。指针变量的赋值只能赋予地址,绝不能赋予任何其他数据,否则也将会引起错误。在 C 语言中,变量的地址是由编译系统分配的,所以用户不知道变量的具体地址。

1)指针运算符

(1)取地址运算符 &。该运算符是单目运算符,其结合性为自右至左,其功能是取变量的地址。

(2)取内容运算符 ＊。该运算符是间接引用运算符,其结合性为自右至左,用来表示指针变量所指的变量。在 ＊ 运算符后跟的变量必须是指针变量。

取内容运算符 ＊ 与指针变量定义时出现的 ＊ 意义完全不同。指针变量定义时,＊ 仅表示其后的变量是指针类型的变量,是一个标志,而取内容运算符是一个运算符,其运算后的值是指针所指向的对象的值。

【例 8-1】 体会运算符 ＊ 和 & 的作用。

```
# include < stdio. h >
int main()
{
    int num1 = 78, num2 = 26;
    int * ptr_num1, * ptr_num2;                //定义指针变量 ptr_num1 和 ptr_num2
    ptr_num1 = &num1;                          //使指针变量 ptr_num1 指向 num1
    ptr_num2 = &num2;                          //使指针变量 ptr_num2 指向 num2
    printf("% d, % d\n", num1, num2);          //直接访问变量 num1、num2
    printf("% d, % d\n", * ptr_num1, * ptr_num2); //间接访问变量 num1、num2
    printf("% x, % x\n", &num1, &num2);        // % x 用于输出十六进制地址
    printf("% x, % x\n", ptr_num1, ptr_num2);
    return 0;
}
```

运行结果:

```
78, 26
78, 26
19ff2c, 19ff28
19ff2c, 19ff28
```

程序解析:

％x 用于输出地址值。在 C 语言中,地址通常以十六进制的形式表示,也可以使用％p 格式来输出地址(指针),读者可自行测试。

【例 8-2】 指针变量的访问——存取操作(读写操作)。

```
# include < stdio. h >
int main()
{
    int a = 5, b = 3;
    int  * p;
    p = &a;
    b =  * p + 6;                      //把 p 所指向的单元 a 中的内容加上 6 赋给 b
    printf(" % d\n",b);
     * p = 4;                          //把 4 存到 p 所指向的单元 a 中
    printf(" % d, % d\n",a,  * p);
    return 0;
}
```

运行结果：

```
11
4,4
```

2）指针变量的算术操作

允许用于指针的算术操作只有加法和减法。若有定义"int n, * p;"，表达式 p+n(n>=0)
指向的是 p 所指的数据存储单元之后的第 n 个数据存储单元，而不是简单地在指针变量 p
的值上直接加数值 n，其中数据存储单元的大小与数据类型有关。

若指针变量 p1 是整型的指针变量，其初始值为 2000，整型的长度是 4 字节，则表达式
"p1++;"是将 p1 的值变成 2004，而不是 2001。每次增量之后，p1 都会指向下一个单元。
同理，当 p1 的值为 2000 时，表达式"p1--;"将 p 的值变成 1996。

3）指针值的比较

使用关系运算符<、<=、>、>=、==和!=，可以比较指针值的大小。

如果 p 和 q 是指向相同类型的指针变量，并且 p 和 q 指向同一段连续的存储空间（如 p
和 q 都指向同一数组的元素），p 的地址值小于 q 的值，则表达式 p<q 的结果为 1，否则表达
式 p<q 的结果为 0。参与比较的指针指向的空间一定在一个连续的空间内，如都指向同一
数组。

【例 8-3】 输入 a 和 b 两个整数，按从小到大的顺序输出这两个数。

```
# include < stdio. h >
int main()
{
    int a,b,  * p, * p1, * p2;
    scanf(" % d % d", &a, &b);
    p1 = &a;                              //使 p1 指向变量 a
    p2 = &b;                              //使 p2 指向变量 b
    if(a > b)
    {
        p = p1;p1 = p2;p2 = p;
    }                                     //使 p1 与 p2 的值互换
    printf("a = % d,b = % d\n",a,b);      //输出 a 和 b
    printf("min = % d,max = % d\n", * p1, * p2);   //输出 p1 和 p2 所指向的变量的值
    return 0;
}
```

若输入为 89 56，则运行结果：

```
a = 89,b = 56
min = 56, max = 89
```

程序解析：

该程序定义了 3 个指针变量 p、p1 和 p2,在比较过程中,不是直接交换 a 与 b 的值,而是通过交换指针变量的指向来实现的。最初指针变量 p1 和 p2 分别指向变量 a 和 b,当 a 大于 b 时,通过交换指针指向,使指针变量 p1 转而指向 b,p2 指向 a,实现了由小到大输出的功能。

8.1.4 指针变量作为函数参数

1. 问题的提出

函数的参数不仅可以是整型、实型和字符型,还可以是指针类型。当参数是指针类型时,它的作用是将一个变量的地址传递到另一个函数中。在 C 语言中,函数参数的传递是单向值传递。数值只能从调用函数向被调用函数传递,不能反过来传递,形参值的改变不会反过来影响实参的改变。例 8-4 就试图用一个被调函数实现主调函数中变量值的改变,但这是无法实现的。

【例 8-4】 试图交换变量值的程序。

```
# include< stdio. h>
void swap( int x , int y )
{
    int t;
    t = x;
    x = y;
    y = t;
}
    int main()
{
    int a,b;
    scanf(" % d % d", &a , &b );
    swap( a ,b );
    printf(" % d % d\n", a, b);
    return 0;
}
```

运行结果：

```
输入 23 45,则输出
23 45
```

程序解析：

（1）此例中,变量 a 和 b 的值正确地传递到 swap()函数中,在 swap()函数中,x 和 y 是 swap()函数的两个形参,它们分别接收了 a 和 b 的值,这些值是从 a 和 b 复制而来的,因此 x 和 y 可以视为 a 和 b 的副本。

（2）当 swap()函数执行完毕并返回时,其形式参数 x 和 y 的生命周期结束,并且它们在函数内部的任何改变都不会影响原始的实参 a 和 b。因此,尽管 swap()函数内部执行了交换操作,但这个操作仅作用于 x 和 y 的副本,并没有改变 main()函数中 a 和 b 的值。

2. 解决方法

解决问题的方法是用指针作为函数参数,传给 swap()函数的应是想交换的两个变量的地址,而地址可用指针来实现。

【例 8-5】 使用指针参数将改变带回到调用函数。

```c
# include < stdio.h>
void swap(int * p1, int * p2)        //定义 swap 函数
{
    int temp;
    temp = * p1;                     //使 * p1 和 * p2 互换
    * p1 = * p2;
    * p2 = temp;
}
int main()
{
    int a,b;
    int * pointer1, * pointer2;      //定义两个 int * 型的指针变量
    printf("请输入两个整数 a 和 b:");
    scanf("% d % d",&a,&b);
    pointer1 = &a;                   //使 pointer1 指向 a
    pointer2 = &b;                   //使 pointer2 指向 b
    swap(pointer1, pointer2);        //调用 swap 函数
    printf("调用函数后: a = % d\tb = % d\n",a,b);
    return 0;
}
```

程序解析:

用指针交换两个数的执行过程如图 8-3 所示。

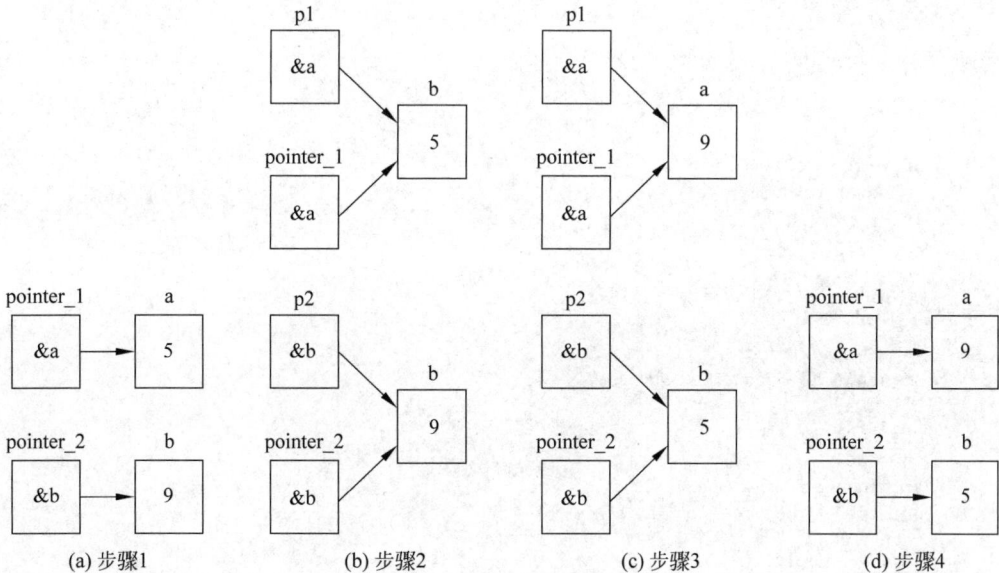

图 8-3　用指针交换两个数

swap()是用户自定义函数,它的作用是交换两个变量 a 和 b 的值。swap 函数的两个形参 p1 和 p2 是指针变量。程序运行时,先执行 main 函数,输入 a 和 b 的值(如输入 5 和 9)。然后将 a 和 b 的地址分别赋给 int * 变量 pointer_1 和 pointer_2,使 poiner_1 指向 a,pointer_2 指向 b,如图 8-3(a)所示。接着调用 swap 函数,注意实参 pinter_1 和 pointer_2 是指针变量,在函数调用时,将实参变量的值传送给形参变量,采取的依然是"值传递"方式。因此虚实结合后形参 p1 的值为 &a,p2 的值为 &b,如图 8-3(b)所示。这时 p 和 pointer_1

指　针

都指向变量 a,p2 和 pointer_2 都指向 b。接着执行 swap 函数的函数体,使 * p1 和 * p2 的值互换,也就是使 a 和 b 的值互换。互换后的情况如图 8-3(c)所示。函数调用结束后,形参 p1 和 p2 不复存在(已释放),情况如图 8-3(d)所示。最后在 main 函数中输出的 a 和 b 的值是已经过交换的值(a=9,b=5)。

　　使用指针作为参数,函数改变参数的值后,能将改变带回到调用函数。swap()函数的参数是两个指向整型变量的指针变量。所以 main()函数在调用时必须使用 &a 和 &b 来传递参数。

　　传入参数的实参是 a 和 b 的地址,被复制给 swap()函数的形参 p1 和 p2。p1 和 p2 也是指针。在 swap()函数中,改变的不是 p1 和 p2 的值,而是 * p1 和 * p2 的值。 * 运算符是得到指针所指向内存空间的内容。 * p1 取的是存储在 p1 中地址的值,现在 a 中存储的地址是 a 的地址,因此, * p1 在本程序中等价于 a。同样道理, * p2 等价于 b。函数将 a 和 b 的内容交换,返回后 &a 和 &b 的值(地址)仍不变,而 a 和 b 的值却改变了。

【例 8-6】 输入 a、b、c 这 3 个数,按由小到大的顺序输出。

```c
#include<stdio.h>
void swap(int * p1, int * p2)
{
    int t;
    t = * p1;
    * p1 = * p2;
    * p2 = t;
}

void exchange(int * q1, int * q2, int * q3)
{
    if( * q1 > * q2)
        swap(q1, q2);
    if( * q1 > * q3)
        swap(q1, q3);
    if ( * q2 > * q3)
        swap(q2, q3);
}
int main()
{
    int a, b, c, * pt1, * pt2, * pt3;
    scanf("%d%d%d", &a, &b, &c);
    pt1 = &a;
    pt2 = &b;
    pt3 = &c;
    exchange(pt1, pt2, pt3);
    printf(" %d, %d, %d", a, b, c);
    return 0;
}
```

程序解析:

　　(1) 这里限定了 swap()函数、exchange()函数的返回类型是 void,因此,要得到输出值就务必传递一个数值的地址。总之,若希望通过函数调用改变一个或多个变量的值,可以采用传送相应变量地址的方法。

　　(2) exchange()函数的作用是对 3 个数从小到大排序,在执行 exchange()函数过程中,要嵌套调用 swap()函数,swap()函数的作用是对两个数按大小排序,通过三次调用 swap()函数实现 3 个数的排序。

8.2 指针与数组

8.2.1 通过指针访问一维数组

1. 一维数组指针的概念

在 C 语言中,指针和数组紧密相关,都用于处理相同类型的元素。数组提供了一种简单直观的方式来处理元素,特别适合初学者。相比之下,指针的使用可以提高程序的效率,因为它直接操作内存地址。

每个变量在内存中都有其地址,数组由一系列元素组成,每个元素都占据着内存中的存储单元,并且有相应的地址。数组名代表了数组的起始地址(首地址),对于特定的数组来说,它是一个常量。

数组的指针实际上就是数组的起始地址,也就是数组名本身。数组在内存中是一块连续的存储单元,数组名就是这块连续内存单元的首地址。数组由多个元素组成,每个元素根据其类型占据不同数量的连续内存单元。指针变量不仅可以指向单个变量,也可以指向数组的元素,即将某个元素的地址存储在指针变量中。数组元素的指针就是指该元素的地址,而一个数组元素的首地址指的是它所占据的内存单元的第一个地址。

2. 一维数组的指针表示方法

数组名代表该数组的起始地址。那么,数组中各个元素的地址又是如何计算和表示的呢?如果有一个数组 a,其定义为"int a[5]={1,3,5,7,9};",数组 a 的元素在内存中的分配如图 8-4 所示。可以看出,元素 a[0] 的地址是 a 的值(即 2008),元素 a[1] 的地址是 a+1。同理,a+i 是元素 a[i] 的地址。此处的 a+i 并非简单地在首地址 a 上加个数字 i,编译系统计算实际地址时,a+i 中的 i 要乘上数组元素所占的字节数,即实际地址=a+i×单个元素所占的字节数。其中,单个元素所占的字节数由数据类型决定的。例如,元素 a[3] 的实际首地址是 a+3×4(整型数据占 4 字节),最终结果为 2008+3×4=2020,从图 8-4 看出正好是这个值。

```
int a[5] = {1,3,5,7,9};
int * p;
p = &a[0];                      //把 a[0]元素的地址赋给指针变量 p
```

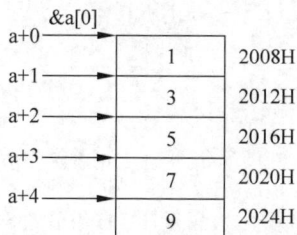

图 8-4 数组 a 的元素在内存中的分配

在 C 语言中,数组名(不包括形参数组名)代表数组中首元素的地址,即 a[0]元素的地址。因此,下面两个语句等价:

```
p = &a[0];                      //p 的值是 a[0]的地址
p = a;                          //p 的值是数组 a 首元素(即 a[0])的地址
```

在定义指针变量时可以对它初始化,例如,"int ＊ p＝&a[0];"也可以写成"int ＊ p＝a;"。

3. 通过指针引用数组元素

为了引用一个数组元素,可以使用以下两种方法。

(1) 下标法,即指出数组名和下标值,系统会找到该元素。如用 a[i]的形式访问数组元素,前面介绍数组时都采用这种方法。

(2) 指针法,也叫地址法,就是通过给出的元素地址访问某一元素。如 ＊(a＋i)或 ＊(p＋i)。其中,a 是数组名,p 是指向数组元素的指针变量,其初值 p＝a。

【例 8-7】 有一个整型数组 a,有 5 个元素,要求输出数组中的全部元素。

(1) 下标法。

```c
# include < stdio. h>
int main()
{
    int a[5],i;
    for(i = 0; i < 5; i++)
        scanf(" % d", &a[i]);
    for(i = 0; i < 5; i++)
        printf(" % d", a[i]);        //数组元素用数组名和下标表示
    printf("\n");
    return 0;
}
```

(2) 通过数组名计算数组元素地址,找出元素的值。

```c
# include < stdio. h>
int main()
{
    int a[5],i;
    for(i = 0; i < 5; i++)
        scanf(" % d", &a[i]);
    for(i = 0; i < 5; i++)
        printf(" % d", ＊ (a + i));
                                //通过数组名和元素序号计算元素地址,再找到该元素
    printf("\n");
    return 0;
}
```

(3) 用指针变量指向数组元素。

```c
# include < stdio. h>
int main()
{
    int a[5],i, ＊ p;
    for(p = a; p <(a + 5); p++)
        scanf(" % d", p);        //用指针变量表示当前元素的地址
    for(p = a; p <(a + 5); p++)
        printf(" % d", ＊ p);        //用指针指向当前的数组元素
    printf("\n");
    return 0;
}
```

程序解析:

从程序运行结果中可以看出,a[i]、＊(a＋i)和 ＊ p 输出的结果都是相同的。

"int a[5]＝{1,2,3,4,5}, ＊ p＝a;"指针操作与数组元素的关系如图 8-5 和表 8-1 所示。

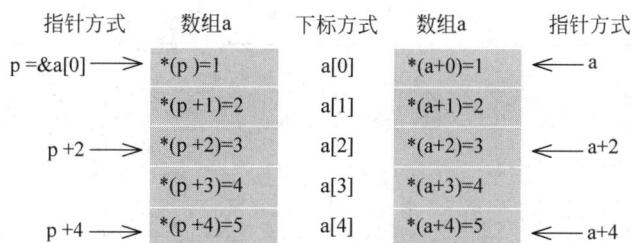

图 8-5　指针操作与数组元素的关系

表 8-1　指针 p 与一维数组的关系

地址描述	表达的意义	数组元素描述	表达的意义
a、p	数组的首地址,即 &a[0]	* a、* p	a[0] 的值
a+1、p+1	a[1] 的地址,即 &a[1]	* (a+1)、* (p+1)、p[1]	a[1] 的值
a+i、p+i	a[i] 的地址,即 &a[i]	* (a+i)、* (p+i)、p[i]	a[i] 的值

注意:

(1) 数组名代表数组首元素的地址,它是一个指针型常量,它的值在程序运行期间是固定不变的;而指针是一个变量,可以实现本身值的改变。如有数组 a 和指针变量 p,则以下语句"p＝a; p＋＋; p＋＝3;"是合法的,而 a 是常量,所以"a＋＋;"与"a＝p"都是错误的。

(2) 在使用中应注意 * (p＋＋) 与 * (＋＋p) 的区别。若 p 的初值为 a,则 * (p＋＋) 的值等价于 a[0], * (＋＋p) 等价于 a[1]。而 (* p)＋＋表示 p 所指向的元素值加 1。如果 p 当前指向 a 数组中的第 i 个元素,则有"* (p－－);"等价于"a[i－ －];","* (＋＋p)"等价于"a[＋＋i];","* (－－p);"等价于"a[－－i];"。

8.2.2　通过指针访问二维数组

在 C 语言中,二维数组的数组名代表数组的首地址,例如,二维整型数组 int a[3][4];若该数组在内存中的首地址为 2000,那么各元素的首地址如图 8-6 所示。

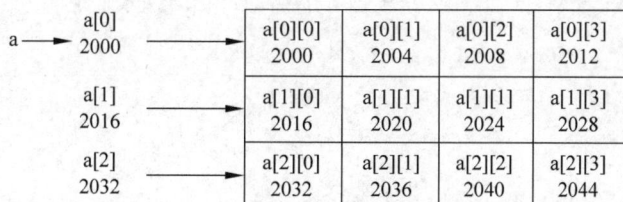

图 8-6　二维数组在内存中的存放

数组名 a 就代表了数组 a[3][4] 的首地址,根据二维数组的特性,可以将 a[3][4] 看作由 3 个一维数组 a[0]、a[1]、a[2] 组成,所以 a[0] 就代表了第 1 行的起始地址,a[1] 就代表了第 2 行的起始地址,a[2] 就代表了第 3 行的起始地址,即二维数组每行的首地址都可以用 a[i] 表示。

对于整型数组 a[3][4],如果 int * p＝a,则指针 p 与数组 a 的关系如表 8-2 所示。

表 8-2　指针与二维数组的关系

描　　述	意　　义
a、p、* a、a[0]、&a[0][0]	表示同一个地址,但意义不同
a、p	第 1 行首地址
* a、a[0]、* p、p[0]	第 1 行第 1 列元素的地址,即 &a[0][0]
* (* a)、* (a[0])、* (* p)、* (p[0])	a[0][0]的值
* a+j、a[0]+j、* p+j、p[0]+j	第 1 行第 j+1 列元素的地址,即 &a[0][j]
* (* a+j)、* (a[0]+j)、* (* p+j)、* (p[0]+j)	a[0][j]的值
a+i、p+i	第 i+1 行首地址
* (a+i)、* (p+i)	第 i+1 行第 1 列元素的地址,即 &a[i][0]
* (* (a+i))、* (* (p+i))	a[i][0]的值
* (a+i)+j、a[i]+j、* (p+i)+j、p[i]+j	第 i+1 行第 j+1 列元素的地址,即 &a[i][j]
* (* (a+i)+j)、* (a[i]+j)、(* (p+i)+j)、* (p[i]+j)	a[i][j]的值

【例 8-8】　使用指针输入输出二维数组元素。

```c
# include < stdio. h >
int main()
{
    int a[4][5];
    int ( * p)[5] = a;                    //p 是一个指向包含 5 个整型元素的一维数组
    int i, j;
    //使用指针输入二维数组元素
    for (i = 0; i < 4; ++i)
    {
        for (j = 0; j < 5; ++j)
            scanf(" % d", p[i] + j);      //相当于 &a[i][j]
    }
    //使用指针输出二维数组元素
    printf("\n 输入的数组元素如下:\n");
    for (i = 0; i < 4; ++i)
    {
        for (j = 0; j < 5; ++j)
            printf(" % 3d ", * ( * (p + i) + j));  //相当于 a[i][j]
        printf("\n");
    }
    return 0;
}
```

运行结果:

1 2 3 4 5 6 7 8 9 10 11 12 13 14 15 16 17 18 19 20

输入的数组元素如下:

```
 1   2   3   4   5
 6   7   8   9  10
11  12  13  14  15
16  17  18  19  20
```

【例 8-9】　有一个 4×5 的矩阵,输出其中最小值。要求使用指针变量访问数组元素。

```c
# include < stdio. h >
int main()
```

```
{
    int a[4][5] = {10, 12, 23, 45, 56, 65, 78, 8, 34, 29, 11, 88, 66, 14, 15, 16, 17, 18, 19, 20};
    int * ptr = &a[0][0];                    // ptr 是指向整数的指针,指向数组 a 的首元素
    int min = * ptr;                         // 假设第一个元素是最小值
    int i,j;
    for(i = 0;i < 4;++i)
    {
        for(j = 0;j < 5;++j)
        {
            if ( * (ptr + i * 5 + j)< min)
                min = * (ptr + i * 5 + j);   // 更新最小值
        }
    }
    printf("最小值是: % d\n", min);
    return 0;
}
```

运行结果:

最小值是: 8

8.2.3 通过指针访问字符串

在 C 语言中,提供了以下两种访问字符串的方法。

(1) 将字符串存储在一维字符数组中,可以通过数组名和下标引用字符串中一个字符。也可以定义一个指向字符数组元素的指针,通过指针访问数组中的字符。

【例 8-10】 定义一个字符数组,在其中存放字符串"I love C Program.",输出该字符串和第 8 个字符。

```
# include< stdio. h>
int main()
{
    char string[ ] = "I love C Program.";   //定义字符数组 string
    printf(" % s\n",string);                 //用 %s 格式声明输出 string,可以输出整个字符串
    printf(" % c\n",string[7]);              //用 %c 格式输出一个字符数组元素
    return 0;
}
```

运行结果:

I love C Program.
C

(2) 用字符指针变量指向一个字符串常量,通过字符指针变量引用字符串常量。

【例 8-11】 通过字符指针变量输出一个字符串。

```
# include< stdio. h>
int main()
{
    char * string = "I love C Program.";    //定义字符指针变量 string 并初始化
    printf(" % s\n",string);                 //输出字符串
    return 0;
}
```

运行结果:

200

I love C Program.

程序解析：

(1) 用字符串给字符指针初始化，那么字符指针变量存放字符串中第一个字符地址。

(2) C 语言对字符串常量是按字符数组处理的，在内存中开辟了一个字符数组用来存放该字符串常量，但是这个字符数组是没有名字的，因此不能通过数组名来引用，也就是对于字符数组来说，只能给各个元素赋值，而不能用字符串为一个字符数组名赋值，只能通过指针变量来引用。

(3) 输出字符指针就是输出字符串从 string 所指第 1 个字符开始，直到遇到 '\0' 结束；输出字符指针的间接引用，就是输出单个字符，如"printf("%c\n", * string);"输出第 1 个字符。

(4) "char * string＝"I love C Program. ";"等价于下面两行：

```
char * string;
string = "I love C Program. ";
```

【例 8-12】 将字符串 a 复制为字符串 b，然后输出字符串 b。

方法 1：

```
# include< stdio. h>
int main()
{
    char a[ ] = "I am a student.",b[20];      //定义字符数组
    int i;
    for(i = 0; * (a + i)!= '\0';i++)
        * (b + i) = * (a + i);                //将 a[i]的值赋给 b[i]
    * (b + i) = '\0';                          //在 b 数组的有效字符之后加字符串结束标志'\0'
    printf("string a is; % s\n",a);
    printf("string b is:");
    for(i = 0;b[i]!= '\0';i++)
        printf(" % c",b[i]);                   //逐个输出 b 数组中全部有效字符
    printf("\n");
     return 0;
}
```

程序解析：

程序中 a 和 b 都定义为字符数组，通过地址访问其数组元素。由于 a 代表起始地址，a+i 代表第 i+1 个元素的地址，对其做间接访问意味着取 a[i]这个元素的内容，只要当前不为'\0'，说明访问没到结尾，就将当前 a 中的元素复制到 b 数组对应的位置，在 for 循环中将 a 串中的有效字符全部复制给了 b 数组，最后还应将'\0'复制过去，作为字符串结束标志，故有" * (b+i)＝'\0';"。

方法 2：用指针变量处理。

```
# include< stdio. h>
int main()
{
    char a[ ] = "I am a student.",b[20], * p1, * p2;
    p1 = a;p2 = b;
    for(; * p1!= '\0';p1++,p2++)
        * p2 = * p1;                           //将 a[i]的值赋给 b[i]
```

```
    * p2 = '\0';                              //在 b 数组的有效字符之后加字符串结束标志'\0'
    printf("string a is:%s\n",a);
    printf("string b is:%s\n",b);
    printf("\n");
    return 0;
}
```

程序解析：

(1) 定义两个指针变量 p1 和 p2,分别指向字符数组 a 和 b。改变指针变量 p1 和 p2 的值,使它们顺序指向数组中的各元素,进行对应元素的复制。当一个指针指到了一个一维数组中的元素时,对指针做间接访问意味着获取了数组中相应元素的内容。

(2) p1 和 p2 是指向字符型数据的指针变量。先使 p1 和 p2 分别指向字符串 a 和 b 的第 1 个字符。 * p1 最初的值是字母'I'。赋值语句" * p2 = * p1;"的作用是将字符'I'(a 串中第 1 个字符)赋给 p2 所指向的元素,即 b[0]。然后 p1 和 p2 分别加 1,分别指向其下面的一个元素,直到 * p1 的值为'\0'。注意,p1 和 p2 的值是不断在改变的。在 for 语句中的 p1++ 和 p2++ 使 p1 和 p2 同步移动。

【例 8-13】 编写一个程序,用户需要输入一个字符串和一个字符,程序将在字符串中搜索该字符,如果找到,它会输出从该字符开始到字符串末尾的部分;如果没有找到,它会显示"没有找到该字符"。

```
# include < stdio.h >
# include < string.h >
int main ()
{
    char str[200],word, * p;
    p = str;
    gets(p);
    printf("输入要查找的字符:");
    word = getchar();
    while( * p!= '\0')
    {
        if ( * p == word)
            break; p++;
    }
    if( * p == '\0')
        printf("没有找到该字符");
    else
        puts(p);
    return 0;
}
```

运行结果：

```
I love my hometown.
输入要查找的字符:h
hometown.
```

程序解析：

定义字符数组 str 保存字符串,字符变量 word 为要查找的字符,指针变量 p 指向 str。运用 if 语句和 while 循环遍历字符串,使用指针 p 逐个检查字符串中的每个字符,直到找到与 word 相等的字符或到达字符串的末尾。如果找到了与 word 相等的字符,循环会停止,则 p 指向了字符串中与 word 相同的字符,运用 puts 将 p 为起始地址的字符串输出。如果 p 指向的是字符串的末尾(即 * p== '\0'),则说明没有找到指定的字符,程序会输出"没有找到该字符"。

【例 8-14】 通过指针和字符串操作函数对多个字符串排序。

```c
# include< stdio. h>
# include< string. h>
int main()
{
    int i, j;
    char str[8][30] = {"Apple","Banana","Cherry","Grapes", "Kiwi","Mango","Orange","Pear"};
    char ( * p)[30], t[30];
    p = str;
    for(j = 0;j < 7;j++)                        //冒泡排序
        for (i = 0;i < 7 - j;i++)
            if (strcmp( * (p + i), * (p + i + 1))> 0)    //只要前一行大于后一行就交换
            {
                strcpy(t, * (p + i));
                strcpy( * (p + i), * (p + i + 1));
                strcpy( * (p + i + 1), t);
            }
    printf("排序后为:\n");
    for(i = 0;i < 8;i++)
        printf(" % s\n", * (p + i));
    return 0;
}
```

运行结果:

```
排序后为:
Apple
Banana
Cherry
Grapes
Kiwi
Mango
Orange
Pear
```

程序解析:

定义二维数组存储多个字符串,定义一个指向字符串的指针,运用冒泡排序算法依次对字符串排序。在冒泡排序的过程中,通过指针 p 以及指针运算来访问和比较数组中的每一个字符串。具体来说, * (p+i)表示的是 str 数组中第 i+1 个字符串(即 str[i]),通过比较 * (p+i)和 * (p+i+1)(即比较 str[i]和 str[i+1]),确定这两个字符串的排序顺序。

8.2.4 用数组名作为函数参数

数组名可以作函数的实参和形参。举例如下:

```c
int main()
{
int array[10];
```

```
…
f(array,10);
…
}
f(int arr[],int n);
{
…
}
```

array 为实参数组名,arr 为形参数组名。数组名就是数组的首地址,实参向形参传送数组名实际上就是传送数组的首地址,形参得到该地址后也就指向同一数组。这就好像同一件物品有两个彼此不同的名称一样。

同样,指针变量的值也是地址,指向数组的指针变量的值即为数组的首地址,当然也可以作为函数的参数使用。

下面把用变量名作为函数参数和用数组名作为函数参数做一比较,如表 8-3 所示。

表 8-3 以变量名和数组名作为函数参数的比较

比 较 值	变 量 名	数 组 名
要求形参的类型	变量名	数组名或指针变量
传递的信息	变量的值	实参数组的首地址
通过函数调用能否改变实参的值	不能改变实参变量的值	能改变实参数组的值

【例 8-15】 已知 3 个学生 4 门课程的成绩,输出不及格学生及其成绩。

```
# include < stdio. h >
void search(float ( * p)[4],int n)
{
    int i,j,flag;
    for(j = 0;j < n;j++)
    {
        flag = 0;                      / * 设置标志,用来标识不及格的学生 * /
        for(i = 0;i < 4;i++)
            if( * ( * (p + j) + i)< 60)      / * 查找不及格的分数 * /
                flag = 1;
        if(flag == 1)
          {
            printf("No. % d fails,his scores are:\n",j + 1);
            for(i = 0;i < 4;i++)
            printf(" % 5.1f", ( * ( * (p + j) + i)) );
            printf("\n");
          }
     }
}
int main()
{
    float score[3][4] = {{78,54,72,68},{68,87,90,81},{51,96,89,91}};
    search(score,3);                    / * 二维数组名作函数实参 * /
return 0;
}
```

运行结果:

No.1 fails,his scores are:

```
78.0 54.0 72.0 68.0
No.3 fails,his scores are:
51.0 96.0 89.0 91.0
```

程序解析：

程序定义了一个 search 函数，该函数接收一个指向二维数组的指针和数组的行数作为参数。在 search 函数中，程序通过嵌套循环遍历二维数组中的每个元素，外部循环遍历二维数组的行（即学生），而内部循环遍历每个学生的所有科目（分数）。对于每个学生，程序设置了一个标志变量 flag，初始化为 0。如果学生的任何一个科目的分数低于 60，则将 flag 设置为 1，表示这个学生有不及格的科目，就打印出该学生的编号和所有科目的分数。在 main 函数中，调用 search 函数，并将 score 数组名和行数 3 作为参数传递给该函数。这里，score 数组名在传递给函数时自动转换为指向其第一行的指针。

【例 8-16】 将数组 a 中 n 个整数按相反顺序存放。

方法 1：形参和实参都用数组名。

```c
# include < stdio. h>
int main()
{
      void invert(int x[ ],int n);             //invert 函数声明
      int i, a[10] = {12,8,10,6,3,7,5,1,15,20};
      printf("The original array:\n");
      for(i = 0;i < 10;i++)                     //输出未交换时数组各元素的值
          printf(" % d ",a[i]);
      printf("\n");
      invert(a,10);                            //调用 invert 函数,进行交换
      printf("The array has been inverted:\n");
      for(i = 0;i < 10;i++)
          printf(" % d ",a[i]);                //输出交换后数组各元素的值
      printf("\n");
      return 0;
}
void invert(int x[ ],int n)                     //形参 x 是数组名
{
      int temp,i,j,m = (n - 1)/2;
      for(i = 0;i < = m;i++)
      {
          j = n - 1 - i;
          temp = x[i];x[i] = x[j];x[j] = temp;  //把 x[i]和 x[j]交换
      }
      return;
}
```

运行结果：

```
The original array:
12 8 10 6 3 7 5 1 15 20
The array has been inverted:
20 15 1 5 7 3 6 10 8 12
```

程序解析：

将 a[0]与 a[n−1]对换，再将 a[1]与 a[n−2]对换……直到将 a[(int(n−1)/2)−1]与 a[int(n−1)/2]对换，通过循环将首尾元素进行交换，设两个"位置指示变量"i 和 j,i 的初值为 0,j 的初值为 n−1。将 a[i]与 a[j]交换，然后使 i 的值加 1,j 的值减 1，再将 a[i]与 a[j]交

换,直到 i＝(n−1)/2 为止。用一个函数 invert 来实现此交换过程。实参用数组名 a,形参也用数组名 x。

方法 2：实参用数组名,形参用指针变量。

```
# include < stdio. h>
int main()
{
    void invert(int  * x,int n);
    int i, a[10] = {12,8,10,6,3,7,5,1,15,20};
    printf("The original array:\n");
    for(i = 0;i < 10;i++)
        printf(" % d ",a[i]);
    printf("\n");
    invert(a,10);
    printf("The array has been inverted:\n");
    for(i = 0;i < 10;i++)
        printf(" % d ",a[i]);
    printf("\n");
    return 0;
    }
void invert(int  * x,int n)                //形参 x 是指针变量
{
    int  * p,temp, * i, * j,m = (n - 1)/2;
    i = x;j = x + n - 1;p = x + m;
    for(;i < = p;i++,j -- )
    {
        temp =  * i;  * i =  * j;  * j = temp;     //把 x[i]和 x[j]交换
    }
    return;
}
```

程序解析:

将函数 invert 中的形参 x 改成指针变量。相应的实参仍为数组名 a,即数组 a 首元素的地址,将它传给形参指针变量 x,这时 x 就指向 a[0]。x＋m 是 a[m]元素的地址。设 i 和 j 以及 p 都是指针变量,用它们指向有关元素。i 的初值为 x,j 的初值为 x+n−1,使 * i 与 * j 交换就是使 a[i]与 a[j]交换。

方法 3：实参和形参都用指针变量。

```
# include < stdio. h>
int main()
{
    void invert(int  * x,int n);
    int i, arr[10] = {12,8,10,6,3,7,5,1,15,20},  * p;
    p = arr;
    printf("The original array:\n");
    for(i = 0;i < 10;i++,p++)
        printf(" % d,",  * p);
    printf("\n");
    p = arr;               //上面循环打印指针 p 已移动,这里需再指到数组首地址
    invert(p,10);
    printf("The array has been inverted:\n");
    for(p = arr;p < arr + 10;p++)
        printf(" % d,",  * p);
```

```
        printf("\n");
        return 0;
        }
void invert(int * x, int n)                    //形参 x 是指针变量
{
        int * p,m,temp, * i, * j;
        m = (n - 1)/2;
        i = x;j = x + n - 1;p = x + m;
        for(;i <= p;i++,j -- )
        {
            temp = * i; * i = * j; * j = temp;   //把 x[i]和 x[j]交换
        }
        return;
}
```

程序解析:

在 invert 函数中,形参 x 是指针变量,它接收了实参 p 的值,即数组的首地址。形参 n 接收了实参 10,表示数组的长度。在 invert 函数中,通过指针算术运算,实现了数组元素的反转。定义了两个指针变量 i 和 j,分别指向数组的起始和结束位置,定义了一个指针变量 p 指向数组的中间位置。通过循环,将 i 指向的元素与 j 指向的元素交换,然后 i 向前移动,j 向后移动,直到 i 指向的位置超过 p,即数组的中间位置,从而实现数组元素的反转。

方法 4:实参用指针变量,形参用数组名。

```
# include < stdio. h >
void invert(int x[], int n);          // 函数声明,形参为数组名
int main()
{
    int i, arr[10] = {3, 7, 9, 11, 0, 6, 7, 5, 4, 2};
    int * p = arr;                     // 声明指针变量 p 并初始化为数组 arr 的首元素地址

    printf("The original array:\n");
    for (i = 0; i < 10; i++)
        printf(" % d ", * (p + i));
    printf("\n");
    invert(p, 10);                     // 实参为指针变量,传递给函数的是数组首元素的地址
    printf("The array has been inverted:\n");
    for (i = 0; i < 10; i++)
        printf(" % d ", * (p + i));
    printf("\n");

    return 0;
}
void invert(int x[], int n)           // 函数定义,形参为数组名,实际上是接收指针
{
    int * p, temp;
    int m = n / 2;
        //定义了一个整型变量 m 并初始化为数组长度 n 的一半(为了防止在反转过程中越界)
    for(p = x + n - 1; p > = x; p -- , x++)
        //在循环中使用 p -- 和 x++ 来分别移动指针 p 和 x,实现前后元素的交换
    {
        temp =  * p;
         * p =  * x;
         * x = temp;
    }
}
```

程序解析：

在 invert 函数中，形参 x 是一个整型数组名，它实际上接收了实参 p 的值，即数组的首地址。形参 n 接收了实参 10，表示数组的长度。在 invert 函数中，通过指针算术运算，实现了数组元素的反转。定义了一个指针变量 p，并初始化为数组的最后一个元素的地址。通过循环，将 p 指向的元素与 x 指向的元素交换，然后 p 向前移动，x 向后移动，直到 p 小于 x，即指针 p 和 x 相遇或 p 超过 x，从而实现数组元素的反转。

8.3 指针与函数

指针与函数的应用主要有两种方式：一是指向函数的指针，变量和数组都有地址，函数也有地址，因此指针也可以指向函数；二是函数的返回值为指针，函数返回值通常是基本数据类型，但当需要返回一个地址时，返回值就定义为指针型。

8.3.1 指向函数的指针

数组名代表了数组的起始地址，而函数名则表示了函数的入口地址。所谓的函数指针，其实就是一个特殊的指针变量，它存储的是某个函数的入口地址，我们也常常将这样的指针称为"指向函数的指针"。

【例 8-17】 编写函数求两个数中的较小者，在主函数中输入两个整数，并输出较小者的值。要求：利用函数指针调用函数。

```
#include<stdio.h>
int main()
{
    int min(int x, int y);          //函数声明,作用域仅限于 main 函数
    int a, b, c;
    int (*p)(int, int);             //定义指向函数的指针变量 p
    p = min;                        //将 min 函数的地址赋值给指针变量 p
    scanf("%d%d", &a, &b);
    c = (*p)(a, b);                 //通过指针变量 p 调用 min 函数
    printf("a=%d,b=%d,min=%d\n", a, b, c);
    return 0;
}
int min(int x, int y)               // 定义 min 函数,返回两个整数中的较小者
{
    if(x<y)
        return x;
    else
        return y;
}
```

程序解析：

在程序中，"int(*p)(int,int);"表示定义一个指向函数的指针变量 p。该指针变量只能指向返回值为 int 类型，形式参数为两个 int 类型的函数；"p=min;"将 min() 函数的起始地址赋值给指针变量 p，使 p 指向 min() 函数；当执行"c=(*p)(a,b);"时，通过函数指针 p 间接访问(*p)(a,b)实现调用 min() 函数，相当于执行 min(a,b) 并获得其返回值。

1. 指向函数的指针的定义

定义指向函数的指针变量的一般形式如下：

类型名（*指针变量名）（[形式参数列表]）；

其中，方括号中是可选项。功能是定义一个指向函数的指针变量，该指针变量只能指向返回值为"类型名"、形式参数为"形式参数列表"的函数。

（1）在定义指向函数的指针变量时，通常需要写出形式参数的类型和形式参数的名称，但也可以只给出形式参数的类型。

（2）在通过指向函数的指针变量调用函数之前，必须确保该指针变量已经指向了一个有效的函数。

（3）对于指向函数的指针变量，允许进行以下操作。

将函数名或另一个指向相同类型函数的指针变量的值赋给该指针变量。

使用函数名或指向函数的指针变量作为函数的参数。

2. 指向函数的指针的引用

可以通过指向函数的指针变量调用函数，调用形式如下：

（*指针变量名）（实际参数列表）

这种调用方式与直接使用函数名调用函数的效果是相同的：

函数名（实际参数列表）

将函数名赋给指向函数的指针变量后，就可以通过该指针变量调用函数。直接使用函数名调用函数时，只能调用所指定的一个函数；而使用指针变量进行函数调用时，可以调用同类型（即返回值和形式参数类型完全相同）的不同函数。

【例8-18】 有两个实数 x 和 y，由用户输入一个操作码（1,2,3,4）。如果输入 1，程序就给出 x 和 y 中的较大者；如果输入 2，程序就给出 x 和 y 中的较小者；如果输入 3，程序就输出 x 和 y 的积（x * y）；如果输入 4，程序就输出 x 和 y 的和（x＋y）。

```c
#include <stdio.h>
double max(double, double);
double min(double, double);
double add(double, double);
double product(double, double);
void fun(double x, double y, double (*p)(double, double));
int main()
{
    double a, b;
    int n;
    printf("请输入两个实数 a 和 b(用空格分隔): ");
    scanf("%lf %lf", &a, &b);
    printf("请选择操作(1:较大者 2:差 3:积 4:和): ");
    scanf("%d", &n);                //输入 1、2、3 或 4 之一
    if(n==1) fun(a, b, max);
    else if(n==2) fun(a, b, min);
    else if(n==3) fun(a, b, product);
    else if(n==4) fun(a, b, add);
    else
        printf("无效的选择!\n");
    return 0;
```

```
}
double max(double x, double y)
{
    return (x > y) ? x : y;
}
double min(double x, double y)
{
    return (x < y) ? x : y;
}
double add(double x, double y)
{
    return x + y;
}
double product(double x, double y)
{
    return x * y;
}
// 通用操作函数
void fun(double x, double y, double (*p)(double, double))
{
    double result = (*p)(x, y);
    printf("%.2lf\n", result);
}
```

运行结果：

```
请输入两个实数 a 和 b(用空格分隔): 28.5 30.0
请选择操作(1:较大者 2:差 3:积 4:和): 3
855.00
```

程序解析：

在定义 fun 函数时,在函数首部用 double(*p)(double,double)声明形参 p 是指向函数的指针,该函数是实型函数,有两个实型形参。max、min、product 和 add 是已定义的 4 个函数,分别用来实现求较大数、求小数、求积和求和的功能。

当输入 1 时(n=1),调用 fun 函数,除了将 a 和 b 作为实参,将两个实数传给 fun 函数的形参 x 和 y 外,还将函数名 max 作为实参,将其入口地址传送给 fun 函数中的形参 p(p 是指向函数的指针变量),这时,fun 函数中的(*p)(x,y)相当于 max(x,y),调用 max(x,y)就输出 a 和 b 中的较大者。同理,若 n=3,调用 fun 函数时,以函数名 product 作实参,fun 函数中的(*p)(x,y)相当于 product(x,y),调用 product(x,y),就输出 a 和 b 之积。

8.3.2 返回指针值的函数

一个函数的返回值通常是指定类型的数据,比如整型、字符型、浮点型等。当函数需要返回一个地址时,也可以将它的返回值定义为指针类型,即返回指针值的函数。

定义返回指针值的函数的一般形式如下:

```
类型名 *函数名([类型名 形式参数1,类型名 形式参数2,…])
{
    说明语句
    执行语句
}
```

其中，＊表示函数的返回值是一个指针，其指向的数据类型由函数名前的类型名确定。除函数名前的＊外，其他都与普通函数定义形式相同，这种函数也称为指针型函数。

【例 8-19】 有 4 个学生，每个学生有 5 门课程的成绩，输入学生序号，并输出该学生的全部成绩。用指针函数来实现。

```c
# include < stdio. h >
int * search(int ( * pointer)[5],int n)        //返回值为 int 指针
{
    int * pt;
    pt = * (pointer + n);                      //pt 的值是 &score[n][0]
    return (pt);
}
int main()
{
    int score[][5] = {{78,85,80,68,90},{90,70,60,80,66},{58,73,69,82,93},{82,62,39,69,79}};
    int * p;
    int i,k;
    printf("输入要找的学生的序号(1 - 4):\n");
    scanf(" % d",&k);                          //输入要找的学生的序号
    printf("\n 第 % d 个学生的成绩为:\n",k);
    p = search(score,k - 1);                   //调用 search 函数,返回 score[k - 1][0]的地址
    for(i = 0;i < 5;i++)
            printf(" % d\t", * (p + i));       //输出 score[k - 1][0]到 score[k - 1][4]的值
    printf("\n");
    return 0;
}
```

运行结果：

```
输入要找的学生的序号(1 - 4):
3
第 3 个学生的成绩为:
58 73 69 82 93
```

程序解析：

输入学生序号，要输出该学生 5 门课程的成绩，函数返回二维数组中当前行的首地址，因此定义一个查询学生成绩的函数 search，它是一个返回指针的函数，形参是指向二维数组的指针变量 pointer 和整型变量 n，在 search 函数内部定义了一个 int 指针 pt，并通过 ＊(pointer+n)获取第 n+1 行(在 C 语言中，数组索引从 0 开始)的首地址，即 &score[n][0]，并将其赋值给 pt，函数返回 pt，即第 n+1 行成绩数组的首地址。

在 main 函数中，调用 search 函数，传入 score 数组和 k-1 作为参数，并将返回的地址赋值给 p。变量 k 用于存储用户输入的学生序号(从 1 开始)。因此，在调用 search 函数时，需要传入 k-1 来确保正确的索引，n 的值实际上是 k-1，＊(pointer+n)就是 ＊(pointer+(k-1))，这对应于 &score[k-1][0]，即第 k 个学生的成绩数组的首地址(因为用户输入的是从 1 开始的序号，而数组索引是从 0 开始的)。最后使用一个循环遍历 p 指向的数组(即第 k-1 行)，并输出该学生的 5 门课程成绩。

【例 8-20】 编写函数，将字符串 a 复制到字符串 b 中，并返回字符串 b 的起始地址。

```c
# include < stdio. h >
# include < string. h >
```

```
#define N 100
char * copy_string(char * source,char * destination)
//copy_string 函数的返回值为字符指针
{
    char * ps = destination;
    while( * source!= '\0')
    {
        * destination = * source;
            destination++;
            source++;
    }
     * destination = '\0';
    return ps;
}
int main()
{
    char a[N] = "This is a test string.";
    char b[N] = "you";
    printf("a string: % s\n b string: % s\n",a,b);
    printf ("\ncopy a -- > b:\n\n");
    copy_string(a, b);                        //将 a 的内容复制到 b
    printf("After copying:\n a string: % s\n b string: % s\n", a, b);
    return 0;
}
```

程序解析：

题目要求函数返回地址，则定义函数的返回值为字符指针。在 copy_str() 函数中，定义一个指针 ps，初始化为 destination，用于最终返回目标字符串的起始地址。然后进入循环，将源字符串中的字符复制到目标字符串中，通过两个指针 source 和 destination 的递增来确保字符一一对应地复制。while 循环结束后，给指针 destination 指向的字符赋值'\0'，以确保它是一个有效的 C 语言字符串。最后，copy_string 函数返回 ps 的值，即目标字符串的起始地址。

本 章 小 结

指针变量的值为存储地址。指针可以初始化为 0、NULL 或变量的地址，这个变量的数据类型必须与指针的基本类型相同。取地址运算符($\&$)返回操作数的地址，它的操作数必须是变量名或数组元素名，不能用于常量和用 register 定义的变量。间接运算符($*$)返回指针变量所指向的变量的值。使用指针可以提高程序的运行效率。指针变量的定义及其含义如表 8-4 所示。指针变量的赋值如表 8-5 所示。

表 8-4 指针变量的定义及其含义

指 针 定 义	含 义
int * p;	p 为指向整型数据的指针变量
int * p[n];	p 为指针数组，由 n 个指向整型数据的指针元素组成
int(* p)[n];	p 为指向含 n 个元素的一维数组的指针变量，用于指向二维数组
int * p();	p 为返回整型指针的函数

指 针 定 义	含　义
int * p()();	p 为指向返回整型值的函数指针
int ** p;	p 为一个指向整型指针的指针变量

表 8-5　指针变量的赋值

指针变量的赋值	含　义
p=&a;	将变量 a 的地址赋给 p
p=array;	将数组 array 的首地址赋给 p
p=&array[i];	将数组 array 第 i 个元素的地址赋给 p
p=max;	设 max 为已定义的函数,将 max 的入口地址赋给 p
p=p1;	p 和 p1 都是指针变量,将 p1 的值赋给 p
p=NULL;	将 NULL 值赋给 p,使 p 成为空指针,即 p 不指向任何有效地址

习　题　8

一、选择题

1. 设已有定义"float x;",则下列对指针变量 p 进行定义且赋初值的语句中正确的是（　　）。

  A. int * p=(float)x;   B. float * p=&x;

  C. float p=&x;   D. float * p=1024;

2. 若有定义语句"double a, * p=&a;",下列叙述中错误的是（　　）。

  A. 定义语句中的"*"是一个间址运算符

  B. 定义语句中的"*"是一个说明符

  C. 定义语句中的"p"只能存放 double 类型变量的地址

  D. 定义语句中,"* p=&a"把变量 a 的地址作为初值赋给指针变量 p

3. 有以下程序:

```
#include<stdio.h>
main()
{
  int a=1,b=3,c=5;
  int * p1 = &a, * p2 = &b, * p = &c;
  * p = * p1 * ( * p2);
  printf(" % d\n",c);
}
```

程序的运行结果是（　　）。

  A. 1   B. 2   C. 3   D. 4

4. 下列程序段中完全正确的是（　　）。

  A. int * p; scanf("%d", &p);

  B. int * p; scanf("%d", p);

  C. int k, * p=&k; scanf("% d",p);

  D. int k, * p; * p=&k; scanf("%d",p);

5. 若有定义"int a[2][3], ＊p[3];",则以下语句中正确的是(　　)。

    A. p＝a;
                      B. p[0]＝a;

    C. p[0]＝&a[1][2];
           D. p[1]＝&a;

6. 有以下程序:

```
# include< stdio.h>
void f(int ＊ p, int ＊ q);
main()
{
  int m = 1,n = 2, ＊ r = &m;
  f(r,&n);
  printf( "% d, % d" ,m,n);
}
void f(int ＊ p, int ＊ q)
{
  p = p + 1;
  ＊ q = ＊ q + 1;
}
```

程序的运行结果是(　　)。

    A. 2,3
          B. 1,3
          C. 1,4
          D. 1,2

7. 下列语句组中正确的是(　　)。

    A. char ＊ s; s＝"Olympic";
        B. char s[7]; s＝"Olympic";

    C. char ＊ s; s＝{"Olympic"};
      D. char s[7]; s＝{"Olympic"};

8. 设有定义"char ＊ c;",以下选项中能够使 c 正确指向一个字符串的是(　　)。

    A. char str[]＝"string" ; c＝str;
      B. scanf("％s" ,c);

    C. c＝getchar();
            D. ＊ c＝"string";

9. 有以下程序(注:字符 a 的 ASCII 码值为 97):

```
# include< stdio.h>
main()
{
    char ＊ s = {"abc"};
    do
    {
        printf("% d", ＊ s ％ 10);
        ++s;
    } while( ＊ s);
}
```

程序的运行结果是(　　)。

    A. 789
          B. abc
          C. 7890
          D. 979899

10. 以下函数的功能是(　　)。

```
int fun( char ＊ x, char ＊ y)
{
    int n = 0;
    while(( ＊ x == ＊ y) && ＊ x!= '\0')
    {
    x++; y++; n++;
    }
```

```
        return n;
    }
```

  A. 将 y 所指字符串赋给 x 所指存储空间

  B. 查找 x 和 y 所指字符串中是否有 '\0'

  C. 统计 x 和 y 所指字符串中最前面连续相同的字符个数

  D. 统计 x 和 y 所指字符串中相同的字符个数

11. 函数 fun 的功能是在 a 所指的具有 n 个元素的数组中查找最大值并返回给调用函数,但函数不完整:

```
int fun(int * a, int n)
{
    int * p, * s;
    for(p = a,s = a;p - a < n;p++)
    if(_____) s = p;
    return * s;
}
```

在 if 语句下画线处应填入的选项是( )。

  A. p＞s   B. ＊p＞＊s   C. a[p]＞a[s]   D. p－a＞p－s

12. 设有定义"int x[10], * p = x,i;",若要为数组 x 读入数据,以下选项正确的是( )。

  A. for(i＝0;i＜10;i＋＋) scanf("%d",p+i);

  B. for(i＝0;i＜10;i＋＋) scanf("%d", * p+i);

  C. for(i＝0;i＜10;i＋＋) scanf("%d", * (p+i));

  D. for(i＝0;i＜10;i＋＋) scanf("%d",x[i]);

13. 有以下程序段:

```
char str[4][12] = { "aaa" ,"bbb" ,"ccc" ," ddd" }, * p[4];
 int i; for(i = 0;i < 4;i++) p[i] = str[i];
```

以下选项中不能正确引用字符串的是( )。

  A. * p[3]   B. p[3]   C. str[2]   D. * p

14. 有以下程序:

```
# include < stdio. h>
main()
{
    int a[3][3] = {{1,3,5,},
                {7,9,11,},
                {13,15,17}};
int ( * p)[3] = a, i,j,n = 0;
for(i = 0;i < 3;i++)
    for(j = 0;j < 2;j++)
        n += * ( * (p+i) + j);
    printf("% d\n",n);
}
```

程序运行后的输出结果是( )。

  A. 54   B. 60   C. 36   D. 48

15. 有以下程序：

```
#include<stdio.h>
void swap(int *a,int *b)
{
    int t,*tp;
    t=*a; *a= *b; *b=t;
    tp=a;a=b;b=tp;
    printf("%d, %d,", *a, *b);
}
main()
{
    int i=3,j=7,*p=&i,*q=&j;
    swap(p,q);
    printf("%d, %d, %d, %d", i, j, *p, *q);
}
```

程序运行后的输出结果是( )。

    A. 3,7,3,7,3,7   B. 7,3,7,3,7,3   C. 3,7,3,7,7,3   D. 3,7,7,3,7,3

二、程序题

1. 输入 3 个整数，按由小到大的顺序输出。

2. 输入 3 个字符串，按由小到大的顺序输出。

3. 输入一行英文，找出其中大写字母、小写字母、空格、数字以及其他字符各有多少。

4. 写一个函数，将一个 3×3 的整型矩阵转置。

5. 以下程序中请编写函数 upfst()，其功能是读入一个英文文本行，将其中每个单词的第 1 个字母改成大写，然后输出此文本行(这里"单词"是指由空格隔开的字符串)。例如，若输入"I am a student to take the examination"，则应输出"I Am A Student To Take The Examination"。

```
#include<ctype.h>
#include<string.h>
#include<stdio.h>
void upfst (char *p)
{



}
void main()
{
    char chrstr[81];
    printf("\nPlease enter an English text line:");
    gets(chrstr);
    printf("\nBofore changing:\n%s",chrstr);
    upfst(chrstr);
    printf("\nAfter changing:\n%s\n",chrstr);
}
```

6. 以下程序中函数 fun()的功能是将 a 和 b 所指的两个字符串分别转换成值相同的整数并相加，将结果作为函数值返回，规定字符串中只含 9 个以下数字字符。请编写 ctod()函数使程序完整。

例如，主函数中输入字符串"32486"和"12345"，在主函数中输出的函数值为 44831。

```c
# include < stdio. h >
# include < ctype. h >
# include < string. h >
# define N 9
long ctod( char * s)
{



}
long fun( char * a, char * b)
{
    return ctod(a) + ctod(b);
}
main( )
{
    char s1[N],s2[N];
    do
    {
        printf("Input string s1:");
        gets(s1);
    }while(strlen (s1)> N);
    do
    {
        printf("Input string s2: ");
        gets(s2);
    }while( strlen(s2) > N);
    printf("The result is: % ld\n", fun(s1,s2));
}
```

7. 在以下程序中请编写函数 fun()，函数的功能是查找 x 在 s 所指数组中下标的位置，并将其作为函数值返回，若 x 不存在，则返回－1。

```c
# include < stdio. h >
# include < stdlib. h >
# define N 15
void NONO();
int fun( int * s, int x)
{



}
main( )
{
    int a[N] = {29,13,5,22,10,9,3,18,22,25,14,15,2,7,27},i,x,index;
    printf("a 数组中的数据:\n");
    for(i = 0; i < N;i++)
    printf(" % 4d",a[i]);
    printf("\n");
    printf("给 x 输入待查找的数:");
    scanf(" % d",&x);
    index = fun(a,x );
    printf("index = % d\n",index);
    NONO( );
}
void NONO( )
```

```
{/* 本函数用于打开文件、输入数据、调用函数、输出数据及关闭文件 */
    FILE * fp, * wf;
    int i, j, a[10],x,index;
    fp = fopen("in.dat","r");
    wf = fopen("out.dat","w");
    for(i = 0 ;i < 10;i++)
    {
        for(j = 0 ; j < 10;j++)
        {
            fscanf(fp,"%d",&a[j]);
        }
        fscanf(fp,"%d",&x);
        index = fun (a,x);
        fprintf(wf,"%d\n", index);
    }
    fclose(fp);
    fclose(wf);
}
```

8. 在以下程序中请编写函数 fun(),其功能是移动一维数组中的内容,若数组中有 n 个整数,要求把下标为 0~p(含 p,p 不大于 n−1)的数组元素平移到数组的最后。例如,一维数组中的原始内容为 1、2、3、4、5、6、7、8、9、10;p 的值为 3。移动后,一维数组中的内容应为 5、6、7、8、9、10、1、2、3、4。

```
#include < stdio.h>
#define N 80
void fun (int * w, int p, int n)
{



}
main()
{
    int a[N] = {1,2,3,4,5,6,7,8,9,10,11,12,13,14,15};
    int i,p,n = 15;
    printf("The original data:\n");
    for(i = 0; i < n; i++)
        printf("%3d",a[i]);
    printf("\n\nEnter p:");
    scanf("%d",&p);
    fun(a,p,n);
    printf(" \nThe data after moving:\n");
    for(i = 0; i < n; i++)
        printf("%3d",a[i]);
    printf("\n\n");
}
```

9. 在以下程序中请编写函数 fun(),其功能是将 s 所指字符串中的字母转换为字母序列的后续字母(如"Z"转换为"A","z"转换为"a"),其他字符不变。

```
#include < stdlib.h>
#include < stdio.h>
#include < ctype.h>
#include < conio.h>
void fun(char * s)
```

```
    {



    }
void main ()
{
    char s[80];
    system("CLS");
    printf ("\n Enter a string with length < 80:\n\n");
    gets(s);
    printf("\nThe string:\n\n");
    puts(s);
    fun(s);
    printf("\n\nThe Cords:\n\n");
    puts(s);
}
```

10. 在以下程序中请编写函数 fun(),其功能是将 M 行 N 列的二维数组中的字符数据,按列的顺序依次存放到一个字符串中。例如,若二维数组中的数据为

```
W W W W
S S S S
H H H H
```

则字符串中的内容应是 WSHWSHWSHWSH。

```
# include < stdio. h >
# define M 3
# define N 4
void fun(char( * s)[N],char * b)
{



}
void main()
{
    char a[100];
    char w[M][N] = {{'W', 'W', 'W', 'W'}, {'S', 'S', 'S', 'S'}, {'H', 'H', 'H', 'H'}};
    int i,j;
    printf("The matrix:\n");
    for(i = 0;i < M;i++)
    {
        for(j = 0;j < N;j++)
            printf(" % 3c",w[i][j]);
        printf("\n");
    }
    fun(w,a);
    printf("The string:\n");
    puts(a);
    printf("\n\n");
}
```

第9章

结构体与共用体

严格的标准在任何时候都有至关重要的作用。从小到大,我们学习过不少的日常行为规范。行为规范不仅是一种标准,更是一种要求,也是一种养成习惯的教育。遵守规范的人,一定也是有着良好习惯的人,只有好习惯伴随,我们才能走向成功,迎接辉煌。

在前面的章节中,介绍了 C 语言的基本数据类型,如整型、实型(浮点型)、字符型等,它们构成了 C 语言编程的基础。还介绍了一种构造类型的数据——数组,它允许我们将相同类型的数据元素组织成一个有序的集合,从而大幅提升了数据处理的效率。然而,随着程序复杂性的增加,仅仅依靠基本数据类型和数组已经无法满足某些特定的编程需求。例如,一个学生的信息有学号、姓名、性别、年龄、住址、成绩等,如何用一个变量来存放这些逻辑上相关但类型不同的数据呢? 这时,需要更加灵活和强大的数据组织方式。因此,本章将引入 C 语言中另外几种重要的构造类型数据——结构体、共用体和枚举类型。

9.1 定义和使用结构体变量

9.1.1 自己建立结构体类型

结构体类型是用户根据特定需求自定义的一种复合数据类型,等同于 C 语言中的标准类型(int、float、char 等),数据类型本身不包含具体的数据,系统也不会为其分配存储空间。而是在声明结构体变量时,根据结构体类型的定义来分配相应的存储空间。结构体允许用户定义包含多个不同类型成员的复合数据结构,可以将逻辑上相关联的数据组织在一起,每个成员可以用来表示事物的不同特征。例如,在处理学生信息时,由于一个学生通常具有多个不同的属性,如学号(可能是整数或字符串)、姓名(字符串)、性别(可能是字符或枚举型)、年龄(整数)和成绩(可能是浮点数或整数),这些属性之间存在内在联系且类型各异。为了方便管理和操作这些相关联的数据,我们需要先声明一个结构体类型,将学生的所有属性封装在一个单独的数据结构中。这个结构体中的每个成员变量都代表学生的一个特定信息,如学号、姓名、性别、年龄和成绩,从而提供了一种结构化和模块化的方式来处理学生信息。

```
struct Student
{
    char num[8];            /* 学号是字符数组类型 */
    char name[30];          /* 姓名是字符数组类型 */
    char sex;               /* 性别是字符型变量 */
    int age;                /* 年龄是整型变量 */
```

```
        char addr[60];              /* 住址是字符数组类型 */
        float score[3];             /* 成绩是浮点型数组 */
    };
```

声明一个学生结构体类型,其中结构体类型名为 struct Student,包含了 6 个数据成员,其中,字符型数组 num 表示学生的学号,字符型数组 name 表示学生的姓名,字符型变量 sex 表示学生的性别,整型变量 age 表示学生的年龄,字符型数组 addr 表示学生的住址,浮点型数组 score 表示学生三门课的成绩。

结构体类型定义的一般形式如下:

```
struct 结构体名
{
        数据类型 1      成员名 1;
        数据类型 2      成员名 2;
           ⋮
        数据类型 n      成员名 n;
};
```

在声明结构体类型时,需要注意以下几点。

(1) 结构体类型包含两个部分:结构体类型名和结构体成员列表。结构体类型名由关键字 struct 和结构体名组成,结构体名应遵循标识符的命名规则。

(2) 结构体成员列表放在一对花括号{}中,表示这些成员都属于这个结构体类型。结构体声明的末尾需要加上分号,以表示声明结束。每个成员的定义方法与普通变量的定义方法相同,包括指定成员类型和成员名。成员名可以与程序中的其他变量名相同,但在结构体内部和外部使用时,它们代表的含义和作用域是不同的。

(3) 结构体成员的类型可以是基本数据类型(如 int、float、char 等),也可以是数组、指针或其他结构体类型。这种嵌套结构允许创建复杂的数据结构,以满足不同的编程需求。例如,要将学生的信息扩展为包含学号、姓名、性别、出生日期、地址和三门功课成绩,其中学生信息中的出生日期包括年、月、日,它们都是出生日期的属性,具有内在联系,因此在描述该成员时,需要声明一个结构体类型 struct Date。

```
struct Date                         /* 声明一个结构体类型 struct Date */
{
    int year;
    int month;
    int day;
};
struct Student
{
    char num[8];
    char name[30];
    char sex;
    struct Date birth;              /* 定义结构体类型 struct Date 的变量 birth */
    char addr[60];
    float score[3];
};
```

在这种方式中,struct Date 被首先声明为一个独立的结构体类型。之后,在定义 struct Student 时,可以直接使用 struct Date 作为其成员类型,而不需要在 struct Student 内部再次声明 struct Date。

也可以将 struct Date 定义在 struct Student 内部：

```
struct Student
{
    char num[8];
    char name[30];
    char sex;
    struct Date
    {
        int year;
        int month;
        int day;
    }birth;                        /* 定义结构体类型 struct Date 的变量 birth */
    char addr[60];
    float score[3];
};
```

9.1.2 定义结构体类型变量

要想在程序中使用结构体类型的数据，必须定义结构体类型的变量。按照结构体类型的组成，系统为定义的结构体变量分配内存单元。结构体变量所占内存大小为结构体中每个成员所占用内存的长度之和。

定义结构体变量通常有 3 种方法。

1. 先声明结构体类型，再定义该类型的变量

```
struct Student
{
    char num[8];
    char name[30];
    char sex;
    int age;
    char addr[60];
    float score[3];
};
struct Student student1,student2;
```

2. 在声明结构体类型的同时定义变量

```
struct Student
{
    char num[8];
    char name[30];
    char sex;
    int age;
    char addr[60];
    float score[3];
}student1,student2;
```

3. 声明结构体类型的同时定义结构体变量，但不指定结构体名

```
struct
{
    char num[8];
    char name[30];
    char sex;
```

```
        int age;
        char addr[60];
        float score[3];
    }student1,student2;
```

9.1.3 结构体变量的初始化和引用

结构体变量在定义时系统会分配一定的存储区用于存放结构体变量的成员的数据。结构体变量的初始化是指在定义结构体变量的同时,对其各个成员指定初始值。

【例 9-1】 把一个教师的信息(包括工号、姓名、年龄、专业)放在一个结构体变量中,然后输出该教师的信息。

```
# include < stdio. h>
int main()
{
    struct Teacher                      //声明结构体类型 struct Teacher
    {
        int teacherid;                   //教师工号
        char name[50];                   //教师姓名
        int age;                         //教师年龄
        char subject[50];                //教师专业
    }t = {10101, "Wang Wei", 40, "Computer Science"};      /* 定义结构体变量 t 并初始化 */
    printf("工号:% d\n 姓名:% s\n 年龄:% d\n 专业:% s\n", t. teacherid, t. name, t. age, t.
subject);
    return 0;
}
```

运行结果:

【例 9-2】 已知两个学生的信息,其中包括学号、姓名、性别、出生日期、成绩,将学生信息按成绩从高到低排序输出。

```
# include < stdio. h>
int main()
{
    struct student
    {
        char num[8];
        char name[20];
        char sex;
        struct date
        {
            int year;
            int month;
            int day;
        } birthday;
        float score;
    };
    struct student a = {"9606011", "Li ming", 'M', {1977, 12, 9}, 83};
```

```
    struct student b = {"9608025", "Zhang liming", 'F', {1978, 5, 10}, 95};
    struct student t;
    if(a.score < b.score)
    {
        t = a;
        a = b;
        b = t;
    }
    printf("学号\t  姓名\t  性别\t 出生日期\t 成绩\n");
    printf("% s   % 12s\t % c\t % d- % d- % d\t % .2f\n",
a.num, a.name, a.sex, a.birthday.year, a.birthday.month, a.birthday.day, a.score);
    printf("% s% 12s\t % c\t % d- % d- % d\t % .2f\n",
b.num, b.name, b.sex, b.birthday.year, b.birthday.month, b.birthday.day, b.score);
    return 0;
}
```

运行结果：

```
学号      姓名      性别      出生日期      成绩
9608025 Zhang liming    F       1978-5-10     95.00
9606011   Li ming       M       1977-12-9     83.00
```

程序解析：

（1）在定义结构体变量时可以对它的成员初始化。在例 9-1 中定义了一个名为 Teacher 的结构体类型，有 4 个成员，在声明类型的同时定义了结构体变量 t，并对这个变量进行了初始化。初始化列表用花括号括起来的一些常量，这些常量依次赋给结构体变量中的各成员。

（2）可以引用结构体变量中成员的值，引用方式为"**结构体变量名.成员名**"。例 9-1 中，t 为 Teacher 类型的结构体变量，则 t.teacherid 表示 t 变量中的 teacherid 成员，即 t 的 teacherid（教师工号）成员。"."是成员运算符，它在所有的运算符中优先级最高，可以把 t.teacherid 作为一个整体来看待，相当于一个变量。

在程序中可以对变量的成员赋值，例如，"t.teacherid=10102;"。

（3）不能通过输出结构体变量名来达到输出结构体变量所有成员的值。例如，"printf ("%s\n",t);"这种用法是错误的。只能对结构体变量中的各个成员分别进行输入输出。

（4）如果成员本身又是一个结构体类型，则要用若干个成员运算符逐级引用。只能对最低级的成员进行赋值或存取以及运算。在例 9-2 中，结构体 struct student 类型的成员中包含另一个结构体 struct date 类型的成员 birthday，则引用成员的方式为

```
a.num              //结构体变量 a 中的成员 num
a.birthday.year    //结构体变量 a 中的成员 birthday 中的成员 year
```

（5）结构体变量的成员可以像普通变量一样进行各种运算（根据其类型决定可以进行的运算）。例如：

```
a.score = b.score;
sum = a.score + b.score;
t.age++;
```

（6）同类的结构体变量可以互相赋值，如例 9-2 中 a、b、t 均为同类型的结构体变量。

```
t = a;
a = b;
```

结构体与共用体

（7）可以引用结构体变量成员的地址，在例9-1中，各成员的值也可以从键盘输入。

```
scanf("%d %s %d %s", &t.teacherid, t.name, &t.age, t.subject);
```

注意，scanf函数中在成员t.teacherid和t.age的前面都有地址符&，而在t.name和t.subject前面没有&，这是因为name和subject是数组名，本身就代表地址。

不能用以下语句整体读入结构体变量：

```
scanf("%d %s %d %s",&t);    //错误用法
```

（8）可以引用结构体变量的地址。结构体变量的名称表示的是结构体变量在存储区的起始地址，例如：

```
printf("%o",&t);    //输出结构体变量t的起始地址
```

结构体变量的地址主要用作函数参数，传递结构体变量的地址。

9.2　结构体数组

一个学生的信息可以用一个结构体变量来表示，但如果有多个这样的学生，处理时可以用多个结构体变量来表示，但是没有结构体数组灵活方便。结构体数组具有一般数组的特性，即所有数组元素的数据类型都相同，但结构体数组中的元素不再是简单的基本数据类型，而是一个结构体类型，它们都分别包含多个成员项。

9.2.1　结构体数组的定义

和定义结构体变量的方法类似，只须说明其为数组即可。例如：

```
struct Teacher                /*定义结构体类型的同时定义数组*/
{
    int teacherid;
    char name[50];
    int age;
    char subject[50];
}teacher[10];
```

或

```
struct Teacher                /*先定义结构体类型*/
{
    int teacherid;
    char name[50];
    int age;
    char subject[50];
};
struct Teacher teacher[10];    /*再定义数组*/
```

或

```
struct                        /*直接定义结构体数组,省略结构体名*/
{
    int teacherid;
    char name[50];
    int age;
```

```
        char subject[50];
}teacher[10];
```

9.2.2 结构体数组的初始化和引用

和其他类型的数组一样,可以对结构体数组进行初始化。结构体数组元素的引用和普通数组元素的引用类似。如例 9-3 中 teacher[0]是结构体数组 teacher 中下标为 0 的元素,它是一个结构体变量。因此可以像普通结构体类型变量一样引用 teacher[0]的成员。其引用的一般形式为"结构体数组名[下标]. 成员项名",如 teacher[0]. teacherid 表示下标为 0 的教师的工号,teacher[1]. name 表示下标为 1 的教师姓名,teacher[2]. subject 表示下标为 2 的教师的专业。

【例 9-3】 把三个教师的信息(包括工号、姓名、年龄、专业)存放在一个结构体数组中,然后输出全部教师的信息。

```
# include < stdio. h>
int main()
{
    int i;
    struct Teacher
    {
        int teacherid;
        char name[50];
        int age;
        char subject[50];
    } teacher[3] = { {10101, "Wang Wei", 40, "Computer Science"},
        {10102, "Li Ming", 35, "Mathematics"},
        {10103, "Zhang Hua", 28, "Physics"} };
    printf("工号\t 姓名\t 年龄\t 专业\n");
    for (i = 0; i < 3; i++)          // 打印结构体数组中的每个元素
        printf("%d\t%s\t%d\t%s\n",teacher[i].teacherid,teacher[i].name, teacher[i].
age, teacher[i].subject);
    return 0;
}
```

运行结果:

```
工号      姓名     年龄    专业
10101   Wang Wei        40      Computer Science
10102   Li Ming 35      Mathematics
10103   Zhang Hua       28      Physics
```

【例 9-4】 统计不同科目老师的数量。

```
# include < stdio. h>
# include < string. h>
struct Teacher
{
        int teacherid;
        char name[50];
        int age;
        char subject[50];
};
int main()
```

结构体与共用体

```
        {
                struct Teacher teachers[9] = {
                        {10001, "Alice", 30, "Math"},
                        {10002, "Eve", 38, "Computer"},
                        {10003, "Bob", 35, "English"},
                        {10004, "David", 32, "Math"},
                        {10005, "Frank", 42, "English"},
                        {10006, "Grace", 33, "Computer"},
                        {10007, "Harry", 36, "Computer"},
                        {10008, "TOM", 42, "English"},
                        {10009, "JACK", 33, "Computer"}};
                // 统计各科老师的数量
                int i,mathCount = 0, englishCount = 0, computerCount = 0;
                for (i = 0; i < 9; i++)
                {
                        if(strcmp(teachers[i].subject, "Math") == 0)
                                mathCount++;
                        else if(strcmp(teachers[i].subject, "English") == 0)
                                englishCount++;
                        else
                                computerCount++;
                }
            printf("Math 老师数量：%d\nEnglish 老师数量：%d\nComputer 老师数量：%d\n", mathCount,
        englishCount, computerCount);
                return 0;
        }
```

运行结果：

```
Math老师数量：2
English老师数量：3
Computer老师数量：4
```

程序解析：

该程序定义了一个 Teacher 结构体来存储教师信息，包括工号、姓名、年龄和所教科目。在 main 函数中，创建并初始化了包含 9 名教师的 teachers 数组。使用 for 循环遍历数组，并统计每种科目的教师数量。在循环中，使用了 strcmp 函数来比较字符串，strcmp 是一个标准库函数，用于比较两个 C 字符串。如果两个字符串相同，strcmp 返回 0。根据比较结果，程序会增加相应的计数器。最后，输出了每种科目的教师数量。

【例 9-5】 编程实现，输入 5 个学生的信息（包括学号、姓名、班级、成绩），计算学生的平均成绩和不及格的人数。

```
# include < stdio.h >
struct Student
{
        int num;
        char name[20];
        float score;
};
int main()
{
        struct Student stud[5];            /* 定义一个由 5 个元素组成的结构体数组 */
        int i,count = 0;
        float s = 0;
```

```
        for(i = 0;i < 5;i++)
        {
            printf("输入第%d个学生的信息:",i+1);
            scanf("%d%s%f",&stud[i].num,stud[i].name,&stud[i].score);
        }
        for(i = 0;i < 5;i++)
        {
            s = s + stud[i].score;
            if(stud[i].score < 60) count++;
        }
        printf("average = %f\n count = %d\n",s/5,count);
        return 0;
    }
```

运行结果：

```
输入第1个学生的信息:2024001 lihui 90
输入第2个学生的信息:2024002 tianyu 58
输入第3个学生的信息:2024003 zhaoli 92
输入第4个学生的信息:2024004 renfei 91
输入第5个学生的信息:2024005 wangyu 48
average=75.800000
 count=2
```

程序解析：

该程序定义了包含学号、姓名和成绩的 Student 结构体,并使用该结构体创建了一个包含 5 个元素的数组。通过循环从键盘读取 5 个学生的信息,并用 for 语句逐个累加各元素的 score 成员值存于 s 之中,若 score 的值小于 60 则计数器 count 加 1,循环完毕后计算平均值,并输出平均分和不及格人数。

9.3　结构体指针

与基本数据类型的指针变量相同,也可以定义一个指向结构体变量的指针变量,该指针变量的值就是结构体变量的起始地址。结构体指针变量还可用来指向结构体数组中的元素。类似于数组指针和函数指针,利用结构体指针同样可以访问该结构体变量。

定义结构体指针变量的一般形式如下：

struct 结构体名 *结构体指针变量名;

其中,"struct 结构体名"是已经定义的结构体类型名。

例如：

struct Student * pt;   //pt 可以指向 struct Student 类型的变量或数组元素

使用结构体指针变量引用结构体变量成员的形式有以下两种。

（1）使用成员运算符：(*结构体指针变量名).成员名。例如：

(*pt).num

（2）使用箭头运算符：结构体指针变量名->成员名。例如：

pt->num

如果 pt 指向一个结构体变量 stu,则以上两种用法等价于：

stu.num

第 9 章

结构体与共用体

9.3.1　指向结构体变量的指针

【例 9-6】 通过指向结构体变量的指针变量输出结构体变量中成员的信息。

```c
# include < stdio. h >
# include < string. h >
int main()
{
    struct Student                      //声明结构体类型 struct Student
    {
        long num;
        char name[20];
        char sex;
        float score;
    };
    struct Student stu_1;               //定义 struct Student 类型的变量 stu_1
    struct Student * p;                 //定义指向 struct Student 类型的指针变量 p
    p = &stu_1;                         //p 指向 stu_1
    stu_1. num = 10101;                 //对结构体变量的成员赋值
    strcpy(stu_1.name,"Li Lin");        //用字符串复制函数给 stu_1.name 赋值
    stu_1. sex = 'M';
    stu_1. score = 89.5;
    printf("No.: % ld\nname: % s\nsex: % c\nscore: % 5.1f\n",stu_1. num,stu_1. name,stu_1. sex,
stu_1. score);printf("\nNo.: % ld\nname: % s\nsex: % c\nscore: % 5.1f\n",( * p). num,( * p).
name,( * p). sex, ( * p). score);
    return 0;
}
```

运行结果：

```
No.:10101
name:Li Lin
sex:M
score: 89.5

No.:10101
name:Li Lin
sex:M
score: 89.5
```

程序解析：

程序定义了一个名为 Student 的结构体，包含学号、姓名、性别和分数 4 个成员。接着，程序声明了一个 Student 类型的变量 stu_1 和一个指向 Student 类型的指针变量 p，并通过"p=&stu_1;"将 stu_1 的地址赋给 p，使 p 指向 stu_1。然后，程序对 stu_1 的成员进行赋值，使用 printf 函数直接输出和通过指针 p 这两种方式输出了 stu_1 的各个成员值。第 1 个 printf 函数是通过结构体变量名 stu_1 访问它的成员，输出 stu_1 的各个成员的值。第 2 个 printf 函数是通过指向结构体变量的指针变量访问它的成员，输出 stu_1 各成员的值，使用(* p). num 的形式。也可以使用以下形式输出，请读者自行上机练习。

```c
printf("\nNo.: % ld\nname: % s\nsex: % c\nscore: % 5.1f\n",p->num,p->name,p-> sex, p-> score);
```

可以看到三个输出的结果是相同的。

9.3.2　指向结构体数组的指针

通过指向结构体数组的指针变量，可以方便地访问结构体数组中的各个元素以及各元

素下的所有成员。结构体数组指针就是结构体数组的起始地址。与指向其他类型数组的指针变量一样,指向结构体数组的指针变量也可以进行自加和自减运算。若指针 p 指向结构体数组,则 p+1 指向数组中的下一个元素。

【例 9-7】 有 5 名教师信息存放在结构体数组中,编写程序通过指向结构体数组的指针变量输出所有教师的信息。

```
# include < stdio. h>
struct Teacher {
    int teacherid;
    char name[50];
    int age;
    char subject[50];
};
int main()
{
    struct Teacher teachers[5] = {
        {105, "Alice", 30, "Math"},
        {103, "Bob", 35, "Physics"},
        {102, "Charlie", 40, "History"},
        {101, "David", 25, "English"},
        {104, "Eve", 45, "Biology"} };
        struct Teacher * p;                    //定义 struct Teacher 类型的指针变量 p
        for(p = teachers;p < teachers + 5;p++)
            printf("% - 3d % - 10s % - 3d % - 20s\n",p - > teacherid,p - > name,p - > age,p - >
subject);
        return 0;
}
```

运行结果:

```
105 Alice     30   Math
103 Bob       35   Physics
102 Charlie   40   History
101 David     25   English
104 Eve       45   Biology
```

程序解析:

本例中定义了一个 struct Teacher 类型的结构体数组 teachers[5],teachers 是数组名,p=teachers 的作用是将 teachers 数组的首地址赋给指针变量 p,此时 p 指向 teachers[0],在第 1 次循环中输出 teachers[0]的各成员值,然后执行 p++,指向 teachers[1],在第 2 次循环中输出 teachers[1]的各成员值,以此类推。

【例 9-8】 有 5 名教师信息存放在结构体数组中,要求按照教师的工号进行排序。

```
# include < stdio. h>
# include < string. h>
struct Teacher {
    int teacherid;
    char name[50];
    int age;
    char subject[50];
};
int main()
{
    struct Teacher teachers[5] = {
```

结构体与共用体

```
            {105, "Alice", 30, "Math"},
            {103, "Bob", 35, "Physics"},
            {102, "Charlie", 40, "History"},
            {101, "David", 25, "English"},
            {104, "Eve", 45, "Biology"} };
    struct Teacher * p = teachers; // 声明一个指向 Teacher 结构体数组的指针
    int i,j;
    struct Teacher temp ;
    // 冒泡排序
    for(j = 0; j < 4; j++)
    {
        for(i = 0; i < 5 - j; i++)
        {
            if (p[i].teacherid > p[i + 1].teacherid)
            {
            temp = p[i];
            p[i] = p[i + 1];
            p[i + 1] = temp;
            }
        }
    }
    printf("Sorted Teachers:\n");
    for(i = 0; i < 5; i++)
        printf("% - 3d % - 10s % - 3d % - 20s\n", p[i].teacherid, p[i].name, p[i].age,
p[i].subject);
        return 0;
    }
```

运行结果：

程序解析：

程序使用了冒泡排序算法对 struct Teacher 类型的结构体数组 teachers[5]进行排序。外层循环 j 从 0 到 3，代表需要进行比较的轮数（因为数组有 5 个元素，所以需要比较 4 轮）。在内层循环中，程序比较当前元素 p[i]和下一个元素 p[i+1]的 teacherid，如果 p[i].teacherid 大于 p[i+1].teacherid，说明这两个元素的顺序需要交换，于是使用临时变量 temp（注意，临时变量 temp 也定义为 struct Teacher 类型）来暂存 p[i]的值，然后将 p[i+1]的值赋给 p[i]，最后将 temp 的值赋给 p[i+1]，完成交换。

9.3.3 结构体作为函数参数

结构体变量作为函数的参数，主要有 3 种形式。

（1）用结构体变量的成员作为函数参数，将结构体变量的成员作为实参，在函数调用时，将结构体变量的成员的值传给形参，属于值传递方式，应当注意实参与形参的类型保持一致。

（2）用结构体变量作为实参，也是值传递方式，将结构体变量所占内存单元的内容全部顺序传递给形参，形参也必须是同类型的结构体变量。在函数调用期间形参也要占用内存单元,这种传递方式在空间和时间上开销都比较大。

(3) 用指向结构体变量(或数组元素)的指针作为实参,将结构体变量(或数组元素)的地址传给形参。

【例 9-9】 编程实现输入 4 名学生的信息,包括学号、姓名和 4 门课程的成绩,输出平均分最高的学生信息。(利用函数调用实现)

```
#include <stdio.h>
#define N 4
struct Student
{
    int num;
    char name[30];
    int score[4];
    float aver;
};
int main()
{
    void input(struct Student stud[]);        //函数声明
    struct Student max(struct Student stud[]); //函数声明
    void output(struct Student stud);         //函数声明
    struct Student stud[N], * p = stud;       //定义结构体数组和指针
    input(p);                                  //调用 input()函数
    output(max(p));      //调用 output()函数,以 max 函数的返回值作为实参
    return 0;
}
void input(struct Student stud[])
{
    int i;
    printf("请输入学生的信息(学号、姓名、4 门课程成绩):\n");
    for(i = 0;i < N;i++)
    {
    scanf("%d %s %d %d %d %d",&stud[i].num,stud[i].name,&stud[i].score[0],&stud[i].
score[1],&stud[i].score[2],&stud[i].score[3]);
    stud[i].aver = (stud[i].score[0] + stud[i].score[1] + stud[i].score[2] + stud[i].score[3])/
4.0;
    }
}
struct Student max(struct Student stud[])
{
    int i,m = 0;
    for(i = 0;i < N;i++)                    //用 m 存放成绩最高的学生在数组中的序号
    if(stud[i].aver > stud[m].aver)
            m = i;                          //找出平均成绩最高的学生在数组中的序号
        return stud[m];                     //返回包含该学生信息的结构体元素
}
void output(struct Student student)
{
    printf("\n 成绩最高的学生是:\n");
    printf("学号:%d\n 姓名:%s\n 4 门课成绩:%d,%d,%d,%d\n 平均成绩:%.2f\n",
student.num, student.name, student.score[0], student.score[1], student.score[2], student.
score[3], student.aver);
}
```

运行结果：

```
请输入学生的信息(学号、姓名、4门课程成绩):
1001 zhang 89 56 78 91
1002 zhao  78 69 95 67
1003 li    89 92 88 75
1004 tian  77 91 65 82

成绩最高的学生是:
学号:1003
姓名:li
4门课程成绩:89,92,88,75
平均成绩:86.00
```

程序解析：

（1）调用 input 函数时，实参是指针变量 p，形参是结构体数组，传递的是结构体元素的起始地址，函数无返回值。

（2）调用 max 函数时，实参是指针变量 p，形参是结构体数组，传递的是结构体元素的起始地址，函数的返回值是结构体类型数据。

（3）调用 output 函数时，用 max(p) 函数返回的值（该返回值是一个结构体变量，它对应于结构体数组中平均成绩最高的元素）作为 output 函数的实参，形参 student 是结构体变量。在调用时，把 stud[m] 的值（是结构体元素）传递给形参 student，传递的是结构体变量中各成员的值，函数无返回值。

9.4　链　　表

通过前面学习已经知道数组是一种线性数据结构，它使用连续的内存空间来存储相同类型的数据元素。数组的最大优点是可以通过索引快速访问任意位置的元素。然而，数组也有其局限性：一旦数组被创建，其大小就是固定的，不能动态扩展或缩小，这可能导致空间利用率不高或内存溢出。此外，当需要在数组中间插入或删除元素时，需要移动大量元素以保持连续性，这会导致操作效率较低。

而链表是动态地进行存储分配的一种结构，根据需要开辟内存单元，不用时又可以随时释放其所占存储单元以便分配给其他数据使用。

9.4.1　链表的定义

链表是由头指针和一系列结点通过指针链链接而成的一种数据结构。图 9-1 所示就是一种最简单的字符串 THIS 链表结构。它的每个结点由两个域组成。

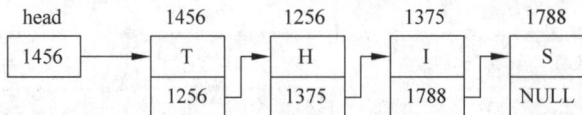

图 9-1　THIS 链表结构

链表有一个"头指针"变量，图 9-1 中以 head 表示，它存放一个地址，该地址指向一个元素。链表中每一个元素称为"结点"，每个结点都应包含两个部分。

（1）数据域：用户需要用的实际数据，可以是一项或多项数据类型，图 9-1 中的数据域只有一项字符类型的数据。

（2）指针域：指向下一个结点的起始地址。图 9-1 中 head 是链表头指针，用来存放链表中第一个结点的起始地址 1456，对链表的访问必须从头指针开始，逐个结点进行访问。即 head 指向第 1 个元素，第 1 个元素又指向第 2 个元素……直到最后一个元素，该元素不再指向其他元素，它称为"表尾"，它的地址部分存放一个 NULL(表示"空地址")，链表到此结束。

可以看到链表中各元素在内存中的地址可以是不连续的。要找某一个元素，必须先找到上一个元素，根据它提供的下一元素地址才能找到下一个元素。如果不提供"头指针"(head)，则整个链表都无法访问。程序可以根据需要在运行过程中向系统申请或释放某些空间，即可以随时删除或增加链表的结点，而没必要事先定义结点所需的最大数目，以此提高存储空间的利用率。

在 C 语言中，链表的结点通常用结构体类型来说明，其一般形式如下：

```
struct 结构体名
{   类型标识符 数据域名;
    struct 结构体名 * 指针域名; };
```

例如，图 9-1 所示的链表中的结点以及结点的变量可定义为

```
struct string
{
    char data;
    struct string * next;
} * head, * p1, * p2;
```

其中，数据域只有一项字符型变量 data，指针域 next 为 struct string 类型指针变量，指向下一个结点，即存放后续结点的地址，负责维持结点与结点之间的联系，表示结点间的顺序关系。head 是头指针变量，只用来存放第一个结点的地址。p1、p2 是可以指向某一个结点的指针变量。

9.4.2 建立简单链表

下面通过例子来说明如何建立和输出一个简单链表。

【例 9-10】 建立一个由 4 个学生信息的结点组成的简单链表，并且输出各结点的数据。

```
# include < stdio. h >
# include < string. h >
struct stud
{
    char name[20];
    int age;
    float height;
    float weight;
    struct stud * next; };
int main()
{
    struct stud a,b,c,d, * head, * p;
    / * 给 4 个结点变量(a、b、c、d)的数据域(这里有 4 个成员)赋值 * /
    strcpy(a. name,"xiaoxiao"); a. age = 18;a. height = 180;a. weight = 65;
    strcpy (b. name,"xinxin"); b. age = 19;b. height = 170;b. weight = 60;
    strcpy (c. name,"lele" ); c. age = 21;c. height = 165;c. weight = 72;
    strcpy (d. name,"tiantian"); d. age = 20;d. height = 185;d. weight = 75;
```

```
    head = &a;                    /* 头指针 head 指向第一个结点 a 的起始地址 */
    a.next = &b;                  /* a 的指针域 next 指向后继结点 b */
    b.next = &c;                  /* b 的指针域 next 指向后继结点 c */
    c.next = &d;                  /* c 的指针域 next 指向后继结点 d */
    d.next = '\0';                /* d 的指针域 next 为空地址,不再存放其他结点 */
    p = head;                     /* 使 p 先指向 a */
    printf("output information of the student:\n");
    while( p )                    /* 移动 p,使之依次指向 a、b、c、d,并且输出各自的数据域值 */
    {
        printf(" % 10s % 5d % 7.1f % 7.1f\n",( * p).name,( * p).age,( * p).height,( * p).weight);
        p = ( * p).next;
    }                             /* p 顺序后移 */
    return 0;
}
```

运行结果:

```
output information of the student:
xiaoxiao   18  180.0   65.0
  xinxin   19  170.0   60.0
    lele   21  165.0   72.0
tiantian   20  185.0   75.0
```

程序解析:

main()函数中定义了 4 个 struct stud 型结构体变量 a、b、c、d 和 2 个指向 struct stud 型的结构体指针变量 head、p,它们都含有 name、age、height、weight 和 next 这 5 个成员。执行了程序中的连续几个赋值语句之后就形成了如图 9-2 所示的链表结构。即 head 中存放 a 的地址,a 的成员 next 存放 b 的地址,依次类推直到最后一个变量 d 的成员 next 被置为'\0'(NULL),这样就把同一类型的结构体变量 a、b、c、d"链接"在一起形成链表,其中变量 a、b、c、d 称为链表的结点。

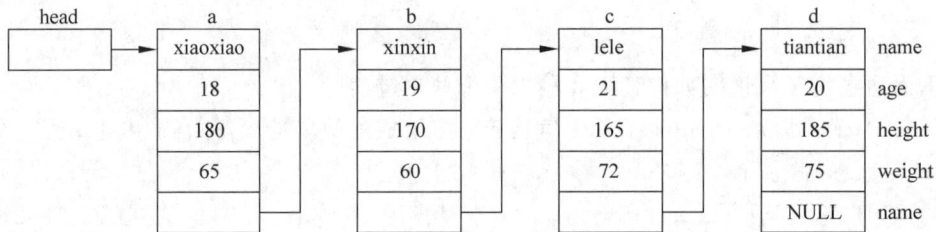

图 9-2　链表结构

输出链表时要借助 p 和循环结构 while 来完成:先使 p 指向 a 结点,然后输出 a 结点中的数据;接着让 p 为输出下一个结点 b 做准备 p=(* p).next,因为(* p).next 的值是 b 的地址,所以执行 p=(* p).next 后 p 就指向了 b 结点,在下一次循环时输出的就是 b 结点中的数据,就这样执行到(* p).next 的值为空时循环结束。

请思考:程序中没有头指针 head 行不行? 没有 p 呢?

例 9-10 中所有结点都是通过定义,由系统在内存中开辟了固定的、互不连续的存储单元。在程序的执行过程中不能再临时开辟存储单元,也不能用完后释放所占空间,这样的链表称为静态链表。而在实际中,用得更多的是一种动态链表,它的每个存储单元都能动态存储分配而获得。关于动态链表的使用请参阅相关资料学习。

9.5 共用体类型

9.5.1 共用体的概念

有时需要在同一段内存单元存放不同类型的变量。例如,把一个整型变量、一个实型变量和一个字符型变量放在同一个地址开始的内存单元中。在实际问题中有很多这样的例子,如在学生管理系统中,需要记录学生和教师的信息,包括姓名、年龄、性别和所属部门。其中"所属部门"一项,学生应填入班级编号,教师应填入所在教研室。班级编号可以用整型量来表示,而教师所在教研室只能用字符类型。为了能够将这两种不同类型的数据都填入"所属部门"变量中,需要把"所属部门"定义为包含整型和字符型数组这两种类型的共用体。

"共用体"也是一种构造类型,它允许多个不同数据类型的成员共享同一块内存区域。这些成员都从同一个内存地址开始存放,并通过覆盖机制确保在任何给定时刻只有一个成员是有效的。如前面介绍的"所属部门"变量,通过定义一个既能存储"班级编号"又能存储"所在教研室"的共用体,可以在不同的场合给它赋值整型数据或者字符串,但是不能同时赋予它两种类型的值。

定义共用体类型变量的一般形式如下:

```
union 共用体名
{
    成员表列
}变量表列;
```

例如:

```
union data
{
    int i;
    float j;
    char ch;
}x,y,z;                    //在声明类型同时定义变量
```

也可以将类型声明和变量定义分开,即先声明一个 union data 类型,再将 x、y、z 定义为 union data 类型的变量。

```
union data
{   int i;
    float j;
    char ch;
};
union x,y,z;
```

也可以直接定义共用体变量:

```
union
{
    int i;
    float j;
    char ch;
}x,y,z;
```

可以看到共用体和结构体的定义形式类似,但它们的含义是不同的。

结构体变量的大小是其所包含的所有数据成员大小的总和,其中每个成员分别占有自己的内存单元,而共用体的大小为所包含数据成员中最大内存长度的大小。例如,上面定义的共用体变量 x、y、z 各占 4 个字节,而不是各占 4+4+1=9 个字节。

9.5.2 共同体变量的引用

共用体变量只有先定义才能引用,但应注意,不能引用共用体变量,只能引用共用体变量中的成员。引用共用体类型变量成员的一般形式如下:

共用体类型变量名.成员名

例如,前面定义了 x、y、z 为共用体变量,下面的引用方式是正确的:

```
x.i             //引用共用体变量 x 中的整型变量 i
x.ch            //引用共用体变量 x 中的字符变量 ch
y.i             //引用共用体变量 y 中的整型变量 i
z.ch            //引用共用体变量 z 中的字符变量 ch
```

不能直接引用共用体变量,例如,下面的引用是错误的:

```
printf("%d",x);
```

因为 x 的存储区有三种类型的数据,有不同的长度,仅写共用体变量名 x,系统无法知道究竟应输出哪一个成员的值。应该写成

```
printf("%d",x.i);
```

或

```
printf("%f",x.j);
```

或

```
printf("%c",x.ch);
```

9.5.3 共用体类型数据的特点

在使用共用体类型数据时应注意以下几点。

(1) 同一个内存段可以用来存放几种不同类型的成员,但在同一时刻只能存放其中的一种,即这些成员不会同时存在或同时起作用,而是在不同的时刻拥有不同的成员。

(2) 共用体变量中起作用的是最后一次被赋值的成员,在对共用体变量中的一个成员赋值之后,原有变量存储单元中的值就被取代。如果执行以下赋值语句:

```
x.i=18;
x.j=18.6;
x.ch='a';
printf("%d",x.i);
```

在执行完以上赋值语句后,变量存储单元存放的是最后存入的字符'a',原来的 18 和 18.6 都被覆盖了。此时用"printf("%d",x.i);"得不到结果 18,且编译时不会报错。因此在引用共用体变量时应该特别注意当前有效的是哪个成员。

(3) 共用体变量的地址和它的各成员的地址都是同一地址。如 &x、&x.i、&x.j、&x.ch 都是同一地址值。

(4) 共用体变量不能整体赋值,也不能对共用体变量进行初始化处理。例如,以下语句

都是错误的：

```
union data
{
  int i;
  float j;
  char ch;
}x = {18,18.6,'a'};          //不能对共用体变量进行初始化
  x = 12;                     //不能对共用体变量名整体赋值
  a = x;                      //企图引用共用体变量名来得到一个值,是错误的
```

（5）以前的 C 规定共用体变量不能作函数参数传递,也不能使函数返回一个共用体类型的数据,但可以使用指向共用体变量的指针作函数参数。C99 允许用共用体变量作为函数参数。

（6）共用体类型可以出现在结构体类型定义中,也可以定义共用体数组。反之,结构体也可以出现在共用体类型定义中,数组也可以作为共用体的成员。

【例 9-11】 在某个学生管理系统中,有教师和学生的数据。其中,学生数据包括姓名 name、编号 num、性别 sex、职业 job、班级 classno。教师的数据包括姓名 name、编号 num、性别 sex、职业 job、所在教研室 office。要求用结构体 person 来存放人员数据,该结构体中包含共用体 category,其成员为 classno 和 office。编写程序实现输入 4 个人的信息并输出结果。

```
# include < stdio.h>
int main()
{
    struct
    {
        int num;
        char name[10];
        char sex;
        char job;
        union
        {
            int classno;
            char office[50];
        }category;
    }person[4];
    int i;
    for(i = 0;i < 4;i++)
    {
        printf("请输入人员信息:\n");
scanf("%d %s %c %c",&person[i].num,&person[i].name,&person[i].sex,&person[i].job);
                                    //输入前 4 项
        if(person[i].job == 's')         //如果是学生,输入班级
            scanf("%d",&person[i].category.classno);
        else                             //如果是教师,输入所在教研室
            scanf("%s",person[i].category.office);
    }
    printf("num name sex job classno/office\n");
    for(i = 0;i < 4;i++)
    {
        if(person[i].job == 's')         //若是学生
```

237

第 9 章

```
        printf("% - 6d% - 6s% - 4c% - 6c% - 10d\n",person[i].num, person[i].name,
        person[i].sex,person[i].job,person[i].category.classno) ;
    else                              //若是教师
        printf("% - 6d% - 6s% - 4c% - 6c% - 20s\n",person[i].num, person[i]. name,
        person[i].sex,person[i].job,person[i].category.office) ;
    }
    return 0;
}
```

运行结果：

程序解析：

程序中 person 是一个包含共用体作为成员的结构体数组，可以存储多个人的信息，其中每个人的信息都包含在一个结构体中，而这个结构体中有一个名为 category 的共用体成员。共用体允许这个成员在运行时存储不同类型的数据（int classno 或 char office[50]），但同一时刻只能存储其中一种类型的数据。

在程序运行时需要输入数据：先输入前 4 项数据，然后用 if 语句检查输入的职业（job 成员），如果是 's'，表示是学生，则第 5 项应输入一个班级编号（整型），用输入格式符%d 把一个整数送到共用体成员变量中的成员 category. classno 中。如果职业是 't'，表示是教师，则输入第 5 项时应该用输入格式符%s 把一个字符串（所在教研室）送到共用体成员变量中的成员 category. office 中。

9.6 枚 举 类 型

9.6.1 枚举类型的定义

在实际应用中，如果一个变量只有几种可能的值，它的取值范围有限，例如，星期信息只能在星期一到星期日中取一个值，月份信息只能在一月到十二月中取一个值。为了提高程序描述问题的直观性，ANSI C 标准增加了枚举类型。

枚举（enumeration，简称 enum）是一种用户定义的数据类型。枚举就是把可能的值一一列举出来，变量的值只限于列举出来的值的范围内。

声明枚举类型用 enum 开头，其一般格式如下：

enum 枚举名{枚举值表};

在枚举值表中应列出所有可用的值。这些值也称为枚举元素或枚举常量。

例如：

enum weekname{sun,mon,tue,wed,thu,fri,sat};

声明了一个枚举类型 enum weekname,可以用此类型来定义变量。有以下三种方式:

(1) 先声明枚举类型再定义枚举变量。

```
enum weekname{sun,mon,tue,wed,thu,fri,sat};
enum weekname weekday;
```

(2) 声明枚举类型的同时定义枚举变量。

```
enum weekname{sun,mon,tue,wed,thu,fri,sat}weekday;
```

(3) 直接定义枚举变量。

```
enum {sun,mon,tue,wed,thu,fri,sat}weekday;
```

9.6.2 枚举类型变量的赋值和使用

(1) C 编译对枚举类型的枚举值按常量处理。不要因为它们是标识符(有名字)而把它们看作变量,不能对它们赋值。例如,"sun=0;""mon=1;"都是错误的。它们可以用来给枚举变量赋值,例如,"weekday=mon;",枚举变量 weekday 的值只限于花括号中指定的值之一。

(2) 枚举值作为常量,它们是有值的。C 编译按定义时的顺序默认它们的值为 0,1,2,3,4,5……。上面定义的枚举类型 weekname 中,sun 的值为 0,mon 的值为 1……sat 的值为 6。这些值由系统自动赋值,可以输出。例如,"printf("%d",sat);"。

也可以人为地指定枚举元素的值,在定义枚举类型时显式地指定,例如:

```
enum weekname{sun = 7,mon = 1,tue,wed,thu,fri,sat}weekday;
```

指定枚举常量 sun 的值为 7,mon 为 1,以后顺序加 1,sat 为 6。

(3) 枚举元素的值可以进行比较。例如:

```
if(weekday == mon) printf("mon");
if(weekday > fri) printf("it is sat");
```

枚举值是按定义时的顺序号进行比较的,如果定义时未人为指定,则第一个枚举元素的值为 0,因此 mon > sun,sat > fri。

(4) 整数不能直接赋值给枚举变量。例如,weekday=2 是错误的。因为它们属于不同的数据类型。应先强制转换才能赋值。例如,weekday=(enum weekname)2,它相当于将顺序号为 2 的枚举元素赋值给 weekday,等价于 weekday=tue。

【例 9-12】 利用枚举类型表示一周的每一天,通过输入数字来输出对应的是星期几。

```
#include < stdio.h >
int main()
{
    enum weekname {sun, mon, tue, wed, thu, fri, sat};         //定义枚举类型
    enum weekname weekday;
    int day_number;
    do{
        printf("请输入一个数字(0-6)表示星期(0 代表星期日): ");
        scanf("%d", &day_number);
        if(day_number < 0 ||day_number > 6)
            printf("输入的数字无效,请重新输入.\n");
        }while(day_number < 0||day_number > 6);              //循环直到输入有效
    weekday = (enum weekname)day_number;  /* 显式转换整数到枚举类型(可选,但提高可读性)*/
    switch (weekday)
```

```
        {
            case sun: printf("星期日\n"); break;
            case mon: printf("星期一\n"); break;
            case tue: printf("星期二\n"); break;
            case wed: printf("星期三\n"); break;
            case thu: printf("星期四\n"); break;
            case fri: printf("星期五\n"); break;
            case sat: printf("星期六\n"); break;
        }
        return 0;
    }
```

运行结果：

```
请输入一个数字（0-6）表示星期（0代表星期日）：8
输入的数字无效，请重新输入。
请输入一个数字（0-6）表示星期（0代表星期日）：2
星期二
```

程序解析：

程序首先定义了一个枚举类型 weekname，包含 7 个元素，分别代表星期日到星期六。接着，程序使用 do-while 循环确保用户输入一个 0 到 6 之间的数字。如果输入的数字无效，程序会提示用户重新输入。一旦输入了有效的数字，就被显式转换为枚举类型，然后程序使用 switch 语句根据这个枚举值输出对应的星期几。由于输入验证确保了所有可能的输入都有对应的 case，因此 switch 语句中没有包含 default 情况。

本 章 小 结

结构体和共用体是两种构造数据类型，它们将若干相关的、数据类型不同的成员作为一个整体处理，并且每个成员各自分配了不同的内存空间。解决实际问题时，需要先构造结构体类型，确定其中所有成员及成员的数据类型，然后在使用数据前，要先定义结构体变量或结构体数组。在定义结构体类型时，系统并不分配内存单元，只有定义了结构体变量或结构体数组后，才分配内存单元。

结构体类型名由 struct 和结构体名组成，结构体名在命名时应望文生义；结构体变量名是定义结构体类型数据的变量。在程序中使用结构体变量时，不能将结构体变量作为一个整体进行输入输出，正确的引用方式是对结构体变量中的各个成员分别输出，引用方式为结构体变量名.成员名。

如果一个指针变量指向一个结构体变量，此时该指针变量的值是结构体变量的起始地址。结构体指针变量也可以指向结构体数组中的元素。假设已经定义结构体指针 p，用该指针引用结构体成员可以写成以下两种形式：(＊p).成员名或 p->成员名。

习 题 9

一、选择题

1. 有以下程序：

```
#include<stdio.h>
```

```
int main()
{
    struct STU
    {
        char name[9];
        char sex;
        double score[2];
    };
    struct STU a = {"Zhao",'m',85.0,90.0, }, b = {"Qian",'f',95.0,92.0};
    b = a;
    printf("%s,%c,%2.0f,%2.0f\n", b.name, b.sex, b.score[1]);
    return 0;
}
```

程序的运行结果是(   )

　A. Qian,m,85,90　　B. Zhao,m,85,90　　C. Zhao,f,95,92　　D. Qian,f,95,92

2. 下列结构体的定义语句中错误的是(   )。

　A. struct ord{ int x;,int y ;int z;} struct ord a;

　B. struct ord {int x;int y;int z;};struct ord a;

　C. struct ord { int x;int y;int z;} a;

　D. struct {int x;int y; int z;} a;

3. 设有定义

```
struct complex
{
    int real, unreal;
}
data1 = { 1,8 },data2;
```

则下列赋值语句中错误的是(   )。

　A. data2=(2,6);　　　　　　　　　B. data2=data1 ;

　C. data2.real=data1.real;　　　　D. data2.real=data1.unreal;

4. 有以下定义和语句:

```
struct workers
{
    int num;
    char name[20]; char c;
    struct
    {
        int day;
        int month;
        int year;
    }s;
};
struct workers w, * pw;
pw = &w;
```

能给 w 中 year 成员赋 1980 的语句是(   )。

　A. pw-> year=1980;　　　　　　　B. w.year=1980;

　C. w.s.year=1980;　　　　　　　　D. * pw.year=1980;

结构体与共用体

5. 设有定义"struct {char mark[12];int num1;double num2;}t1,t2;",若变量均已正确赋初值,则下列语句中错误的是( )。

    A. t1=t2;
    B. t2. num1=t1. num1;
    C. t2. mark=t1. mark;
    D. t2. num2=t1. num2;

6. 设有以下程序段:

```
struct book
{
    float price;
    char language;
    char title[20];} rec, * ptr;
ptr = &rec;
```

要求输入字符串给结构体变量 rec 的 title 成员员,错误的输入语句是( )。

    A. scanf("%s", ptr. title);
    B. scanf("%s", rec. title);
    C. scanf("%s", (* ptr). title);
    D. scanf("%s", ptr-> title);

7. 有以下结构体说明、变量定义和赋值语句:

```
struct STD
{
    char name[10];
    int age;
    char sex;}s[5], * ps; ps = &s[0];
```

则下列 scanf 函数调用语句有错误的是( )。

    A. scanf("%s",s[0]. name);
    B. scanf("%d",&s[0]. age);
    C. scanf("%c",&(ps-> sex));
    D. scanf("%d",ps-> age);

8. 有以下定义:

```
struct person {char name[10];int age;};
struct person class[10] = { "Johu",17,
                            "Paul",19,
                            "Mary",18,
                            "Adam",16,};
```

能输出字母 M 的语句是( )。

    A. printf("%c\n" ,class[2]. name[0]);

    B. printf("%c\n", class[3]. name[0]);

    C. printf("%c\n", class [3]. name[1]);

    D. printf("%c\n", class[2]. name[1]);

9. 程序中已构成如下不带头结点的单向链表结构,指针变量 s、p、q 均已正确定义,并用于指向链表结点,指针变量 s 总是作为指针指向链表的第 1 个结点。

若有以下程序段:

```
q = s;
s = s -> next;
p = s;
```

```
while(p->next) p = p->next;
p->next = q;
q->next = NULL;
```

该程序段实现的功能是(　　　)。

    A. 删除尾结点　　　　　　　　　　B. 使尾结点成为首结点

    C. 删除首结点　　　　　　　　　　D. 使首结点成为尾结点

10. 假定已建立以下链表结构,且指针 p 和 q 已指向如图所示的结点。

则下列选项中可将 q 所指结点从链表中删除并释放该结点的语句组是(　　　)。

    A. p->next＝q->next;free(q);　　　　B. p＝q->next;free(q);

    C. p＝q;free(q);　　　　　　　　　　D. (*p).next＝(*q).next;free(p);

二、程序题

1. 定义一个结构体变量(包括年、月、日)。计算该日在本年中是第几天,注意闰年问题。

2. 有 5 个学生,每个学生的数据包括学号、姓名、3 门课的成绩。从键盘输入 5 个学生数据,要求输出 3 门课总平均成绩以及最高分的学生的数据(包括学号、姓名、3 门课的成绩、平均分数)。

3. 以下程序的功能是调用 fun()函数建立班级通讯录,通讯录中记录每位学生的编号、姓名和电话号码,班级人数和学生信息从键盘读入,每个人的信息作为一个数据块写到 myfile.dat 的二进制文件中。

```c
#include <stdio.h>
#include <stdlib.h>
#define N 5
typedef struct
{
    int num;
    char name[10];
    char tel[10];
}STYPE;
void check ();
int fun (_____ * std)
{
    _____ * fp; int i;
    if((fp = fopen("myfile.dat","wb")) == NULL)
        return (0);
    printf ( " \n Output data to file! \n");
    for(i = 0;i < N; i++)
        fwrite(&std[i],sizeof(STYPE),1,_____);
    fclose(fp);
    return(1);
}
main()
{
```

结构体与共用体

```
STYPE s[10] = { {1,"aaaaa","111111"}, {1,"bbbbb","222222"}, {1,"ccccc","333333"},
                {1," ddddd","444444"},{1, "eeeee", "555555"}};
    int k;
    k = fun(s);
    if(k == 1)
    {
        printf("Succeed!"); check();
    }
    else
        printf("Fail!");
}
void check ()
{
    FILE * fp; int i;
    STYPE s[10];
    if ((fp = fopen ( "myfile. dat","rb")) == NULL)
    {
        printf ("Fail ! \n"); exit (0) ;
    }
    printf("\nRead file and output to screen :\n") ;
    printf ("\n num name tel\n");
    for(i = 0; i < N; i++)
    {
        fread (&s[i], sizeof(STYPE),1,fp);
        printf(" % 6d % s % s\n",s[i]. num, s[i].name,s[i].tel);
    }
    fclose(fp);
}
```

4. 以下程序通过定义学生结构体变量,存储学生的学号、姓名和三门课的成绩。函数 fun() 的功能是对形参 a 中的数据进行修改,把修改后的数据作为函数值返回主函数进行输出。例如,若传给形参 a 的数据中学号、姓名和三门课的成绩依次为 10001、"ZhangSan"、95、80、88,修改后的数据应为 10002、"Lisi"、96、81、89。

```
# include < stdio. h >
# include < string. h >
struct student
{
    long sno;
    char name[10];
    float score[3];};
_____ fun (struct student a)
{
    int i;
    a. sno = 10002;
    strcpy(_____, "LiSi");
    for(i = 0; i < 3; i++)
            _____ += 1;
    return a;
}
main()
{
    struct student s = {10001,"ZhangSan", 95,80,88},t;
    int i;
```

```
        printf("\n\nThe original data :\n");
        printf("\nNo: % ld Name: % s \nScores:",s.sno, s.name);
        for(i = 0; i < 3;i++)
                printf (" % 6,2f", s.score[i]);
        printf("\n");
        t = fun(s);
        printf ("\nThe data after modified :\n");
        printf("\nNo: % ld Name: % s\nScores:",t.sno,t.name);
        for(i = 0; i < 3;i++)
                printf(" % 6.2f", t.score[i]);
        printf("\n");
}
```

5. 以下程序定义了学生结构体变量,存储了学生的学号、姓名和三门课的成绩。所有学生数据均以二进制方式输出到文件中。函数 fun()的功能是从形参 filename 所指的文件中读入学生数据,先按照学号从小到大排序后,再用二进制方式把排序后的学生数据输出到filename 所指的文件中,覆盖原来的文件内容。

```
# include < stdio. h >
# define N 5
typedef struct student
{
        long sno;
        char name[10];
        float score[3];
        }STU;
void fun (char * filename)
{
        FILE * fp; int i, j;
        STU s[N],t;
        fp = fopen (filename,_____);
        fread(s, sizeof(STU),N,fp);
        fclose(fp);
        for(i = 0;i < N - 1;i++)
            for(j = i + 1;j < N;j++)
                if(s[i].sno _____ s[j] .sno)
                {
                        t = s[i];s[i] = s[j];s[j] = t;
                }
        fp = fopen (filename, "wb");
        _____(s,sizeof (STU),N,fp);
        fclose (fp);
}
main()
{
        STU t[N] = { {10005, "ZhangSan",95,80,88},{10003,"Lisi",85,70,78},{10002,"CaoKai",75,
60,88},{10004,"FangFang",90,82,87},{10001,"MaChao",91,92,77}}, ss[N];
        int i,j;FILE * fp;
        fp = fopen ("student.dat", "wb");
        fwrite(t, sizeof(STU),5,fp);
        fclose(fp);
        printf("\n\nThe original data:\n\n");
        for(j = 0;j < N;j++)
        {
```

结构体与共用体

```
            printf("\nNo: % ld Name: % - 8s Scores:",t[j].sno,t[j].name);
            for(i = 0;  i < 3;i++)
                    printf (" % 6.2f ",t[j]. score[i]);
            printf("\n");
        }
        fun ("student.dat");
        printf("\n\nThe data after sorting :\n\n");
        fp = fopen ("student.dat", "rb");
        fread(ss,sizeof(STU), 5,fp);
        fclose(fp);
        for(j = 0;j < N;j++)
        {
            printf("\nNo: % ld Name: % - 8s Scores: ",ss[j].sno,ss[j].name);
            for(i = 0;i < 3;i++)
                printf(" % 6.2f ",ss[j].score[i]);
        printf("\n");
        }
    }
```

6. 以下程序的主函数中,已给出由结构体构成的链表结点 a、b、c,各结点的数据域中均存入字符,函数 fun()的功能是将 a、b、c 这 3 个结点链接成一个单向链表,并输出链表结点中的数据。

```
# include < stdio. h >
typedef struct list
{
    char data;
    struct list * next;} Q;
void fun( Q  * pa, Q  * pb, Q  * pc)
{
    Q  * p;
    pa  -> next  = _____;
    pb  -> next  = pc;
    p = pa;
    while( p)
    {
        printf(" % c",_____);
        p = _____;
    }
    printf("\n");
}
main ()
{
    Q a,b,c;
    a. data  =  'E'; b. data = 'F'; c. data = 'G'; c. next  = NULL;
    fun( &a, &b, &c );
}
```

7. 在以下程序中,函数 fun()的功能是将带头结点的单向链表结点数据域中的数据从小到大排序。即若原链表结点数据域从头至尾的数据为 10、4、2、8、6,则排序后链表结点数据域从头至尾的数据为 2、4、6、8、10。

```
# include < stdio. h >
# include < stdlib. h >
```

```
#define N 6
typedef struct node
{
    int data;
    struct node * next;
    }NODE;
void fun(NODE * h)
{
  NODE * p;  * q; int t;
  p = _____ ;
  while(p)
  {
      q = _____ ;
      while(q)
      {
      if(p -> data _____ q -> data)
          {
            t = p -> data;
           p -> data = q -> data;
           q -> data = t;
          }
         q = q -> next;
      }
         p = p -> next;
   }
}
NODE * creatlist(int a[ ])
{
  NODE * h, * p, * q; int i;
  h = (NODE * )malloc(sizeof(NODE));
  h -> next = NULL;
  for(i = 0; i < N; i ++)
  {
    q = (NODE * )malloc(sizeof(NODE));
    q -> data = a[ i];
    q -> next = NULL;
    if (h -> next == NULL)
          h -> next = p = q;
    else { p -> next = q; p = q; }
  }
  return h;
}
void outlist(NODE * h)
{
  NODE * p;
  p = h -> next;
  if(p == NULL)
      printf("The list is NULL!\n");
  else
  {
  printf("\nHead ");
  do
  {
  printf(" -> %d",p -> data);
```

结构体与共用体

```
            p = p -> next;
            }
        while(p!= NULL);
        printf(" -> End\n");
        }
    }
main()
{
    NODE  * head;
    int a[N] = {0,10,4,2,8,6}
    head = creatlist(a);
    printf("\nThe original list:\n");
    outlist(head);
    fun(head);
    printf("\nThe list after sorting:\n");
    outlist(head);
}
```

第 10 章　　　　文　　件

信息的获取、分析、加工、利用和创新的能力,是信息时代重要的生存能力。通过文件的学习培养学生善于保存、加工、利用信息的能力,能够确定何时需要信息,具备检索信息能力并对所获得的信息辨别真伪优劣,做出恰当的选择,正确评价信息;能针对问题,选择、重组、运用信息,并利用信息做出新的假设和预测,同时提高信息安全意识。只有当学生能够自如地利用信息、创造信息的时候,才能成为一个有信息素养的人,进而实现资源共享。

文件在程序设计中扮演着至关重要的角色,它不仅是数据存储的媒介,更是数据交换与持久化的重要工具。在现代计算机的应用领域中,数据处理占据了核心地位,要实现数据处理往往要通过文件的形式来完成。文件是存储在外部介质上的数据的有序集合。程序所用到的数据可以通过文件输入,实现一次输入,多次使用,程序运行的结果可以输出到文件中,长久保存。文件操作技术在学习编写应用程序中十分重要。

10.1　文件基本知识

在前面的章节中,我们学习了通过键盘向程序中输入数据,这些数据随后被存储在变量或数组中,而程序执行后的结果则直接显示在屏幕上。当程序运行结束,这些数据不再保存。文件解决了上述问题。文件是存储在外部介质上的一组相关数据的有序集合。文件能够长久保存在外存上。程序使用的数据存储在文件中,程序运行时从文件读入这些数据,程序运行的结果可以输出到指定的文件中,任何时候都可以从文件中查看这些数据,并且这些数据还可以作为其他程序的输入数据使用。文件的引入极大地提高了数据的可管理性和可复用性,使得数据处理变得更加高效和灵活。

在文件系统中,为了明确标识和区分不同类型的数据所构成的文件,通常会给每个文件指定一个唯一的名称,即文件名。一般命名的结构是主文件名.扩展名。扩展名表示文件的性质,例如,.c 表示 C 程序文件,.cpp 表示 C++程序文件,.obj 通常用于表示编译过程中的目标文件,.exe 则是 Windows 系统下的可执行文件扩展名,.dat 则常常用于表示数据文件。通过文件名及其扩展名,用户可以轻松地识别文件的类型和内容,从而选择适当的程序或应用来打开和处理这些文件。

10.1.1　文件的分类

文件可以根据不同的标准进行多种分类。在此,仅对与 C 语言相关的用户和编码方式两个角度的分类情况进行描述。

(1) 从用户的角度来看,文件可以分为普通文件和设备文件。普通文件就是通常意义上所理解的存储在外部介质上的有序集合,它们可以是源代码文件(如 C 语言中的.c 文件)、编译后的目标文件(.o 文件)、可执行文件(.exe 文件)、头文件(.h 文件)以及我们日常工作中常见的文档文件,如 Word 文档(.docx 文件)、Excel 表格(.xlsx 文件)和文本文件(.txt 文件)等。

而设备文件则是指与计算机主机相连的各种外部设备,例如,显示器、打印机、音箱等输出设备,键盘、鼠标、触摸屏、扫描仪等输入设备。操作系统把这些设备均看作一个文件,以便用户能够像操作普通文件一样来操作它们。例如,经常使用的输入函数 scanf、getchar、gets 等实际上是从标准输入文件——键盘接收数据,输出函数 printf、putchar、puts 等则是输出数据至标准输出文件——显示器。通过将设备视为文件,操作系统极大地简化了用户的操作过程,使用户无须关心具体设备的类型和特性。

(2) 从文件中数据的编码方式角度来看,文件可以分为文本文件和二进制文件。

文本文件也称为 ASCII 码文件,是指用一个字节存放字符对应的 ASCII 码值的文件。例如,短整型常量 1024,在内存中采用二进制方式存储,占用 2 字节(16 位)的空间。

00000100	00000000

1024 在文本文件中的存储格式如下:

00110001	00110000	00110010	00110100

即将 1024 分解为字符"1""0""2""4"4 个字符,存储其对应的 ASCII 码:49、48、50、52,4 个字符需要 4 字节空间。由于数据在文本文件和内存中的存储方式不同,因此读文件时需要将 ASCII 码转换为内存中的二进制方式,而写文件时又需要将二进制方式转换为 ASCII 码方式。因此,文本文件的缺点是占用存储空间多,读写文件时编码转换有一定时间开销。而其优点是一个字节存储一个字符,译码容易,万一部分出错不会影响其余内容。

二进制文件是按二进制的编码方式存放数据,和内存存储格式一致。例如,短整型数1024 在二进制文件中的存储格式如下:

00000100	00000000

二进制文件的优点是占用存储空间少,读写文件时不需要编码转换,效率高。缺点是可读性差,译码难,一位错可能导致全文错。

10.1.2　文件缓冲区

文件系统根据操作系统对文件处理方式的不同,分为缓冲文件系统与非缓冲文件系统。缓冲文件系统是指操作系统在内存中为每个正在使用的文件开辟一个读写缓冲区;而非缓冲文件系统是指系统不自动为文件开辟确定大小的内存缓冲区,而是由程序自己为每个文件设定缓冲区。ANSI C(美国国家标准协会 C 语言)标准采用缓冲文件系统。

在输入数据时,操作系统首先把数据从磁盘读取到一个称为"输入缓冲区"的内存区域,这个过程是自动进行的,当输入缓冲区已满或强制把它清空时,缓冲区中的数据才会被送到程序的数据区进行处理。当程序需要将处理后的数据保存到文件中时,这些数据首先会被写入到一个称为"输出文件缓冲区"的内存区域,当输出缓冲区已满或强制把它清空时,缓冲区中的数据才会被写入到磁盘文件中进行保存,如图 10-1 所示。

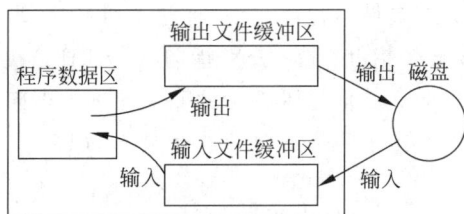

图 10-1 数据处理与文件传输流程

说明:每个打开的文件在内存中通常关联一个缓冲区,这个缓冲区在文件被用于输出时作为输出缓冲区,在文件被用于输入时作为输入缓冲区。

在 C 语言中,没有输入输出语句,对文件的读写操作都是通过库函数来实现的。ANSI C 标准定义了一套标准的输入输出函数,这些函数用于对文件进行读写操作。

10.1.3 文件指针

在缓冲文件系统中,关键的概念是"文件指针"。每个被使用的文件都在内存开辟一个区域,用于存储与文件相关的信息,例如,文件名、文件状态以及文件当前位置等,这些信息被保存在一个名为 FILE 的结构体变量中。该结构体类型由系统定义,取名为 FILE,并在 stdio.h 头文件中声明。不同的编译器和操作系统可能会为 FILE 结构体提供不同的具体实现,但均能实现文件操作。例如,在 DEVC++中,FILE 是结构体类型 struct_iobuf 的别名,其定义如下:

```
struct iobuf
{
    char * _ptr;            //当前文件位置指针
    int _cnt;               //文件缓冲区中剩余字符数
    char * _base;           //文件缓冲区的首地址
    int _flag;              //文件状态标志
    int _file;              //文件描述符
    int _charbuf;           //用于检查缓冲区状况
    int _bufsiz;            //文件缓冲区大小
    char * _tmpfname;       //临时文件名
};
typedef struct _iobuf FILE;
```

当程序需要操作一个文件时,系统就会在打开此文件时自动为其分配一个 FILE 类型的结构体变量,并自动填充变量的各成员值。程序员只需声明一个 FILE 类型的指针变量,即文件指针,然后在打开文件时将此结构体变量的地址赋给该文件指针,以后对文件的任何读、写、定位、检测等操作都可以通过此文件指针完成。FILE 定义及文件操作函数均在 stdio.h 头文件中。

定义文件类型指针变量的一般格式如下:

```
FILE * 文件指针变量名;
```

例如:

```
FILE * fp;              //fp 是一个指向 FILE 类型结构体的指针变量
```

使用 fp 指向某一文件的结构体变量,从而可以访问该文件的信息,也就是说,通过文件指针变量可以找到与其相关的文件。也就是说,通过文件指针变量能够找到与它关联的文件。如果有 n 个文件,应设 n 个指针变量,分别指向 n 个 FILE 类型的变量,以实现对 n 个文件的访问。通常将这种指向文件信息区的指针变量简称为**指向文件的指针变量**。

注意:指向文件的指针变量并不是指向外部介质上的数据文件的开头,而是指向内存中的文件信息区的开头。

10.2 文件的打开与关闭

C 语言中对文件的操作都是利用标准输入输出库函数实现的。文件操作通常遵循以下步骤:①打开文件;②读写文件;③关闭文件。对文件读写之前必须先"打开"该文件,在完成文件操作之后应该"关闭"该文件。文件的打开和关闭操作都离不开文件指针。所谓打开文件,实际上是建立文件的各种有关信息,并使文件指针指向该文件,以便能对其进行读、写等操作。关闭文件则是断开指针与文件之间的联系,从而禁止再对该文件进行操作。

10.2.1 文件的打开

打开文件就是将外存的文件内容载入内存的文件缓冲区中,并在内存中建立一个描述文件信息的结构体,将指向这个结构体的文件指针返回给用户。打开文件利用 fopen 函数,函数调用的一般形式如下:

```
FILE * fp;
fopen(文件名,文件使用方式);
```

其中,"文件名"是将要被打开文件的文件名,"文件使用方式"是指对打开的文件要进行读还是写。最常用的文件使用方式及其含义如表 10-1 所示。

表 10-1 文件的使用方式及其含义

文件使用方式	含 义	如果指定的文件不存在
r(只读)	为了输入数据,打开一个已经存在的文本文件	出错
w(只写)	为了输出数据,打开一个文本文件	建立新文件
a(追加)	向文本文件尾添加数据	出错
rb(只读)	为了输入数据,打开一个二进制文件	出错
wb(只读)	为了输出数据,打开一个二进制文件	建立新文件
ab(追加)	向二进制文件尾添加数据	出错
r+(读写)	为了读和写,打开一个文本文件	出错
w+(读写)	为了读和写,建立一个新的文本文件	建立新文件
a+(读写)	为了读和写,打开一个文本文件	出错
rb+(读写)	为了读和写,打开一个二进制文件	出错
wb+(读写)	为了读和写,建立一个新的二进制文件	建立新文件
ab+(读写)	为读写打开一个二进制文件	出错

例如:

```
FILE * f1, * f2;                //定义文件指针 f1 和 f2
f1 = fopen("student.txt","r");
```

```
//以只读方式打开当前程序目录下的 student.txt 文件
f2 = fopen("d:/csource/studinfo.dat","w");
//以只写方式打开 d 盘 csource 目录下的 studinfo.dat 文件
```

利用 fopen 打开一个文件时，有可能因为文件不存在、指定文件路径不对、文件正在使用等原因而无法打开，此时 fopen 函数会返回一个空指针 NULL。因此，在进行文件读写操作之前，需要判断文件是否正确打开。

例如：

```
if((f1 = fopen("student.txt","r"))!= NULL) //以只读方式打卅文本文件 student.txt
    printf("文件正常打开,可以进行读写操作!\n");
else
    printf("文件打开错误!\n");
```

10.2.2　文件的关闭

当文件使用完毕后，必须及时关闭文件，一方面是将缓冲区中暂未写入文件的数据写入文件，防止数据丢失，另一方面是释放缓冲区等系统资源，释放对文件的控制权。关闭文件利用 fclose 函数，函数调用的一般形式如下：

```
fclose(文件指针);
```

其中，"文件指针"指向已打开的文件。如果成功关闭文件，函数返回值为 0；否则函数返回值为 EOF(EOF 是包含在头文件 stdio.h 中的宏定义，定义为−1)。

例如，前面已经用只读方式打开了文本文件 student.txt，并指定 f1 指向该文件，因此可以使用 fclose 关闭该文件：

```
if(fclose(f1) == 0)
{
    printf("\n 文件关闭成功!\n");
}
else
    printf("\n 文件关闭失败!");
```

10.3　文件的读写

文件打开之后，就可以对该文件进行读写操作。所谓"读"操作就是将数据从文件输入到程序，"写"操作就是将数据从程序输出到文件。C 语言提供了多种对文件进行读写操作的函数，包括 fscanf 和 fprintf、fgetc 和 fputc、fgets 和 fputs、fread 和 fwrite 等，下面分别介绍。

10.3.1　格式化读写函数

1. 格式化写函数 fprintf

前面讲过 printf 函数和 scanf 函数，两者都是格式化读/写函数，下面要介绍的 fprintf 函数和 fscanf 函数与 printf 和 scanf 函数的作用相似，它们最大的区别就是读/写的对象不同，fprintf 和 fscanf 函数读/写的对象不是显示器和键盘，而是磁盘文件。

fprintf 函数的一般形式如下：

ch = fprintf(文件指针,格式字符串,输出列表);

其中,"文件指针"代表已打开的文件,"格式字符串"包含输出格式符,"输出列表"是与格式符对应的输出项。如果输出成功,则函数返回值为写入文件的字节数,否则为一个负数。

例如：

fprintf(fp,"%d",i);

它的作用是将整型变量 i 的值以%d 的格式输出到 fp 指向的文件中。

【例 10-1】 从键盘上输入两个整数,并保存到文件 d1.txt 中。

```
# include < stdio. h >
# include < stdlib. h >              //包含 exit 函数的原型声明
int main()
{
    FILE * fp;
    int a,b;
    printf("Please input two integers:\n");
    scanf("%d%d",&a,&b);
    if((fp = fopen("D:\\d1.txt","w")) == NULL)   /* 以只写方式打开文件,并检查是否成功 */
    {
        printf("file open error");
        exit(0);
    }
    printf("%d %d",a,b);         //输出到显示器
    fprintf(fp,"%d %d",a,b);     //输出到文件
    fclose(fp);                  //关闭文件
    return 0;
}
```

运行结果：

```
Please input two integers:
30 20 <回车>
30 20
```

打开 d1.txt 文件会看到其内容为 30 20。

程序解析：

(1) fp＝fopen("D:\\d1.txt","w")这行代码用 fopen 函数尝试以只写模式(w 表示只能写入不能从中读数据)打开位于 D:\目录下的 d1.txt 文件,并将文件指针赋值给 fp。如果文件不存在,系统会尝试创建该文件；如果文件已存在,则会覆盖(删除原有内容)该文件。如果不能成功地打开文件,则在显示器的屏幕上显示 file open error,然后用 exit 函数终止程序执行。

(2) fprintf 函数将两个整数变量 a 和 b 的值按照指定格式写入到文件指针 fp 所指向的文件 d1.txt 中。

2. 格式化读函数 fscanf

fscanf 函数实现从已打开的文件中按照指定格式输入数据。函数调用的一般形式如下：

fscanf(文件指针,格式字符串,输入列表);

其中,"文件指针"代表已打开的文件,"格式字符串"包含输入格式符,"输入列表"是与格式符对应的输入项。如果输入成功,则函数返回值为正确读入数据的个数,如果出错或读到文件结束符(EOF),则函数返回值为 EOF。

【例 10-2】 从 point. txt 文件中读取数据,并输出到显示器上。

```
# include < stdio. h >
int main()
{
    FILE * fp1;                          //定义 FILE 型的指针变量 fp1
    double x, y;                         //定义变量 x、y 来保存每个点的坐标
    fp1 = fopen("point.txt","r");
                    //用 fopen 函数以只读方式打开文本文件 point.txt
    printf("x\t y\n");
    while(!feof(fp1))
    {
        fscanf(fp1, "%lf %lf",&x,&y);  //用 fscanf 函数读取文件中的数据
        printf("%.1f\t %.1f\n",x,y);
    }
    fclose(fp1);
}
```

程序解析:

用 fscanf 函数读取文本文件 point. txt 中的数据,事先准备的文本文件如图 10-2 所示,存放的是一些点的坐标。在程序中,首先定义 FILE 型的指针变量 fp1,定义 double 类型变量 x、y 来保存每个点的坐标;通过语句"fp1=fopen("point. txt","r");"即用 fopen 函数以只读方式打开文本文件 point. txt,并将 fopen 函数的返回值赋值给 fp1 指针,这样 fp1 就建立了与 point. txt 之间的关联。接着用 fscanf 函数读取文件中的数据,文件中有许多点,所以放在 while 控制的循环结构中,循环条件!feof(fp1)代表不是文件末端的时候循环使用该函数,一直读到文件尾为止。当读取数据结束以后,最后使用 fclose 函数将文件关闭。程序运行结果如图 10-3 所示。

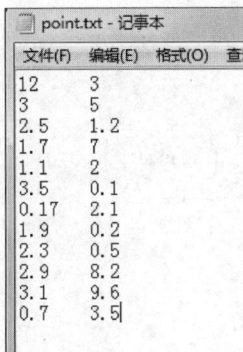

图 10-2　程序原始数据　　　　　　图 10-3　程序运行结果

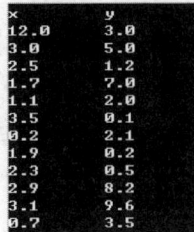

【例 10-3】 求 point. txt 文本文件中每一个点与坐标原点之间的距离。

```
# include < stdio. h >
# include < math. h >
double distance(double x,double y,double x0,double y0)
{
```

```
        double dis;
        dis = sqrt((x - x0) * (x - x0) + (y - y0) * (y - y0));
        return dis;
    }
    int main()
    {
        FILE * fp1;double x,y;
        fp1 = fopen("point.txt","r");
        printf("x\t y\t distance\n");
        while (!feof(fp1))
    {
        fscanf(fp1,"%lf %lf",&x,&y);
        printf("%.1f\t %.1f\t %.1f\n",x,y,distance(x,y,0,0));
    }
        fclose(fp1);
    }
```

程序解析：

在例 10-2 的基础上，求读入的数据和原点之间的距离。添加求距离的函数 distance()，利用求距离公式求出距离，就可以在 main 函数中调用该求距离函数。

【例 10-4】 编程从 point.txt 中读坐标，求坐标与原点的距离，并输出结果至 dis.txt。

```
# include < stdio.h >
# include < math.h >
double distance(double x,double y,double x0,double y0)
{
    double dis;
    dis = sqrt((x - x0) * (x - x0) + (y - y0) * (y - y0));
    return dis;
}
int main()
{
    FILE * fp1, * fp2;double x,y;
    fp1 = fopen("point.txt","r");
    fp2 = fopen("dis.txt","w");
    printf("x\t y\t distance\n");
    while(!feof(fp1))
    {
        fscanf(fp1,"%lf %lf",&x,&y);
        fprintf(fp2,"%.1f\t %.1f\t %.1f\n",x,y,distance(x,y,0,0));
    }
    fclose(fp1);
    fclose(fp2);
}
```

程序解析：

将例 10-3 的运行结果输出到文本文件 dis.txt 中，使用了 fprintf() 函数。

10.3.2 字符读写函数

1. 字符写函数 fputc

fputc 函数的一般形式如下：

ch = fputc(ch,fp);

该函数的作用是把一个字符写到磁盘文件中。其中,ch 是要写入的字符,它可以是一个字符常量,也可以是一个字符变量。fp 是文件指针变量。如果函数输出成功,则返回值就是输出的字符;如果输出失败,则返回 EOF。

【例 10-5】 编程实现,将从键盘输入的一行字符保存到文件 student.txt 中。

```c
# include < stdio.h>
# include < stdlib.h>
int main()
{
    FILE  *  fp;
    char ch;
    if((fp = fopen("d:\\student.txt","w")) == NULL)   /* 以写文本文件方式打开文件 */
    {
        printf("文件打开失败!\n");
        exit(1);                          //打开失败,异常退出程序
    }
    printf("请输入一行字符:\n");           //执行到此语句说明文件已经正确打开
    while((ch = getchar())!= '\n')        //从键盘上输入一行字符,回车结束
        if(fputc(ch,fp) == EOF)           //将字符 ch 写入文件,并判断是否写入失败
        {                                 //如果写入失败,则提示失败,并退出程序
            printf("写入失败!");
            exit(1);                      //异常退出程序
        }
    printf("写入成功!");                   //执行到此语句,则说明写入成功
    fclose(fp);
    return 0;
}
```

运行结果:

请输入一行字符:
How are you?
写入成功!

程序解析:

程序尝试以写入模式打开文件 student.txt,并检查文件是否成功打开。如果文件打开失败,则打印错误信息并退出程序。如果文件成功打开,程序会提示用户输入一行字符,并通过 getchar 循环读取直到遇到换行符。读取的每个字符通过 fputc 写入文件,如果写入失败则提示错误并退出。所有字符成功写入后,程序打印"写入成功!"。最后,关闭文件,并正常结束。

2. 字符读函数 fgetc

fgetc 函数的一般形式如下:

ch = fgetc(fp);

该函数的作用是从指定的文件(fp 指向的文件)读入一个字符赋给 ch。需要注意的是,该文件必须是以读或读/写的方式打开。当函数遇到文件结束符时将返回一个文件结束标志 EOF。

【例 10-6】 编程实现,读取文件 student.txt 中的字符,并显示在屏幕上。

```c
# include < stdio.h>
# include < stdlib.h>
```

```
int main()
{
    FILE * fp;
    char ch;
    if((fp = fopen("d:\\student.txt","r")) == NULL)      //以只读文本文件方式打开文件
    {
        printf("文件打开失败!\n");
        exit(1);                                          //打开失败,则异常退出程序
    }
    printf("文件中的字符为:\n");
    while((ch = fgetc(fp))!= EOF)                          //读取文件中的所有字符,输出到屏幕
        putchar(ch);
    fclose(fp);
    return 0;
}
```

运行结果:

文件中的字符为:
How are you?

程序解析:

程序首先尝试以只读模式打开文件 student. txt,如果打开失败,则打印错误信息并异常退出。成功打开文件后,程序通过 while 循环和 fgetc 函数逐个读取文件中的字符,直到遇到文件结束标志 EOF,读取的每个字符通过 putchar 函数输出到屏幕上。循环结束后,程序关闭文件。

10.3.3 字符串读写函数

1. 字符串写函数 fputs

fputs 函数用于实现向已打开的文件中写入一个字符串。函数调用的一般形式如下:

```
fputs(字符指针,文件指针);
```

其中,"字符指针"代表字符串首字符地址,可以是字符数组名、字符指针变量或字符串常量,"文件指针"代表已打开的文件。如果输出成功,则函数返回值为非负数,否则为 EOF。

【例 10-7】 从键盘上读入一个字符串,然后将其写入文件 dd. txt。

```
#include < stdio. h >
#include < stdlib. h >
int main()
{
    FILE * fp;
    char str[100];
    if((fp = fopen("dd.txt","w")) == NULL)    //以只写方式打开文件,并判断是否成功
    {
        printf("file open error\n");
        exit(0);
    }
    gets(str);                                //从键盘上读入一个字符串
    puts(str);                                //输出到显示器上
    fputs(str,fp);                            //写入文件
```

```
        fclose(fp);
        return 0;
    }
```

运行结果：

This is a C Programm.<回车>
This is a C Programm.

打开文件 dd. txt 会看到其内容为"This is a C Programm."。

程序解析：

该程序将用户从键盘输入的字符串写入名为 dd. txt 的文件中。程序尝试以写入模式
打开文件，如果失败则打印错误信息并退出。成功打开文件后，使用 gets 函数从键盘读取
一个字符串到 str 数组中，并通过 puts 函数将字符串显示在屏幕上。然后，使用 fputs 函数
将相同的字符串写入到文件中。完成写入操作后，程序通过 fclose 关闭文件，并正常结束。

2. 字符串读函数 fgets

fgets 函数实现从已打开的文件中读入一个字符串。函数调用的一般形式如下：

    fgets(字符指针,字符串存储长度,文件指针);

其中，"字符指针"代表存储字符串空间的首字符地址，可以是字符数组名或字符指针变
量，"字符串存储长度"是字符串长度加上 1 个字符串结束符(设字符串存储长度为 n，则从
文件中读取 n−1 个字符)，"文件指针"代表已打开的文件。如果函数调用成功，则返回字符
串首字符地址，如果在没有读完字符串前遇到文件结束符 EOF 或换行符，则读操作结束，返
回字符串首字符地址，如果函数调用失败则返回 NULL。

【例 10-8】 从例 10-7 程序产生的数据文件 dd. txt 中读入一个字符串，并输出到显示
器上。

```
#include< stdio. h>
#include< stdlib. h>
int main()
{
    FILE * fp;
    char str[100];
    if((fp = fopen("dd.txt","r")) == NULL)    //以只读方式打开文件,并判断是否成功
    {
        printf("file open error\n");
        exit(0);
    }
    fgets(str,22,fp);                          //从文件读入字符串
    puts(str);                                 //输出到显示器上
    fclose(fp);
    return 0;
}
```

运行结果：

This is a C Programm.

程序解析：

该程序从名为"dd. txt"的文件中读取一行文本并显示在屏幕上。首先，程序尝试以只
读模式打开文件，如果失败则打印错误信息并退出。文件成功打开后，使用 fgets 函数从文

件中读取最多 21 个字符(加上一个空字符用于字符串结尾),存储到 str 数组中。读取的字符串通过 puts 函数输出到显示器。完成读取和显示操作后,程序通过 fclose 关闭文件,并正常结束。

10.3.4 数据块读写函数

1. 数据块写函数 fwrite

fwrite 函数实现向已打开的文件中以数据块为单位输出一组数据。函数调用的一般形式如下:

```
fwrite(起始地址,每块字节数,块数,文件指针);
```

其中,"起始地址"代表原始数据内存空间的首地址,可以是数组名或指针变量;"每块字节数"代表一组数据中每块数据的字节数;"块数"代表一组数据中的块数;"文件指针"代表已打开的文件。如果函数调用成功则返回值等于指定的"块数",否则返回值小于指定的"块数"。

说明:fwrite 函数是把内存中从"起始地址"开始的数据按其存储形式原样输出到文件中。

2. 数据块读函数 fread

fread 函数实现从已打开的文件中以数据块为单位读入一组数据。函数调用的一般形式如下:

```
fread(起始地址,每块字节数,块数,文件指针);
```

其中,"起始地址"代表用于存储数据的内存空间的首地址,可以是数组名或指针变量;"每块字节数"代表一组数据中每块数据的字节数;"块数"代表一组数据中的块数;"文件指针"代表已打开的文件。如果函数调用成功则返回值等于指定的"块数",否则返回值小于指定的"块数"。

说明:fread 函数是把文件中的数据按其存储形式原样输入到从"起始地址"开始的内存空间中。

【例 10-9】 编程实现将录入的学生信息保存到磁盘文件中,在录入完信息后,将所录入的信息全部显示出来。

```c
# include < stdio.h >
# define SIZE 4
struct student {
    int num;                //学号
    char name[10];          //姓名,最大长度9字符(加上一个'\0'结束符)
    int age;                //年龄
    char address[10];       //地址,最大长度9字符(加上一个'\0'结束符)
} stu[SIZE], a;             //定义结构体数组 stu 和一个结构体变量 a
void fsave();
int main()
{
    FILE * fp;
    int i;
    // 从键盘读入学生的信息
    for(i = 0; i < SIZE; i++)
```

```
    {
        printf("Input student %d:", i + 1);
        // 读取学生信息, %9s 确保 name 和 address 不超过 9 个字符
        scanf("%d%9s%d%9s", &stu[i].num, stu[i].name, &stu[i].age, stu[i].address);
    }
    fsave();                    // 调用函数保存学生信息
    // 以二进制读方式打开数据文件
    fp = fopen("d:\\student", "rb");
    if(fp == NULL)
    {
        printf("Cannot open file for reading.\n");
        return 1;
    }
    printf(" No. Name Age Address\n");
    // 以读数据块方式读入信息并输出
    while(fread(&a, sizeof(a), 1, fp))
    {
        printf("%8d %-10s %4d %-10s\n", a.num, a.name, a.age, a.address);
    }
    fclose(fp);
    return 0;
}
void fsave()
{
    FILE * fp;
    int i;
    // 以二进制写方式打开文件
    if((fp = fopen("d:\\student", "wb")) == NULL)
    {
        printf("Cannot open file for writing.\n");
        return;
    }
    // 将结构以数据块形式写入文件
    for(i = 0; i < SIZE; i++)
    {
        if(fwrite(&stu[i], sizeof(struct student), 1, fp) != 1)
            printf("File write error.\n");
    }
    fclose(fp);
}
```

运行结果:

```
Input student 1:20241001 张三 18 太原
Input student 2:20241002 李四 21 长治
Input student 3:20241003 王五 22 大同
Input student 4:20241004 赵六 19 阳泉
   No.    Name      Age  Address
20241001 张三         18  太原
20241002 李四         21  长治
20241003 王五         22  大同
20241004 赵六         19  阳泉
```

程序解析:

(1) 程序定义了一个名为 student 的结构体, 包含学生的学号、姓名、年龄和地址。并定义了一个结构体数组 stu 用于存储 4 个学生的信息以及一个单独的 student 结构体变量 a, 用于在读取文件时临时存储每个学生的信息。

（2）在 main 函数中，程序首先通过循环从键盘读取 4 个学生的信息，并存储在 stu 数组中。然后调用 fsave 函数，该函数将 stu 数组中的信息保存到名为"d:\student"的文件中。fsave 函数以二进制写模式打开文件，并使用 fwrite 函数将每个学生的信息作为一个数据块写入文件。如果写入失败，程序将打印错误信息。

（3）写入完成后，main 函数以二进制读模式重新打开 student 文件，并使用 fread 函数以数据块的方式读取每个学生的信息，并将其存储在变量 a 中。然后，程序使用 printf 函数将读取的信息打印到控制台上。如果文件打开失败或者读取失败，程序将打印相应的错误信息。

10.4 文件的定位

文件的访问方式分为两种：一种是顺序访问方式，另一种是随机访问方式。这两种访问方式主要是根据对文件位置指针的不同操作而划分的。文件位置指针是用于记录和指示当前读写操作位置的文件内部变量。在顺序访问方式下，每进行一次读写操作后，文件位置指针会自动移动到下一个读写位置，前面程序的文件访问方式都属于顺序访问方式。在随机访问方式下，通过移动文件位置指针可以定位到文件中的任意位置，即先定位后读写，从而实现文件的随机读写。下面介绍与文件位置指针有关的函数。

10.4.1 文件位置指针回绕函数

文件刚打开时，文件位置指针指向文件开头（即文件首字节），在操作过程中，文件位置指针会发生变化，如果想让文件位置指针重新指向文件开头，可以使用 rewind 函数，函数调用的一般形式如下：

rewind(文件指针);

其中，"文件指针"代表已打开的文件。函数没有返回值。

说明：当文件是以"追加"方式打开时，rewind 函数对写操作不起作用。

【**例 10-10**】 先将 file1.dat 的文件内容在屏幕上显示出来，然后将其内容复制到 file2.dat 文件中。假设 file1.dat 文件已存在，内容为"Study hard and make progress every day."。

```
# include < stdio.h>
# include < stdlib.h>
int main()
{
    FILE  * fp1,  * fp2;
    char ch;
    if((fp1 = fopen("d:\\file1.dat", "r")) == NULL) /* 以只读方式打开文件,并判断是否成功 */
    {
        printf("error when open for reading\n");
        exit(0);
    }
    if((fp2 = fopen("d:\\file2.dat", "w")) == NULL) /* 以只写方式打开文件,并判断是否成功 */
    {
        printf("error when open for writing\n");
        exit(0);
    }
    ch = fgetc(fp1);
```

```
    while(!feof(fp1))                    //从 fp1 指向的文件中读出字符并显示
    {
        putchar(ch);
        ch = fgetc(fp1);
    }
    rewind(fp1);                         //文件位置指针返回到文件开头位置
    ch = fgetc(fp1);
    while(!feof(fp1))                    //从 fp1 指向的文件中读出字符并输出到 fp2 指向的文件中
    {
        fputc(ch, fp2);
        ch = fgetc(fp1);
    }
    fclose(fp2);
    fclose(fp1);
    return 0;
}
```

运行结果：

Study hard and make progress every day.

程序解析：

程序首先尝试以只读模式打开 file1.dat 文件,如果打开失败,则打印错误信息并退出程序。接着,以只写模式打开 file2.dat 以供写入,同样检查是否成功。成功打开后,程序进入一个循环,通过 fgetc 函数逐个读取文件 file1.dat 中的字符,并使用 putchar 函数将它们显示在屏幕上。读取完毕后,程序使用 rewind 函数将文件指针重置到文件的开头,以便重新读取。然后,程序再次进入一个循环,使用 fputc 函数将读取到的字符写入到新打开的 file2.dat 文件中。最后,程序关闭两个文件并正常退出。

10.4.2 文件位置指针定位函数

如果想在文件中的任意位置进行随机读写操作,可以用 fseek 函数移动文件位置指针定位到指定位置。函数调用的一般形式如下:

fseek(文件指针,位移量,起始点);

其中,"文件指针"代表已打开的文件,"位移量"指以"起始点"为基点,向前或向后移动的字节数,"起始点"表示从何处开始计算位移量。如果函数调用成功返回值为 0,否则返回值为非 0。

说明:

(1) 要求位移量的数据类型为 long 型,正数表示向前移动(即向文件尾移动),负数表示向后移动(即向文件首移动)。

(2) 规定的起始点有三种:文件首、当前位置和文件尾,如表 10-2 所示。

表 10-2 起始点的表示方法

起 始 点	名 字	用数字代表
文件开始位置	SEEK_SET	0
文件当前位置	SEEK_CUR	1
文件末尾位置	SEEK_END	2

例如：

```
fseek(fp,40L,0);        //表示文件位置指针从文件开头向前移动40字节
fseek(fp,20L,1);        //表示文件位置指针从当前位置向前移动20字节
fseek(fp,-3L,2);        //表示文件位置指针从文件末尾向后移动3字节
```

（3）一般情况下，fseek函数主要用于以二进制形式打开的文件，不建议用于以文本形式打开的文件。

【例10-11】 将N名学生3门课程的成绩保存在student.dat文件中，然后从文件中读取第二名学生和最后一名学生的成绩，并输出到显示器上。

```c
#include<stdio.h>
#include<stdlib.h>
#define N 8
typedef struct student
{
    int sno;
    char name[10];
    double score[3];
}STUD;
int main()
{
    STUD t[N] = {
        {101,"ZhaoJing",85,60,69},{102,"FuShan",85,87,61},
        {103,"zhangJun",88,77,65 },{104,"MaLi",80,84,72},
        {105,"wangwei",95,80,88},{106,"ZhuQian",85,83,80},
        {107,"YangKui",95,67,82},{108,"SunHui",67,82,74}};
    STUD s;
    FILE * fp;
    fp = fopen("student.dat","wb");      //以只写方式打开二进制文件
    fwrite(t,sizeof(STUD),N,fp);         //将t数组全部写入fp指向的文件
    fclose(fp);
    fp = fopen("student.dat","rb");      //以只读方式打开二进制文件
    fseek(fp,sizeof(STUD),1);            //定位到第二名学生的位置
    fread(&s,sizeof(STUD),1,fp);         //读出第二名学生的信息
    printf("%d\t%-10s\t%.1lf\t%.1lf\t%.1lf",s.sno,s.name,s.score[0],s.score[1],
s.score[2]);
    printf("\n");
    fseek(fp,-sizeof(STUD),2);           //定位到最后一名学生的位置
    fread(&s,sizeof(STUD),1,fp);         //读出最后一名学生的信息
    printf("%d\t%-10s\t%.1lf\t%.1lf\t%.1lf",s.sno,s.name,s.score[0],s.score[1],
s.score[2]);
    printf("\n");
    fclose(fp);
    return 0;
}
```

运行结果：

```
102    FuShan        85.0    87.0    61.0
108    SunHui        67.0    82.0    74.0
```

程序解析：

（1）程序首先定义了一个名为STUD的结构体，用于存储学生的学号（sno）、姓名（name）和三门课程的成绩（score）。接着，定义了一个包含8个STUD结构体的数组t，并

进行了初始化。

（2）程序通过 fopen 函数以二进制写入模式（wb）打开名为 student.dat 的文件。然后，使用 fwrite 函数将整个 t 数组（即所有学生的信息）写入到文件中。这里 fwrite 的参数分别是要写入的数据的地址（t）、单个元素的大小（sizeof(STUD)）、元素个数（N）和文件指针（fp）。写入完成后，通过 fclose 关闭文件，确保数据被正确保存。

（3）程序再次以二进制读取模式（rb）打开 student.dat 文件，使用 fseek 函数进行文件定位操作，以便读取特定学生的信息。fseek 的第一个参数是文件指针，第二个参数是偏移量，第三个参数是偏移的起始位置（这里使用 1 表示从当前位置开始）。程序首先定位到第二名学生的信息，并使用 fread 函数读取该学生的信息到变量 s 中，然后输出到屏幕。接着，程序通过 fseek 定位到最后一名学生的信息，并再次使用 fread 读取信息后输出。fread 的参数与 fwrite 类似，用于指定读取的数据位置、数据大小和读取的元素个数。

10.4.3　文件位置指针获取函数

如果想获取文件位置指针所指向的当前位置，可以用 ftell 函数。函数调用的一般形式如下：

```
long pos;
pos = ftell(文件指针);
```

其中，“文件指针”代表已打开的文件。函数返回值为当前文件位置指针的内容，即相对文件开始位置的字节数，如果出现错误，则返回 −1L（长整型常量）。

【例 10-12】　通过文件进行读写以及位置指针的相关操作。

```
#include<stdio.h>
#include<stdlib.h>
int main()
{
    FILE  * fp;
     int i;
    char s[20],t[20];
    gets(s);
    fp = fopen("d:\\stu.txt","w");
    for(i = 0;s[i]!= '\0';i++)
        fputc(s[i],fp);
    fclose(fp);
    fp = fopen("d:\\stu.txt","r");
    fgets(t,6,fp);
    printf("The first t is : % s\n",t);
    printf("The current position is: % d\n",ftell(fp));
    fseek(fp,5,1);
    printf("The current position is: % d\n",ftell(fp));
    fgets(t,3,fp);
    printf("The second t is : % s\n",t);
    rewind(fp);
    printf("The current position is: % d\n",ftell(fp));
    fgets(t,3,fp);
    printf("The last t is : % s\n",t);
    fclose(fp);
    return 0;
}
```

运行结果：

```
Hello World
The first t is :Hello
The current position is:5
The current position is:10
The second t is :d
The current position is:0
The last t is :He
```

程序解析：

（1）程序首先通过键盘接收用户输入的字符串"Hello World"，然后以写入模式打开 D 盘下的 stu. txt 文件，通过循环将字符串中的各个字符通过 fputc()函数写入文件中，写入完成后使用 fclose 函数关闭文件。

（2）程序再次使用 fopen 函数以读取模式（r）打开 stu. txt 文件，fgets(t,6,fp)将从文件中读取前 5 个字符加上一个空字符'\0'到 t 中，并输出"Hello"。接着，通过 ftell 函数显示当前文件指针位置为 5。随后，fseek(fp,5,1)将文件指针向前移动 5 个位置，因此新的位置将是 10（之前的位置是 5，加上 5 个字符，跳过了 World 中的 Worl，再次通过 ftell 函数显示新的文件指针位置为 10。然后，fgets(t,3,fp)将从文件中读取接下来的 2 个字符加上一个空字符'\0'到 t 中，将输出 d（因为前一个 fgets 函数读取到了 World 中的 Worl，剩下的字符是 d）。

（3）rewind 函数将文件指针重置到文件开头，ftell 函数验证并输出当前文件指针的位置为 0。最后，fgets(t,3,fp)将从文件中读取接下来的 2 个字符加上一个空字符'\0'到 t 中，因此 t 将包含 He，因此输出 He，最后关闭文件。

10.4.4 文件检测函数

1. 文件结束检测函数 feof()

如果想检测文件位置指针是否已到达了文件结束位置（即文件尾），可以用 feof()函数，函数调用的一般形式如下：

```
feof(文件指针);
```

其中，文件指针代表已打开的文件。若文件位置指针已到达了文件尾且执行了读操作，则返回非零值（真），否则返回 0（假）。

2. 文件出错检测函数 ferror()

在调用各种文件读写函数时，可能因某些原因导致失败，除了函数返回值有所反映外，还可以用 ferror()函数检测，其调用的一般形式如下：

```
ferror(文件指针);
```

其功能为检测文件指针所指向的文件在调用各种读写函数时是否出错。如果 ferror()函数的返回值为 0，则表示未出现错误，否则表示有错。

3. 清除错误函数 clearerr()

错误处理完毕后，应清除相关错误标志，以免进行重复的错误处理，可以使用 clearerr()函数，其调用的一般形式如下：

```
clearerr(文件指针);
```

其功能为使文件错误标志和文件结束标志置为0。由于文件操作过程中可能会遇到错误,通常建议在每次文件操作后立即调用 ferror() 函数来检测是否发生了错误,否则有可能将错误遗漏。在执行 fopen() 函数时,ferror() 函数的初始值自动置为0。

如果在文件读写过程中出现了错误,系统内部的一个错误标志被设为非0值,通过调用 ferror() 函数可得到该错误标志的值。错误标志一直保留,直到调用 clearerr() 函数进行清除,或下一次进行读写操作时,标志的值才会发生变化。

【例 10-13】 尝试打开一个指定的文本文件 d:\\demo.txt(事先准备好该文件及其内容),并逐行读取其内容。在读取过程中,使用 feof()、ferror() 和 clearerr() 函数来检查文件结束和错误状态,并相应地处理这些状态。

```c
# include < stdio. h >
# include < stdlib. h >
int main()
{
    FILE * fp;
    char filename[ ] = "d:\\demo.txt";
    char line[100];                        // 存放每行的内容
    if((fp = fopen(filename,"r")) == NULL)   //以只读方式打开文件,并判断是否成功
    {
        printf("无法打开文件\n");
        exit(0);
    }
    while(fgets(line,sizeof(line),fp))      //使用循环逐行读取文件
    {
        printf(" % s",line);              //打印读取的行
        if (feof(fp))                      //检查是否到了文件末尾
        {
            printf("已到达文件末尾.\n");
            break;
        }
        clearerr(fp);                      //清除之前的错误标志
    }
    if (ferror(fp))                        //检查是否有错误发生
        printf("读取文件时发生错误");
    fclose(fp);
    return 0;
}
```

运行结果:

Here are three methods for learning the C programming language in English:
1. Practical Hands - on Experience.
2. Read and Follow Tutorials.
3. Solve Programming Challenges. 已到达文件末尾。

程序解析:

程序尝试以只读方式打开一个名为"d:\demo.txt"的文件,如果文件打开失败,则输出错误信息并退出程序。如果文件成功打开,程序将使用一个循环逐行读取文件内容,使用函数 fgets(line,sizeof(line),fp) 从 fp 指向的文件 demo.txt 中读取最多 sizeof(line)−1 个字符(或直到遇到换行符'\n'或文件结束符 EOF)到 line 数组中,并打印每一行。在循环中,feof() 函数检查是否到达文件末尾,如果 feof() 返回非零值,表示已经到达文件末尾,此时程序打

印"已到达文件末尾。"并退出循环。clearerr()函数清除文件流的错误标志,以确保在读取过程中不会因为之前的错误状态而影响后续的读取操作。ferror()函数检查文件流是否有错误发生。如果有错误,程序将打印"读取文件时发生错误"。

本 章 小 结

在 C 语言中,文件操作是通过文件指针来实现的,文件指针是一个指向 FILE 结构的指针,通过文件指针可以实现对文件的读写操作。文件的使用一般分为三个步骤:打开文件、读写文件、关闭文件。打开文件的主要功能是获得指向文件的文件指针,用户可以根据需要选择不同的打开方式,只有通过文件指针才能实现对文件的读写操作。

为方便用户使用文件,C 语言提供了各种文件读写函数。格式化读写函数 fscanf 和 fprintf,用于按照指定的格式读写文件;字符读写函数 fgetc 和 fputc,用于读写单个字符;字符串读写函数 fgets 和 fputs,用于读写字符串;数据块读写函数 fread 和 fwrite,用于读写任意类型的数据块。这些函数通常用于实现文件的顺序读写。

文件的定位操作是实现文件随机读写的关键。rewind()函数用于将文件位置指针重置为文件的起始位置。这对于需要多次读取文件内容的操作特别有用,因为它可以快速地将文件指针移回文件开头,而不需要每次都关闭文件再重新打开。fseek()函数允许根据指定的偏移量和基准点,将文件位置指针移动到文件中的任意位置,这对于读取文件的特定部分或覆盖文件的某些部分非常有用。ftell()函数用于获取当前文件位置指针相对于文件开头的偏移量,从而知道当前文件位置指针所在的位置,进行相应的读写操作。

可以使用 feof 和 ferror 函数来检测文件的状态。feof 函数用于检测是否已到达文件末尾,而 ferror 函数用于检查在文件操作中是否发生了错误。这些检测函数对于编写健壮的文件处理代码是非常重要的。

习　题　10

一、选择题

1. 下面选项中关于"文件指针"概念的叙述正确的是(　　)。
   A. 文件指针是程序中用 FILE 定义的指针变量
   B. 文件指针就是文件位置指针,表示当前读写数据的位置
   C. 文件指针指向文件在计算机中的存储位置
   D. 把文件指针传给 fscanf 函数,就可以向文本文件中写入任意的字符

2. 下列关于 C 语言文件的叙述中正确的是(　　)。
   A. 文件由一系列数据依次排列组成,只能构成二进制文件
   B. 文件由结构序列组成,可以构成二进制文件或文本文件
   C. 文件由数据序列组成,可以构成二进制文件或文本文件
   D. 文件由字符序列组成,其类型只能是文本文件

3. 下列叙述中正确的是(　　)。
   A. 当对文件的读(写)操作完成之后,必须将它关闭,否则可能导致数据丢失

B. 打开一个已存在的文件并进行写操作后,原有文件中的全部数据必定被覆盖

C. 在一个程序中对文件进行写操作后,必须先关闭该文件再打开才能读到第 1 个数据

D. C 语言中的文件是流式文件,因此只能顺序存取数据

4. 以下程序依次把从终端输入的字符存放到 fname 文件中,用♯作为结束输入的标志,则在横线处应填入的是(   )。

```
♯ include < stdio.h >
int main()
{
    FILE * fp;
    char ch;
    fp = fopen("fname","w");
    while((ch = getchar())!= '♯')
        fputc(_____);
    fclose(fp);
    return 0;
}
```

    A. ch," fname"   B. fp, ch   C. ch   D. ch, fp

5. 有以下程序:

```
♯ include < stdio.h >
main()
{
    FILE * fp; int a[10] = {1,2,3}, i, n;
    fp = fopen("d1.dat","w");
    for(i = 0; i < 3; i++)
    fprintf(fp," % d",a[i]);
    fprintf(fp," \n");
    fclose(fp);
    fp = fopen("dl.dat","r");
    fscanf(fp," % d",&n);
    fclose(fp);
    printf(" % d\n",n);
}
```

程序的运行结果是(   )。

    A. 321   B. 12300   C. 1   D. 123

6. 有以下程序:

```
♯ include < stdio.h >
main()
{
    FILE * f;
    f = fopen("filea.txt","w");
    fprintf(f,"abc");
    fclose(f);
}
```

若文本文件 filea.txt 中原有内容为 hello,则运行以上程序后,文件 filea.txt 中的内容为(   )。

    A. abclo   B. abc   C. helloabc   D. abchello

文 件

7. 以下程序运行后输出结果是(　　)。

```
# include < stdio. h >
int main()
{
    FILE * fp;
    int i,a[6] = {1,2,3,4,5,6};
    fp = fopen( "d2. dat","w + ");
    for (i = 0; i < 6; i++)
        fprintf( fp,"% d\n",a[i] );
    rewind(fp);
    for(i = 0; i < 6; i++)
        fscanf(fp,"% d",&a[5 - i]);
    fclose(fp);
    for(i = 0;i < 6;i++)
        printf("% d,",a[i]);
    return 0;
}
```

A. 1 ,2,3,4,5,6,

B. 6,5,4,3,2,1,

C. 4,5,6,1 ,2,3,

D. 1,2,3,3,2,1,

8. 有以下程序:

```
# include < stdio. h >
main()
{
    FILE * pf;
    char * sl = "China", * s2 = "Beijing";
    pf = fopen("abc. dat","wb + ");
    fwrite(s2,7,1,pf);
    rewind(pf);        / * 文件位置指针回到文件开头 * /
    fwrite(s1,5,1,pf);
    fclose(pf);
}
```

程序执行后,abc. dat 文件的内容是(　　)。

A. China

B. Chinang

C. ChinaBeijing

D. BeijingChina

9. 有以下程序:

```
# include < stdio. h >
main()
{
    FILE * fp;char str[10];
    fp = fopen("myfile. dat","w");
    fputs("abc",fp);
    fclose(fp);
    fp = fopen("myfile. dat","a + ");
    fprintf(fp,"% d",28);
    rewind(fp);
    fscanf(fp,"% s",str);
    puts(str);
    fclose(fp);
}
```

程序的运行结果是(   )。

    A. abc   B. 28c

    C. abc28   D. 因类型不一致而出错

10. 设 fp 为指向某二进制文件的指针，且已读到此文件末尾，则函数 feof(fp)的返回值为(   )。

    A. 0   B. '\0'   C. 非零值   D. NULL

11. 以下程序用来统计文件中字符的个数(函数 feof 用以检查文件是否结束，结束时返回非零)，下面选项中，填入括号中不能得到正确结果的是(   )。

```
# include < stdio. h >
int main()
{
    FILE * fp;
    long num = 0;
    fp = fopen("d2.dat","r");
    while(          )
    {fgetc(fp); num++;}
    printf("num = % d\n",num) ;
    fclose( fp );
    return 0;
}
```

    A. feof(fp)= =NULL   B. !feof(fp)

    C. feof(fp)   D. feof(fp)= =0

12. 有如下定义

```
struct st
{inta;floatb;}x[10];
FILE * fp;
```

若文件已正确打开，且数组 x 的 10 个元素均已赋值，以下将数组元素写到文件中的语句错误的是(   )。

    A. for(i = 0; i < 10; i++)
               fwrite(x, sizeof(struct st),1 ,fp);

    B. fwrite(x,10 * sizeof(struct st),1 ,fp);

    C. fwrite(x, sizeof(struct st) ,10,fp) ;

    D. for(i = 0; i < 10 ;i++)
               fwrite(&x[i], sizeof(struct st),1 ,fp);

13. 有以下程序：

```
# include < stdio. h >
main()
{
    FILE * fp;
    int i,a[6] = {1,2,3,4,5,6},k;
    fp = fopen("data. dat","w + ");
    for(i = 0;i < 6;i++)
        fprintf(fp," % d\n",a[5 - i]);
    rewind(fp);
```

272

```
        for(i = 0;i < 6;i++)
        {
          fscanf(fp," % d",&k);
          printf(" % d,",k);
        }
          fclose(fp);
      }
```

程序运行后的输出结果是(   )。

A. 6,5,4,3,2,1,　　　　　　　　　B. 1,2,3,4,5,6,

C. 1,1,1,1,1,1,　　　　　　　　　D. 6,6,6,6,6,6,

二、程序题

1. 以下程序中,函数 fun()的功能是将自然数 1～10 及其平方根写到名为 myfile.txt
的文本文件中,再顺序读出并显示在屏幕上。

```
# include< math.h >
# include < stdio.h >
int fun(char * fname)
{
    FILE * fp;int i,n;float x;
    if((_____ = fopen(fname,"w")) == NULL)
        return 0;
    for(i = 1;i < = 10;i++)
        fprintf(fp," % d % f\n",i,sqrt((double)i));
        printf("\nSucceed!!\n");

        _____

    printf("\nThe data in file :\n");
    if((fp = fopen(_____,"r")) == NULL)
            return 0;
    fscanf(fp," % d % f",&n,&x);
    while(!feof(fp))
    {
        printf(" % d % f\n",n,x);
        fscanf(fp," % d % f",&n,&x);
    }
        fclose(fp);
        return 1;
}
int main()
{
    char fname[] = "myfile3 .txt";
    fun(fname);
    return 0;
}
```

2. 以下程序的功能是调用 fun()函数建立班级通讯录。通讯录中记录每位学生的编
号、姓名和电话号码。班级人数和学生信息从键盘读入,每个人的信息作为一个数据块写到
名为 myfile.dat 的二进制文件中。

```
# include< stdio.h >
# include< stdlib.h >
# define N 5
typedef struct
```

```
    {
        int num;
        char name[10];
        char tel[10];}STYPE;
    void check();
    int fun(_____ * std)
    {
        _____ * fp;
        int i;
        if((fp = fopen("myfile5.dat","wb")) == NULL)
            return(0);
            printf("\nOutput data tofile!\n");
        for(i = 0;i < N;i ++)
            fwrite(&stdli],sizeof(STYPE),1,_____);
            fclose(fp);
            return(1);
    }
    int main()
    {
        STYPE s[10] = {{1,"aaaaa","111111"},{1,"bbbbb","222222"},
        {1,"ccccc","333333"},{1,"ddddd","444444"},{1,"eeeee","555555"}};
        int k;
        k = fun(s);
        if(k == 1)
        {
            printf("Succeed!");check();
        }
        else
            printf("Fail!");
    }
    void check()
    {
        FILE * fp; int i;
        STYPE s[10];
        if((fp = fopen("myfile5.dat","rb")) == NULL)
        {
            printf("Fail!n");exit(0);
        }
        printf("\nRead file and output to screen :\n");
        printf("\n num name tel\n");
        for(i = 0;i < N;i++)
        {
            fread (&s[i],sizeof(STYPE),1,fp);
            printf(" % 6d % s % s\n",s[i].num,s[i].name,s[i].tel);
        }
        fclose(fp);
    }
```

3. 以下程序中,函数 fun() 的功能是将参数给定的字符串、整数、浮点数写到文本文件中,再用字符串方式从此文本文件中逐个读入,并调用库函数 atoi 和 atof 将字符串转换成相应的整数、浮点数,然后将其显示在屏幕上。

```
# include < stdio. h >
# include < stdlib. h >
```

```
void fun(char * s,int a, double f)
{
        _____ fp;
    char str[100],str1[100],str2[100];
    int a1;double f1;
    fp = fopen("file1.txt","w");
    fprintf(fp,"%s %d %f\n",s,a,f);
    _____;
    fp = fopen("file1.txt","r");
    fscanf(_____,"%s %s %s",str,str1,str2);
    fclose(fp);
    a1 = atoi(str1);
    f1 = atof(str2);
    printf("\nThe result :\n\n%s %d %f\n",str,a1,f1);
}
int main()
{
    char a[10] = "Hello!";
    int b = 12345;
    double c = 98.76;
    fun(a,b,c);
    return 0;
}
```

4. 在此程序中编写函数 fun(),它的功能是求小于形参 n 且同时能被 3 与 7 整除的所有自然数之和的平方根,并将其作为函数值返回。

例如,若 n 为 1000 时,程序输出应为 s=153.909064。

请勿改动主函数 main() 和其他函数中的任何内容,仅在函数 fun() 的花括号中填入你编写的若干语句。

```
# include < math. h >
# include < stdio. h >
double fun( int n)
{



}
main()
{
    void NONO();
    printf("s = %f\n",fun(1000));
    NONO();
}
void NONO()
{
    FILE * fp, * wf;
    int i,n;
    double s;
    fp = fopen("in. dat","r");
    wf = fopen("out. dat","w");
    for(i = 0;i < 10;i++)
```

```
    {
        fscanf(fp," % d",&n);
        s = fun(n);
        fprintf(wf," % f\n",s);
    }
    fclose(fp);
    fclose(wf);
}
```

5. 在此程序中,请编写函数 fun(),其功能是将一个数字字符串转换成与其值相同的长整型整数。可调用 strlen()函数求字符串的长度。例如,在键盘输入字符串 2345210,函数返回长整型整数 2345210。

```
# include < stdio. h >
# include < string. h >
void NONO();
long fun(char * s)
{



}
main()
{
    char s[10]; long r;
    printf("请输入一个长度不超过 9 个字符的数字字符串:");
    gets(s);
    r = fun(s);
    printf("r = % ld\n",r);
    NONO();
}
void NONO()
{/ * 本函数用于打开文件、输入数据、调用函数、输出数据及关闭文件 * /
FILE  * fp, * wf;
int i; long r;
char s[10], * p;
fp = fopen("in. dat","r");
wf = fopen("out. dat","w");
for(i = 0 ;i < 10;i++)
    {
        fgets(s,10,fp);
        p = strchr(s,'\n');
        if(p) * p = 0;
        r = fun(s);
        fprintf(wf," % ld\n",r);
    }
fclose(fp);
fclose(wf);
}
```

6. 在以下程序中,请编写函数 fun(),其功能是统计 s 所指字符串中的数字字符个数,并将其作为函数值返回。例如,s 所指字符串中的内容是 2def35adh253kjsdf 7/kj8655x,函数 fun()返回值为 11。

```
# include < stdio. h >
void NONO( );
int fun(char  * s)
{




}
main( )
{
    char  * s = "2def35adh25 3kjsdf7/kj8655x";
    printf(" % s\n",s);
    printf(" % d\n",fun(s));
    NONO( );
}
void NONO( )
{
    FILE  * fp, * wf;
    int i;
    char s[256];
    fp = fopen ("in. dat","r");
    wf = fopen("out. dat","w");
    for(i = 0 ;i < 10;i++)
    {
        fgets(s,255,fp);
        fprintf(wf," % d\n", fun(s));
    }
    fclose(fp);
    fclose(wf);
}
```

7. 在以下程序中,函数 fun()的功能是将形参给定的字符串、整数、浮点数写到文本文件中,再用字符方式从此文本文件中逐个读取并显示在终端屏幕上。请在程序的下画线处填入正确的内容。

```
# include < stdio. h >
void fun(char  * s, int a, double f)
{
    _____ fp;
    char ch;
    fp = fopen ("file1. txt","w");
    fprintf(fp," % s % d % f\n",s,a, f);
    fclose(fp);
    fp = fopen ("file1. txt","r");
    printf ("\nThe result :\n\n");
    ch = fgetc(fp);
    while(! feof(_____))
    {
        putchar(_____);
        ch = fgetc (fp);
    }
    putchar('\n');
    fclose (fp);
}
```

```
main ()
{
    char a[10] = "Hello!";
    int b = 12345;
    double c = 98.76;
    fun(a,b,c);
}
```

8. 在以下程序中请编写函数 fun(),其功能是根据以下公式求 p 的值,结果由函数值返回。m 与 n 为两个正整数且要求 m>n。

$$p = \frac{m!}{n!(m-n)!}$$

例如,m=12,n=8 时,运行结果为 495.000000。

```
# include < stdio.h>
float fun( int m, int n)
{




}
main()
{
    void NONO();
    printf("P = % f\n", fun (12,8));
    NONO();
}
void NONO ()
{/* 本函数用于打开文件、输入数据、调用函数、输出数据及关闭文件 */
    FILE * fp, * wf;
    int i,m,n;
    float s;
    fp = fopen("in.dat","r");
    wf = fopen("out.dat","w");
    for(i = 0 ; i < 10;i++)
    {
        fscanf (fp," % d, % d",&m,&n);
        s = fun(m,n);
        fprintf(wf," % f\n",s);
    }
    fclose(fp);
    fclose(wf);
}
```

9. 在以下程序中编写函数 fun(),其功能是将 a、b 中的两个正整数合并成一个新的整数存放在变量 c 中。合并的方式是将 a 中的十位和个位数依次放在变量 c 的十位和千位上,b 中的十位和个位数依次放在变量 c 的个位和百位上。例如,a=45,b=12,调用该函数后,c=5241。

```
# include < stdio.h>
void fun( int a, int b, long * c)
{
```

```
        }
      main ()
      {
          int a,b; long c;void NONO();
          printf("Input a, b:");
          scanf(" % d % d",&a,&b);
          fun (a, b,&c);
          printf ("The result is: % ld\n",c);
          NONO();
      }
      void NONO()
      {/ * 本函数用于打开文件、输入数据、调用函数、输出数据及关闭文件. * /
          FILE * rf, * wf;
          int i, a,b ; long c;
          rf = fopen ("in.dat","r");
          wf = fopen("out.dat","w");
          for(i = 0 ;i < 10;i++)
          {
              fscanf(rf," % d, % d",&a,&b);
              fun (a,b,&c);
              fprintf(wf,"a = % d,b = % d, c = % ld\n",a,b,c);
          }
          fclose(rf);
          fclose(wf);
      }
```

10. 编程实现一个简单的文本编辑器：实现打开文件并将输入内容保存成文本文件的功能。

第 11 章　综合实例——学生成绩管理系统

11.1　开发环境需求

　　C 语言程序的设计开发一般要经过编辑、编译、连接和执行四个步骤,目前 C 语言的开发环境有很多,大多都是集编辑、编译、连接、执行于一体的集成式开发环境,对程序设计开发者极其便利。目前常用的 C 语言编辑器有 Visual C++、Dev-C++、Visual Studio 等,本节重点介绍 Visual C++集成开发环境。

11.1.1　Visual C++集成开发环境

　　Visual C++集成开发环境的主窗口主要包括标题栏、菜单栏、工具栏、代码编辑区窗口和输出窗口等,如图 11-1 所示。

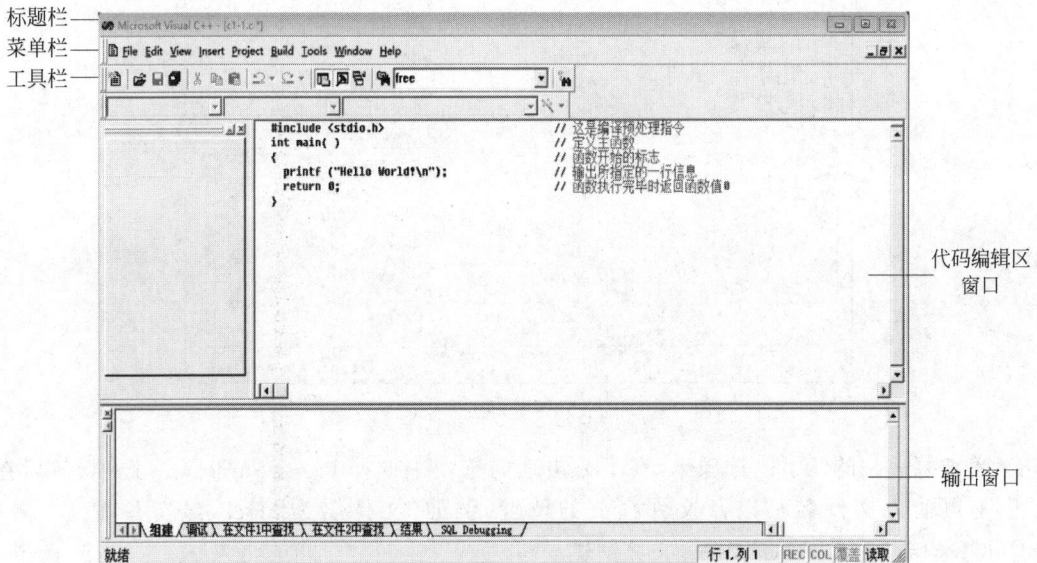

图 11-1　Visual C++集成开发环境主窗口

11.1.2　Visual C++的使用

1. 启动 Visual C++集成开发环境

安装完成后,打开软件,如图 11-2 所示。

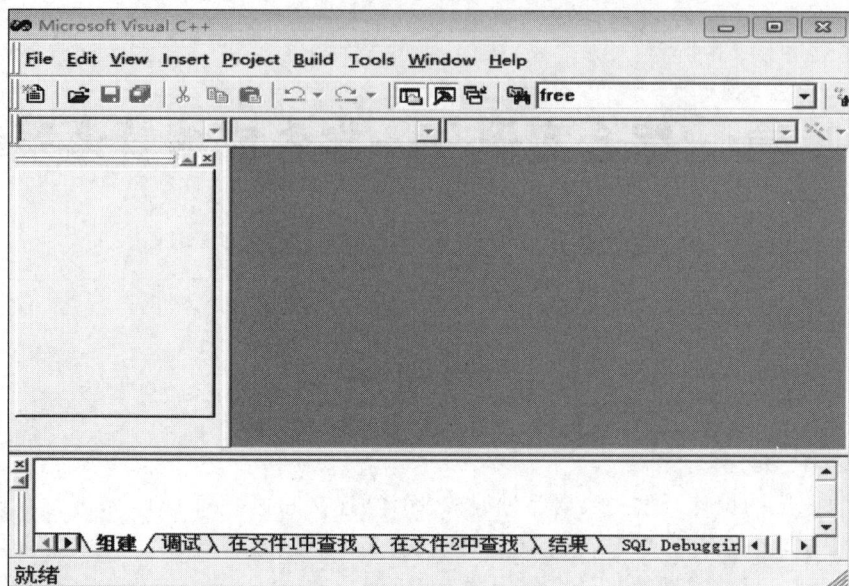

图 11-2 Visual C++主窗口

2. 新建文件

选择"文件"→"新建"命令,会弹出"新建"对话框,如图 11-3 所示。

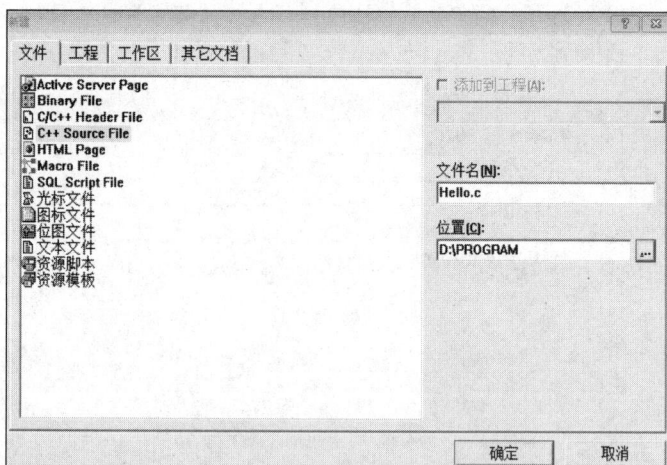

图 11-3 "新建"对话框

单击菜单栏的"文件"选项卡,在下方出现的选项中选择 C++ Source File 选项,然后在窗口右侧输入文件名称以及文件存放的位置,例如,文件名为"Hello. c",位置为"D:\PROGRAM",单击"确定"按钮,文件创建成功。

3. 编辑源程序

在 Visual C++代码编辑区窗口编写 C 语言源代码,如图 11-4 所示。

编写完成后,选择"文件"→"保存"命令。

4. 编译源程序

保存完成源代码后,选择"组建"(Build)→"编译[Hello. c]"命令进行编译,如图 11-5 所示。

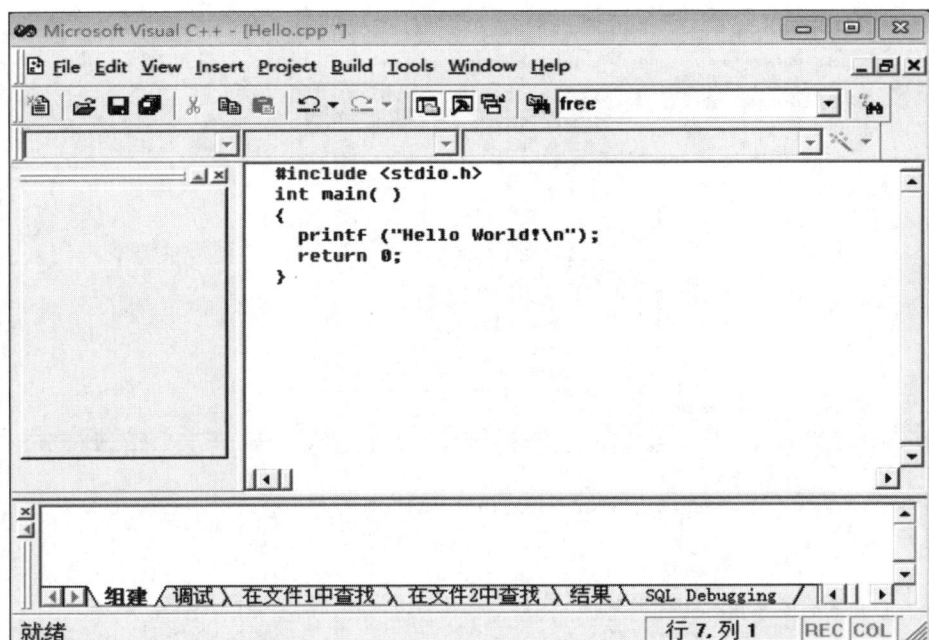

图 11-4　编写源代码

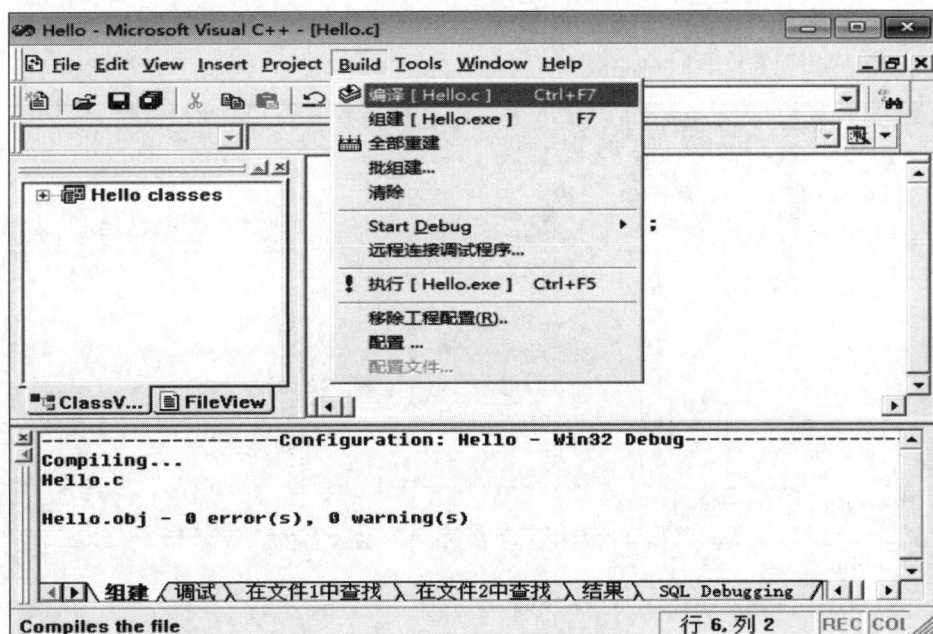

图 11-5　编译源程序

编译成功后,输出窗口会提示"0 error(s),0 warning(s)",如果有错误(error)必须在改正之后重新进行编译,有警告(warning)时可以忽略。

5. 连接源程序

编译成功后,还需要将程序与系统提供的函数库、头文件等建立连接,选择"组建"(Build)→"组建[Hello.exe]"命令,如图 11-6 所示。

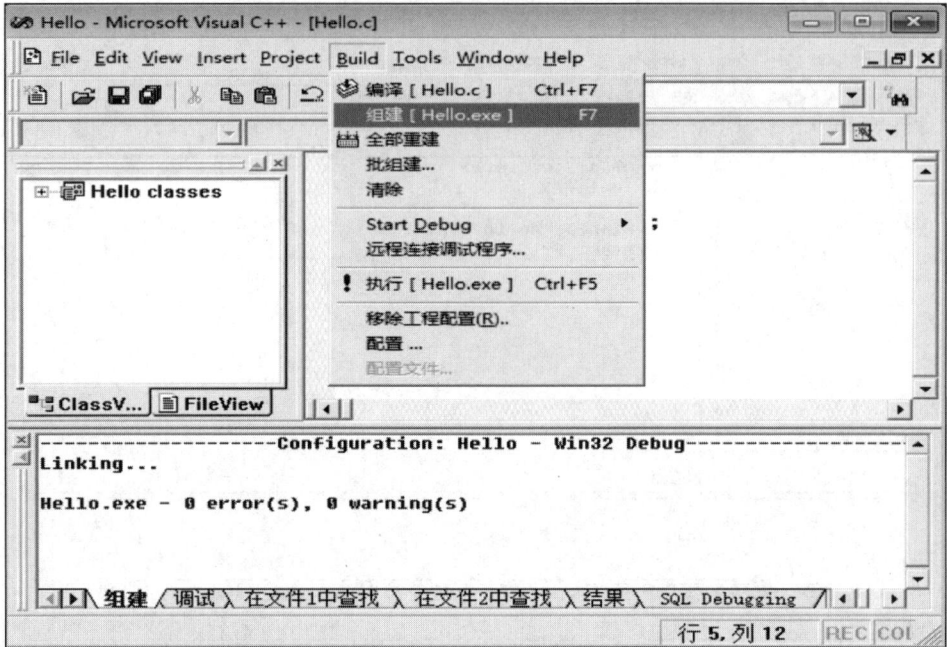

图 11-6　连接源程序

6. 执行程序

连接成功后，选择"组建"（Build）→"执行［Hello．exe］"命令运行程序，如图 11-7 所示。

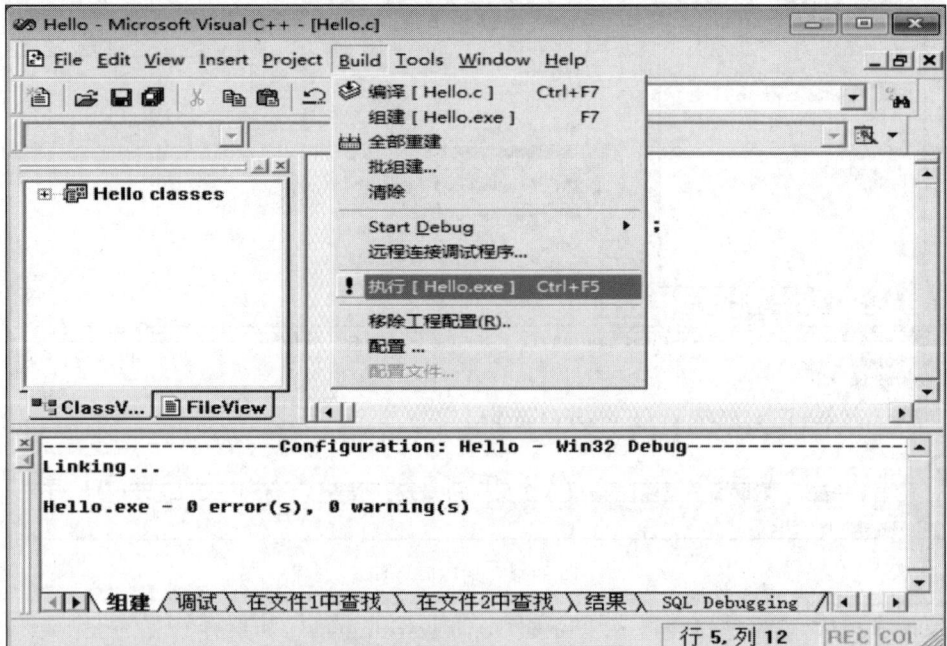

图 11-7　执行源程序

运行成功后会自动弹出运行窗口，如图 11-8 所示。

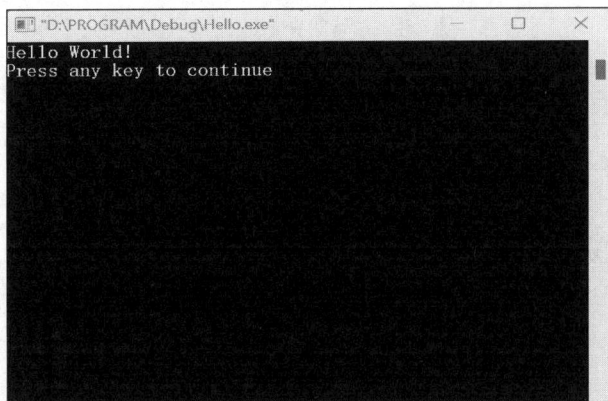

图 11-8　程序运行窗口

11.2　系统功能设计

11.2.1　系统功能分析

1. 系统的菜单模块

该模块的主要功能是向用户展示系统的操作界面,同时,在用户操作前将文件中的数据加载到程序中,供用户使用,并且在用户完成对数据的操作后,将数据保存到文件中。

2. 系统的输入模块

该模块的主要功能是实现数据的录入操作,主要是学生基本信息以及各项成绩的录入,同时要确保每一个学生的信息在系统中的唯一性,不可有重复记录。

3. 系统的修改模块

该模块的主要功能是实现数据的修改操作,本系统提供了按学生的学号对其信息进行修改的功能。

4. 系统的删除模块

该模块的主要功能是实现数据的删除操作,本系统提供了按学生的学号对其信息进行删除的功能。

5. 系统的打印模块

该模块的主要功能是实现系统中所有学生信息以及成绩的数据展示。

6. 系统的查询模块

该模块的主要功能是实现数据的查询操作,本系统提供了两种查询方式,第一种方式为根据学生学号查询学生成绩信息,第二种为根据学生姓名查询学生信息。

7. 系统的统计模块

该模块的主要功能是对学生成绩信息的统计,本系统提供了三种成绩统计方式,第一种为根据学生的总成绩进行排序,第二种为统计出各科目不及格学生的信息以及成绩,第三种为统计出各科目最高分的学生信息以及相应的成绩。

系统的功能结构图如图 11-9 所示。

283

284

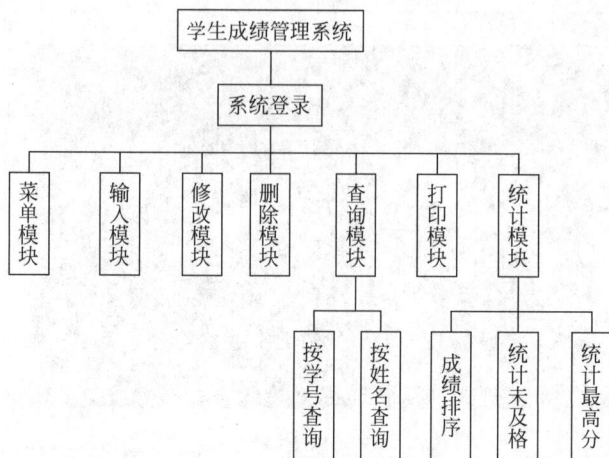

图 11-9　系统的功能结构图

11.2.2　系统数据分析

为了使项目简单易懂易上手,我们对学生信息进行了简化,只设置了学号和姓名;对于学生成绩的信息,我们设置了 4 个科目,分别为"语文""数学""英语"和"理综"。在本系统中,我们使用结构体存储学生的信息与成绩信息,学生结构体类型以及各成员的定义代码如下所示:

```
struct Student {
    char ID[20];            //学号
    char Name[10];          //姓名
    float Chinese;          //语文成绩
    float Math;             //数学成绩
    float English;          //英语成绩
    float Science;          //理综成绩
    float All;              //总分
    float Average;          //平均成绩
};
```

为了实现系统中数据的持久化,我们需要提前建立一个文件(score. txt),用于存储系统中的学生信息与成绩等数据。

11.3　主函数设计

1. 函数原型

void main()

(1) 输入参数:无。

(2) 返回值:无。

(3) 函数功能:系统运行的入口,为用户提供模拟的登录功能。

2. 函数设计思想

(1) 引入系统所需的三个头文件。本系统使用了字符串操作函数(如 strcmp 字符串比较函数),需引入 string. h 文件;使用了系统调用函数(如 system 函数),需引入 stdlib. h 文件。

(2)定义 Student 结构体数组用于存放学生成绩信息;定义 num 全局变量,用于记录目前系统中已录入的学生人数。

(3) main 函数作为程序的入口,首先验证用户输入的用户名与密码是否正确,如果正确,调用 menu 函数,进入系统首页,展示系统功能;否则,提示用户输入错误,用户最多可进行三次输入,全部错误则退出当前系统。

3. 函数代码

```c
#include<stdio.h>
#include<string.h>
#include<stdlib.h>
struct Student {
    char ID[20];              //学号
    char Name[10];            //姓名
    float Chinese;            //语文成绩
    float Math;               //数学成绩
    float English;            //英语成绩
    float Science;            //理综成绩
    float All;                //总分
    float Average;            //平均成绩
}students[1000];
int num = 0;                  //记录学生人数
void main()
    {
    char username[10];        //用户名
    char password[10];        //密码
    int login = 1;            //登录次数
    while(login <= 3)
    {
        system("cls");
        printf("\t\t\t\t*************** 用户登录 *************** \n");
        printf("\t\t\t\t *                                  * \n");
        printf("\t\t\t\t *                                  * \n");
        printf("\t\t\t\t * 欢迎使用学生成绩管理系统          * \n");
        printf("\t\t\t\t *                                  * \n");
        printf("\t\t\t\t *                                  * \n");
        printf("\t\t\t\t*************** 谢谢使用 ***************\n\n\n");
        printf("\t\t\t\t 用户名:");
        scanf("%s",username);
        printf("\t\t\t\t 密 码:");
        scanf("%s",password);
        if(strcmp(username,"admin") == 0 && strcmp(password,"123456") == 0)
        {
          menu();
        }
        else
        {
        printf("\n用户名或密码不正确,还有 %d 次机会,请按任意键重新输入!!!\n",3-login);
        login++;
        system("pause");
        }
```

```
        }
        exit(0);
    }
```

4. 函数运行结果

函数运行结果如图 11-10 所示。

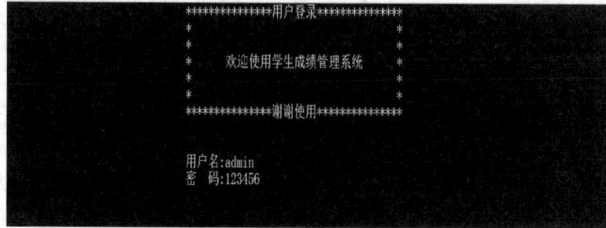

图 11-10　登录界面

11.4　子函数设计

11.4.1　菜单模块

1. 函数原型

void menu()

(1) 输入参数：无。

(2) 返回值：无。

(3) 函数功能：系统菜单展示，接收用户输入，调用相应的功能函数。

2. 相关函数

void Load()

(1) 输入参数：无。

(2) 返回值：无。

(3) 函数功能：读取 score. txt 文件中的信息。

(4) 函数解析：Load()函数中的 fopen 函数在 stdio. h 头文件中定义，其作用是打开文件，打开成功后返回指向该文件的文件指针 fp，通过它可以对文件进行读写操作；fclose 函数用于关闭文件；fscanf 函数同样在 stdio. h 文件中定义，该函数有三个参数，第一个为文件指针，第二个为格式化字符串，第三个为输入项地址表列，后两个参数与 scanf 函数一致，其作用是按照格式化字符串所指定的格式，从文件指针所指向的文件的当前位置读取数据，然后按输入项地址表列的顺序，将读取来的数据存入指定的内存单元中，需要注意的是，fscanf 函数读取字符串时，遇到空格或者换行符时，会停止读取。

void Save()

(1) 输入参数：无。

(2) 返回值：无。

(3) 函数功能：将结构体数组中的信息保存到 score. txt 文件中。

(4) 函数解析：Save()函数中的 fprintf 函数在 stdio. h 头文件中定义，该函数有三个参数,第一个为文件指针,第二个为格式化字符串,第三个为输出项表列,后两个参数与 printf 函数一致,其作用是按照格式化字符串所指定的格式,将输出项表列中指定的各项的值写入文件指针所指向的文件的当前位置。

3. 函数设计思想

(1)展示系统的主菜单页面供用户选择。

(2)在接收用户的输入之前,首先需要调用 Load()函数从 score.txt 文件中读取数据,将读取到的学生人数存储在 num 全局变量中,学生信息存储在 students 结构体数组中,以便用户对数据进行操作。

(3)使用 scanf 函数接收用户的输入,根据用户选择的项目,调用相应的函数,执行不同的操作。

(4)执行完成相应的操作之后,调用 Save()函数将更新后的 num 值以及 students 结构体数组中的数据保存至 score.txt 文件中。

4. 函数代码

```c
void menu()
{
    int choose;
    system("cls");
    while (1)
    {
        printf("\t\t\t\t******** 学生成绩管理系统 ************\n\n");
        printf("\t\t\t\t *            1. 添加学生成绩            *\n\n");
        printf("\t\t\t\t *            2. 修改学生成绩            *\n\n");
        printf("\t\t\t\t *            3. 删除学生成绩            *\n\n");
        printf("\t\t\t\t *            4. 显示所有成绩            *\n\n");
        printf("\t\t\t\t *            5. 查询学生成绩            *\n\n");
        printf("\t\t\t\t *            6. 成绩统计分析            *\n\n");
        printf("\t\t\t\t *            0. 退出                    *\n\n");
        printf("\t\t\t\t ************************************* \n\n");
        printf("请选择(0-6):");
        Load();
        scanf(" %d", &choose);
        switch (choose)
        {
        case 1:input(); break;
        case 2:modify(); break;
        case 3:del(); break;
        case 4:display(); break;
        case 5:search(); break;
        case 6:statistic(); break;
        case 0:exit(0);
        default:printf("请选择(0-6)内的数字\n");
        }
        Save();
    }
}
void Load()
{
    FILE* fp = fopen("score.txt", "r");
    fscanf(fp, " %d", &num);
```

```
    for (int i = 0; i < num; i++)
    {
        fscanf(fp, "%s %s %f %f %f %f %f %f\n", students[i].ID, students[i].Name,
&students[i].Chinese, &students[i].Math, &students[i].English, &students[i].Science,
&students[i].All, &students[i].Average);
    }
        fclose(fp);
}
void Save()
{
    FILE * fp = fopen("score.txt", "w+");
    fprintf(fp, "%d\n", num);
    for (int i = 0; i < num; i++)
    {
        fprintf(fp, "%s %s %f %f %f %f %f %f\n", students[i].ID, students[i].Name,
students[i].Chinese, students[i].Math, students[i].English, students[i].Science, students
[i].All, students[i].Average);
    }
        fclose(fp);
}
```

5. 函数运行结果

函数运行结果如图 11-11 所示。

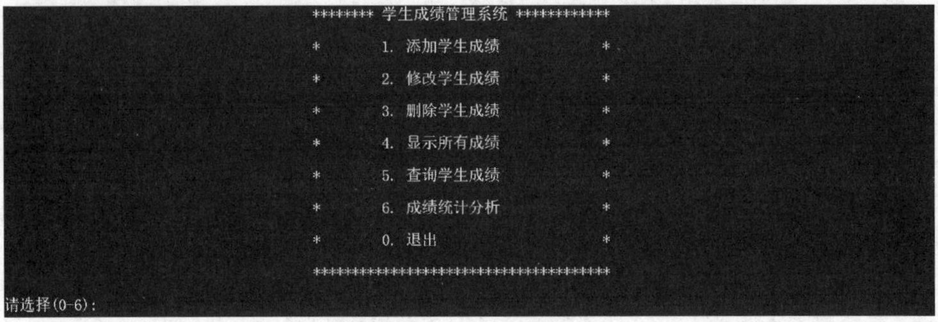

```
******** 学生成绩管理系统 ************
    *       1. 添加学生成绩          *
    *       2. 修改学生成绩          *
    *       3. 删除学生成绩          *
    *       4. 显示所有成绩          *
    *       5. 查询学生成绩          *
    *       6. 成绩统计分析          *
    *       0. 退出                 *
    ************************************
请选择(0-6):
```

图 11-11 系统菜单界面

11.4.2 输入模块

1. 函数原型

void input()

(1) 输入参数：无。

(2) 返回值：无。

(3) 函数功能：添加学生成绩信息。

2. 相关函数

int Student_SearchById(char id[])

(1) 输入参数：学生学号。

(2) 返回值：当返回 -1 时，表示在系统中没有查找到该学生；当系统中存在该学生时，返回该学生信息在 students 结构体数组中的索引。

（3）函数解析：strcmp 函数是在 string.h 头文件中定义的，其作用是比较两个字符串的大小，当两个字符串相同时，返回值为 0。将 Student_SearchById 函数传入的 id 依次与 students 结构体数组中学生的 id 进行比较，如果相同，则返回此学生在结构体数组中的下标，否则返回−1。

3. 函数设计思想

（1）用户输入学生学号，调用 Student_SearchById 函数判断其返回值，如果为−1 说明系统中不存在此学生，可以进行后续输入；返回其他值说明系统中存在此学生，提示用户重新输入。

（2）一名学生的信息全部输入完成后，提示用户是否继续输入，如果用户输入字符'n'，则停止输入，跳出循环，返回至 menu 函数。

4. 函数代码

```
void input()
{
    while (1)
    {
        printf("请输入学号:");
        scanf("%s", &students[num].ID);
        getchar();
        if (Student_SearchById(students[num].ID) == -1)
        {
         printf("请输入姓名:");
         scanf("%s", &students[num].Name);
         getchar();
         printf("请输入语文成绩:");
         scanf("%f", &students[num].Chinese);
         getchar();
         printf("请输入数学成绩:");
         scanf("%f", &students[num].Math);
         getchar();
         printf("请输入英语成绩:");
         scanf("%f", &students[num].English);
         getchar();
         printf("请输入理综成绩:");
         scanf("%f", &students[num].Science);
         getchar();
         students[num].All = students[num].Chinese + students[num].Math + students[num].
English + students[num].Science;
         students[num].Average = (students[num].Chinese + students[num].Math + students
[num].English + students[num].Science) / 4;
        num++;
        }
        else
        {
            printf("学号重复,输入数据无效!!!\n");
        }
        printf("是否继续?(y/n)");
        if (getchar() == 'n')
        {
            break;
        }
```

```
        }
    }
    int Student_SearchById(char id[])              //使用学号来检索学生信息
    {
        int i;
        for (i = 0; i < num; i++)
        {
            if (strcmp(students[i].ID, id) == 0)  //使用 strcmp 函数将 id 与学生学号比较
            {
                return i;
            }
        }
        return -1;                                 //未找到,则返回 -1
    }
```

5. 函数运行结果

函数运行结果如图 11-12 所示。

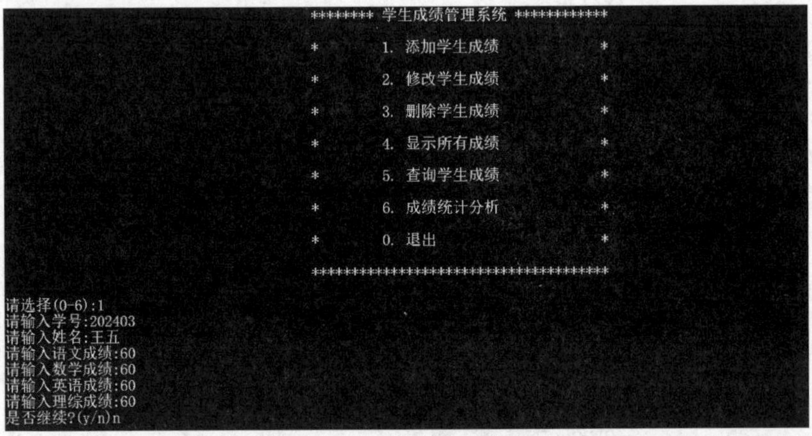

图 11-12　添加学生成绩

11.4.3　修改模块

1. 函数原型

void modify()

（1）输入参数：无。

（2）返回值：无。

（3）函数功能：修改学生成绩信息。

2. 函数设计思想

（1）用户输入需要修改学生的学号,调用 Student_SearchById 函数查找系统中是否存在此学生,如果返回值为-1,说明此学生不存在,提示用户重新输入;否则,说明已查找到此学生,首先将查找到的学生信息进行展示,接着提示用户输入更新后的学生相关信息。

（2）输入更新后的学号之后,调用 Student_SearchById 函数查找系统中是否已存在此学号,如果返回值为-1,则更新后的学号符合规则,提示用户继续输入其他信息;否则提示用户重新输入。

3. 函数代码

```
void modify()
{
    while (1)
    {
        char id[20];                        //修改前的学生学号
        char new_id[20];                    //修改后的学生学号
        int index;
        printf("请输入要修改的学生的学号:");
        scanf("%s", &id);
        getchar();
        index = Student_SearchById(id);     //使用学号来检索学生信息
        if (index == -1)
        {
            printf("学生不存在!\n");
        }
        else
        {
            printf("你要修改的学生信息为:\n");
            printf("%10s%10s%8s%8s%8s%8s%10s%10s\n", "学号", "姓名", "语文", "数
学", "英语", "理综", "总成绩", "平均成绩");
            printf("------------------------------------------------------- \n");
            printf("%10s%10s%8.2f%8.2f%8.2f%8.2f%10.2f%10.2f\n", students
[index].ID, students[index].Name, students[index].Chinese, students[index].Math, students
[index].English, students[index].Science, students[index].All, students[index].Average);
            printf("-- 请输入新值 --\n");
            printf("请输入学号:");
            scanf("%s", &new_id);
            getchar();
            if (Student_SearchById(new_id) == -1)
            {
                strcpy(students[index].ID, new_id); /*将更新后的学号保存到结构体数组中*/
                printf("请输入姓名:");
                scanf("%s", &students[index].Name);
                getchar();
                printf("请输入语文成绩:");
                scanf("%f", &students[index].Chinese);
                getchar();
                printf("请输入数学成绩:");
                scanf("%f", &students[index].Math);
                getchar();
                printf("请输入英语成绩:");
                scanf("%f", &students[index].English);
                getchar();
                printf("请输入理综成绩:");
                scanf("%f", &students[index].Science); //重新录入新的学生信息
                getchar();
                students[index].All = students[index].Chinese + students[index].Math +
students[index].English + students[index].Science;
                students[index].Average = (students[index].Chinese + students[index].Math +
students[index].English + students[index].Science) / 4;
            }
            else
            {
                printf("学号重复,输入数据无效 !!!\n");
            }
```

291

第 11 章

综合实例——学生成绩管理系统

```
    }
    printf("是否继续?(y/n)");
    if (getchar() == 'n')
    {
        break;
    }
    }
}
```

4. 函数运行结果

函数运行结果如图 11-13 所示。

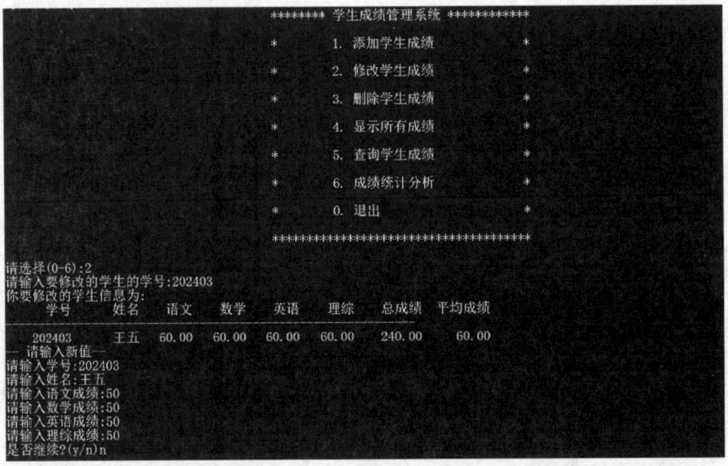

图 11-13　修改学生成绩

11.4.4　删除模块

1. 函数原型

void del()

（1）输入参数：无。

（2）返回值：无。

（3）函数功能：删除学生成绩信息。

2. 函数设计思想

（1）用户输入需要删除学生的学号，调用 Student_SearchById 函数查找系统中是否存在此学生，如果返回值为−1，说明此学生不存在，提示用户重新输入；否则，说明已查找到此学生，将查找到的学生信息进行展示，询问用户是否确认删除。

（2）用户输入字符 y，确认删除，执行删除操作，并相应地将学生数量 num 的值减一。

3. 函数代码

```
void del()
{
    int i;
    while (1)
    {
        char id[20];
        int index;
```

```
        printf("请输入要删除的学生的学号:");
        scanf("%s", &id);
        getchar();
        index = Student_SearchById(id);      //使用学号来检索学生信息
        if (index == -1)
        {
            printf("学生不存在!\n");
        }
        else
        {
            printf("你要删除的学生信息为:\n");
            printf("%10s%10s%8s%8s%8s%8s%10s%10s\n", "学号", "姓名", "语文", "数
学", "英语", "理综", "总成绩", "平均成绩");
            printf("----------------------------------------------------- \n");
            printf("%10s%10s%8.2f%8.2f%8.2f%8.2f%10.2f%10.2f\n", students
[index].ID, students[index].Name, students[index].Chinese, students[index].Math, students
[index].English, students[index].Science, students[index].All, students[index].Average);
            printf("是否真的要删除?(y/n)");
            if (getchar() == 'y')
            {
                for (i = index; i < num - 1; i++)
                {
                    students[i] = students[i + 1]; /*将被删除学生后边的结构体数组对象整体往
前移动*/
                }
                num--;
            }
            getchar();
        }
        printf("是否继续?(y/n)");
        if (getchar() == 'n')
        {
            break;
        }
    }
}
```

4. 函数运行结果

函数运行结果如图 11-14 所示。

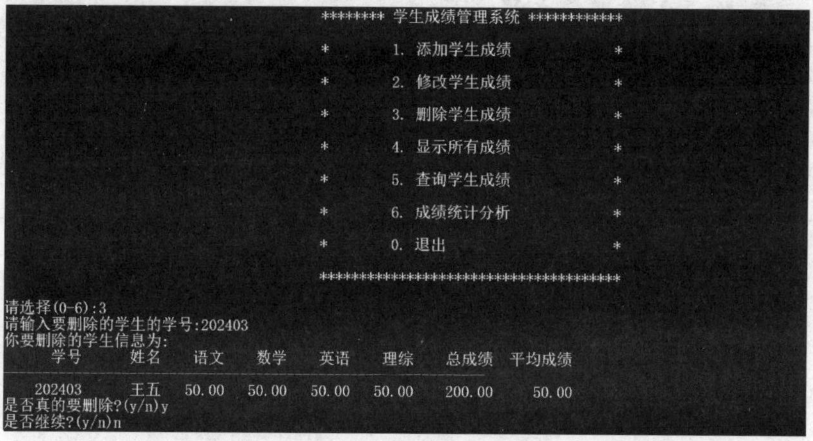

图 11-14   删除学生成绩

综合实例——学生成绩管理系统

11.4.5 打印模块

1. 函数原型

void display()

（1）输入参数：无。

（2）返回值：无。

（3）函数功能：展示系统中所有学生的成绩信息。

2. 函数设计思想

将 students 结构体数组中的学生信息循环打印输出。

3. 函数代码

```
void display()
{
    int a;
    printf("%10s%10s%8s%8s%8s%8s%10s%10s\n", "学号", "姓名", "语文", "数学", "英
语", "理综", "总成绩", "平均成绩");
    printf("---------------------------------------------------------- \n");
    for (a = 0; a < num; a++)
    {
    printf("%10s%10s%8.2f%8.2f%8.2f%8.2f%10.2f%10.2f\n",students[a].ID,students
[a].Name,students[a].Chinese, students[a].Math, students[a].English, students[a].Science,
students[a].All, students[a].Average);
    }
}
```

4. 函数运行结果

函数运行结果如图 11-15 所示。

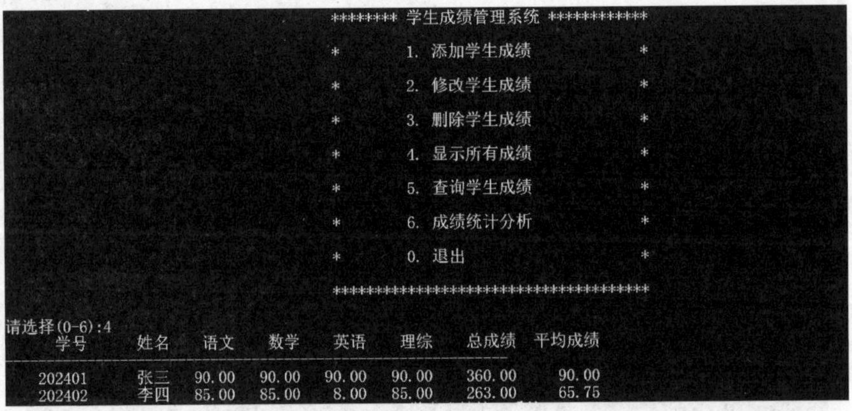

图 11-15　显示所有成绩

11.4.6 查询模块

1. 查询菜单

1）函数原型

void search()

（1）输入参数：无。

（2）返回值：无。

（3）函数功能：展示成绩查询菜单供用户选择。

2）函数设计思想

接收用户的输入，执行相应的查询功能。

3）函数代码

```
void search()
{
    int choose;
    void menu();
    system("cls");
    while (1)
    {
    printf("\t\t\t\t*************** 查询学生成绩 *************** \n\n");
    printf("\t\t\t\t*          1. 按姓名查询          * \n\n");
    printf("\t\t\t\t*          2. 按学号查询          * \n\n");
    printf("\t\t\t\t*          3. 返回上一级          * \n\n");
    printf("\t\t\t\t*          0. 退出          * \n\n");
    printf("\t\t\t\t************************************** \n\n");
    printf("请选择(0-3):");
    scanf(" % d", &choose);
    switch (choose)
    {
        case 1:search_name(); break;
        case 2:search_id(); break;
        case 3:menu(); break;
        case 0:exit(0);
        default:;
    }
    }
}
```

4）函数运行结果

函数运行结果如图 11-16 所示。

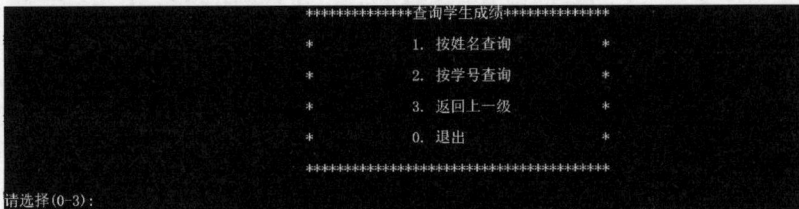

图 11-16　查询菜单

2. 按姓名查找

1）函数原型

```
void search_name()
```

（1）输入参数：无。

（2）返回值：无。

（3）函数功能：根据用户输入的学生姓名，查询相应的学生成绩信息。

2）相关函数

int Student_SearchByName(char name[])

（1）输入参数：学生姓名。

（2）返回值：当返回－1时，表示在系统中没有查找到该学生；当系统中存在该学生时，返回该学生信息在 students 结构体数组中的下标。该函数与 Student_SearchById 函数功能类似，只是传入参数不同。

3）函数设计思想

用户输入需要查询的学生姓名，调用 Student_SearchByName 函数查找学生信息，如果返回值为－1，表示系统中不存在此学生成绩信息；否则，返回此学生在 students 结构体数组中的下标，从而在结构体数组中取出该学生成绩信息展示给用户。

4）函数代码

```c
void search_name()
{
    while (1)
    {
        char name[20];
        int index;
        printf("请输入要查询的学生的姓名:");
        scanf("%s", &name);
        getchar();
        index = Student_SearchByName(name);
        if (index == -1)
        {
            printf("学生不存在!\n");
        }
        else
        {
            printf("你要查询的学生信息为:\n");
            printf("%10s%10s%8s%8s%8s%8s%10s%10s\n", "学号", "姓名", "语文", "数学", "英语", "理综", "总成绩", "平均成绩");
            printf("--------------------------------------------------------- \n");
            printf("%10s%10s%8.2f%8.2f%8.2f%8.2f%10.2f%10.2f\n", students[index].ID, students[index].Name, students[index].Chinese, students[index].Math, students[index].English, students[index].Science, students[index].All, students[index].Average);
        }
        printf("是否继续?(y/n)");
        if (getchar() == 'n')
        {
            break;
        }
    }
}
int Student_SearchByName(char name[])
{
    int i;
    for (i = 0; i < num; i++)
    {
        if (strcmp(students[i].Name, name) == 0)
```

```
        {
            return i;
        }
    }
    return −1;                              //未找到返回 −1
}
```

5）函数运行结果

函数运行结果如图 11-17 所示。

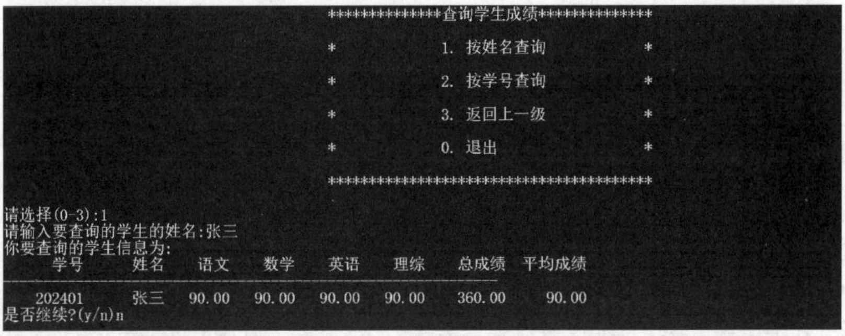

图 11-17 按姓名查询

3. 按学号查找

1）函数原型

```
void search_id()
```

（1）输入参数：无。

（2）返回值：无。

（3）函数功能：根据用户输入的学生学号，查询相应的学生成绩信息。

2）函数设计思想

用户输入需要查询的学生学号，调用 Student_SearchById 函数查找学生信息，如果返回值为−1，表示系统中不存在此学生成绩信息；否则，返回此学生在 students 结构体数组中的下标，从而在结构体数组中取出该学生成绩信息展示给用户。

3）函数代码

```
void search_id()
{
    while (1)
    {
        char id[20];
        int index;
        printf("请输入要查询的学生的学号:");
        scanf(" % s", &id);
        getchar();
        index = Student_SearchById(id);
        if (index == −1)
        {
            printf("学生不存在!\n");
        }
        else
        {
```

297

第11章

```
        printf("你要查询的学生信息为:\n");
        printf("%10s%10s%8s%8s%8s%8s%10s%10s\n", "学号", "姓名", "语文", "数
学", "英语", "理综", "总成绩", "平均成绩");
        printf("--------------------------------------------------------\n");
        printf("%10s%10s%8.2f%8.2f%8.2f%8.2f%10.2f%10.2f\n", students
[index].ID, students[index].Name, students[index].Chinese, students[index].Math, students
[index].English,students[index].Science,students[index].All,students[index].Average);
        }
        printf("是否继续?(y/n)");
        if (getchar() == 'n')
        {
            break;
        }
    }
}
```

4) 函数运行结果

函数运行结果如图 11-18 所示。

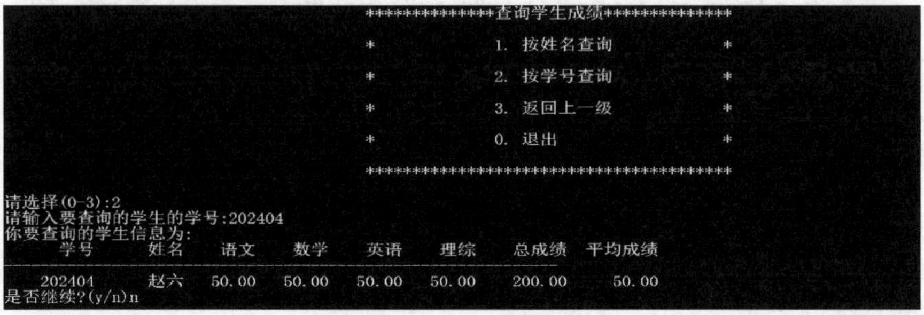

图 11-18　按学号查询

11.4.7　统计模块

1. 统计菜单

1) 函数原型

void statistic()

(1) 输入参数:无。

(2) 返回值:无。

(3) 函数功能:展示统计分析菜单供用户选择。

2) 函数设计思想

接收用户的输入,执行相应的成绩统计功能。

3) 函数代码

```
void statistic()
{
    int choose;
    void menu();
    system("cls");
    while (1)
    {
    printf("\t\t\t\t\t*************** 统计分析 *************** \n\n");
```

```
        printf("\t\t\t\t\t *        1. 成绩排序                * \n\n");
        printf("\t\t\t\t\t *        2. 查询各科目不及格学生  * \n\n");
        printf("\t\t\t\t\t *        3. 查询各科目最高分       * \n\n");
        printf("\t\t\t\t\t *        4. 返回上一级             * \n\n");
        printf("\t\t\t\t\t *        0. 退出                   * \n\n");
        printf("\t\t\t\t\t ******************************** \n\n");
        printf("请选择(0-4):");
        scanf(" % d", &choose);
        switch (choose)
            {
            case 1:sort(); break;
            case 2:SearchFail(); break;
            case 3:SearchHigh(); break;
            case 4:menu(); break;
            case 0:exit(0);
            default:;
            }
        }
}
```

4）函数运行结果

函数运行结果如图 11-19 所示。

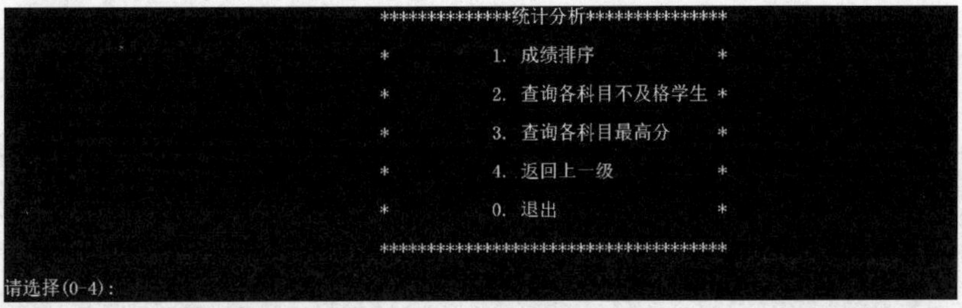

图 11-19　统计菜单

2. 成绩排序

1）函数原型

void sort()

（1）输入参数：无。

（2）返回值：无。

（3）函数功能：依据学生总成绩进行排序。

2）函数设计思想

使用冒泡排序算法对 students 结构体数组中的学生成绩信息按总成绩大小进行排序，排序完成后打印输出排序后的结果。

3）函数代码

```
void sort()
{
    int i,j,k;
    struct Student stu;
    for (i = 0; i < num; i++)            //冒泡排序
        {
```

```
        for (j = 0; j < num - i; j++)
        {
            if (students[j].All < students[j + 1].All)
            {
                stu = students[j];
                students[j] = students[j + 1];
                students[j + 1] = stu;
            }
        }
    }
    int a;
    printf("%10s%10s%8s%8s%8s%8s%10s%10s\n", "学号", "姓名", "语文", "数学", "英语", "理综", "总成绩", "平均成绩");
    printf(" ------------------------------------------------------ \n");
    for (k = 0; k < num; k++)
    {
    printf("%10s%10s%8.2f%8.2f%8.2f%8.2f%10.2f%10.2f\n",students[k].ID,students[k].Name,students[k].Chinese,students[k].Math,students[k].English,students[k].Science,students[k].All, students[k].Average);
    }
}
```

4）函数运行结果

函数运行结果如图 11-20 所示。

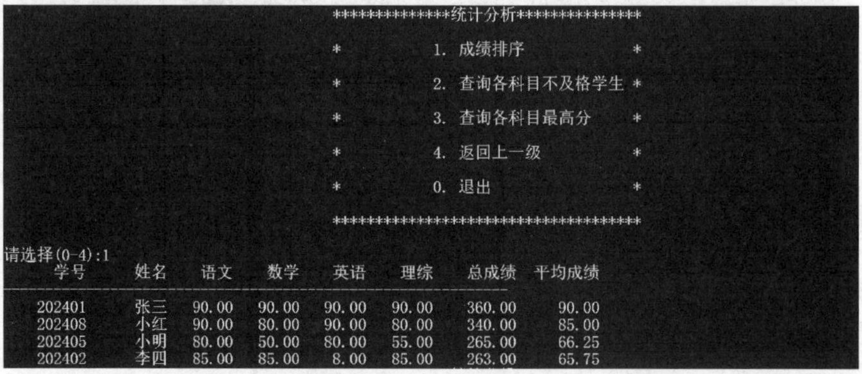

图 11-20　成绩排序

3. 查询各科目未及格学生

1）函数原型

void SearchFail()

（1）输入参数：无。

（2）返回值：无。

（3）函数功能：统计各个科目未及格的所有学生信息。

2）函数设计思想

依次将系统中所有学生的语文、数学、英语和理综成绩进行判断，如果小于 60 分，则直接打印输出该学生的学号、姓名以及成绩。

3）函数代码

void SearchFail()

```
{
    int a;
    printf("语文不及格的有 % 10s % 10s % 8s\n", "姓名","学号", "成绩");
    for (a = 0; a < num; a++)
    {
        if (students[a].Chinese < 60)
        printf("\t\t% 10s % 10s % 8.2f\n", students[a].Name, students[a].ID, students[a].
Chinese);
    }
    printf("数学不及格的有 % 10s % 10s % 8s\n", "姓名","学号", "成绩");
    for (a = 0; a < num; a++)
    {
        if (students[a].Math < 60)
        printf("\t\t% 10s % 10s % 8.2f\n", students[a].Name, students[a].ID, students[a].
Math);
    }
    printf("英语不及格的有 % 10s % 10s % 8s\n", "姓名","学号", "英语");
    for (a = 0; a < num; a++)
    {
        if (students[a].English < 60)
        printf("\t\t% 10s % 10s % 8.2f\n", students[a].Name, students[a].ID, students[a].
English);
    }
    printf("理综不及格的有 % 10s % 10s % 8s\n", "姓名","学号", "成绩");
    for (a = 0; a < num; a++)
    {
        if (students[a].Science < 60)
        printf("\t\t% 10s % 10s % 8.2f\n", students[a].Name, students[a].ID, students[a].
Science);
    }
}
```

4）函数运行结果

函数运行结果如图 11-21 所示。

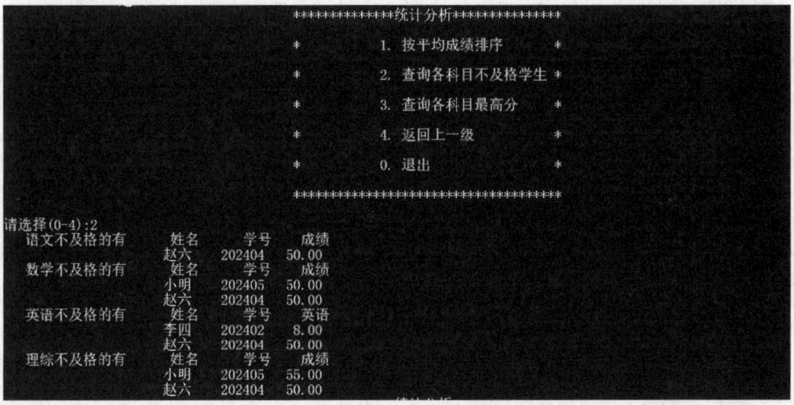

图 11-21 查询不及格学生

4. 查询各科目最高分学生

1）函数原型

```
void SearchHigh()
```

（1）输入参数：无。

（2）返回值：无。

（3）函数功能：统计各个科目最高分的学生信息。

2）函数设计思想

（1）将系统中学生的语文成绩的最高分找出并保存于 max 中。

（2）将所有学生的语文成绩依次和最高分比较，如果相等，则打印输出当前学生的姓名、学号以及成绩信息。

（3）利用上述思路将其他科目的最高分找出并打印输出。

3）函数代码

```c
void SearchHigh()
{
    int a;
    float max;
    printf("语文最高分为 % 10s % 10s % 8s\n", "姓名","学号","语文");
    max = students[0].Chinese;
    for (a = 1; a < num; a++)
    {
        if (students[a].Chinese > max)
            max = students[a].Chinese;          //记录语文成绩的最高分
    }
    for (a = 0; a < num; a++)
    {
        if (max == students[a].Chinese)         //判断当前学生成绩是否为最高分
        printf("\t\t% 10s % 10s % 8.2f\n",students[a].Name, students[a].ID, students[a].Chinese);
    }
    printf("数学最高分为 % 10s % 10s % 8s\n", "姓名","学号","数学");
    max = students[0].Math;
    for (a = 1; a < num; a++)
    {
        if (students[a].Math > max)
            max = students[a].Math;
    }
    for (a = 0; a < num; a++)
    {
        if (max == students[a].Math)
        printf("\t\t% 10s % 10s % 8.2f\n",students[a].Name, students[a].ID, students[a].Math);
    }
    printf("英语最高分为 % 10s % 10s % 8s\n", "姓名","学号","英语");
    max = students[0].English;
    for (a = 1; a < num; a++)
    {
        if (students[a].English > max)
            max = students[a].English;
    }
    for (a = 0; a < num; a++)
    {
        if (max == students[a].English)
        printf("\t\t% 10s % 10s % 8.2f\n",students[a].Name, students[a].ID, students[a].
```

```
English);
    }
    printf("理综最高分为%10s%10s%8s\n", "姓名","学号","理综");
    max = students[0].Science;
    for (a = 1; a < num; a++)
    {
        if (students[a].Science > max)
            max = students[a].Science;
    }
    for (a = 0; a < num; a++)
    {
        if (max == students[a].Science)
        printf("\t\t%10s%10s%8.2f\n",students[a].Name,students[a].ID,students[a].
Science);
    }
}
```

4）函数运行结果

函数运行结果如图 11-22 所示。

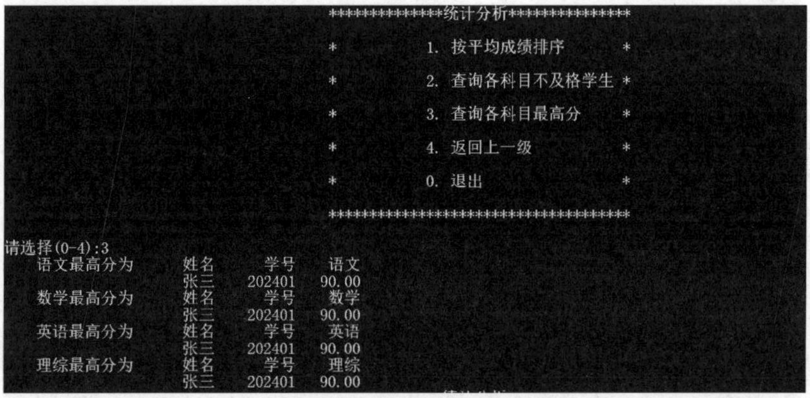

图 11-22　查询最高分

需要注意的是，所有函数均未声明，所以读者动手实践时，需要添加函数声明。

int Student_SearchByName(char name[]);	//通过姓名检索学生
int Student_SearchById(char id[]);	//通过学号检索学生
void input();	//数据添加函数
void modify();	//数据修改函数
void del();	//数据删除函数
void display();	//数据展示函数
void search_name();	//按姓名查询函数
void search_id();	//按学号查询函数
void sort();	//成绩排序函数
void SearchFail();	//查询未及格学生函数
void SearchHigh();	//查询最高分函数
void Save();	//保存数据
void Load();	//读取数据
void statistic();	//统计菜单
void search();	//查询菜单
void menu();	//系统菜单

习　题　11

一、选择题

1. 关于 C 语言标识符,以下叙述错误的是(　　)。

    A. 标识符可全部由大写字母组成　　　　B. 标识符可全部由下划线组成

    C. 标识符可全部由小写字母组成　　　　D. 标识符可全部由数字组成

2. 设有定义：struct{int n;float x;}s[2],m[2]={{10,2.8},{0,0.1}};,则以下赋值语句中正确的是(　　)。

    A. s[0]=m[1];　　　　　　　　　　　　B. s=m;

    C. s.n=m.n;　　　　　　　　　　　　　D. s[2].x=m[2].x;

3. 有以下程序：

```c
#include <stdio.h>
void main()
{
int x,y,z;
x=y=1;
z=x++;y++;++y;
printf("%d,%d,%d\n",x,y,z);
}
```

程序运行后的输出结果是(　　)。

    A. 2,3,3　　　　　　B. 2,3,2　　　　　　C. 2,3,1　　　　　　D. 2,2,1

4. 以下选项中,合法的 C 语言常量是(　　)。

    A. 1.234　　　　　　B. 'C++'　　　　　　C. "\2.0　　　　　　D. 2Kb

5. 设有定义：

```c
int a,b[10], *c=NULL, *p;
```

则以下语句错误的是(　　)。

    A. p=a;　　　　　　B. p=b;　　　　　　C. p=c;　　　　　　D. p=&b[0];

6. C 语言中,最基本的数据类型包括(　　)。

    A. 整型、实型、逻辑型　　　　　　　　　B. 整型、字符型、数组

    C. 整型、实型、字符型　　　　　　　　　D. 整型、实型、结构体

7. 字符数组 a 和 b 中存储了两个字符串,判断字符串 a 和 b 是否相等,应当使用的是(　　)。

    A. if(strcmp(a,b)==0)　　　　　　　　B. if(strcpy(a,b))

    C. if(a==b)　　　　　　　　　　　　　D. if(a=b)

8. 在源程序的开始处加上"#include <stdio.h>"进行文件引用的原因,以下叙述正确的是(　　)。

    A. stdio.h 文件中包含标准输入输出函数的函数说明,通过引用此文件以便能正确使用 printf、scanf 等函数

    B. 将 stdio.h 中标准输入输出函数链接到编译生成的可执行文件中,以便能正确

运行

  C. 将 stdio.h 中标准输入输出函数的源程序插入到引用处,以便进行编译链接

  D. 将 stdio.h 中标准输入输出函数的二进制代码插入到引用处,以便进行编译链接

9. 设变量已正确定义并赋值,以下正确的表达式是( )。

  A. int(15.8%5)   B. x=y+z+5;++y

  C. x=y*5=x+z   D. x=25%5.0

10. 以下选项中叙述正确的是( )。

  A. 函数体必须由{开始   B. C 程序必须由 main 语句开始

  C. C 程序中的注释可以嵌套   D. C 程序中的注释必须在一行完成

11. 以下关于算法的叙述中错误的是( )。

  A. 算法可以用伪代码、流程图等多种形式来描述

  B. 一个正确的算法必须有输入

  C. 一个正确的算法必须有输出

  D. 用流程图可以描述的算法可以用任何一种计算机高级语言编写成程序代码

12. 有以下程序:

```
#include<stdio.h>
main()
{
  int a[10]={1,3,5,7,11,13,17}, *p=a;
  printf("%d,", *(p++));
  printf("%d\n", *(++p));
}
```

程序运行后的输出结果是( )。

  A. 3,7   B. 3,5   C. 1,5   D. 1,3

13. 有以下程序:

```
#include<stdio.h>
void main()
{
int i,j,m=1;
for(i=1;i<3;i++)
  {
  for(j=3;j>0;j--)
    {
    if(i*j>3) break;
    m*=i*j;
    }
  }
  printf("m=%d\n",m);
}
```

程序运行后的输出结果是( )。

  A. m=4   B. m=2   C. m=6   D. m=5

14. 下列叙述中错误的是( )。

  A. C 程序可以由一个或多个函数组成

  B. C 程序可以由多个程序文件组成

305

第 11 章

    C. 一个 C 语言程序只能实现一种算法

    D. 一个 C 函数可以单独作为一个 C 程序文件存在

15. 以下叙述正确的是(　　)。

    A. C 语言程序是由过程和函数组成的

    B. C 语言函数可以嵌套调用,例如,fun(fun(x))

    C. C 语言函数不可以单独编译

    D. C 语言中除了 main 函数,其他函数不可以作为单独文件形式存在

16. 以下能正确输出字符 a 的语句是(　　)。

    A. printf("%s", "a");   B. printf("%s", 'a');

    C. printf("%c", "a");   D. printf("%d", 'a');

17. 有以下程序:

```c
#include<stdio.h>
struct ord
{
  int x,y;
}dt[2]={1,2,3,4};
void main()
{
  struct ord *p=dt;
  printf("%d,",++(p->x));
  printf("%d\n",++(p->y));
}
```

程序运行后的输出结果是(　　)。

    A. 3,4   B. 4,1   C. 2,3   D. 1,2

18. 以下叙述中正确的是(　　)。

    A. 语句"int a[8]={0};"是合法的

    B. 语句"int a[]={0};"是不合法的,遗漏了数组的大小

    C. 语句"char a[2]={"A","B"};"是合法的,定义了一个包含两个字符的数组

    D. 语句"char a[3];a="AB";"是合法的,因为数组有三个字符空间的容量,可以
        保存两个字符

19. 关于"do{循环体}while(条件表达式)",以下叙述正确的是(　　)。

    A. 循环体的执行次数总是比条件表达式的执行次数多一次

    B. 条件表达式的执行次数总是比循环体的执行次数多一次

    C. 条件表达式的执行次数与循环体的执行次数一样

    D. 条件表达式的执行次数与循环体的执行次数无关

20. 若有定义语句:

```c
double a, *p=&a;
```

以下叙述中错误的是(　　)。

    A. 定义语句中的 p 只能存放 double 类型变量的地址

    B. 定义语句中的 * 号是一个说明符

    C. 定义语句中的 * 号是一个地址运算符

D. 定义语句中 ＊p＝＆a 把变量 a 的地址作为初值赋给指针变量 p

21. 有以下程序：

```
# inchude < stdio. h >
void main()
{
int x = 1,y = 0;
if(!x) y++;
else if(x == 0)
        if(x) y += 2;
        else y += 3;
    printf(" % d\n",y);
}
```

程序运行后的输出结果是(　　)。

    A. 3   B. 2   C. 1   D. 0

22. 有以下程序：

```
# inchude < stdio. h >
void main()
{
int y = 9;
for( ;y > 0;y -- )
if(y % 3 == 0) printf(" % d", -- y);
}
```

程序的运行结果是(　　)

    A. 852   B. 963   C. 741   D. 875421

23. 有以下程序：

```
# include < stdio. h >
int fun(int x,int y)
{
  if(x != y) return ((x + y)/2);
  else return (x);
}
void main()
{
  int a = 4,b = 5,c = 6;
  printf(" % d\n",fun(2 * a,fun(b,c)));
}
```

程序运行后的输出结果是(　　)。

    A. 6   B. 3   C. 8   D. 12

24. 下列定义数组的语句中,正确的是(　　)。

    A. int x[0..10];   B. int N = 10:   C. # define N 10   D. int x[];
                         int x{N};   int x[N];

25. 有以下程序：

```
# include < stdio . h >
main()
{
  int b[3][3] = {0,1,2,0,1,2,0,1,2},i,j,t = 1;
```

```
    for(i = 0;i < 3;i++)
        for(j = i;j < = i;j++)
            t += b[i][b[j][i]];
            printf("%d\n",t);
}
```

程序运行后的输出结果是(   )。

    A. 3   B. 4   C. 1   D. 9

26. 有以下程序段

```
int a,b,c;
scanf("%d%d%d",&a,&b,&c);
if(a > b) a = b;
if(a > c) a = c;
printf("%d\n",a);
```

该程序段的功能是(   )。

    A. 输出 a、b、c 中的最大值   B. 输出 a、b、c 中的最小值

    C. 输出 a 的原始值   D. 输出 a、b、c 中值相等的数值

27. 下列叙述中正确的是(   )。

    A. 在 switch 语句中,不一定使用 break 语句

    B. 在 switch 语句中必须使用 default

    C. break 语句必须与 switch 语句中的 case 配对使用

    D. break 语句只能用于 switch 语句

28. 以下不构成无限循环的语句或语句组是(   )。

    A. n = 0:   B. n = 0:

       do{++n;} while (n < = 0);   while (1){ n++;}

    C. n = 10;   D. for(n = 0, i = 1; ;i++) n += i;

       while(n);{n -- ;}

29. 有以下程序:

```
#include <stdio.h>
main()
{
int c = 0, k;
for(k = 1;k < 3;k++)
{
switch(k)
{
default: c += k;
case 2:c++;break;
case 4:c += 2;break;
}
}
printf("%d\n",c);
}
```

程序运行后的输出结果是(   )。

    A. 7   B. 5

    C. 3   D. 9

30. 有以下程序：

```
#include<stdio.h>
void fun(int a, int b)
{
    int t;
    t=a;a=b;b=t;
}
main()
{
    int c[10]={1,2,3,4,5,6,7,8,9,0},i;
    for(i=0;i<10;i+=2) fun(c[i],c[i+1]);
    for(i=0;i<10;i++) printf("%d,",c[i]);
    printf("\n");
}
```

程序的运行结果是(　　)。

A. 1,2,3,4,5,6,7,8,9,0,　　　　　　B. 2,1,4,3,6,5,8,7,0,9,

C. 0,9,8,7,6,5,4,3,2,1,　　　　　　D. 0,1,2,3,4,5,6,7,8,9,

二、程序填空题

给定程序中，函数 fun 的功能是，计算 x 所指数组中 N 个数的平均值(规定所有数均为正数)，平均值通过形参返回给主函数，将小于平均值且最接近平均值的数作为函数值返回，并在主函数中输出。

例如，有 10 个正数：46、30、32、40、6、17、45、15、48、26，平均值为 30.500000。

主函数中输出 m=30。

请在程序的下画线处填入正确的内容并把下画线删除，使程序得出正确的结果。

注意：部分源程序如下所示。

不得增行或删行，也不得更改程序的结构！

```
#include<stdlib.h>
#include<stdio.h>
#define N 10
double fun(double x[],double *av)
{
    int i,j;
    double d,s;
    s=0;
    for(i=0;i<N;i++)
    s=s+x[i];
    ____1____=s/N;
    d=32767;
    for(i=0;i<N;i++)
    if(x[i]<*av && *av-x[i]<=d)
    {
        d=*av-x[i];
        j=____2____;
    }
    return____3____;
}
void main()
{
```

```
int i;
double x[N],av,m;
for(i = 0;i < N;i++)
  {
  x[i] = rand() % 50;
  printf(" % 4.0f ",x[i]);
  }
printf("\n");
m = fun(x,&av);
printf("\n The average is: % f\n",av);
printf("m = % 5.1f ",m);
printf("\n");
}
```

三、程序修改题

下列给定函数中，函数 fun 的功能是，统计字符串中各元音字母（即 A、E、I、O、U）的个数。注意，字母不分大小写。例如，输入"THIs is a boot"，则应输出是 1 0 2 2 0。

请改正程序中的错误，使程序能得出正确的结果。

注意：部分源程序如下所示。

不得增行或删行，也不得更改程序的结构！

```
# include < stdio. h>
void fun(char * s, int num[5])
{
  int k,i = 5;
  for (k = 0; k < i; k++)
    num[i] = 0;
  for (; * s; s++)
  {
   i = - 1;
   switch(s)
   {
     case 'a':
     case 'A': {i = 0; break;}
     case 'e':
     case 'E': {i = 1; break;}
     case 'i':
     case 'I': {i = 2; break;}
     case 'o':
     case 'O': {i = 3; break;}
     case 'u':
     case 'U': {i = 4; break;}
    }
   if(i >= 0)
     num[i]++;
   }
}
void main()
{
  char s1[81];
  int num1[5], i;
  printf( "\n Please enter a string: " );
  gets( s1 );
```

```
      fun (s1, num1 );
      for (i = 0; i < 5; i++)
      printf (" % d ",num1[i]);
      printf ("\n");
    }
```

四、程序编写题

下列程序定义了 N×N 的二维数组,并在主函数中赋值。请编写函数 fun,函数的功能是,求出数组周边元素的平均值并作为函数值返回给主函数中的 s。例如,若 a 数组中的值为

```
0  1  2  7  9
1  9  7  4  5
2  3  8  3  1
4  5  6  8  2
5  9  1  4  1
```

则返回主程序后 s 的值应为 3.375。

注意:部分源程序如下所示。

```
#include< stdio. h>
#define N 5
double fun (int w[][N])
{



}
void main()
{
  FILE * wf;
  int a[N][N] = {0,1,2,7,9,1,9,7,4,5,2,3,8,3,1,4,5,6,8,2,5,9,1,4,1};
  int i, j;
  double s;
  printf(" ***** The array ***** \n");
  for(i = 0;i < N;i++)
  {
    for (j = 0;j < N;j++)
    {
    printf(" % 4d ",a[i][j]);
    }
    printf("\n ");
  }
  s = fun(a);
  printf(" ***** THE RESULT ***** \n");
  printf("The sum is : % lf\n",s);
  wf = fopen("out. dat","w");
  fprintf(wf," % lf",s);
  fclose(wf);
}
```

参 考 文 献

[1] 谭浩强.C程序设计[M].5版.北京：清华大学出版社,2019.
[2] 谭浩强.C程序设计(第五版)学习辅导[M].北京：清华大学出版社,2019.
[3] 钟家民,周晏,张珊靓.C程序设计案例教程[M].北京：清华大学出版社,2024.
[4] 曹为刚,倪美玉.C语言程序设计与项目案例教程[M].北京：清华大学出版社,2023.
[5] 张丽华,梁田.C语言程序设计案例教程[M].北京：清华大学出版社,2023.
[6] 策未来.全国计算机等级考试模拟考场二级C语言[M].北京：人民邮电出版社,2023.
[7] 策未来.全国计算机等级考试上机考试题库二级C语言[M].北京：人民邮电出版社,2023.
[8] 王联国.C语言程序设计[M].北京：中国农业大学出版社,2011.
[9] 徐国华,王瑶,侯小毛.C语言程序设计[M].北京：人民邮电出版社,2020.
[10] 周百顺.实用C语言程序设计[M].北京：中国农业大学出版社,2024.
[11] 王一萍,梁伟,李长荣.C语言从入门到项目实战[M].北京：中国水利水电出版社,2019.
[12] 周屹,姜云霞,张旭辉.C程序设计实用教程[M].北京：机械工业出版社,2021.
[13] 周屹,李萍.C语言程序设计与实训[M].北京：机械工业出版社,2022.
[14] 李丽娟.C语言程序设计教程[M].北京：人民邮电出版社,2011.
[15] 李素萍.C语言程序设计[M].北京：机械工业出版社,2007.
[16] 刘振安,刘燕君,唐军.C程序设计课程设计[M].北京：机械工业出版社,2023.
[17] 李凤霞.C语言程序设计教程[M].北京：北京理工大学出版社,2015.

附录 A　　常用字符与 ASCII 代码对照表

常用字符与 ASCII 代码对照表如表 A.1 所示。

表 A.1　常用字符与 ASCII 代码对照表

H＼L	0000	0001	0010	0011	0100	0101	0110	0111
0000	NUL	DLE	(space)	0	@	P	`	p
0001	SOH	DC1	!	1	A	Q	a	q
0010	STX	DC2	"	2	B	R	b	r
0011	ETX	DC3	#	3	C	S	c	s
0100	EOT	DC4	$	4	D	T	d	t
0101	ENQ	NAK	%	5	E	U	e	u
0110	ACK	SYN	&	6	F	V	f	v
0111	BEL	ETB	'	7	G	W	g	w
1000	BS	CAN	(	8	H	X	h	x
1001	HT	EM	)	9	I	Y	i	y
1010	LF	SUB	*	:	J	Z	j	z
1011	VT	ESC	+	;	K	[	k	{
1100	FF	FS	,	<	L	\	l	|
1101	CR	GS	－	=	M	]	m	}
1110	SO	RS	.	>	N	^	n	~
1111	SI	US	/	?	O	_	o	DEL

附录B　运算符的优先级和结合性

运算符的优先级和结合性如表 B.1 所示。

表 B.1　运算符的优先级和结合性

优先级	运 算 符	含 义	要求运算对象的个数	结合方向
1	( )	圆括号		自左至右
	[ ]	下标运算符		
	—>	指向结构体成员运算符		
	·	结构体成员运算符		
2	!	逻辑非运算符	1（单目运算符）	自右至左
	~	按位取反运算符		
	++	自增运算符		
	——	自减运算符		
	—	负号运算符		
	（类型）	类型转换运算符		
	*	指针运算符		
	&	取地址运算符		
	sizeof	长度运算符		
3	*	乘法运算符	2（双目运算符）	自左至右
	/	除法运算符		
	%	求余运算符		
4	+	加法运算符	2（双目运算符）	自左至右
	—	减法运算符		
5	<<	左移运算符	2（双目运算符）	自左至右
	>>	右移运算符		
6	< <= > >=	关系运算符	2（双目运算符）	自左至右
7	==	等于运算符	2（双目运算符）	自左至右
	!=	不等于运算符		
8	&	按位与运算符	2（双目运算符）	自左至右
9	^	按位异或运算符	2（双目运算符）	自左至右
10	|	按位或运算符	2（双目运算符）	自左至右
11	&&	逻辑与运算符	2（双目运算符）	自左至右

优先级	运 算 符	含 义	要求运算对象的个数	结合方向
12	||	逻辑或运算符	2(双目运算符)	自左至右
13	?:	条件运算符	3(三目运算符)	自右至左
14	= += -= *= /= %= >>= <<= &= ^= |=	赋值运算符	2(双目运算符)	自右至左
15	,	逗号运算符(顺序求值运算符)		自左至右

从表 B.1 中可以大致归纳出各类运算符的优先级:

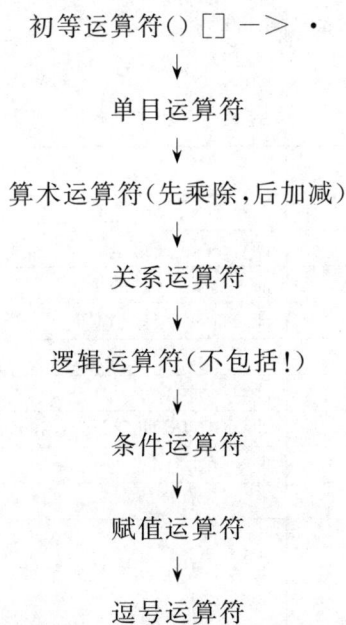

初等运算符() [] -> ·

↓

单目运算符

↓

算术运算符(先乘除,后加减)

↓

关系运算符

↓

逻辑运算符(不包括!)

↓

条件运算符

↓

赋值运算符

↓

逗号运算符

运算符的优先级和结合性

附录C | 常用库函数

1. 数学函数

使用数学函数时,应该在该源文件中使用以下命令行:

#include<math.h> 或 #include"math.h"

数学函数如表 C.1 所示。

表 C.1 数学函数

函数名	函 数 原 型	功 能	返回值	说 明
abs	int abs(int x)	求整数 x 的绝对值	计算结果	
acos	double acos(double x)	计算 $\cos^{-1}(x)$ 的值	计算结果	x 应为 $-1\sim1$
asin	double asin(double x)	计算 $\sin^{-1}(x)$ 的值	计算结果	x 应为 $-1\sim1$
atan	double atan(double x)	计算 $\tan^{-1}(x)$ 的值	计算结果	
atan2	double atan2(double x,double y)	计算 $\tan^{-1}/(x/y)$ 的值	计算结果	
cos	double cos(double x)	计算 $\cos(x)$	计算结果	x 的单位为弧度
cosh	double cosh(double x)	计算 x 的双曲余弦 cosh(x)的值	计算结果	
exp	double exp(double x)	求 e^x 的值	计算结果	
fabs	double fabs(double x)	求 x 的绝对值	计算结果	
floor	double floor(double x)	求出不大于 x 的最大整数	该整数的双精度实数	
fmod	double fmod(double xdouble y)	求整除 x/y 的余数	返回余数的双精度余数	
frexp	double frexp(double val ,int * eptr)	把双精度数 val 分解为数字部分(尾数)x 和以 2 为底的指数 n,即 val=x * 2^n,n 存放在 eptr 指向的变量中	返回数字部分 x $0.5{\leqslant}x<1$	
log	double log(double x)	求 $\log_e x$,即 ln x	计算结果	
log10	double log10(double x)	求 $\log_{10} x$	计算结果	
modf	double modf(double val,double * iptr)	把双精度数 val 分解为整数部分和小数部分,把整数部分存到 iptr 指向的单元	val 的小数部分	
pow	double pow(double x,double y)	计算 x^y 的值	计算结果	
rand	int rand(void)	产生 $-90\sim32767$ 的随机整数	随机整数	
sin	double sin(double x)	计算 sin x 的值	计算结果	x 单位为弧度

函数名	函数原型	功　能	返回值	说　明
sinh	double sinh(double x);	计算 x 的双曲正弦函数 sinh(x) 的值	计算结果	
sqrt	double sqrt(double x);	计算 $\sqrt{x}$	计算结果	x≥0
tan	double tan(double x);	计算 tan(x) 的值	计算结果	x 单位为弧度
tanh	double tanh(double x);	计算 x 的双曲正切函数 tanh(x) 的值	计算结果	

2. 字符函数和字符串函数

ANSI C 标准要求在使用字符串函数时要包含头文件 string.h,在使用字符函数时要包含头文件 ctype.h。有的 C 编译不遵循 ANSI C 标准的规定,而用其他名称的头文件。请使用时查阅有关手册。字符函数和字符串函数如表 C.2 所示。

表 C.2　字符函数和字符串函数

函数名	函数原型	功　能	返　回　值	包含文件
isalnum	int isalnum(int ch);	检查 ch 是否是字母(alpha)或数字(numeric)	是字母或数字返回 1;否则返回 0	ctype.h
isalpha	int isalpha(int ch);	检查 ch 是否是字母	是,返回 1;不是,则返回 0	ctype.h
iscntrl	int iscntrl(int ch);	检查 ch 是否是控制字符(其 ASCII 码在 0 和 0x1F 之间)	是,返回 1;不是,返回 0	ctype.h
isdigit	int isdigit(int ch);	检查 ch 是否为数字(0～9)	是,返回 1;不是,返回 0	ctype.h
isgraph	int isgraph(int ch);	检查 ch 是否为可打印字符(其 ASCII 码在 0x21 到 0x7E 之间),不包括空格	是,返回 1;不是,返回 0	ctype.h
islower	int islower(int ch);	检查 ch 是否为小写字母(a～z)	是,返回 1;不是,返回 0	ctype.h
isprint	int isprint(int ch);	检查 ch 是否为可打印字符(包括空格),其 ASCII 码在 0x20 到 0x7E 之间	是,返回 1;不是,返回 0	ctype.h
ispunct	int ispunct(int ch);	检查 ch 是否为标点字符(不包括空格),即除字母、数字和空格以外的所有可打印字符	是,返回 1;不是,返回 0	ctype.h
isspace	int isspace(int ch);	检查 ch 是否为空格、跳格符(制表符)或换行符	是,返回 1;不是,返回 0	ctype.h
isupper	int isupper(int ch);	检查 ch 是否为大写字母(A～Z)	是,返回 1;不是,返回 0	ctype.h
isxdigit	int isxdigit(int ch);	检查 ch 是否为一个十六进制数字字符(即 0～9,或 A 到 F,或 a～f)	是,返回 1;不是,返回 0	ctype.h
strcat	char * strcat(char * str1,char * str2);	把字符串 str2 接到 strl 后面,str1 最后面的 '\0' 被取消	strl	string.h
strchr	char * strchr(char * str,int ch);	找出 str 指向的字符串中第一次出现字符 ch 的位置	返回指向该位置的指针,如找不到,则返回空指针	string.h

函数名	函数原型	功　能	返　回　值	包含文件
strlen	unsigned int strlen (char * str);	统计字符串 str 中字符的个数(不包括终止符'\0')	返回字符个数	string.h
strstr	char * strstr (char * strl,char * str2);	找出 str2 字符串在 str1 字符串中第一次出现的位置(不包括 str2 的串结束符)	返回该位置的指针,如找不到,返回空指针	string.h
tolower	int tolower(int ch);	将 ch 字符转换为小写字母	返回 ch 所代表的字符的小写字母	ctype.h
toupper	int toupper(int ch);	将 ch 字符转换成大写字母	与 ch 相应的大写字母	ctype.h

3. 输入输出函数

凡用表 C.3 所示的输入输出函数,应该使用 ♯include＜stdio.h＞把 stdio.h 头文件包含到源程序文件中。

表 C.3　输入输出函数

函数名	函数原型	功　能	返　回　值	说　明
clearerr	void clearerr(FILE * fp);	使 fp 所指文件的错误标志和文件结束标志置 0	无	
fclose	int fclose(FILE * fp);	关闭 fp 所指的文件,释放文件缓冲区	有错则返回非 0;否则返回 0	
feof	int feof(FILE * fp);	检查文件是否结束	已读文件尾标志返回非 0 值;否则返回 0	
fgetc	int fgetc(FILE * fp);	从 fp 所指定的文件中取得下一个字符	返回所得到的字符,若读入出错,返回 EOF	
fgets	char * fgets(char * buff, int n, FILE * fp);	从 fp 指向的文件读取一个长度为(n−1)的字符串,存入起始地址为 buff 的空间	返回地址 buff,若遇文件结束或出错,返回 NULL	
fopen	FILE * fopen (char * filename, char * mode);	以 mode 指定的方式打开名为 filename 的文件	成功,返回一个文件指针(文件信息区的起始地址);否则返回 0	
fprintf	int fprintf (FILE * fp, char * format ,args,…);	把 args 的值以 format 指定的格式输出到 fp 所指定的文件中	实际输出的字符数	
fputc	int fputc (char ch, FILE * fp);	将字符 ch 输出到 fp 指向的文件中	成功,则返回该字符;否则返回非 0	
fputs	int fputs (char * str, FILE * fp);	将 str 指向的字符串输出到 fp 所指定的文件	成功返回 0;若出错返回非 0	
fread	int fread (char * pt, unsigned size, unsigned n,FILE * fp);	从 fp 所指定的文件中读取长度为 size 的 n 个数据项,存到 pt 所指向的内存区	返回所读的数据项个数,如遇文件结束或出错返回 0	
fscanf	int fscanf (FILE * fp, char format,args,…);	从 fp 指定的文件中按 formmat 给定的格式将输入数据送到 args 所指向的内存单元(args 是指针)	已输入的数据个数	

函数名	函 数 原 型	功　　能	返　回　值	说　　明
fseek	int fseek(FlLE * fp,long offset,int base);	将 fp 所指向的文件的位置指针移到以 base 所给出的位置为基准、以 offset 为位移量的位置	返回当前位置;否则,返回-1	
ftell	long ftell(FILE * fp);	返回 fp 所指向的文件中的读写位置	返回 fp 所指向的文件中的读写位置	
fwrite	int fwrite (char * ptr, unsigned size, unsigned n,FILE * fp);	把 ptr 所指向的 n * size 个字节输出到 fp 所指向的文件中	写到 fp 文件中的数据项的个数	
getc	int getc(FILE * fp);	从 fp 所指向的文件中读入一个字符	返回所读的字符,若文件结束或出错,返回 EOF	
getchar	int getchar(void);	从标准输入设备读取下一个字符	所读字符。若文件结束或出错,则返回-1	
getw	int getw(FILE * fp);	从 fp 所指向的文件读取下一个字(整数)	输入的整数。如文件结束或出错,返回-1	非 ANSI 标准函数
open	int open(char * filename, int mode);	以 mode 指出方式打开已存在的名为 filename 的文件	返回文件号(正数);如打开失败,返回-1	非 ANSI 标准函数
printf	int printf(char * format, args,…);	按 format 指向格式字符串所规定的格式,将输出表列 args 的值输出到标准输出设备	输出字符个数,若出错,返回负数	format 可以是一个字符串,或字符数组的起始地址
putc	int putc (int ch, FILE * fp);	把一个字符 ch 输出到 fp 所指的文件中	输出的字符 ch,若出错,返回 EOF	
putchar	int putchar(char ch);	把字符 ch 输出到标准输出设备	输出的字符 ch,若出错,返回 EOF	
puts	int puts(char * str);	把 str 指向的字符串输出到标准输出设备,将'\0'转换为回车换行	返回换行符,若失败,返回 EOF	
putw	int putw (int w, FILE * fp);	将一个整数 w(即一个字)写到 fp 指向的文件中	返回输出的整数,若出错,返回 EOF	非 ANSI 标准函数
read	int read(int fd, char * buff,unsigned count);	从文件号 fd 所指示文件中读 count 个字节到由 buff 指示的缓冲区中	返回真正读入的字节个数,如遇文件结束返回 0,出错返回-1	非 ANSI 标准函数
rename	int rename(char * oldname,char * newname);	把由 oldname 所指的文件名,改为由 newname 所指的文件名	成功返回 0;出错返回-1	
rewind	void rewind(FILE * fp);	将 fp 指示的文件中的位置指针置于文件开头位置,并清除文件结束标志和错误标志	无	

函数名	函 数 原 型	功 能	返 回 值	说 明
scanf	int scanf(char * format, args,…);	从标准输入设备按 format 指向的格式字符串所规定的格式,输入数据给 args 所指向的单元	读入并赋给 args 的数据个数,遇文件结束返回 EOF,出错返回 0	args 为指针
write	int write(int fd,char * buff,unsigned count);	从 buff 指示的缓冲区输出 count 个字符到 fd 所标志的文件中	返回实际输出的字节数,如出错返回—1	非 ANSI 标准函数

4. 动态存储分配函数

ANSI 标准建议设 4 个有关的动态存储分配的函数,即 calloc()、malloc()、free()、realloc(),如表 C.4 所示。实际上,许多 C 编译系统实现时,往往增加了一些其他函数。ANSI 标准建议在"stdlib.h"头文件中包含有关的信息,但许多 C 编译系统要求用 malloc.h 而不是 stdlib.h。读者在使用时应查阅有关手册。

ANSI 标准要求动态分配系统返回 void 指针。void 指针具有一般性,它们可以指向任何类型的数据。但目前有的 C 编译系统所提供的这类函数返回 char 指针。无论以上两种情况的哪一种,都需要用强制类型转换的方法把 void 或 char 指针转换成所需的类型。

表 C.4 动态存储分配函数

函数名	函 数 原 型	功 能	返 回 值
calloc	void * calloc(unsigned n,unsign size);	分配 n 个数据项的内存连续空间,每个数据项的大小为 size	分配内存单元的起始地址,如不成功,返回 0
free	void free(void * p);	释放 p 所指的内存区	无
malloc	void * malloc(unsigned size);	分配 size 字节的存储区	所分配的内存区起始地址,如内存不够,返回 0
realloc	void * realloc(void * p, unsigned size);	将 p 所指出的已分配内存区的大小改为 size,size 可以比原来分配的空间大或小	返回指向该内存区的指针

习 题 解 析

目　　录

第1章　初识C语言

习题解析

一、选择题

1. A　【解析】使用顺序、选择(分支)、循环三种基本结构构成的程序可以解决所有问题,而不只是解决简单问题,所以A选项错误。

2. D　【解析】计算机能直接执行的程序是二进制的可执行程序,扩展名为.exe。所以选择D选项。

3. B　【解析】C语言程序的模块化通过函数来体现,所以选择B选项。

4. D　【解析】C语言编写的程序可以放置于多个程序文件中,所以A选项错误。C程序中的一行可以有多条语句,所以B选项错误。C语言中的注释语句可以与原语句放在一行也可以不放在一行,所以C选项错误。

5. A　【解析】C语言中的主函数唯一为main()函数,不能任意指定,所以B选项错误。C语言从主函数main()开始,到主函数main()结束,所以C选项错误。主函数必须写成小写的main,不能混淆大小写,所以D选项错误。

6. A　【解析】程序模块化可以采用自顶向下、逐步细化的方法,所以A选项中"自底向上"的说法是错误的。故本题答案为A选项。

7. A　【解析】C语言中的非执行语句不会被编译,不会被转换成二进制的机器指令,所以A选项错误。由C语言构成的指令序列称为C语言源程序,C语言源程序经过C语言编译程序编译之后,生成一个扩展名为.obj的二进制文件(称为目标文件);最后要由链接程序把此目标文件与C语言提供的各种库函数连接起来生成一个扩展名为.exe的可执行文件。故本题答案为A选项。

8. B　【解析】在一个C语言程序中可以实现多种算法,所以B选项错误。故本题答案为B选项。

9. D　【解析】在编写程序时可以在程序中加入注释。在添加注释时,注释内容必须放在符号"/*"和"*/"之间,"/*"和"*/"必须成对出现,"/"与"*"之间不可以有空格,所以A选项正确;注释可以用英文,可以用中文,可以出现在程序中任意合适的地方,所以B选项正确;注释部分只适用于阅读,对程序的运行不起作用,所以C选项正确;使用"/*"和"*/"的注释之间不可再嵌套"/*"和"*/",所以D选项错误。故本题答案为D选项。

10. D　【解析】C语言是一门非常接近计算机底层的语言,它可以用八进制、十进制和十六进制来表示整数常量,但却没有提供二进制的直接输入或输出方式。故本题答案为D选项。

二、程序题

1. 略

2. 略

3．略

4．编写一个求梯形面积的程序。（参考答案）

```c
#include <stdio.h>
int main()
{
    float a, b, h, area;
    printf("请输入梯形的上底长度：    ");
    scanf("%f", &a);
    printf("请输入梯形的下底长度：    ");
    scanf("%f", &b);
    printf("请输入梯形的高：    ");
    scanf("%f", &h);
    area = 0.5 * (a + b) * h;
    printf("梯形的面积为：%f\n", area);
    return 0;
}
```

5．已知正方形的边长为4，根据已知的条件计算出正方形的周长、面积，并将其输出。（参考答案）

```c
#include <stdio.h>
int main()
{
    int sideLength = 4;                   // 正方形的边长定义为4
    int perimeter;                        // 周长变量
    int area;                             // 面积变量
    perimeter = sideLength * 4;           // 正方形的周长计算公式为 边长 * 4
    area = sideLength * sideLength;       // 正方形的面积计算公式为 边长 * 边长
    printf("正方形的周长是：%d\n", perimeter);
    printf("正方形的面积是：%d\n", area);
    return 0;
}
```

6．用传统流程图和N-S图表示求解以下问题的算法。

（1）有3个数a、b、c，要求按大小顺序把它们输出。

解：流程图见图1-1(a)，N-S图见图1-1(b)。

（2）依次将10个数输入，要求输出其中最大的数。

解：流程图见图1-2(a)，N-S图见图1-2(b)。

（3）判断一个数n能否同时被3和5整除。

解：流程图见图1-3(a)，N-S图见图1-3(b)。

（4）求两个数m和n的最大公约数。

解：流程图见图1-4(a)，N-S图见图1-4(b)。

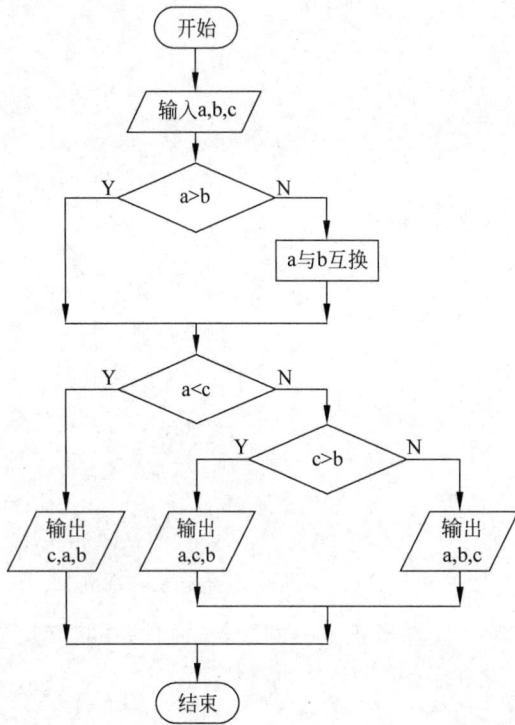

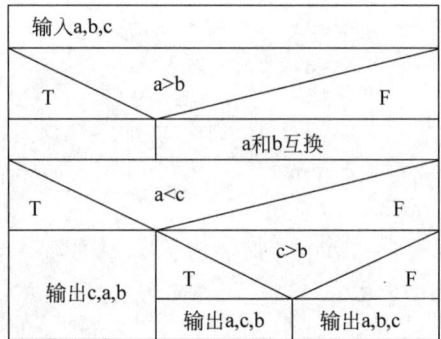

(a) 流程图　　　　(b) N-S图

图 1-1　（1）的参考答案

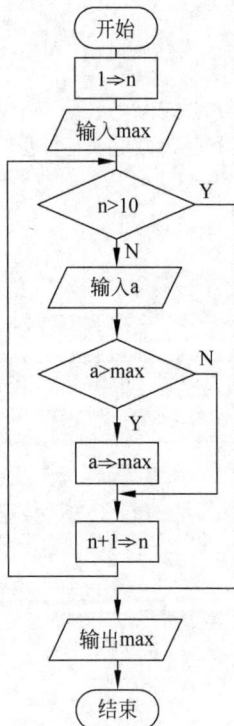

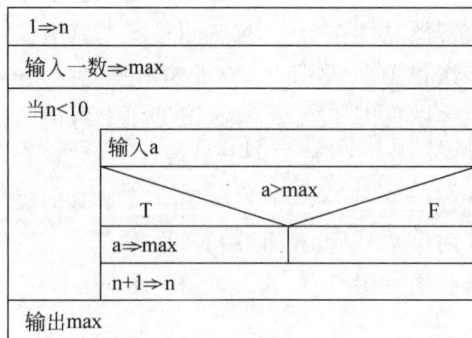

(a) 流程图　　　　(b) N-S图

图 1-2　（2）的参考答案

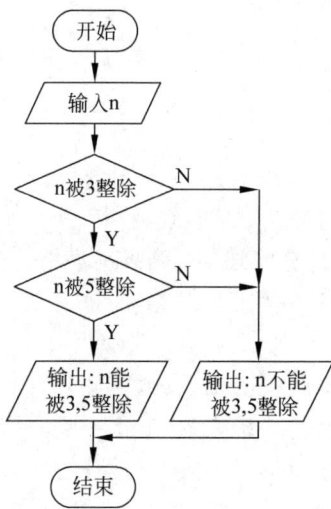

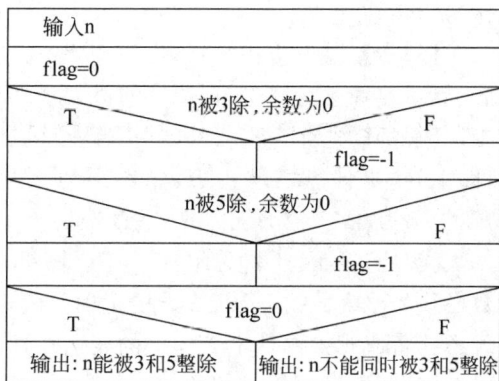

(a) 流程图   (b) N-S图

图 1-3   （3）的参考答案

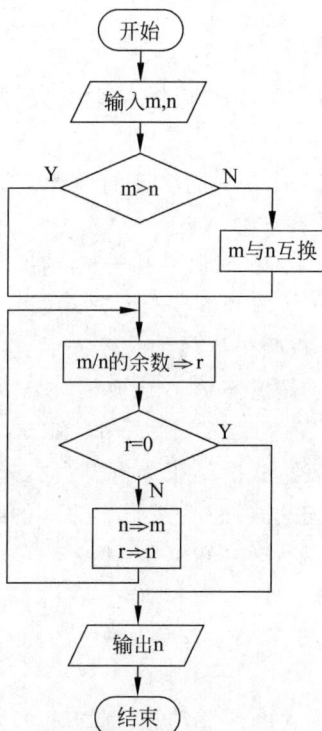

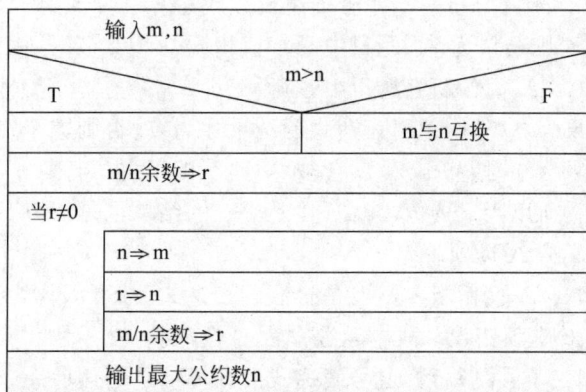

(a) 流程图   (b) N-S图

图 1-4   （4）的参考答案

325

第 2 章　C语言基础知识

习题解析

选择题

1．A　【解析】在表达式"z＝0.9＋x/y"中,先计算 x/y,结果为 1;再计算"0.9＋1",结果为 1.9。因为变量 z 为整型,所以 z 的值为 1。故本题答案为 A 选项。

2．D　【解析】先计算"5/2",结果取整数值 2;然后计算"3.6-2",结果与高精度数据保持一致,即 1.6;再计算"1.6＋1.2",结果为 2.8;接着计算"5%2",结果为 1;最后计算"2.8＋1",结果为 3.8。故本题答案为 D 选项。

3．B　【解析】C语言中没有"＜＞"运算符,所以 A 选项错误。运算符"%"的左右两个操作数必须为整型数据,所以 B 选项正确。表达式"a＊y"的结果为 double 型,所以 C 选项错误。不能将值赋给像"x＋y"这样的表达式,所以 D 选项错误。故本题答案为 B 选项。

4．A　【解析】运算符"%"的左右两个操作数必须为整型数据,所以 B 和 D 两个选项错误。C 选项中不能将"x＋z"的值赋给表达式 y＊5,所以 C 选项错误。故本题答案为 A 选项。

5．C　【解析】表达式"＋＋k"是先使得 k 的值自增 1 后再使用。表达式"k＋＋"是先取得 k 的值再将 k 的值自增 1。所以 C 选项中表达式的值为 0,而其他 3 个选项中表达式的值均为 1。故本题答案为 C 选项。

6．B　【解析】不能将变量赋给表达式,故 A、C 选项错误。D 选项中强制类型转换表达式应写成"(double)x/10"。故本题答案为 B 选项。

7．A　【解析】B 选项中的"%"运算对象为整数。C 选项中不能将变量赋给表达式"x＋n"。D 选项中不能将表达式"4＋1"赋给常量 5。故本题答案为 A 选项。

8．C　【解析】首先计算表达式"a＝9";再计算表达式"a－＝9",即"a＝a－9",结果为 0;最后计算表达式"a＋＝0",即"a＝a＋0",所以最终结果为 0。故本题答案为 C 选项。

9．B　【解析】本题考查逻辑异或运算。异或运算只有在两个比较的位不同时其结果为 1,否则结果为 0。题目中两个值相同,所以结果为 0。故本题答案为 B 选项。

10．A　【解析】题干中,"x＋＋&&y＋＋"属于逻辑与表达式,仅当"x＋＋"和"y＋＋"的结果为真,整个逻辑表达式的结果才为真,否则整个逻辑表达式的结果为假。当"x＋＋"的结果为 0 时,"y＋＋"就会被"短路",即不再执行"y＋＋"表达式,整个逻辑表达式的结果为假。所以当 x 的值为 0 时,"x＋＋"的结果也是 0,"y＋＋"操作被"短路",y 值不变。故本题答案为 A 选项。

11．D　【解析】只要是合法的表达式,都可以作为逻辑运算符的运算对象。因此可知 A、B、C 选项错误。故本题答案为 D 选项。

12．C　【解析】逗号表达式的计算结果是最后一个表达式的运算结果,所以 A 选项正确;运算符"%"是求余运算符,只能对整数类型的变量进行运算,所以 B 选项正确;在语句"ch＝(unsigned int)a＋b;"中,圆括号优先级最高,所以首先将 a 强制转换成无符号整型,再与 b 相加,结果赋值给 ch,所以 C 选项错误;复合运算"a＊＝b＋ch",先计算"b＋ch"的值,再将 a 与 b、ch 之和相乘,结果再赋值给 a,所以 D 选项正确。故本题答案为 C 选项。

13．D　【解析】C语言的算术运算符是有优先级的。圆括号可以改变算术表达式中某些算术运算符的优先级，所以 A 选项正确；算术运算符中，乘除运算符的优先级比加减运算符的优先级高，C 语言采用的是四则运算规则，所以 B 选项正确；算术表达式中，运算符两侧运算对象的数据类型不同时，将进行隐式类型转换，所以 C 选项正确；C 语言中基本算术运算符除了"＋""－""＊""/"之外，还有"％"，即求余运算符，所以 D 选项错误。故本题答案为 D 选项。

14．B　【解析】C语言中运算符有优先级和结合性。自增、自减运算符的优先级高于逻辑运算符，逻辑运算符中逻辑与"＆＆"的优先级比逻辑或"｜｜"高，逻辑运算符的结合性自左向右。所以题干中表达式等同于"(a＋＋)｜｜((b＋＋)＆＆(c＋＋))"。运算顺序：首先执行"a＋＋"，再执行"b＋＋"，最后执行"c＋＋"。故本题答案为 B 选项。

15．A　【解析】C语言中赋值运算符的结合方向是从右向左的，变量先定义后使用。对于"int a＝b＝c＝d＝1;"语句，首先执行赋值运算"d＝1"，由于变量 d 并未定义，故编译不通过，提示没有定义标识符 b、c、d，所以 A 选项错误。故本题答案为 A 选项。

16．C　【解析】单目运算符"＋＋"的优先级高于赋值运算符。表达式"a＊＝16＋(b＋＋)－(＋＋c);"可转化为"a＝a＊(16＋b－(c＋1));b＝b＋1;"，代入值计算可得 a＝28。故本题答案为 C 选项。

17．A　【解析】在C语言中不能直接表达"0＜x＜5"，需要分步骤来实现，即使用"x＞0＆＆x＜5"来描述，在 C 语言中"0＜x＜5"属于逻辑运算表达式，可以理解为"(0＜x)＜5"，因此 A 选项错误。故本题答案为 A 选项。

18．A　【解析】运算符逻辑非"!"和"＝＝"，逻辑非"!"的优先级高于"＝＝"，A 选项等价于"(!a)＝＝0"，如果 a 不等于 0，则表达式为真，否则表达式为假。故本题答案为 A 选项。

19．A　【解析】代数式"$x=\dfrac{1}{x \cdot y \cdot z}$"的结果为小数，转为 C 语言的表达式必须是浮点数。A 选项中由于 1.0 为浮点数，计算结果自动转换为浮点数。B、C、D 选项均不能正确表示。故本题答案为 A 选项。

20．D　【解析】"^"是按位异或运算符，按位异或运算的规则是参与运算的两个操作数按位异或，如果两个数相应位相同，结果为 0，否则为 1。按位异或运算满足如下规则：①满足交换率；②一个数与 0 异或的结果仍然是原数；③一个数与 1 异或的结果是原数按位取反。所以题干中，"y^x^y"等价于"y^y^x"，等价于"0^x"，等价于 x，即"z1＝x";"x^x^y"等价于"x^x^y"，等价于"0^y"，等价于 y，即"z2＝y"，输出结果为 3,5。故本题答案为 D 选项。

第3章　顺序结构程序设计

习题解析

一、选择题

1．D　【解析】printf("％2d,％3d\n",x,y)中的格式字符％2d 表示输出整型数值，宽度为 2，而实际所需宽度超过 2 时，以实际所需宽度为准，因此输出 102．％3d 表示输出整型数值，宽度为 3，而实际所需宽度不足 3 时，左边补足空格，右对齐，因此输出 12 之前补了一个空格。

2. A 【解析】在 scanf 函数的格式控制字符前可以加入一个正整数指定输入数据所占的宽度,但不可以对实数指定小数位的宽度,所以 A 选项错误,其他选项正确。故本题答案为 A。

3. A 【解析】在 printf 和 scanf 函数中都可以指定数据的宽度,所以 B 错误。scanf() 的格式控制字符串可以使用其他非空白字符,如逗号,但在输入时必须输入这些字符,以保证匹配,所以 C 错误。复合语句可以由任意多条语句构成,也可以一条也没有,所以 D 错误。

4. B 【解析】在 scanf 函数中指定了数据的宽度为 2,从键盘输入 876 时,截取前面的两位 87 作为变量 a 的值;而 6 就作为变量 b 的值,%f 默认小数位数为 6 位,所以为 6.000000。

5. B 【解析】本题考察字符变量以及 printf 函数相关知识,字符变量 c1 被赋值为 'C'+'8'−'3',即 ASCII 码的运算 67+54−49=72,即 H;字符变量 c2 被赋值为 '9'−'0',即 ASCII 码的运算 57−48=9,但输出时,需要注意的是 c1 以字符变量输出,而 c2 是以十进制整型变量输出。因此 B 选项正确。

6. D 【解析】输出时以 %d 整型格式输出,所以输出字符变量 c1 的值为 65,C2−2 的值为 68−2,即 66。故本题答案为 D 选项。

7. D 【解析】在输入整数或实数这类数值型数据时,输入数据之间必须用空格、回车符、制表符等间隔符隔开,间隔符个数不限。scanf 的格式控制字符串也可以使用其他非空白字符,如本题中的逗号,但在输入时必须输入这些字符,以保证匹配,所以逗号必须输入。故本题答案为 D 选项。

8. A 【解析】表达式"(int)(x * 1000+0.5)"使用了强制转换,其计算结果为 5169,(5169/1000.)=5.169。所以"printf("%lf\n",5.169);"结果是 5.16900。故本题答案为 A 选项。

9. A 【解析】%d 表示以十进制整型类型的格式输出,%c 表示以字符类型的格式输出,%s 表示以字符串类型的格式输出,A 选项中,'s'是字符,不能用 %s 格式输出,故本题答案为 A。

10. A 【解析】scanf 是格式输入函数,其中双引号之间的内容是格式控制字符串,后面是输入项列表。输入项列表中各项都必须是变量地址,所以 C 选项错误;在 scanf 函数的格式控制字符前,可以加入一个正整数指定输入数据所占的宽度,但不可以对实数指定小数位的宽度,所以 B、D 选项错误。A 选项是正确的,按照 A 选项的输入格式,12345 赋值给变量 a,空格赋值给变量 ch,678910.36 赋值给变量 d。故本答案为 A 选项。

11. C 【解析】对于 double 类型的实数,可以在 printf 函数的格式控制字符串中使用"m.n"的形式来指定输出宽度(m 和 n 分别代表一个整常数)。其中,m 指定输出数据的宽度(包括小数点),n 指定小数后小数位数,代表精度。当输出数据的小数位数多于 n 位时,截取右边多余的小数,并对截取部分的第 1 位小数做四舍五入处理;当输出数据的小数位数少于 n 时,在小数的最右边补 0,使得输出数据的小数部分宽度为 n;如果指定"n.0"格式,则不输出小数点和小数部分。题干中 %6.2f 表示输出 6 位宽度、2 位小数,所以被截取的小数位为 0.006,进行四舍五入,结果为 123.46;%3.0f 表示输出 3 位宽度、0 位小数,结果为 123。故本题答案为 C。

12. D 【解析】题干中 x 是一个整型变量,赋值为 072。以 0 开头的整数是八进制的表示形式。printf 函数中,格式字符%d 表示以十进制形式输出"x+1",所以需要将 072 转换成十进制数,即 7×8+2=58,输出"x+1"为 59。故本题答案为 D 选项。

13. B 【解析】题干中,格式输入函数 scanf 的格式控制字符串中,第 1 个%d 与第 2 个%d 之间有一个逗号。所以输入的第 1 个整数和第 2 个整数之间必须要有一个逗号,故 C、D 选项错误;输入的第 2 个整数和第 3 个整数之间需要间隔符,可以使用制表符、回车符、空格符。故本题答案为 B 选项。

14. D 【解析】C 语言中,%f 是格式控制字符,它既可以输出单精度数也可以输出双精度数。故本题答案为 D 选项。

15. B 【解析】C 语言中,putchar()是向终端输出一个字符,puts()是输出一个字符串,gets()是从终端输入一个字符串。故本题答案为 B 选项。

二、程序题

1. 根据下面的输出结果编写程序,要求用 scanf 函数输入。

ch = 'a',ASCII = 97
i = 5□□j = 8
x = 12.34□□□y = 56.78

代码如下:

```
# include < stdio. h >
int main()
{
    char c;
    int i,j;
    float x,y;
    printf("请输入变量 c,i,j,x,y 的值: \n");          //输入提示
    scanf(" % c, % d, % d, % f, % f",&c,&i,&j,&x,&y);     //通过键盘输入题目所要求的值
    printf("ch = \'% c\',ASCII = % d\n",c,c);           //输出 c 值并换行
    printf("i = % - 3dj = % d\n",i,j);                 //输出 i、j 值并换行
    printf("x = % - 8.2fy = % .2f\n",x,y);             //输出 x、y 值并换行
    return 0;
}
```

程序运行结果与题目要求一致。注意:输入格式中有逗号,因此运行时输入数据也要加上逗号。

2. 要求输入身份证号,结果输出:"您的生日是:××××年××月××日"。

编程提示:利用 scanf 的附加说明符截取需要的年、月、日,保存至变量 i、j、k 中。

关键语句:scanf("% * 6d%4d%2d%2d% * 4d",&i,&j,&k);

% * 6d:跳过前 6 位;%4d:取紧跟的 4 位;%2d:取两位;%2d:取两位;% * 4d:跳过剩余 4 位。代码如下:

```
# include< stdio. h >
int main()
{
    int i,j,k;
    printf("请输入身份证号:");
    scanf(" % * 6d % 4d % 2d % 2d % * 4d",&i,&j,&k);
```

```
    printf("\n 您的生日是:%d 年%d 月%d 日\n",i,j,k);
    return 0;
}
```

程序运行结果:

请输入身份证号:140321202405082120
您的生日是:2024 年 5 月 8 日

3. 输入华氏温度 F,输出摄氏温度 C。

```
# include < stdio. h>
int main()
{
    float f,c;
    printf("请输入一个华氏温度: ");
    scanf("%f",&f);
    c = (float)((5/9.0) * (f - 32));
    printf("转换成摄氏温度是%.2f\n",c);
    return 0;
}
```

程序运行结果:

请输入一个华氏温度: 80 ↙
转换成摄氏温度是 26.67

4. 练习分数如何输入。向北走 x=600 米,再向东走 x 的 7/8,最后向北走 x 的 9/13。

编程提示: scanf("%d/%d",&n,&m);

scanf 中使用普通字符/,与输入的/相匹配,n 保存分子 7,m 保存分母 8。

```
# include < stdio. h>
int main()
{
    int n,m,i,j;
    float x;
    printf("请输入线索\n 向北走的路");
    scanf("%f",&x);
    printf("再向东走(n/m):");
    scanf("%d/%d",&n,&m);
    printf("最后向北走(n/m):");
    scanf("%d/%d",&i,&j);
    printf("\n 请按以下路线行走\n");
    printf("向北走%.2f 米\n",x);
    printf("再向东走:%.2f 米\n",x * n/m);
    printf("最后向北走:%.2f 米\n",x * i/j);
    return 0;
}
```

程序运行结果:

请输入线索
向北走的路 600
再向东走(n/m):7/8
最后向北走(n/m):9/13

请按以下路线行走
向北走 600.00 米

再向东走:525.00 米
最后向北走:415.38 米

5. 输入直角三角形的两个直角边的边长,求斜边的长度和三角形的面积。

```
# include < stdio. h >
# include < math. h >
int main()
{
    double a,b,c,area;
    printf("请输入两条直角边的长度: \n");    // 提示输入两个直角边长度
    scanf("% lf % lf",&a,&b);              // 输入 a、b 值
    c = sqrt(a * a + b * b);               //sqrt 是数学平方根函数,计算第三条边的长度
    area = (1. /2) * a * b;                //计算此直角三角形的面积
    printf("c = % - 7.2f",c);              //输出第三条边的长度
    printf("area = % - 7.2f\n",area);      //输出此直角三角形的面积
    return 0;
}
```

程序运行结果:

请输入两条直角边的长度:
3 4↙
c = 5.00   area = 6.00

6. 根据铺设瓷砖的面积(平方米)和所选择瓷砖的尺寸(厘米×厘米),计算需要瓷砖的块数并输出。

```
# include < stdio. h >
# include < math. h >
int main ()
{
    float area,length, width;              //定义三个单精度类型变量
    int tiles;                             //定义瓷砖块数 tiles 为整型变量
    printf("请输入铺设面积(平方米):");
    scanf("% f",&area);                    //输入铺设瓷砖的面积
    printf("请输入瓷砖的长度和宽度(厘米):");
    scanf("% f % f",&length,&width);       //输入瓷砖的长度和宽度
    //ceil 函数返回值为 double 型,赋给整型变量 tiles 时,最好加一个强制类型转换
    tiles = (int)ceil(area * 10000/ (length * width) );
    printf("大约需要瓷砖块数:% d\n",tiles);
}
```

程序运行结果:

请输入铺设面积(平方米):120↙
请输入瓷砖的长度和宽度(厘米):80 80↙
大约需要瓷砖块数:188

7. 设圆半径 r,圆柱高 h,求圆周长、圆面积、圆球表面积、圆球体积、圆柱体积。

编程提示:用 scanf 输入数据 r、h,输出计算结果,保留小数点后两位(圆周长 $ly=2\pi r$,圆面积 $sy=\pi r^2$,圆球表面积 $sq=4\pi r^2$,圆球体积 $vq=4/3\pi r^3$,圆柱体积 $vz=\pi hr^2$)。

```
# include < stdio. h >
# define PI 3.14159                        //定义符号常量 PI,代表圆周率
int main()
{
    double h,r,l,s,sq,vq,vz;
```

332

```
        printf("请输入圆半径 r,圆柱高 h:");
        scanf("%lf,%lf",&r,&h);                 //要求输入圆半径 r 和圆柱高 h
        l = 2 * PI * r;                          //计算圆周长 l
        s = r * r * PI;                          //计算圆面积 s
        sq = 4 * PI * r * r;                     //计算圆球表面积 sq
        vq = 3.0/4.0 * PI * r * r * r;           //计算圆球体积 vq
        vz = PI * r * r * h;                     //计算圆柱体积 vz
        printf("圆周长为:l = %6.2f\n",l);
        printf("圆面积为:s = %6.2f\n",s);
        printf("圆球表面积为:sq = %6.2f\n",sq);
        printf("圆球体积为:vq = %6.2f\n",vq);
        printf("圆柱体积为:vz = %6.2f\n",vz);
        return 0;
    }
```

程序运行结果：

```
请输入圆半径 r,圆柱高 h:1,5↙
圆周长为:l = 6.28
圆面积为:s = 3.14
圆球表面积为:sq = 12.57
圆球体积为:vq = 2.36
圆柱体积为:vz = 15.71
```

8. 编写程序实现如下功能:从键盘输入 3 个小写字母,将其转换成大写字母,然后在屏幕上分 3 行输出这 3 个大写字母。要求使用 putchar 函数和 getchar 函数实现。

```
#include <stdio.h>
int main()
{
    char c1,c2,c3;
    c1 = getchar();
    c2 = getchar();
    c3 = getchar();
    putchar(c1 - 32);
    putchar('\n');
    putchar(c2 - 32);
    putchar('\n');
    putchar(c3 - 32);
    putchar('\n');
    return 0;
}
```

程序运行结果：

```
abc
A
B
C
```

第4章 选择结构程序设计

习题解析

一、选择题

1. D 【解析】逻辑或运算中只要有一个运算量为真,结果就为真。A 选项(c>=

2&&c<=6)&&(c%2!=1)这个表达式当 c 是 2、4 或 6 时为真,但当 c 是 3 或 5 时为假,因为 c%2!=1 在 c 为偶数时为真,在 c 为奇数时为假。B 选项(c==2)||(c==4)||(c==6)这个表达式当 c 是 2、4 或 6 时为真,否则为假。C 选项(c>=2&&c<=6)&&!(c%2)这个表达式当 c 是 2、4 或 6 时为真,但当 c 是 3 或 5 时为假,因为!(c%2)在 c 为偶数时为真,在 c 为奇数时为假。D 选项当"c>=2&&c<=6"条件不成立时,c 的值肯定不是 2、3、4、5、6,"c!=3"与"c!=5"均成立,所以 D 选项的结果一定为真。故本题答案为 D 选项。

2. B 【解析】else 总是和最近的 if 配对。进入第 1 个 if 语句进行条件判断时,因为是逻辑与运算,需要两边运算对象的值均为非零值才为真,所以需要逐个执行判断。结果为 1,进入第 2 个语句进行条件判断,因为"b!=2"条件成立,所以整个表达式的条件为真,不再执行逻辑或的第 2 个运算对象"c--!=3",变量 c 的值不变,也不再执行第 1 个 else 语句。输出 a 的值 1,b 的值 3,c 的值 3。故本题答案为 B 选项。

3. D 【解析】if 语句中的表达式可以是任意合法的数值,如常量、变量表达式。故本题答案为 D。

4. C 【解析】A、B、D 选项的含义均为,a 的值如果为 0,则输出 y 的值,否则输出 x 的值。而 C 选项的含义为,a 的值为 0 时输出 x 的值,不为 0 时输出 y 的值,与其他选项正好相反。故本题答案为 C 选项。

5. C 【解析】因为变量"a=1,b=2",所以表达式"a>b"不成立。A、B 和 D 选项相当于一条语句,A 选项是逗号表达式,B 选项和 D 选项是复合语句,所以都没有执行。C 选项中,语句"c=a;"不执行,语句"a=b;b=c;"执行。故本题答案为 C 选项。

6. B 【解析】条件表达式的含义是,如果表达式 1 成立,结果为表达式 2 的值;如果表达式不成立,结果为表达式 3 的值。在题干中,如果"a>b"且"b>c",则 k 值为 1;如果"a>b"且"b<c",则 k 值为 0;如果"a<b",则 k 值为 0。条件"a>b"与"b>c"中只要有一个条件不成立,k 的值就为 0。故本答案为 B 选项。

7. B 【解析】case 常量表达式只是起语句标号作用,并不进行条件判断。在执行 switch 语句时,根据 switch 的表达式,找到与之匹配的 case 语句,就从此 case 子句执行下去,不再进行判断,直到碰到 break 语句或函数结束为止。所以执行内层"switch(y)"时只执行了"a++;",此时 a 的值为 1,然后执行外层 case 2 语句的"a++;b++;",a 值为 2,b 值为 1。故本题答案为 B 选项。

8. A 【解析】default 语句在 switch 语句中可以省略,所以 B 选项错误;switch 语句中并非每个 case 后都需要使用 break 语句,所以 C 选项错误;break 语句还可以用于 for 等循环结构中,所以 D 选项错误。故本题答案为 A 选项。

9. A 【解析】判断 k 大于 0 的表达式为"k>0",判断 k 是偶数的表达式为"k%2==0"或"k%2!=1"。两个表达式必须都成立才能确定 k 是大于 0 的偶数,则对应的表达式为"(k>0)&&(k%2==0)"或"(k>0)&&(k%2!=1)"。故本题答案为 A 选项。

10. A 【解析】C 语言中规定 else 总是和之前与其最近的且不带 else 的 if 配对。题目中,"if(a=1)b=1;c=2;"默认省略了 else,导致下一句 else 没有匹配语句。故本题答案为 A 选项。

11. A 【解析】if 条件为真,执行"x=y;",此时 x=11,y=11,x=12,再执行"y=z;z=x;",此时 y=12,z=11,即 x=11,y=12,z=11。故本题答案为 A 选项。

12. C 【解析】A 选项中,if 条件表达式的值是 5,结果为真,执行"y＝1",y 的值为 1;
B 选项中,if 条件表达式 x 的值为 5,结果也是真,执行"y＝1",y 的值为 1;C 选项中,if 条件
表达式"x＝y"是赋值语句,将 y 的值 0 赋给 x,表达式的值为 0,if 语句不执行,y 的值为 0;
D 选项中,if 条件表达式"x＝y"是赋值语句,将 y 的值 10 赋给 x,表达式的值为 10,执行
"y＝1",y 的值为 1。故本题答案为 C 选项。

13. A 【解析】A 选项中,if 语句的语句块"m--"后面少了分号,不合法,编译会出错。
其他选项都正确的。故本题答案为 A 选项。

14. D 【解析】题干中,字符变量 a、b、c、d 都是大写字母字符。C 语言中,大写字母的
ASCII 值是按照字母顺序连续递增的,所以 a 小于 b,b 小于 c,c 小于 d。则表达式

"x＝(a>b)?a:b"等价于"x＝a";

"x＝(x>c)?c:x"等价于"x＝(a>c)?c:a"等价于"x＝a";

"x＝(d>x)?x:d"等价于"x＝(d>a)?a:d"等价于"x＝a";

所以程序输出 x 的值为 A。故本题答案为 D 选项。

15. D 【解析】题目给定的表达式是 w<x?w:y<z?y:z,根据条件运算符的优先级(从
右到左)逐步解析,即 w<x?w:(y<z?y:z)。首先解析 y<z?y:z,由题可知 y<z 为真,因此,
y<z?y:z 的结果是 y 的值,即 3。接着解析 w<x?w:3,w<x 为真,因此,w<x?w:3 的结果
是 w 的值,即 1。

故本题答案为 D 选项。

二、程序题

1. 用整数 1～12 依次表示 1 月～12 月,由键盘输入一个月份数,输出对应的季节名称
(12 月～2 月为冬季;3 月～5 月为春季,6 月～8 月为夏季,9 月～11 月为秋季)。

方法 1:

```c
#include <stdio.h>
int main()
{
    int month;
    printf("请输入月份(1 - 12): ");
    scanf("%d", &month);

    if (month >= 3 && month <= 5)
        printf("春季\n");
    else if (month >= 6 && month <= 8)
        printf("夏季\n");
    else if (month >= 9 && month <= 11)
        printf("秋季\n");
    else if (month == 12 || month >= 1 && month <= 2)
        printf("冬季\n");
    else
        printf("输入错误,请输入 1 - 12 之间的整数.\n");

    return 0;
}
```

方法 2:

编程提示:因为 12 月～2 月是冬季,所以在这里要对月份进行处理,"month % 12"这
个表达式计算 month 除以 12 的余数。由于一年有 12 个月,这个操作将 month 的值映射

到 0 到 11 的范围内,其中 0 表示 12 月。然后再除以 3,这样 12 月～2 月的 r 为 0,3 月～5 月的 r 为 1,6 月～8 月的 r 为 2,9 月～11 月的 r 为 3。

```c
# include < stdio. h>
int main()
{
    int r, month;
    printf("input an integer(1～12):\n");
    scanf(" %d", &month);
    if (month<1||month>12)
        printf("month error\n");
    else
    {
        r = month % 12/3;
        if(r == 0)
            printf("冬季\n");
        else if(r == 1)
            printf("春季\n");
        else if(r == 2)
            printf("夏季\n");
        else
            printf("秋季\n");
    }
    return 0;
}
```

2. 输入整数 a、b、c,当 a 为 1 时显示 b 和 c 之和,a 为 2 时显示 b 与 c 之差,a 为 3 时显示 b＊c 之积,a 为 4 时取 b/c 之商,a 为其他数值时不做任何操作。

```c
# include < stdio. h>
int main()
{
    int a,b,c;
    printf("Please enter a,b,c:\n");
    scanf(" %d %d %d",&a,&b,&c);
    switch(a)
    {
        case 1: printf(" %d+ %d= %d\n",b,c,b+c); break;
        case 2: printf(" %d- %d= %d\n",b,c,b-c); break;
        case 3: printf(" %d* %d= %d\n",b,c,b*c); break;
        case 4: printf(" %d/ %d= %d\n",b,c,b/c); break;
        default: break;
    }
    return 0;
}
```

程序运行结果:

```
Please enter a,b,c:
3 6 9
6*9=54
```

3. 某班级准备周末举行一个班级活动,但活动内容要根据天气情况来定,分为 5 种情况:1 晴天,活动内容:登山;2 有风无雪,活动内容:郊游;3 下雪,活动内容:堆雪人;4 下雨,不举行班级活动;5 其他天气,活动内容:参观博物馆。

```
# include < stdio. h >
int main()
 {
     int weather;
     printf("Please enter a weather:\n");
     scanf(" % d",&weather);
     switch (weather)
       {
           case 1:printf("晴天 ---- 活动内容:登山\n"); break;
           case 2:printf("有风无雨 ---- 活动内容:郊游\n");break;
           case 3:printf("下雪 ---- 活动内容:堆雪人\n");break;
           case 4:printf("下雨 ---- 不举行班级活动\n");break;
           default:printf("其他天气 ---- 活动内容:参观博物馆\n");
       }
return 0;
}
```

程序运行结果:

```
Please enter a weather:
2
有风无雨----活动内容:郊游
```

4. 求一元二次方程 $ax^2 + bx + c = 0$ 的根$(a \neq 0)$。

编程提示:a 不能等于 0,否则不为一元二次方程。方程根的求解要考虑 3 种情况。

(1) $b^2 - 4ac > 0$,有两个不等的实根。

(2) $b^2 - 4ac = 0$,有两个相等实根。

(3) $b^2 - 4ac < 0$,有两个共轭复根。

```
# include < stdio. h >
# include < math. h >
int main()
{
     double a, b, c, disc, x1, x2, realpart, imagpart;
     scanf(" % lf, % lf, % lf",&a,&b,&c);
     printf("The equation ");
     if(fabs(a)< = 1e-6)
         printf("is not a quadratic\n");
     else
     {
         disc = b * b - 4 * a * c;
         if(fabs(disc)< = 1e-6)
             printf("has two equal roots: % 8.4f\n", - b / (2 * a));
         else if(disc > 1e-6)
         {
             x1 = ( - b + sqrt(disc))/(2 * a);
             x2 = ( - b - sqrt(disc))/(2 * a);
             printf("has distinct real roots: % 8.4f and % 8.4f\n", x1, x2);
         }
         else
         {
             realpart = - b/(2 * a);
             imagpart = sqrt( - disc)/(2 * a);
             printf("has complex roots:\n");
             printf(" % 8.4f + % 8.4fi\n", realpart, imagpart);
             printf(" % 8.4f - % 8.4fi\n", realpart, imagpart);
         }
     }
```

```
        return 0;
    }
```

程序运行结果：

```
1,2,2
The equation  has complex roots:
 -1.0000+  1.0000i
 -1.0000-  1.0000i
```

5. 从键盘输入一个小于 1000 的正数，要求输出它的平方根（如平方根不是整数，则输出其整数部分）。要求在输入数据后先检查其是否为小于 1000 的正数。若不是，则要求重新输入。

```c
#include<stdio.h>
#include<math.h>
#define M 1000
int main()
{
    int i,k;
    printf("请输入一个小于%d的整数 i:",M);
    scanf("%d",&i);
    if(i>M)
    {printf("输入的数据不符合要求,请重新输入一个小于%d的整数 i:",M);
    scanf("%d",&i);}
    k=sqrt(i);
    printf("%d的平方根的整数部分是%d\n",i,(int)k);
    return 0;
}
```

运行结果：

若输入正确数据：
请输入一个小于 1000 的整数 i:345
345 的平方根的整数部分是 18
若输入不正确的数据：
请输入一个小于 1000 的整数 i:1368
输入的数据不符合要求,请重新输入一个小于 1000 的整数 i:289
289 的平方根的整数部分是 17

6. 编写程序，通过输入 x 的值，计算阶跃函数 y 的值。

$$y=\begin{cases} -1(x<0) \\ 0(x=0) \\ 1(x>0) \end{cases}$$

方法 1：

```c
#include<stdio.h>
int main()
{
    int x,y;
    scanf("%d",&x);
    if(x<0)
        y=-1;
    else
        if(x==0) y=0;
        else y=1;
    printf("x=%d,y=%d\n",x,y);
```

```
    return 0;
}
```

程序运行结果：

```
-3
x=-3,y=-1
```

方法 2：

```
# include < stdio. h>
int main()
{
    int x,y;
    scanf(" % d",&x);
    if(x > = 0)
        if(x > 0) y = 1;
        else y = 0;
    else
        y = - 1;
    printf("x = % d,y = % d\n",x,y);
    return 0;
}
```

7. 运输费用的计算问题。货物的运输费用与运输距离和质量有关,距离 S 越远,每千米的运费越低。总运输费用 Exp 的计算公式为 Exp＝P＊w＊S＊(1－d),式中,P 为每千米每吨货物的基本运费,W 为货物质量(t),S 为运输距离(km),d 为折扣率。折扣率 d 与运输距离 S 有关,具体标准如下：

0＜s＜250	没有折扣率(d＝0)
250≤S＜500	折扣率为 2％(d＝2％)
500≤S＜1000	折扣率为 5％(d＝5％)
1000≤S＜2000	折扣率为 8％(d＝8％)
2000≤S＜3000	折扣率为 10％(d＝10％)
3000≤S	折扣率为 15％(d＝15％)

编程提示：根据折扣率和运输距离的关系可以发现,折扣率发生变化时,运输距离为250km 的倍数,这样就可以对 3000km 以上的距离单独处理,其他距离让其除 250。

```
# include < stdio. h>
int main()
{
    int c,s;
    float p,w,d,f;
    scanf(" % f, % f, % d",&p,&w,&s);
    if(s > = 3000) c = 12;
    elsec = s/250;
    switch(c)
    {
        case 0: d = 0;break;
        case 1: d = 2;break;
        case 2:
        case 3: d = 5;break;
        case 4:
        case 5:
        case 6:
```

```
            case 7: d = 8;break;
            case 8:
            case 9:
            case 10:
            case 11:d = 10;break;
            case 12:d = 15;break;
        }
        f = p * w * s * (1 - d/100);
        printf("freight = %10.2f\n",f);
        return 0;
    }
```

程序运行结果：

```
120,30,500
freight=1710000.00
```

8. "十二生肖"也称"十二属相"，是我国传统文化中使用最广、影响最深的文化现象之一。编程实现，从键盘上输入年份，输出对应的生肖。

编程提示：如果能计算出输入年份在一个生肖周期中的顺序号，就能知道这一年的生肖。现已知公元 1 年是鸡年，鸡在生肖中的序号是 10，与公元 1 年相差 9，因此先将年份加上 9 再对 12 取余，得到的余数就正好是这一年在生肖周期中的顺序号，余数为 0 时顺序号为 12。

```
#include<stdio.h>
int main()
{
    int year;
    printf("请输入年份:");
    scanf("%d",&year);
    printf("公元%d年是:",year);
    switch((year + 9) % 12)
    {
    case 0: printf("猪年\n"); break;
    case 1: printf("鼠年\n"); break;
    case 2: printf("牛年\n"); break;
    case 3: printf("虎年\n"); break;
    case 4: printf("兔年\n"); break;
    case 5: printf("龙年\n"); break;
    case 6: printf("蛇年\n"); break;
    case 7: printf("马年\n"); break;
    case 8: printf("羊年\n"); break;
    case 9: printf("猴年\n"); break;
    case 10: printf("鸡年\n"); break;
    case 11: printf("狗年\n"); break;
    default:
        printf("输入错误!\n"); break;
    }
    return 0;
}
```

339

程序运行结果：

请输入年份:2024
公元 2024 年是:龙年

第5章 循环结构程序设计

习题解析

一、选择题

1. B 【解析】A 选项 while(1)条件始终为真,是一个无限循环,它会一直执行下去。B 选项,当 i 的值递减为 0 时,循环结束,不是死循环。C 选项,for 的表达式 2 为空,无须满足任何条件,总是执行循环。D 选项,常量 1 表示条件恒真,总是执行循环。故本题答案为 B 选项。

2. C 【解析】(k!=0)表示判断 k 的值非 0,k 的初值为 10,每次循环体中 k 的值减 1,因此,k 取值 10、9、8、……、1 均使得条件成立,当 k 为 0 时,循环条件不满足。因此,重复执行 10 次。故本题答案为 C 选项。

3. B 【解析】根据 for 语句中的 i 的初值为 1,第二个表达式 i==j 不满足,循环一次也不执行。故本题答案为 B 选项。

4. D 【解析】y=0,且循环体中未修改 y 的值,y!=1 总是成立。而 x 的初值为 0,循环体中每次加 1,条件 x<4,使得循环重复执行 4 次,x 的值依次取 0、1、2、3,当 x 的值为 4 时,循环条件不再满足。故本题答案为 D 选项

5. A 【解析】共循环 15 次,每次 k+1,k 的值就为 15。故本题答案为 A 选项。

6. B 【解析】执行"y--"直到值为 0,退出循环。由于"y--"是后缀自减运算,先使用再自减,因此退出循环时,y 的值为 -1。故本题答案为 B 选项。

7. A 【解析】"--k"是先自减再使用,所以第 1 次判断条件即 while(4),条件为真,输出 k 的值,k=4-3,结果为 1;第 2 次判断条件即 while(0),条件为假,结束循环,输出回车换行符。故本题答案为 A 选项。

8. A 【解析】第 1 次首先执行循环体,输出 i 的值为 0,然后判断 while 的条件"i++",因为"i++"是后缀自增运算,先使用后自增,所以判断时条件为假,跳出循环,但是仍执行了 i 的自增操作,i 的值为 1,在接下来的 printf 语句中进行输出。故本题答案为 A 选项。

9. C 【解析】因为内层循环"for(k=1;k<3;k++)"后面直接跟了空语句";",所以在循环内部什么操作也不做,跳出外层循环后执行 printf 语句,输出一个"*"。故本题答案为 C 选项。

10. A 【解析】第 1 次 for 循环,y 的值为 9,"y%3"的值为 0,满足 if 条件,输出"--y",即先自减后输出,所以输出 8;第 2 次 for 循环,y 的值为 7,"y%3"的值为 1,不满足 if 条件,不执行 printf 语句;第 3 次 for 循环,y 的值为 6,"y%3"的值为 0,满足 if 条件,输出"--y",即先自减后输出,所以输出 5;第 4 次 for 循环,y 的值为 4,不满足 if 条件,不执行 printf 语句;第 5 次 for 循环,y 的值为 3,满足 if 条件,输出 2;第 6 次 for 循环,y 的值为 1,不满足 if 条件,不执行 printf 语句。故本题答案为 A 选项。

11. D 【解析】第 1 次循环,a 的值为 1,满足条件,执行"b+=a;"与"a+=2;",则 b 的值变为 3,a 的值变为 3。执行"a++",a 的值为 4,满足条件,进入第 2 次循环,执行完循环体后,b 的值为 7,a 的值为 6。执行"a++",a 的值为 7,满足条件,进入第 3 次循环,执行

完循环体后,b 的值为 14,a 的值为 9。执行"a＋＋",a 的值为 10,条件不满足,退出循环。故本题答案为 D 选项。

12. D 【解析】coutinue 语句的作用是跳出循环体中剩余的语句而进行下一次循环。第 1 次循环,x 的值为 8,循环体中 if 条件成立,输出 x 的值 8 后将 x 减 1,再执行 continue 语句,跳出本次循环。第 2 次循环,x 的值为 6,不满足循环体内的 if 条件,执行输出"--x"的操作,即输出 5 后跳出循环。第 3 次循环,x 的值为 4,满足循环体内的 if 条件,执行输出"x--"的操作,即输出 4 后将 x 减 1,执行 continue 语句,跳出本次循环。第 4 次循环,x 的值为 2,满足循环体内的 if 条件,执行输出"x--"的操作,即输出 2 后将 x 减 1,执行 continue 语句,跳出本次循环。在进行 for 条件表达式中第 3 个表达式"x--"的操作后,x 的值为 0,不满足条件,结束循环。所以运行结果为"8,5,4,2,"。故本题答案为 D 选项。

13. A 【解析】在语句"for(;＋＋a && --b;)"中,for 循环的表达式 1 和表达式 3 为默认项。首先判断条件表达式"＋＋a && --b"。当 a＝－2,b＝2 时,第 1 次执行"＋＋a"和"--b",条件表达式为真,循环条件成立。第 2 次执行"＋＋a"为 0,由于"&&"运算符,当第 1 个条件为假时,不执行第 2 个条件,因此 b＝1,发生短路,"--b"不再执行。因此输出的最终值为 0,1。故本题答案为 A 选项。

14. C 【解析】题干中,循环的作用是将输入的字符串转换为大写,getchar 函数读入一个字符,putchar 函数输出一个字符,当遇到"＃"字符时结束。"putchar(＋＋c);"表示将字符变量 c 加 1 后输出。当输入"aBcDefG ＃ ＃"时,得到的结果是 BCDEFGH。故本题答案为 C 选项。

15. D 【解析】putchar 函数的功能是输出一个字符,由 while 判断条件和 ch 初始值可知,只要"ch!='A'",执行两次 putchar 函数,否则跳出循环。第 1 次输出"CD",第 2 次输出"BC",第 3 次输出"A"后跳出循环。故本题答案为 D 选项。

二、程序题

1. 求 $\sum_{n=1}^{20} n!$(即求 1!＋2!＋3!＋4!＋…＋20!)。

```
# include < stdio. h>
int main()
{
  double s = 0,t = 1;
  int n;
  for(n = 1;n < = 20;n++)
  {
      t = t * n;
      s = s + t;
  }
  printf("1! + 2! + ... + 20!= % 22.15e\n",s);
  return 0;
}
```

运行结果:

1!+2!+...+20!=2.561327494111820e+018

2. 观察超市收银机是如何结账的,写一个结账程序。要求从键盘输入商品价格,然后求和,输入 0 结束,最后提示输入付款钱数和找零钱数。

```
# include < stdio. h >
int main()
{
    float price, total = 0.0, payment, change;
    while (1)
    {
        printf("请输入商品价格(输入 0 结束): ");
        scanf(" % f", &price);
        if (price == 0)
        {
            break;
        }
        total += price;
    }
    printf("请输入付款金额: ");
    scanf(" % f", &payment);
    change = payment - total;
    printf("总金额: % .2f\n", total);
    printf("您输入的付款金额: % .2f\n", payment);
    printf("找零金额: % .2f\n", change);
    return 0;
}
```

3. 将 10 元人民币兑换成角币(角币有 1 角、2 角、5 角三种),有多少种换法?

```
# include < stdio. h >
int main()
{
    int i, j, k, m = 0;
    for(i = 0; i < = 20 ; i++)
        for(j = 0; j < = (100 - 5 * i)/2; j++)
            for(k = 0; k < = 100 - 5 * i - 2 * j; k++)
                if(i * 5 + j * 2 + k == 100) m++;
    printf("m = % d", m);
    return 0;
}
```

编程提示:

(1) for(i=0;i<=20;i++):这一行循环控制 5 角的次数,因为 5 角硬币的最大数量是 20 个(10 元人民币)。

(2) for(j=0;j<=(100−5*i)/2;j++):这一行循环控制 2 角的次数,(100−5*i)/2 是因为每次兑换 2 角硬币时,剩余的金额必须是偶数(因为 2 角硬币的面值是 2 的倍数)。

(3) for(k=0;k<=100−5*i−2*j;k++):这一行循环控制 1 角的次数,100−5*i−2*j 是因为剩余的金额必须是非负数。

(4) if(i*5+j*2+k==100) m++;:这一行判断当前的 i、j、k 组合是否满足兑换 10 元人民币的条件,如果满足,则将计数器 m 加 1。

(5) 最后,"printf("m=%d",m);"会输出计数器 m 的值,即所有有效的兑换组合的数量。

4. 编程输出数字金字塔 1～9(见运行结果)。

```
        1
       121
      12321
     1234321
    123454321
   12345654321
  1234567654321
 123456787654321
12345678987654321
```

```c
# include< stdio. h>
int main()
{
int i,j,k;
for(i = 1;i < = 9;i++)                  //外循环控制行数
{
    for(j = 0;j < = 9 - i;j++)          //内循环用空格光标定位
        printf(" ");
    for(k = 1;k < = i;k++)              //内循环输出每行前半部分数字 1 到 i
        printf(" % d",k);
    for(k = i - 1;k > = 1;k -- )        //内循环输出每行后半部分数字(i - 1)到 1
        printf(" % d",k);
    printf("\n");                       //每输完一行光标换行
}
return 0;
}
```

5. 有一本书,被人撕掉了其中的一页。已知剩余页码之和为 140,问这本书原来共有多少页? 撕掉的是哪几页?

```c
# include< stdio. h>
int main()
{
    int n = 1,s = 0,x;
    do
    {
        s = s + n;
        for(x = 1;x < = n - 1;x = x + 2)
        {
            if(s - x - x - 1 == 140)
                printf("原书共 % d 页,页码数的和是 % d,撕掉的是 % d 和 % d 页",n,s,x,x + 1);
        }
        n++;
    }while(n < = 20);
    return 0;
}
```

编程提示:书的页码总是从第 1 页开始,每张纸的页码都是奇数开头,但结束页不一定都是偶数。一页纸上有两个页码 x 和 x+1,由前面分析知道 x 为奇数。设 n 为原书的页码数,总页数之和为 s,又因为剩余页码之和为 140,所以原书的页码数 n 不大于 20。因此写出不定方程 s−x−(x+1)−140,其中,1≤x≤n−1 且 x 为奇数。

6. 验证哥德巴赫猜想。

哥德巴赫猜想是数论中存在最久的未解问题之一,是世界著名的数学难题。这个猜想最早出现在 1742 年,哥德巴赫猜想可以陈述为:"任何大于 2 的偶数,都可表示成两个素数之和"。哥德巴赫猜想在提出后的很长一段时间内毫无进展,目前最好的结果是陈景润在1973年发表的陈氏定理(也被称为"1+2")。

编程提示:设偶数为 n,将 n 分解成 n1 和 n2 且 n=n1+n2,显然 n1 最大为 n/2。首先判断 n1 是否为素数,如果是,再判断 n2 是否为素数,如果是,则输出 n=n1+n2。

```c
#include<stdio.h>
int main()
{
    int n,n1,j,k,n2;
    printf("请输入一个偶数:");
    scanf("%d",&n);
    for(n1=2;n1<n/2;n1++)
    {
        for(j=2;j<n1;j++)
            if(n1%j==0)
                break;
        if(j>=n1)
            n2=n-n1;
        else continue;
        for(k=2;k<n2;k++)
            if(n2%k==0)
                break;
        if(k>=n2)
            printf("%d=%d+%d\n",n,n1,n2);
    }
    return 0;
}
```

程序运行结果:

```
请输入一个偶数:56
56=3+53
56=13+43
56=19+37
```

7. 编写程序实现,随机给出 0~100 以内加法计算题,当用户输入 Y 或 y 时,表示继续出题,否则结束出题。

```c
#include<stdio.h>
#include<stdlib.h>
#include<time.h>
int main()
{
    int a, b,sum, i = 1;
    char k;
    srand(time(NULL));
    do {
        a = rand() % 100;
        b = rand() % 100;
        printf("第%d题: %d + %d = ", i, a, b);
        scanf("%d", &sum);
        if (sum != a + b)
        {
            printf("答案错误!正确答案为: %d\n", a + b);
        }
        else
```

```
        {
                printf("答案正确!\n");
        }
        i++;
        printf("想继续吗?Y 想,N 不想(大小写均可)");
        scanf(" % c", &k);
        getchar();                    //清除输入缓冲区
    } while ('Y' == k || 'y' == k);
    return 0;
}
```

8. 假设某年级期末有英语、计算机、数学三门课程的考试。排考要求:考试安排在周一到周五 5 天内完成。但每天最多只能考一门。数学必须是三门中最早考的,而计算机的考试时间不能安排在周四。要求输出可行的排考方案个数以及各种具体的排考方案。

编程提示:

(1) 设置三个整型变量 math、english、computer 分别代表三门课的考试时间,其取值范围都是 1~5。用三重循环实现对所有方案的遍历。

(2) 数学是三门中最早考的,其表达式为 math<english && math<computer,这个表达式也隐含了数学和其他两个变量的值不可能相等。

(3) 每天最多只能考一门,所以三个变量的值都不能相等,只需表示成 computer!=english。

(4) 计算机的考试时间不能安排在周四的表达式是 computer!=4。

(5) 将三个条件做逻辑与运算,得到筛选条件。

```
# include < stdio. h>
int main()
{
    int math,english,computer,count = 0;
    for(math = 1; math < = 5; math++) //利用三重循环设置问题的求解范围 for(english = 1;
                              english < = 5:eng1ish++)
      for(computer = l;computer < = 5;computer++)
    if(math < english && math < computer && english!= computer) && computer!= 4) //构造筛选条件
    {
        count++;
    printf("math = % d,english = % d,computer = % d\n",math,english,computer);
    }
    printf("count = * d\n",count):
return 0;
}
```

第 6 章 数   组

习题解析

一、选择题

1. B 【解析】一维数组定义的一般形式:类型说明符 数组名[常量表达式]。注意定义数组时,元素个数不能是变量。故本题答案为 B 选项。

2. C 【解析】题干中,数组 a 包含 10 个元素。其中 a[5]为 6,a[7]为 8,a[1]为 2,所以表达式"a[a[5]−a[7]/a[1]]"等价于"a[6−8/2]",等价于 a[2],即 3。故本题答案为 C 选项。

3．B 【解析】程序的功能是统计 1～9 这 9 个数中的奇数和。程序的运行结果是 1+3+5+7+9=25。故本题答案为 B 选项。

4．B 【解析】二维数组定义的一般形式:类型说明符数组名[常量表达式 1][常量表达式 2]。其中,常量表达式 1 表示第 1 维长度,常量表达式 2 表示第 2 维长度。若对二维数组的全部元素赋初值,第 1 维长度可以不给出。但如果只确定行数,而不确定列数,就无法正确赋值。故本题答案为 B 选项。

5．C 【解析】x[0]可看作是由 3 个整型元素组成的一维数组,不可以用语句"x[0]=0;"为数组所有元素赋初值 0。故本题答案为 C 选项。

6．B 【解析】程序首先初始化二维数组 x[3][3],然后通过 3 次 for 循环,输出 x[0][2]、x[1][1]和 x[2][0]的值,即 3、5、7。故本题答案为 B 选项。

7．B 【解析】在"for(i=0;i<12;i++) c[s[i]]++;"中,数组元素 s[i]的值作为数组 c 的下标。当退出循环时,数组 c 的 4 个元素的值分别为 4、3、3、2。故本题答案为 B 选项。

8．C 【解析】c 是字符变量,"hello!"是字符串。字符串不能赋给字符变量,定义中有语法错误。故本题答案为 C 选项。

9．B 【解析】本题重点考查数组名的概念。在 C 语言中,数组名是数组的首地址,是常量,一旦定义就不能修改其内容。所以本题中的"s+=2;"语句给数组名 s 赋值 s+2 是错误的,编译无法通过。故本题答案为 B 选项。

10．A 【解析】strlen 函数计算字符串长度时,遇到结束标识为止,且长度不包括结束标识。本题中的字符串从第 1 个字符开始,遇到第 1 个结束标识'\0'为止,注意'\0'不占字符串长度,所以字符串长度为 7。故本题答案为 A 选项。

11．C 【解析】当输入字符串时,scanf 函数不能读空格,一遇到空格则自动结束。getchar 函数用于输入字符,其调用形式为 ch=getchar(),getchar 函数从终端读入一个字符作为函数值,把读入的字符赋给变量 ch。在输入时,空格、回车符都将作为字符读入,而且只有在用户按 Enter 键时,读入才开始执行。gets 函数的调用形式为 gets(str_adr),其中,str_adr 是存放输入字符串的起始地址,可以是字符数组名、字符数组元素的地址或字符指针变量。gets 函数用来从终端读入字符串(包括空格),直到读入一个换行符为止。getc 函数的调用形式为 ch=getc(pf),其中,p 是文件指针,函数的功能是从 p 指定的文件中读入一个字符,并把它作为函数值返回。故本题答案为 C 选项。

12．B 【解析】strcat 函数是字符串连接函数,调用形式为 strcat(s1,s2)。其功能是将 s2 指向的字符串的内容连接到 s1 指向的存储空间中,并返回 s1 的地址。由题意可知,新字符串首地址为 s3,s3 应该是第一参数,所以 A、D 选项错误。同理,新字符串中除了 s3 所指的字符串,剩下的字符串为"nameaddress",即首地址为 s1,所以调用 strcat 函数,s1 是第一参数。所以正确的函数调用语句为"strcat(s3,strcat(s1,s2))"。故本题答案为 B 选项。

13．C 【解析】主函数中首先定义字符数组"a[]="How are you!";",执行 for 循环语句,语句"if(a[i]!=' ') a[j++]=a[i];"的功能是将字符数组中的空格去掉。因此 C 选项正确。

14. A 【解析】程序首先初始化字符数组 b[],执行 for 循环语句,循环变量 i 的取值范围从 0 到 6。在 for 循环语句中通过 scanf 函数将从键盘上输入的数据输入到 b[]中,即 b 的值变为"Fig flo is blue.",退出 for 循环语句,执行语句"gets(a);",gets()函数的调用形式为 gets(ch),其中,ch 是存放输入字符串的起始地址,可以是字符数组名、字符数组元素的地址或字符指针变量。gets 函数用来从终端键盘读入字符串(包括空格符),直到读入一个换行符为止,即 a 的值为"wer is red."。因此 A 选项正确。

15. B 【解析】程序首先给字符数组 s 赋值为"012xy"。for 循环语句的功能是遍历字符串,通过 if 条件语句对字符串中的小写字母进行计数,字符串中小写字母个数为 2,即 n＝2。故本题答案为 B 选项。

二、程序题

1. 输入 5 个数存放在数组中,再按输入顺序的逆序存放在该数组中并输出。

编写程序:

```c
#include "stdio.h"
#define N 5
    int main()
{
    int a[N],k,i,j,t;
    printf("输入数组元素并输出\n");
    for(i = 0;i < N;i++)              /* 将 N 个数输入到 a 数组中并输出 */
    {
        scanf("%d",&a[i]);
        printf("%3d",a[i]);
    }
    printf("\n");
    k = N/2 - 1;
    for(i = 0;i <= k;i++)             /* 逆序操作 */
    {
        j = N - i - 1;
        t = a[j];
        a[j] = a[i];
        a[i] = t;
    }
    printf("输出逆序后的 a 数组\n");
    for(i = 0;i < N;i++)
        printf("%4d",a[i]);
    printf("\n");
    return 0;
}
```

运行结果:

```
输入数组元素并输出
10 20 30 40 50
 10 20 30 40 50
输出逆序后的a数组
  50 40 30 20 10
Press any key to continue
```

2. 输入若干个 0 到 9 之间的整数,统计各整数的个数。

输入整数的个数没有限定,因此在输入时应设置输入结束条件,由于输入的整数范围是 0 到 9,因此可以用该范围以外的特殊数作为结束标志,比如－1。输入过程中,若想结束输入,则可以输入结束标志－1,程序将停止输入,进入下一步处理。统计各数的个数用一维数组 b 记录,由于输入的整数范围是 0 到 9,我们可以利用 b[0]记录 0 的个数,用 b[1]记录 1 的个数,……,用 b[9]记录 9 的个数。即用数组元素 b[i]作为计数器来统计各数的个数。设输入的整数存放在数组 a 中,则 b[a[k]]存放的就是整数 a[k]的个数。如 a[k]=5,则 b[a[k]]＝b[5]即整数 5 的个数。

```c
#include "stdio.h"
#define N 100            /* 至多输入 100 个整数 */
int main()
{
    int i,j,k,a[N],b[10];
    k = 0;
    printf("Input a integer(0--9),end with -1\n");
    scanf("%d",&j);
    while(j >= 0 &&j <= 9)
    {
        a[k] = j;            /* 输入整数并存放到 a 数组中 */
        k++;
        scanf("%d",&j);
    }
    for(i = 0;i < 10;i++)    /* b 数组各数组元素初始化为 0,以便统计各整数的个数 */
        b[i] = 0;
    for(i = 0;i < k;i++)     /* 统计各整数的个数并存放到 b 数组 */
        b[a[i]] += 1;
    for(i = 0;i < 10;i++)    /* 输出各整数的个数 */
        printf("%d: %d\n",i,b[i]);
    return 0;
}
```

运行结果:

```
Input a integer(0--9),end with -1
3 4 5 9 6 7 4 3 7 8 -1
0:0
1:0
2:0
3:2
4:2
5:1
6:1
7:2
8:1
9:1
Press any key to continue
```

3. 编写程序,求 4×4 矩阵的主对角线元素之和。

```c
#include <stdio.h>
#define ROW 4
#define COL 4
int main()
{
    int a[ROW][COL];
    int i,j,sum = 0;
    printf("输入的 4×4 矩阵: \n");
    for(i = 0;i < ROW;i++)
        for(j = 0;j < COL;j++)
            scanf("%d",&a[i][j]);
    /* 计算主对角线元素之和 */
    for(i = 0;i < ROW;i++)
```

```
        for(j = 0;j < COL;j++)
            if(i == j)
                sum = sum + a[i][j];
    printf("主对角线元素之和等于 % d\n",sum);
    return 0;
}
```

运行结果：

```
输入的4×4矩阵:
1 2 3 4
5 6 7 8
9 1 5 8
6 4 7 2
对角线元素之和等于14
Press any key to continue
```

4. 将二维数组行列元素互换,存到另一个二维数组中。

【程序分析】

可以定义两个数组:数组 a 为 2 行 3 列,存放指定的 6 个数。数组 b 为 3 行 2 列,开始时未赋值。只要将 a 数组中的元素 a[i][j]存放到 b 数组中的 b[j][i]元素中即可。用嵌套的 for 循环即可完成此任务。

编写程序：

```
# include < stdio.h >
int main()
{
    int a[2][3] = {{1,2,3},{4,5,6}};
    int b[3][2],i,j;
    printf("array a:\n");
    for(i = 0;i < = 1;i++)
    {
        for(j = 0;j < = 2;j++)
        {
            printf(" % 5d",a[i][j]);
            b[j][i] = a[i][j];
        }
        printf("\n");
    }
    printf("array b:\n");
    for(i = 0;i < = 2;i++)
    {
        for(j = 0;j < = 1;j++)
            printf(" % 5d",b[i][j]);
        printf("\n");
    }
    return 0;
}
```

运行结果：

```
array a:
    1    2    3
    4    5    6
array b:
    1    4
    2    5
    3    6
```

5. 按下列要求编写程序。

(1) 产生 10 个 2 位随机正整数并存放在 a 数组中。

(2) 按从小到大的顺序排序。

(3) 任意输入一个数,并插入到数组中,使之仍保持有序。

(4) 任意输入一个 0 到 9 之间的整数 k,删除 a[k]。

编写程序:

```c
#include "stdio.h"
#include "stdlib.h"
#define N 10
int main()
{
    int i,j,k,t,n,a[N+1];
    n = N;
    printf("产生%d个2位随机整数组成数组:",n);
    for(i = 0;i < n;i++)
    {
        a[i] = rand()%90 + 10;
        printf(" %4d",a[i]);
    }
    printf("\n");
    for(i = 0;i < n - 1;i++)          /*选择法从小到大排序*/
    {
        k = i;
        for(j = i + 1;j < n;j++)
            if(a[k] > a[j])
                k = j;
        if(k!= i)
        {
            t = a[k];
            a[k] = a[i];
            a[i] = t;
        }
    }
    printf("从小到大排序后的数组:");
    for(k = 0;k < n;k++)
        printf(" %4d",a[k]);
    printf("\n请输入一个要插入的数:\n");
    scanf(" %d",&k);
    for(i = 0;i < n;i++)              /*找插入位置i*/
        if(k < a[i])
            break;
    for(j = n;j > i;j--)     /*a[j](j = n-1,n-2,…,i+1)后移一个位置,腾出a[i]*/
        a[j] = a[j-1];
    a[i] = k;                         /*将k插入到a[i]*/
    n = n + 1;                        /*a数组增加一个元素*/
    printf("输出插入后的a数组各元素:");
    for(i = 0;i < n;i++)
        printf(" %4d",a[i]);
    printf("\n输入要删除数组元素的下标k:\n");
    scanf(" %d",&k);
    for(j = k;j < n - 1;j++)     /* a[j+1](j = k,k+1,…,n-2)前移一个位置*/
        a[j] = a[j+1];
    n = n - 1;                        /*a数组减少一个元素*/
    printf("删除后的数组:");
```

```
        for(i = 0;i < n;i++)
        printf( " % 4d",a[i]);
        printf( "\n");
        return 0;
}
```

运行结果：

```
产生10个2位随机整数组成数组: 51  27  44  50  99  74  58  28  62  84
从小到大排序后的数组:  27  28  44  50  51  58  62  74  84  99
请输入一个要插入的数:
78
输出插入后的a数组各元素:  27  28  44  50  51  58  62  74  78  84  99
输入要删除数组元素的下标k:
5
删除后的数组: 27  28  44  50  51  62  74  78  84  99
Press any key to continue
```

6. 某班期末考试科目为高等数学（MT）、英语（EN）和物理（PH），有 30 人参加考试。要统计并输出一个表格，包括学号、各科分数、总分、平均分以及三门课均在 90 分以上者（该栏标志输出为"Y"，否则为"N"），形式如下：

```
NO  MT  EN  PH  SUM   V  >90
-----------------------------
1   97  87  92  276   92  N
2   92  91  90  273   91  Y
3   90  81  82  253   84  N
.....
```

为调试程序方便，输入 3 个学生的成绩。

```
# include < stdio. h >
# define N 3
int   main()
  {
     int a[N][4],i,j,s = 0;
     char c;
     printf("请输入学号和成绩\n");
     for(i = 0;i < N;i++)                    /* 输入 3 人的成绩 */
       {
          for(j = 0;j < = 3;j++)             /* 输入学号和 3 门成绩 */
               scanf(" % d",&a[i][j]);
       }
     printf("输出结果为\n");
     printf(" NO   MT   EN   PH   SUM   V   >90\n");
     printf(" ------------------------------------ \n");
     for (i = 0;i < N;i++)                   /* 依次对 3 个人进行处理 */
       {
          printf(" % 4d:",a[i][0]);
          for (s = 0,j = 1;j < = 3;j++)
          {
           s += a[i][j];                     /* 计算 3 门课程总分 */
           printf (" % 4d",a[i][j]);
          }
     if (a[i][1] > = 90 && a[i][2] > = 90 && a[i][3] > = 90)
        c = 'Y';                             /* 若三门成绩均为 90 以上 */
     else
        c = 'N';
      printf("   % d   % d   % c\n", s, s/3, c);
       }
  }
```

运行结果：

```
请输入学号和成绩
1 97 87 92
2 92 91 90
3 90 81 82
输出结果为
NO    MT   EN   PH   SUM    U   >90

 1:   97   87   92   276    92   N
 2:   92   91   90   273    91   Y
 3:   90   81   82   253    84   N
```

7. 输出以下的杨辉三角形(要求输出 10 行)。

```
1
1   1
1   2   1
1   3   3   1
1   4   6   4   1
1   5   10  10  5   1
⋮   ⋮   ⋮   ⋮   ⋮   ⋮
```

【程序分析】

杨辉三角形是 $(a+b)^n$ 展开后各项的系数。例如：

$(a+b)^0$ 展开后为 1,系数为 1

$(a+b)^1$ 展开后为 $a+b$,系数为 1,1

$(a+b)^2$ 展开后为 $a^2+2ab+b^2$,系数为 1,2,1

$(a+b)^3$ 展开后为 $a^3+3a^2b+3ab^2+b^3$,系数为 1,3,3,1

$(a+b)^4$ 展开后为 $a+4a^3b+6a^2b^2+4ab^3+b^4$,系数为 1,4,6,4,1

以上就是杨辉三角形的前 5 行。杨辉三角形各行的系数有以下的规律。

(1) 各行第 1 个数都是 1。

(2) 各行最后一个数都是 1。

(3) 从第 3 行起,除上面指出的第 1 个数和最后一个数外,其余各数是上一行同列和前一列两个数之和。例如,第 4 行第 2 个数(3)是第 3 行第 2 个数(2)和第 3 行第 1 个数(1)之和。可以这样表示：$a[i][j]=a[i-1][j]+a[i-1][j-1]$,i 为行数,j 为列数。

```c
# include "stdio. h"
# define N 10
int main()
{
    int i,j,a[N][N];                    //数组为 10 行 10 列
    for(i = 0;i < N;i++)
    {
        a[i][i] = 1;                    //使对角线元素的值为 1
        a[i][0] = 1;                    //使第 1 列元素的值为 1
    }
    for(i = 2;i < N;i++)                //从第 3 行开始处理
        for(j = 1;j < = i-1;j++)
            a[i][j] = a[i-1][j-1] + a[i-1][j];
    for(i = 0;i < N;i++)
    {
        for(j = 0;j < = i;j++)
            printf(" % 6d",a[i][j]);    //输出数组各元素的值
```

```
            printf("\n");
        }
        printf("\n");
        return 0;
    }
```

运行结果：

```
    1
    1     1
    1     2     1
    1     3     3     1
    1     4     6     4     1
    1     5    10    10     5     1
    1     6    15    20    15     6     1
    1     7    21    35    35    21     7     1
    1     8    28    56    70    56    28     8     1
    1     9    36    84   126   126    84    36     9     1
```

8. 统计字符串中每个字符出现的次数。

【程序分析】

每个字符与数组中进行计数的元素之间有确定的对应关系,根据 ASCII 码的编码规则,将其直接作为统计数组元素的下标。

```
# include < stdio. h >
# include < stdlib. h >
# include < math. h >
int count[128];                      /* 统计数组,初始化时全为 0 */
int main ()
{
    char line[200];
    int k = 0;
    printf("Enter String:");
    gets(line);
    while(line[k]!= '\0')            /* 对字符进行统计 */
        count[line[k++]] ++;         /* 将字符作为下标 */
    for(k = 0;k < = 127;k++)         /* 输出统计结果不为 0 的字符 */
        if ( count[k]> 0 )
            printf ("\'% c\' = % d\t", k,count[k]);
    return 0;
}
```

运行结果：

```
Enter String:abcabc
'a'=2     'b'=2     'c'=2
```

9. 统计选票,设候选人有 N 个人,参加投票的有 M 个人。

```
# define N 3
# define M 10
# include "stdio. h"
# include "string. h"
int main()
{
 char s[N][10],k[10];
 int b[N],i,j;
 printf("请输入候选人姓名:\n");
 for(i = 0;i < N;i++)                          /* 输入候选人姓名,选票计数器置 0 */
```

```
    {
      gets(s[i]);
      b[i] = 0;
    }
    printf("请输入所投候选人姓名:\n");
    for(i = 0;i < M;i++)                        /* M 个人投票,并计票 */
    {
        gets(k);                                /* 投票者所投的候选人 k */
        for(j = 0;j < 3;j++)                     /* 若所投的是候选人 s[j],则 b[j]增加一票 */
            if(strcmp(s[j],k) == 0)
            {
                b[j]++;
                break ;
            }
    }
    for(i = 0;i < N;i++)
        printf(" %10s: %5d\n",s[i],b[i]);        /* 输出候选人姓名和票数 */
    return 0;
}
```

运行结果:

```
请输入候选人姓名:
liu
han
jia
请输入所投候选人姓名:
liu
jia
liu
liu
han
han
jia
jia
jia
jia
        liu:    3
        han:    2
        jia:    5
Press any key to continue
```

10. 不使用字符串长度函数 strlen,编写程序求给定字符串的长度。

```
#include "stdio.h"
#include "string.h"
int main()
{
  char s1[80];
  int i;
  printf( "input string s1:\n");
  gets(s1);
  i = 0;
  while(sl[i]!= '\0')
    i++;       /* 逐个字符计数 */
  printf("i = %d\n",i);
    return 0;
}
```

运行结果:

```
input string s1:
how are you?
i= 12
```

11. 编写程序,判断给定的字符串是否为回文。

```c
# include < stdio. h>
# include < string. h>
int main()
{
    int i,j;
    int len;                    //用于记录字符串长度
    char s1[100];
    char s2[100];
    printf("请输入需要判断的字符串:");
    gets(s1);
    len = strlen(s1);
    for(i = len - 1,j = 0;i > = 0;i -- ,j++)
        s2[j] = s1[i];          //将 s1 逆序赋给 s2
    for(i = 0,j = 0;i < len;i++,j++)
    {
        if(s1[i]!= s2[i])    //如果 s1 正序和逆序不同,则不是回文字符串
        {
            printf("no\n");
            break;
        }
        else if(i == len - 1)
            printf("yes\n");
    }
    return 0;
}
```

运行结果:

```
请输入需要判断的字符串:abba
yes
Press any key to continue
```

第 7 章　函　　数

习 题 解 析

一、选择题

1. B 【解析】本题重点考查函数返回值。函数的值只能通过 return 语句返回主调函数。函数中允许有多条 return 语句,但每次只能调用一条 return 语句,因此只能返回一个函数值。不返回函数值的函数,可以明确定义为"空类型",类型说明符为 void。

2. D 【解析】本题重点考查函数调用时的参数传递。形式参数在函数头中定义,在整个函数体内都可以使用,离开该函数后则不能使用。实际参数出现在函数调用时函数名后面的括号内。

3. A 【解析】全局变量的作用域是从声明处到文件的结束。

4. C 【解析】C 语言的存储类型为 auto、register、extern、static。下面分别解释每种存储类型的含义。auto:函数中的局部变量,动态地分配存储空间,数据存储在动态存储区中,在调用该函数时,系统会给它们分配存储空间,在函数调用结束后自动释放这些存储空间。register:为了提高效率,C 语言允许将局部变量的值放在 CPU 的寄存器中,这种变量

叫"寄存器变量",只有局部自动变量和形参可以作为寄存器变量。extern：外部变量（全局变量）是在函数的外部定义的，它的作用域为变量定义开始到本程序文件的末尾。如果外部变量不在文件的开头定义，其有效的作用范围只限于定义处到文件末尾。static：静态局部变量，属于静态存储类别，在静态存储区内分配存储单元，在程序整个运行期间都不释放。

5. A 【解析】本题中，fun 函数第一次调用为 fun(8,fun(5,6))。因为 fun(5,6)的返回值为 5，所以第 2 次调用为 fun(8,5)，即返回值为 6。

6. B 【解析】数组名相当于常量，表示的是数组首元素的地址。当执行函数 f(a)的时候，因为传递的是首地址，相当于直接对数组 a 进行操作，所以从数组 a 的第 3 个元素 a[2] 到元素 a[5]，每个元素值扩大两倍。

7. D 【解析】本题中静态局部变量 x，在静态存储区内分配存储单元，在程序整个运行期间都不释放。在 main 函数中，执行 for 循环，第 1 次循环，变量 s 的值为 2；第 2 次循环，函数的返回值为 4，所以变量 s 的值为 8；第 3 次循环，函数的返回值为 8，所以变量 s 的值为 64。

8. B 【解析】执行调用语句"n=fun(3);"，3 被当作实参传递进去，进行了一次调用。3 被当作实参传进去后，程序会执行"else return fun(k-1)+1;"，函数被调用了第 2 次，参数是 3-1，也就是 2。2 被当作实参传进去后，程序会执行"else return fun(k-1)+1;"，函数被调用了第 3 次，参数是 2-1，也就是 1。1 被当作实参传进去后，程序会执行"else if(k==1) return 1;"，函数不再被递归调用。所以最终结果为 3 次。

9. B 【解析】本题重点考查函数的递归调用，程序首先初始化整型变量 z 为 123456，调用函数 f。f 函数中首先通过 if 条件语句判断 x 是否大于或等于 10，如果条件成立，求 x 除以 10 的余数并输出，同时将变量 x 进行 x/10 运算，同时调用函数 f。如果条件不成立，直接输出变量 x。因此第 1 次调用函数，变量 x 为 123456，条件成立，输出余数 6；第 2 次调用函数变量 x 为 12345，条件成立，输出余数 5；第 3 次调用函数，变量 x 为 1234，条件成立，输出余数 4；第 4 次调用函数，变量 x 为 123，条件成立，输出余数 3；第 5 次调用函数，变量 x 为 12，条件成立，输出余数 2；第 6 次调用函数，变量 x 为 12345，条件不成立，输出 1。因此 B 选项正确。

10. C 【解析】A 选项描述正确，自动变量未被赋初值，为随机值；B 选项描述正确，除在函数开始位置定义变量外，在复合语句内也可以定义变量；C 选项描述错误，函数内的静态变量只在第一次调用时赋值，以后调用保留上次的值；D 选项描述正确，形参属于局部变量，占用动态存储区，而 static 型变量占用静态存储区。

11. D 【解析】本题重要考查变量的作用域。当执行 f1(a)时，a 的值为局部变量值作用，所以 a 的值为 10，执行 f1(a)后，输出 a 的值为 20；当执行 f2()时，a 的值为全局变量作用，所以 a 的值为 20，执行 f2()后，输出 a 的值 53；当执行 main 函数内的"printf("%d\n",a);"语句时，a 的作用值为局部变量 10，所以输出 a 的值为 10。

12. D 【解析】本题考查函数的递归调用，执行 f(9)后，f(9)=9-(7-(5-(3-f(1))))=7。

13. A 【解析】本题中，第一次调用为 m=f(f(f(1)))，第二次调用为 m=f(f(2))，第三次调用为 m=f(4)，即返回值为 8。

14. D 【解析】在 main 函数中，调用 f(a,b)函数返回 3，调用 f(a,c)函数返回 6，所以外层调用 f(f(a,b),f(a,c)),即调用 f(3,6)函数返回 9。

15. C 【解析】函数调用函数格式为："函数名(变量 1,变量 2；…)；",根据 fun 函数定义,调用格式为 fun(x,n)。A 中,调用函数时不需要(也不能)指定参数的类型；B 中,fun 没有返回值,无法赋值给 k；D 中,调用时不需要再定义返回值了。

二、程序题

1. 编写一个函数,判断是不是素数,如果是素数就返回 1,不是就返回 0。

```c
# include < stdio. h >
# include < math. h >
int isprime( int n);
int main()
{
    int n;
    printf("请输入一个整数: ");
    scanf(" % d", &n);
    printf(" % d\n", isprime(n));
    return 0;
}
int isprime( int n)
{
    int i;
    for (i = 2; i < = sqrt(n); i++)
    {
        if (n % i == 0)
            return 0;
    }
    return 1;        // 如果所有检查都通过,返回 1
}
```

2. 编写一个函数,实现输入一个字符串,可以求出字符串中的大写、小写、数字、空格以及其他的字符。

```c
# include < stdio. h >
int main()
{
    char str[50];
    int a[5] = {0};
    int count(char str[],int a[]);
    printf("请你输入一个字符串: ");
    gets(str);
    count(str,a) ;
    printf("大写: % d\n",a[0]);
    printf("小写: % d\n",a[1]);
    printf("数字: % d\n",a[2]);
    printf("空格: % d\n",a[3]);
    printf("其他: % d\n",a[4]);
    return 0;
}
int count(char str[],int a[])
{
    int i = 0;
    while(str[i]!= '\0')
    {
        if(str[i]> = 'A'&&str[i]< = 'Z')
```

357

```
                a[0]++;
        else if(str[i]> = 'a'&&str[i]< = 'z')
                a[1]++;
        else if(str[i]> = '0'&&str[i]< = '9')
                a[2]++;
        else if(str[i] == ' ')
                a[3]++;
        else
                a[4]++;
        i++;
    }
}
```

3. 本题要求计算二维数组周边元素的平均值,for 循环语句控制循环过程,if 条件语句根据数组元素的下标判断该元素是否为二维数组的周边元素。

```
double fun (int w[][N])
{
    int i,j,k = 0;
    double sum = 0.0;
    for(i = 0;i < N;i++)
        for(j = 0;j < N;j++)
            if(i == 0||i == N-1||j == 0||j == N-1)
                                    /* 只要下标中有一个为 0 或 N-1,则它一定是周边元素 */
            {
                sum = sum + w[i][j];            /* 将周边元素求和 */
                k++;
            }
            return sum/k;                        /* 求周边元素的平均值 */
}
```

4. 要计算低于平均分的人数,首先应该求出数组 score 中各元素的平均值。然后通过 for 循环语句和 if 条件语句找出低于平均值的分数。该题第 1 个循环的作用是求出平均值 av,第 2 个循环的作用是找出数组 score 中低于平均值的成绩记录并存入 below 数组中。

```
# include< stdio. h>
int fun(int score[],int m, int below[])
{
    int i,j = 0;
    float av = 0.0;
    for(i = 0;i < m;i++)
        av = av + score[i]/m;      /* 求平均值 */
    for(i = 0;i < m;i++)
        if(score[i]< av)           /* 如果分数低于平均分,则将此分数放入 below 数组中 */
            below[j++] = score[i];
        return j;                   /* 返回低于平均分的人数 */
}
```

5.

```
float fac(int k)
{
    float t = 1;int i;
    for(i = 2;i < = k;i++)
        t = t * i;
    return t;
}
```

6. 设定 3 个变量,sum 存放和值,max 存放最大值,min 存放最小值。max 和 min 都赋为数组中第 1 个元素的值。利用循环将数组中元素累加到 sum 中,并找出最大值和最小值。sum 值减去最大值和最小值。函数返回 sum 除以(元素个数减 2)得平均值。

```
double fun(double a[ ], int n)
{
    double sum = 0, max, min;
    int i;
    max = min = a[0];
    for(i = 1; i < n; i++)
    {
        sum = sum + a[i];
        if(max < a[i]) max = a[i];
        if(min > a[i]) min = a[i];
    }
```

7. fun 函数实现了将输入的字符串 t 中的所有字符按照 ASCII 值升序排列的功能。其实现方式是使用了冒泡排序算法。

```
void fun(char t[ ])
{
    char c;
    int i,j;
    for(i = strlen(t) - 1;i > 0;i -- )
        for(j = 0;j < i;j++)
            if(t[j] > t[j + 1])
            {
                c = t[j];
                t[j] = t[j + 1];
                t[j + 1] = c;
            }
}
```

8. 该程序的流程:定义变量 i 和 j,其中,j 用于控制删除后剩下的元素在数组中的下标,i 用于搜索原数组中的元素。j 始终是新数组中最后一个元素的下一个元素的下标。if 语句中的条件是 a[j−1]!=a[i],其中,a[j−1]是新数组中的最后一个元素,若条件成立,则表示出现了不同的值,所以 a[i]要保留到新数组中。注意本题中 i 和 j 的初值都要从 1 开始,该算法只能用于数组已排序的题目中。

```
int fun(int a[ ], int n)
{
    int i,j = 1;
    for(i = 1;i < n;i++)
        if (a[j - 1]!= a[i])            /* 若该元素与前一个元素不相同,则保留 */
            a[j++] = a[i];
        return j;                       /* 返回不相同元素的个数 */
}
```

9. 本题要求删除字符串中指定下标的字符,即把非指定下标的字符保留。所以 if 语句条件表达式为"i!=n"。字符串最后不要忘记加上字符串结束标志"\0"。

```
void fun(char a[ ], char b[ ], int n)
{
    int i, k = 0;
```

```
        b[0] = '\0';                      //初始化 b 为空字符串
        for (i = 0; a[i] != '\0'; i++)
        {
            if(i != n)
                b[k++] = a[i];
        }
        b[k] = '\0';                      //在字符串末尾加上结束符
    }
```

10. 该函数接收一个整数 x 作为参数,查找并打印所有小于或等于 x 的三位数,这些三位数的各位数字之和为 15。程序通过循环和求模操作提取每个数的个位、十位和百位,然后计算它们的和。如果和为 15,则打印该数并增加计数器 n。最后,fun 函数返回找到的满足条件的数的数量。

```
int fun(int x)
{
    int n,s1,s2,s3,t;
    n = 0;
    t = 100;
    while(t <= x)
    {
        s1 = t % 10;
        s2 = (t/10) % 10;
        s3 = t/100;
        if(s1 + s2 + s3 == 15)
        {
            printf(" % 4d",t);
            n++;
        }
        t++;
    }
    return n;
}
```

第8章 指 针

习题解析

选择题

1. B 【解析】指针是用来存放地址的变量,定义指针变量的形式: 类型名 * 指针变量名。赋值时应将某个变量地址赋给指针变量,如 B 选项中将变量 x 的地址 &x 赋给指针变量。

2. A 【解析】变量定义语句"double a, * p=&a;"中,"*"是一个指针运算符,而非间址运算符。

3. C 【解析】该程序中"int * p1=&a, * p2=&b, * p=&c;"定义了 3 个指针变量并赋值。指针变量 p1 指向 a,p2 指向 b,p 指向 c。执行" * p= * p1 * (* p2);"语句,给 p 所指的存储单元 c 赋值。p1 所指的存储单元的值与 p2 所指的存储单元的值相乘,也就是 c=a * b,等价于 c=1 * 3=3。

4. C 【解析】A选项中,没有对指针进行初始化,属于无效指针,并且在"scanf("%d", &p);"中无须再进行取地址操作;B选项中,没有对指针进行初始化,属于无效指针;D选项中,语句"∗p=&k;"书写错误,应为"p=&k;"。故本题答案为C选项。

5. C 【解析】A选项错误,因为p是指向一个指针数组,而数组名相当于常量,不能重新赋值。B选项错误,因为p[0]是一个int指针,也就是int ∗,而a是一个指向指针的指针int ∗ ∗。C选项正确,因为p[0]是int ∗,a[1][2]是int,&a[1][2]是int ∗,类型吻合。D选项错误,因为a作为数组名,不能取地址,即使能取,p[1]是int ∗,&a是int ∗∗∗,类型不吻合。故本题答案为C选项。

6. B 【解析】在f(int ∗ p,int ∗ q)函数中,执行"p=p+1;"是将p所对应的地址加1,而"∗ q= ∗ q+1;"是将q所指向n的地址所对应的值加1,所以m的值没有变,而n的值则变为3。故本题答案为B选项。

7. A 【解析】字符型指针变量可以用A选项的赋值方法"char ∗ s;s="Olympic";"。C选项的写法"char ∗ s;s={"Olympic"};"是错误的。字符数组可以在定义的时候初始化,如"char s[]={"Olympic"};"或者"char s[]="Olympic";",但是不可以在定义字符数组后对数组名赋值(数组名是常量,代表数组首地址),所以B选项和D选项都是错误的。对于本例,B、D选项中字符数组s的大小至少为8,才能存放下字符串(字符串的末尾都有结束标识'\0'),同时,此时s为字符数组的地址,是常量,不能为其赋值。故本题答案为A选项。

8. A 【解析】A选项为正确用法,先将字符串存于字符数组中,然后将数组名赋给字符指针(数组名代表数组首地址,定义数组时为其分配确定的地址)。C选项错误,getchar函数输入一个字符给字符变量,而不是字符指针。B选项和D选项有类似的错误,两个选项并无语法错误,但运行时可能会出现问题。因为在B选项和D选项中,字符指针没有被赋值,是一个不确定的值,指向一个不确定的内存区域,这个区域可能存放有用的指令或数据。在这个不确定的区域重新存放字符串,可能会发生无法预知的错误。故本题答案为A选项。

9. A 【解析】因为小写字母a、b、c的ASCII值分别为97、98、99。在do while循环语句中,每次对字符的ASCII值取余数并输出,所以分别输出7、8、9。故本题答案为A选项。

10. C 【解析】本题中由循环条件可知,遇到'\0'或x与y所指的字符不相等时循环结束。所以函数的功能是统计x和y所指字符串中最前面连续相同的字符个数。故本题答案为C选项。

11. B 【解析】函数fun的功能是在a所指的具有n个元素的数组中查找最大值并返回。通过for循环比较,s始终指向最大值的那个元素。取指针的值,使用∗p,因此比较使用∗p和∗s,又因为找最大值,当∗s<∗p时,修改指针s的指向。故本题答案为B选项。

12. A 【解析】C语言中,scanf函数的声明为"scanf("<格式控制字符串>",<地址表列>);",可知scanf的第2个参数是地址。因此,从4个选项中可以判断,只有A选项是p[i]的地址,其他的均是变量本身。故本题答案为A选项。

13. A 【解析】"∗p[3]"是一个字符,也就是str[3][0]不是字符串,所以A选项错误。"p[3]""str[2]""∗p"分别代表ddd、ccc、aaa。故本题答案为A选项。

14. D 【解析】题目中,for循环的作用是求数组各行前两列的数字之和。已知∗(∗ (p+i)+j)=p[i][j],则变量n=1+3+7+9+13+15=48。故本题答案为D选项。

15. D 【解析】main 函数中，首先定义两个整型变量 i 和 j，初值为 3 和 7，并将 i 的地址赋给 p，j 的地址赋给 q，传给 swap 函数。swap 函数接收两个整型指针变量 a、b，然后使用整型变量 t 交换 a、b 所指向的值并输出。通过指针变量的交换改变了实参 i、j 的值，使得 i＝7，j＝3。指针变量 tp 交换 a 和 b 的值，由于 a、b 的值是 p、q 值的副本，因此这次交换只改变了形参 a、b 的的值，对实参 p、q 的值没有改变，此时指针变量 a 指向 j，指针变量 b 指向 i。swap 函数最后输出＊a 和＊b，所以输出 3 和 7。由于 swap 函数改变了 p 和 q 指向的值，因此 main 函数输出 i 的值为 7，j 的值为 3，＊p 的值为 i，＊q 的值为 j。最终程序输出：3，7，7，3，7，3。故本题答案为 D 选项。

二、程序题

1. 输入 3 个整数，按由小到大的顺序输出。

```c
# include < stdio. h>
int main()
{
        void swap(int * p1, int * p2);
        int n1, n2, n3;
        int * p1, * p2, * p3;
        scanf("% d % d % d", &n1, &n2, &n3);
        p1 = &n1;
        p2 = &n2;
        p3 = &n3;
        if(n1 > n2) swap(p1, p2);
        if(n1 > n3) swap(p1, p3);
        if(n2 > n3) swap(p2, p3);
        printf("Now, the order is: % d, % d, % d\n", n1, n2, n3);
        return 0;
}
void swap(int * p1, int * p2)
{
        int p;
        p = * p1; * p1 = * p2; * p2 = p;
}
```

2. 输入 3 个字符串，按由小到大的顺序输出。

```c
# include < stdio. h>
# include < string. h>
int main()
{
        void swap(char * , char * );
        char str1[20], str2[30], str3[20];
        printf("input three line:\n");
        gets(str1);
        gets(str2);
        gets(str3);
        if(strcmp(str1, str2)> 0) swap(str1, str2);
        if(strcmp(str1, str3)> 0) swap(str1, str3);
        if(strcmp(str2, str3)> 0) swap(str2, str3);
        printf("Now, the order is\n");
        printf("% s\n% s\n% s\n", str1, str2, str3);
        return 0;
}
```

```
void swap(char * p1,char * p2)
{
        char p[20];
        strcpy(p,p1);strcpy(p1,p2);strcpy(p2,p);
}
```

3. 输入一行英文,统计其中大写字母、小写字母、空格、数字以及其他字符各有多少。

```
# include < stdio. h >
int main()
{
        int upper = 0,lower = 0,digit = 0,space = 0,other = 0,i = 0;
        char * p,s[20];
        printf("input string:");
        while((s[i] = getchar())!= '\n') i++;
        p = &s[0];
        while( * p!= '\n')
        {
            if(('A'< = * p) && ( * p < = 'Z'))
                    ++upper;
            else if(('a'< = * p)&&( * p < = 'z'))
                    ++lower;
            else if( * p == ' ')
                    ++space;
            else if(( * p < = '9')&&( * p > = '0'))
                    ++digit;
            else
                    ++other;
            p++;
        }
        printf("upper case: % d,lower case: % d",upper,lower);
        printf("sapce: % d, digit: % d,other: % d\n",space,digit,other);
        return 0;
}
```

4. 写一个函数,将一个 3×3 的整型矩阵转置。

```
# include < stdio. h >
int main()
{
    void move(int * pointer);
    int a[3][3], * p, i;
    printf("input matrix:\n");
    for(i = 0; i < 3; i++)
            scanf("% d % d % d", &a[i][0], &a[i][1], &a[i][2]);
    p = &a[0][0];
    move(p);
    printf("Now, matrix:\n");
    for(i = 0; i < 3; i++)
            printf("% d % d % d\n", a[i][0], a[i][1], a[i][2]);
    return 0;
}
void move(int * pointer)
{
    int i, j, t;
```

```
        for(i = 0; i < 3; i++)
            for(j = i; j < 3; j++)
            {
                    t = *(pointer + 3 * i + j);
                    *(pointer + 3 * i + j) = *(pointer + 3 * j + i);
                    *(pointer + 3 * j + i) = t;
            }
}
```

5. 参考答案

```
void upfst (char * p)
{
        int k = 0;
        for(; * p;p++)
        if(k)
        {
                if( * p == ' ')
                k = 0;
        }
        else
        {
                if( * p!= ' ')
                {
                    k = 1;
                     * p = toupper( * p);
                }
        }
}
```

6. 参考答案

```
long ctod(char * s)
{
    long d = 0;
    while( * s)
     if(isdigit( * s))
     {
            d = d * 10 + * s - '0';
            s++;
     }
        return d;
}
```

7. 参考答案

```
int fun( int * s, int x)
{
        int i;
        for( i = 0;i < N;i++)
            if(x == s[ i]) return i;
        return - 1;
}
```

8. 参考答案

```
void fun (int * w, int p, int n)
```

```
{
    int i,j,ch;
    for(i = 0;i < = p;i++)
    {
        ch = w[0];
        for(j = 1;j < n;j++) /*通过 for 循环语句,将 p + 1~n - 1(含 n - 1)的数组元素依次向前
                              移动 p + 1 个存储单元 */
        {
        w[j - 1] = w[j];}
        w[n - 1] = ch;    /* 将下标为 0~p 的数组元素逐一赋给数组 w[n - 1] */
    }
}
```

9. 参考答案

```
void fun(char * s)
{
    while( * s!= '\0')
    {
        if( * s > = 'A' && * s < = 'z'|| * s > = 'a' && * s < = 'z')
        {
            if( * s == 'Z') * s = 'A';
            else if( * s == 'z') * s = 'a';
            else * s += 1;
        }
        s++;
    }
}
```

10. 参考答案

```
void fun(char( * s)[N],char * b)
{
    int i,j,n = 0;
    for(i = 0;i < N;i++)    /* 按列的顺序依次存放到一个字符串中 */
    for(j = 0;j < M;j++)
        b[n++] = s[j][i];
    b[n] = '\0';
}
```

第 9 章　结构体与共用体

习题解析

一、选择题

1. B 【解析】本题考查结构体初始化。在 main 函数中将结构体变量 a 赋值给变量 b。输出结构体变量 b 值为 Zhao,m,85,90。故本题答案为 B 选项。

2. A 【解析】A 选项错误,在定义结构体语句后少了分号,故本题答案为 A 选项。

3. A 【解析】A 选项中的语句可以在声明变量的同时为 data2 赋值,赋值语句应写作"data2 = {2,6};"故本题答案为 A 选项。

4. C 【解析】本题考查结构体变量的引用,题目定义了一个结构体,结构体中的成员

又是一个结构体,w 为结构体 workers 的变量。如果给内层的结构体成员赋值,先要得到内层结构体变量,即"w. s"。若要给 year 赋值,表示为"w. s. year"即可。故本题答案为 C 选项。

5. C 【解析】本题考查结构体变量的引用。mark 为结构体中的数组,不能直接赋值,所以 C 选项错误。故本题答案为 C 选项。

6. A 【解析】运算符"->"适用指针访问成员变量,运算符"."适用普通变量访问成员变量。ptr 是指针,只能用"->",因此 A 选项错误,D 选项正确。B 选项中,rec. title 代表数组 title,因此 B 选项正确。* ptr 是结构体变量 rec,可以使用"."运算,因此 C 选项正确。故本题答案为 A 选项。

7. D 【解析】本题考查结构体的相关知识。题目中需要输入一个变量,scanf 要求输入参数为指针,而 D 选项中"ps-> age"为变量,ps-> age 是直接访问 age 成员的值,而不是它的地址。故本题答案为 D 选项。

8. A 【解析】C语言规定数组的下标从 0 开始,结构体数组 class 初始化了前 4 个元素。第三个元素的 name="Marry",则 class[2]. name[0] = 'M'。故本题答案为 A 选项。

9. D 【解析】本题考查链表的操作。程序中,指针 s 指向了它的下一个结点。题目中说明了 s 总是指向链表的第 1 个结点。然后 while 循环找到链表的最后一个元素,最后一个元素指向了之前链表的头结点,之前头结点指向了空结点。所以本题实现的是使首结点成为尾结点。故本题答案为 D 选项。

10. A 【解析】本题考查删除链表中的结点。其方法是将要删除结点的上一个结点的 next 指向要删除结点的下一个结点,然后释放将要删除的结点,所以 A 选项正确。故本题答案为 A 选项。

二、程序题

1. 定义一个结构体变量(包括年、月、日)。计算该日在本年中是第几天,注意闰年问题。

```c
# include< stdio. h>
struct
{
    int year;
    int month;
    int day;}date;
int main()
{
    int days;                //days 为天数
    printf("input year , month,day:");
    scanf(" % d, % d, % d",&date.year,&date.month,&date.day);
    switch(date.month)
    {
        case 1:days = date.day;break;
        case 2:days = date.day + 31;break;
        case 3:days = date.day + 59;break;
        case 4:days = date.day + 90;break;
        case 5:days = date.day + 120; break;
        case 6:days = date.day + 151; break;
        case 7:days = date.day + 181; break;
        case 8:days = date.day + 212; break;
        case 9:days = date.day + 243;break;
```

```
            case 10: days = date.day + 273; break;
            case 11: days = date.day + 304; break;
            case 12: days = date.day + 334; break;
        }
    if((date.year % 4 == 0 && date.year % 100 != 0 || date.year % 400 == 0) && date.month >= 3)
            days += 1;
    printf("%d/%d is the %dth day in %d.\n", date.month, date.day, days, date.year);
    return 0;
}
```

2. 有 5 个学生,每个学生的数据包括学号、姓名、3 门课的成绩。从键盘输入 5 个学生数据,要求输出 3 门课总平均成绩以及最高分的学生的数据(包括学号、姓名、3 门课的成绩、平均分数)。

```
#include<stdio.h>
#define N 10
struct student
{
    char num[6];
    char name[8];
    float score[3];
    float avr;
}stu[N];
int main()
{
    int i,j,maxi;
    float sum,max,average;
    //输入数据
    for(i = 0;i < N;i++)
    {
        printf("input scores of student %d:\n",i+1);
        printf("NO.:");
        scanf("%s",stu[i].num);
        printf("name:");
        scanf("%s",stu[i].name);
        for(j = 0;j < 3;j++)
        {
            printf("score %d:",j+1);
            scanf("%f",&stu[i].score[j]);
        }
    }
    //计算
    average = 0;
    max = 0;
    maxi = 0;
    for(i = 0;i < N;i++)
    {
        sum = 0;
        for(j = 0;j < 3;j++)
            sum += stu[i].score[j];               //计算第 i 个学生总分
        stu[i].avr = sum/3.0;                      //计算第 i 个学生平均分
        average += stu[i].avr;
        if(sum > max)                              //找分数最高者
        {
```

```
            max = sum;
            maxi = i;                        //将此学生的下标保存在 maxi
        }
    }
    average/ = N;                            //计算总平均分数
    //输出
    printf("NO. name scorel score2 score3 average\n");
    for(i = 0;i < N;i++)
    {
        printf(" %5s %10s",stu[i].num,stu[i].name);
        for (j = 0;j < 3;j++)
            printf(" %9.2f",stu[i].score[j]);
        printf(" %8.2f\n",stu[i].avr);
    }
    printf("average = %5.2f\n",average);
    printf("The highest score is :student %s, %s\n",stu[maxi].num,stu[maxi].name);
    printf("his scores are: %6.2f, %6.2f, %6.2f,average: %5.2f.\n",stu[maxi].score[0],
        stu[maxi].score[1],stu[maxi].score[2],stu[maxi].avr);
    return 0;
}
```

3. (1) STYPE　(2) FILE　(3) fp

4. (1) struct student　(2) a. name　(3) a. score[i]

5. (1) "rb"　(2) >　(3) fwrite

6. (1) pb　(2) p-> data　(3) p-> next

7. (1) h-> next　(2) p-> next　(3) >

第 10 章　文　　件

习题解析

一、选择题

1. A 【解析】在 C 语言中用一个指针变量指向一个文件,这个指针称为文件指针。通过文件指针就可对它所指的文件进行各种操作。文件指针不是文件位置指针,所以 B、C 选项错误,D 选项中不可以写入任意的字符。

2. C 【解析】本题考查文件的概念。文件由数据序列组成,可以构成二进制文件或文本文件。故本题答案为 C 选项。

3. A 【解析】B 选项中,打开一个已存在的文件并进行写操作后,原有文件中的全部数据不一定被覆盖,也可以对源文件进行追加操作等。C 选项中,在一个程序中对文件进行写操作后,不是先关闭该文件然后打开才能读到第 1 个数据,用 fseek 函数进行重新定位即可。D 选项中,C 语言中的文件可以进行随机读写。故本题答案为 A 选项。

4. D 【解析】本题考查 fputc 函数,该函数将字符 ch 写到文件指针 fp 所指向的文件的当前写指针的位置。函数格式:fputc (ch,fp),把字符 ch 写到文件指针变量 fp 所指向的文件中。因此答案为 D 选项。

5. D 【解析】程序首先将数组 a 中的元素 1、2、3 分别写入了 d1. dat 文件中,再将 d1. dat 文件中的数据"123"整体写到变量 n 的空间中,所以输出的数据为 123。故本题答案为

D 选项。

6. B 【解析】本题考查文件操作函数。执行"fprintf(f,"abc");"后,filea.txt 文件原有内容被"abc"覆盖。故本题答案为 B 选项。

7. B 【解析】本题考查文件操作函数 fprintf 和 rewind 函数,rewind 函数将文件内部的位置指针重新指向一个流(数据流/文件)的开头,程序首先是将数组 a 的 6 个数写入 d2 文件中,然后又将 a 数组从后往前覆盖到 d2 中的内容,所以结果为"6,5,4,3,2,1,",选项 B 正确。

8. B 【解析】本题考查文件操作函数 fwrite 和 rewind。题目中先将 s2 字符串写入 adc.dat 中,然后执行 rewind 函数将写指针放置于文件开头,写入 s1 字符串。s1 字符串将前 5 个字符覆盖,所以最终结果为 Chinang。故本题答案为 B 选项。

9. C 【解析】本题考查文件操作函数。fprintf 函数将内容写入硬盘的文件,fputs 函数将字符串写入文件,最终文件的内容为 abc28。故本题答案为 C 选项。

10. C 【解析】本题考查文件的定位。feof 函数的用法是从输入流读取数据,如果到达文件末尾(遇到文件结束符),feof 函数值为非零值,否则其值为 0。故本题答案为 C 选项。

11. C 【解析】本题考查文件的定位,feof 函数的用法是从输入流读取数据,如果到达文件末尾(遇文件结束符),eof 函数值为非零值,否则为 0,while 判断条件应是如果没有到达文件末尾,所以选项 C 不能得到正确的结果。

12. A 【解析】fwrite()函数用法是 fwrite(void * buffer, int size, int n, FILE * fp),其中,buffer 为要输出的数据的首地址,A 选项中,因为 n=1,即每次写入 1 个结构体数据,x 是数组的首地址,因此,每次写入的数据都是数组的首个结构体元素,没有将整个数组写入文件中去,答案为 A 选项。

13. A 【解析】函数 fopen("data.dat","w+")中的"w+"表示打开可读写文件,若文件存在则文件长度清为零,即该文件内容会消失;若文件不存在则建立该文件。函数 rewind(fp)使文件 fp 的位置指针指向文件开始。函数 fprintf(fp,"% d\n",a[5-i])将 a[i] 输出到 fp 指向的文件中。函数 fscanf(fp,"%d",&k)将 fp 读入变量 k 中。第 1 个 for 循环将数组中的元素倒着输入 fp 指向的文件中。rewind 则指向文件开始。因此输出的是数组 a 的倒序"6,5,4,3,2,1,"。故本题答案为 A 选项。

二、程序题
1. 参考答案:(1) fp   (2) fclose(fp);   (3) fname
2. 参考答案:(1) STYPE   (2) FILE   (3) fp
3. 参考答案:(1) FILE *   (2) fclose(fp)   (3) fp
4. 参考答案:

```
double fun(int n)
{
    double sum = 0.0;
    int i;
    for(i = 0; i < n; i++)
        if(i % 3 == 0 && i % 7 == 0)
            sum += i;
        return sqrt(sum);
}
```

5. 解题思路：要把一个数字字符转为相应的数字，只要将它的 ASCIL 值减去 48(或 '0') 即可。要把数字字符串转为相应的数字，则要从左到右依次取出字符转为相应数字，乘以 10 再加上下一位数字。

```c
long fun(char * s)
{
    int i;
    long sum = 0;
    for(i = 0;i < strlen(s);i++)
        sum = s[i] − '0' + sum * 10;
    return sum;
}
```

6. 参考答案：

```c
int fun(char * s)
{
    int i,n = 0;
    for(i = 0;s[i]!= '\0';i++)
        if(s[i]> = '0' && s[i]< = '9')
            n++;
        return n;
}
```

7. 参考答案：

(1) FILE ∗   (2) fp   (3) ch

8. 参考答案：

```c
float fun(int m, int n)
{
    float p1 = 1,p2 = 1,p3 = 1;
    int i;
    for(i = 1;i < = m;i++)
        p1 * = i;
    for (i = 1;i < = n;i++)
        p2 * = i;
    for(i = 1;i < = (m − n);i++)
        p3 * = i;
    return p1/(p2 * p3);
}
```

9. 参考答案：

```c
void fun(int a, int b, long * c)
{
    * c = (a % 10) * 1000 + (b % 10) * 100 + (a/10) * 10 + (b/10);
}
```

10. 编程实现一个简单的文本编辑器：实现打开文件并将输入内容保存成文本文件的功能。

```c
# include < stdio. h >
# include < stdlib. h >
# include < string. h >
main()
{
FILE * fp;
```

```
        char str[81], filename[80];
          gets(filename);                              //输入一个文件名,如 d:/test.txt
        if((fp = fopen(filename,"w")) == NULL)         //打开该文件,如果出错返回提示并退出
          {
              printf("can not open this file\n");
              exit(0);
          }
        while(strlen(gets(str))> 0 )                   //判断输入的内容,如果有字符则保存在文件中
          {
                fputs(str,fp);
            fputs("\n",fp);                            //在结尾追加换行符
          }
          fclose(fp);
        }
```

第 11 章　综合实例——学生成绩管理系统

习题解析

一、选择题

1. D　2. A　3. C　4. A　5. A　6. C　7. A　8. A　9. B　10. A

11. B　12. C　13. C　14. C　15. B　16. A　17. C　18. A　19. C　20. C

21. D　22. A　23. A　24. C　25. B　26. B　27. A　28. A　29. C　30. A

二、程序填空题

1. * av

2. i

3. x[j]

三、程序修改题

1. 将 num[i]=0 改为 num[k]=0

2. 将 switch(s)改为 switch(* s)

四、程序编写题

```
double fun (int w[ ][N])
{
    int i,j,k = 0;
    double sum = 0.0;
    for(i = 0; i < N; i++)
    {
      for(j = 0; j < N; j++)
      {
        if(i == 0 || i == N - 1 || j == 0 || j == N - 1)
        {
          sum += w[i][j];
          k++;
        }
      }
    }
    return sum/k;
}
```

371

图 书 资 源 支 持

感谢您一直以来对清华版图书的支持和爱护。为了配合本书的使用，本书提供配套的资源，有需求的读者请扫描下方的"书圈"微信公众号二维码，在图书专区下载，也可以拨打电话或发送电子邮件咨询。

如果您在使用本书的过程中遇到了什么问题，或者有相关图书出版计划，也请您发邮件告诉我们，以便我们更好地为您服务。

我们的联系方式：

清华大学出版社计算机与信息分社网站：https://www.shuimushuhui.com/

地　　　址：北京市海淀区双清路学研大厦 A 座 714

邮　　　编：100084

电　　　话：010-83470236　010-83470237

客服邮箱：2301891038@qq.com

QQ：2301891038（请写明您的单位和姓名）

资源下载：关注公众号"书圈"下载配套资源。

资源下载、样书申请

书圈

图书案例

清华计算机学堂

观看课程直播